钻井液完井液实用技术丛书

油气井完井工作液

王中华 编著

中国石化出版社

内容简介

本书是以介绍油气井完井工作液基础知识为主，兼顾介绍有关应用技术的专著，全书共分四章。简要介绍油气井完井工作液的基本情况，从工作液所用外加剂或添加剂及工作液体系两方面，分别介绍了固井水泥浆、酸化液和压裂液体系的组成、性能和应用。叙述力求简明扼要，并突出实用和入门，既介绍了油气井完井工作液基础知识，又反映了最新获得的成果。

本书可供从事油田化学专业的生产、设计人员，以及从事固井、酸化和压裂作业的现场技术人员阅读，也可作为固井、酸化和压裂作业岗位操作人员培训，职业技术院校石油工程类专业教学参考用书。

图书在版编目（CIP）数据

油气井完井工作液 / 王中华编著 . —北京：中国石化出版社，2020.5
（钻井液完井液实用技术丛书）
ISBN 978-7-5114-5743-1

Ⅰ.①油… Ⅱ.①王… Ⅲ.①油气钻井－完井－钻井液 Ⅳ.① TE254

中国版本图书馆 CIP 数据核字（2020）第 056266 号

未经本社书面授权，本书任何部分不得被复制、抄袭，或者以任何形式或任何方式传播。版权所有，侵权必究。

中国石化出版社出版发行
地址：北京市东城区安定门外大街 58 号
邮编：100011 电话：(010)57512500
发行部电话：(010)57512575
http://www.sinopec-press.com
E-mail：press@sinopec.com
北京柏力行彩印有限公司印刷
全国各地新华书店经销
*
787×1092 毫米 16 开本 17 印张 365 千字
2020 年 5 月第 1 版 2020 年 5 月第 1 次印刷
定价：98.00 元

丛书前言

为了满足现代钻井完井工艺技术发展的需要，也为了系统地总结钻井液完井液方面的成果、技术和应用经验，以利于提高对现代钻井液完井液的认识、加强钻井液现场监督、安全使用、选择与管理，以及有效地开展钻井废弃物处理技术，中国石化出版社策划出版了这套《钻井液完井液实用技术丛书》，以奉献给钻井液完井液专业和相关专业的广大读者。

钻井液完井液是一类重要的油田化学作业流体，是油田化学的重要组成部分，在石油勘探开发中占据重要的地位。它是保证钻井、完井以及井下作业安全顺利高效实施的关键。自20世纪70年代我国钻井液完井液技术开始系统地研究与应用以来，经过50来年的发展，钻井液完井液专业学科已趋于成熟，并逐步形成了门类齐全的钻井液完井液处理剂和系统的钻井液完井液体系，基本能够满足复杂地层和特殊工艺井等现代钻井、完井和井下作业工程的需要，从而为现代钻井完井工艺技术的成熟配套奠定了基础，也促进了石油勘探开发的进程。

为配合钻井液完井液工艺技术的学习、培训、教学和应用等，国内自20世纪70年代以来，先后出版了一些关于钻井液完井液工艺技术方面的教材及专业书籍，为钻井液完井液工艺技术和相关知识的学习和应用提供了参考。纵观50年来钻井液完井液的发展，特别是近年来，一些新型高性能钻井液完井液处理剂和钻井液完井液体系的不断开发应用，以及钻井液完井液类型的不断增加和完善，钻井液完井液技术水平不断提高，尤其是随着深井超深井、页岩气水平井和深水钻井的增加，再加之对环保的要求越来越严格，对钻井液完井液的综合性能、环保性能等提出了更高的要求，同时对钻井完井废弃物排放也有了严格的限制，绿色高性能钻井液完井液成为未来的发展方向。而与钻井液完井液技术的发展相比，关于钻井液完井液专业的教材和技术参考书在内容更新方面显得有些滞后，且系统地和全面涵盖钻井液完井液各相关技术方面的书籍依然很少。显然，编写一套系统完整、且能够为现场作业、监督管理、技术培训和职业技术教育等提供有益参考作用的钻井液完井液系列技术读物，已成为石油工程与油田化学领域的迫切要求。

这套丛书立足于实用和基础，兼顾新知识、新技术，主要面向生产一线人员，不仅介绍了钻井液与完井液的基本知识及新产品、新工艺和新技术，还介绍了钻井废弃物处理技术、钻井液安全使用，以及钻井液监督和工程师需要掌握的相关知识。编者结合所从事的钻井液完井液研究与应用实践，并在广泛吸收相关研究与应用成果、专业文献、环保法律、法规的基础上，确定了丛书的构架。该丛书包括《现代钻井液概论》《钻井液监督与工程师读本》《油气井完井工作液》《钻井废弃物处理技术》和《钻井液安全使用必读》5册。分别介绍了现代钻井液技术，钻井液监督管理和钻井液相关知识，固井水泥浆、酸化液和压裂液化学剂和体系，钻井废弃物处理技术和钻井液使用中的安全及环保要求等。

该套丛书可供从事石油工程、油田化学等专业的研究与现场工程技术人员阅读，也可以作为钻井液完井液岗位操作人员的培训教材，以及石油工程等相关专业的本科生参考读物。

前　　言

广义地讲，完井工作液是指从打开油气层到油气井枯竭为止的一切油井作业所使用的流体，也即从打开油气层开始，人为注入井下的所有工作液都属于完井液的范畴。根据具体作业目的，可以把完井液细分为钻开液、清洗液、射孔液、固井液、砾石充填液、封隔液、压井液、酸化液、压裂液、修井液和破胶液等。在上述作业流体中，除钻开目的层的钻井液外，重要的作业流体当属固井和酸化、压裂等作业过程中所用的流体。

本书所述的完井工作液是指用于固井、酸化、压裂作业过程中所涉及的作业流体。

水泥浆是钻完井过程中应用的一种重要的作业流体，在已经钻成的井眼内下入一定尺寸的套管串，并在套管串与井壁之间的环形空间注入水泥浆进行封固作业，是钻完井工程中的重要环节。在固井作业中，水泥浆的功能是固定和保护套管、保护高压油气层和封隔严重漏失层和其他复杂层，水泥浆性能的好坏直接关系着固井质量的优劣，是固井作业的关键。

酸化就是通过酸液溶解地层基质中的颗粒堵塞物，恢复或提高油气井产量的一种有效措施。酸化作业是碳酸盐岩和砂岩油气藏增产的措施之一，在酸化作业中，酸化液的类型和质量是决定酸化效果、提高油气井产量的关键。

压裂就是用压力将地层压开，形成裂缝并用支撑剂将它支撑起来，以减小流体的流动阻力，增加导流面积，是低渗透油藏、碳酸盐岩油藏主要的增产、增注措施，而压裂液是保证压裂效果及压裂工艺顺利实施的关键部分。

可见，在固井、酸化和压裂作业过程中，影响作业效率和质量的关键是作业流体的性能和质量，为保证固井、酸化和压裂作业的顺利实施，国内形成了一系列成熟配套的作业流体和添加剂，但目前关于介绍完井工作液及添加剂的书籍很少，为了系统总结经验和技术，便于学习和应用，在出版社程天阁老师的提议下编写了《油气井完井工作液》一书。该书既是油气井完井工作液的基础读物，也可以当作油气井完井液及添加剂的实用手册。

本书作为《钻井液完井液实用技术丛书》之一，共分四章，内容以完井液及添加剂基础知识、近期取得的完井液配方成果与性能为主，兼顾介绍有关应用技术及实践经验。第一章绪论；第二章固井水泥浆，介绍油井水泥外加剂及水泥浆体系；第三章酸化液，介绍酸化液添加剂及酸化液体系；第四章压裂液，介绍压裂液添加剂及压裂液体系。本书的完成是基于作者对完井工作液的实践与认识，更是结合国内近期的研究成果及有关文献，是广大学者的研究成果和经验积累奠定了本书的基本素材，在此向为本书积累素材的研究人员和工程技术人员表示由衷的谢意，同时也向有关文献的作者表示衷心的感谢。

由于作者学识水平所限，认识肯定存在局限性，书中难免有疏漏之处，恳请广大读者批评指正，并提出宝贵意见。

目　　录

第一章　绪论

完井是钻井工作最后一个重要环节，又是采油工程的开端，与以后采油、注水及整个油气田的开发紧密相关。而油气井完井质量的好坏直接影响到油气井的生产能力和经济寿命，甚至关系到整个油田能否得到合理的开发。在石油开采中，油、气井完井包括钻开油层，完井方法的选择和固井、射孔作业等。对低渗透率的生产层或受到钻井液严重污染时，还需进行酸化处理、水力压裂等增产措施，才能算完井。而完井液则是完井作业过程中必须使用的作业流体。

广义地讲，完井工作液是指从打开油气层到油气井枯竭为止的一切油井作业使用的流体[1]。也即从打开油气层开始，人为注入井下的所有工作液都属于完井液的范畴。根据具体作业用途可以把完井工作液细分为钻开液、清洗液、固井液、射孔液、砾石充填液、隔离液、封隔液、压井液、酸化液、压裂液、修井液和破胶液等，是油气井完井和提高采收率的重要组成部分。在这些作业流体中，如钻开液、射孔液等一些流体在钻井完井液中已有介绍，本章所述完井工作液主要是指在固井和酸化、压裂作业过程中所用的作业流体。

第一节　固井作业

固井作业是油气井钻井工程中最重要的环节之一，其主要目的是封隔井眼内的油层、气层和水层，保护油气井套管、增加油气井寿命以及提高油气产量。

钻井过程中，钻井达到预定深度后，需要下入套管并注入水泥浆，封固套管和井壁之间的环形空间。其作用是：①封固疏松易坍塌或不同压力的地层，为继续钻进或完井生产创造条件；②封隔含流体的地层，避免干扰；③套管顶部可安装井口装置以控制井内高压流体。套管一般有表层套管、技术套管和生产套管三种。套管下入的层数、尺寸和深度，根据地质条件和勘探开发的要求而定。深井广泛采用尾管，它可起技术套管或生产套管的作用，能节省大量的套管和水泥。

通常的注水泥方法是：用水泥车把按计算混合好的水泥浆经地面管汇注入套管内，再注入一定数量的顶替液（一般用钻井液），把水泥浆替到套管外的环形空间。依封固井段的长度和施工要求，可一次注入或分级注入，为保证封固质量，套管柱的下部应装有一定数量的套管扶正器。固井质量要能满足油井长期生产和进行各种井下作业的要求，对套管需进行强度设计，以确定合理的套管钢种、壁厚和丝扣类型等，油井水泥除有必要的强度和抗腐蚀性能外，还须符合不同井下温度和注水泥施工时间的要求，水泥浆中可加入添加剂，如速凝剂、缓凝剂、降失水剂、减阻剂等。固井作业的主要设备有水泥车、下灰罐车、混合漏斗和其他附属设备等。

固井作业是一次性工程，如果质量不好，一般情况下难以补救；而且主要流程在井下，施工时不能直接观察，质量控制往往决定于设计的准确性和准备工作的好坏，受多种因素的综合影响；同时固井作业质量会影响后续工程的进行。可见，固井作业是油气井建井过程的重要环节，直接关系到完井质量。

在固井作业中，除施工工艺外，油井水泥、油井水泥外加剂、前置液等也是保证作业能否顺利进行的关键。

一、油井水泥

油井水泥是一种硅酸盐水泥，为了满足不同情况下固井的需要，油井水泥需要满足不同的要求。

（一）对油井水泥的基本要求

（1）水泥能配成流动性良好的水泥浆，并在规定的时间内能始终保持良好的流动性。

（2）水泥浆在井下的温度及压力条件下保持性能稳定。

（3）水泥浆应在规定的时间内凝固并发展到一定的强度。

（4）水泥浆应能和外加剂相配伍，能够根据需要调整水泥浆性能。

（5）形成的水泥石应有很低的渗透性能等。

（二）油井水泥的主要成分

水泥的主要成分包括：

（1）硅酸三钙 $3CaO \cdot SiO_2$（简称 C_3S），含量一般为 40%~65%。对水泥石强度，尤其是早期强度有较大影响。

（2）硅酸二钙 $2CaO \cdot SiO_2$（简称 C_2S），含量一般为 24%~30%，水化反应缓慢，强度增长慢，对水泥石的最终强度有影响。

（3）铝酸三钙 $3CaO \cdot Al_2O_3$（简称 C_3A），具有促进水泥快速水化的作用，是决定水泥浆凝固和稠化时间的主要因素。对于有较高早期强度的水泥，其含量可达 15%。

（4）铁铝酸四钙 $4CaO \cdot Al_2O_3 \cdot Fe_2O_3$（简称 C_4AF），可以使早期强度较快增长，含量为 8%~12%。

（5）除了以上 4 种主要成分之外，还有石膏、碱金属的氧化物等。

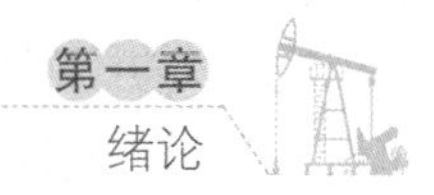

（三）水泥的水化

水泥与水混合成水泥浆后，与水发生化学反应，生成各种水化产物，并逐渐由液态发展为固态，使水泥硬化和凝结，形成水泥石。

（四）油井水泥的分类

1. API 水泥的分类

API 水泥的分类如表 1-1 所示。

表 1-1　API 水泥的分类情况

级别	使用深度范围 /m	使用温度范围 /℃	类型			说明
			普通	抗硫酸盐		
				中	高	
A	0～1830	≤76.7	●			普通水泥
B				●	●	中热水泥，中高抗硫酸盐型
C				●	●	早强水泥，普通和中、高抗硫酸盐型
D	1830～3050	76～127		●	●	用于中温中压条件，中、高抗硫酸盐型
E	3050～4270	76～143		●	●	基本水泥加缓凝剂，高温高压
F	3050～4880	110～160		●	●	基本水泥加缓凝剂，超高压、高温用
G	0～2440	0～93		●	●	基本水泥，分中、高抗硫酸盐型
H				●	●	
J	3660～4880	49～160	●			超高温用，普通型

2. 国产水泥分类

国产油井水泥以温度系列为标准，可以分为：

（1）45℃水泥：用于表层或浅层，深度小于 1500m。

（2）75℃水泥：用于井深 1500～3200m。超过 3500m 应加入缓凝剂，超过 110℃应加入不少于 28% 的硅粉。

（3）95℃水泥：用于井深 2500～3500m。超过 110℃应加入 28% 以上的硅粉。

（4）120℃水泥：用于井深 3500～5000m。当用于 4500～5000m 时，应加入缓凝剂及降失水剂。

3. 特种水泥

（1）触变性水泥：加入黏土或硫酸盐，当水泥浆静止时，形成胶凝状态，但在流动时胶凝状态被破坏，具有良好的流动性。

（2）膨胀水泥：加入铝粉或煅烧的氧化镁，水泥浆凝固时，体积略有膨胀，一般用于高压气井。

（3）防冻水泥：加入石膏粉或铝酸钙，用于地表温度较低地区的表层套管固井。

（4）抗盐水泥：加入盐粉，用于海水配浆或盐岩层固井。

（5）抗高温水泥：加入石英砂或铝酸盐，用于高温条件下固井。

（6）轻质水泥：用于低压固井。

二、水泥浆外加剂

为满足固井作业和固井质量的要求，注水泥时必须添加各种外加化学物质来调节水泥性能，这些外加物质称为油井水泥外加剂。油井水泥浆外加剂包括缓凝剂、催凝剂、减阻剂、降滤失剂、减轻剂、加重剂、防气窜剂、消泡剂和膨胀剂等[2]。

国外自20世纪80年代油井水泥外加剂就得到了快速发展，并逐渐形成系列化产品，在新产品开发方面，合成聚合物材料普遍作为首选的研究对象，我国虽然在这方面起步也较早，但真正得到重视和快速发展是在20世纪90年代，特别是在1993年我国油井水泥全部转化为符合API标准的系列产品以来，外加剂随之快速发展，成功研制出了专用的油井水泥分散剂SAF（磺化丙酮甲醛缩聚物），与固井质量、油气层保护密切相关的油井水泥降滤失剂、促凝剂、缓凝剂和胶接增强剂等也均呈现出良好的发展势头，并逐步形成了专用的油井水泥外加剂系列，目前已经发展到11类200多个品种，年用量数千吨。

进入21世纪，国内在降失水剂方面的研究主要集中在2–丙烯酰胺基–2–甲基丙磺酸（AMPS）多元共聚物方面。以AMPS与丙烯酰胺（AM）为原料合成的油井水泥降失水剂，能有效控制水泥浆的失水量，且保证水泥浆的其他性能在一定范围内可调，循环温度在50~90℃范围内，在水泥中掺入0.32%~0.80%的聚合物时可将API滤失量控制在50mL以内，且可用于饱和盐水水泥浆。以AM、AMPS和乙烯基吡咯烷酮（NVP）为原料合成的油井水泥降失水剂，具有较好的耐温、耐盐性能。以AM、AMPS及苯乙烯（SM）为原料合成的油井水泥降失水剂，在160℃时能将淡水水泥浆的失水量控制在50mL左右，对盐水水泥浆的失水量也有较强的控制作用，具有较高的热稳定性和良好的配伍性。

此外，在淀粉和纤维素改性产物方面也开展一些工作。如以硫酸铈（Ⅳ）为引发剂使淀粉、丙烯酰胺、磺酸基单体在水介质中反应，制得的接枝共聚物，当加量为0.4%时水泥浆75℃下API滤失量降至10mL，加量为0.44%时水泥浆120℃、7.5MPa滤失量为32mL，与各产地G级油井水泥和各种外加剂的配伍性良好。以氯磺酸为磺化剂，氯仿为分散剂，纤维素为原料，制备的磺化纤维素，用作油井水泥降失水剂，具有良好的降失水性能。

缓凝剂方面AMPS共聚物是研究的热点，如以AM、AMPS以及丙烯酸（AA）为原料合成的水泥浆外加剂，不仅具有高温缓凝和控制失水的效果，而且保证了水泥浆的其他性能可调。采用AMPS与衣康酸（IA）为原料合成的油井水泥缓凝剂，对水泥浆有优异的高温缓凝作用，能显著延长水泥浆的稠化时间，具有良好的分散作用和抗钙性能。

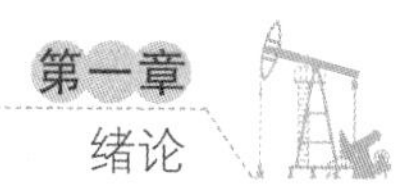

采用AMPS和IA的二元共聚物缓凝剂（PAI）与柠檬酸（CA）复配改性得到的一种复合缓凝剂（CMPAI），缓凝剂加量均为1%时，加入CMPAI后，水泥浆130℃下稠化时间长达277min，而直接加入共聚物缓凝剂的稠化时间仅有148min，CMPAI还有增强水泥浆流动度的作用。由二甲胺、亚磷酸、丙烯醛合成的3-（二甲胺基）烯丙基膦酸DMAAPA与衣康酸共聚得到的DMAAPA/IA共聚物也具有较好的缓凝作用。

为满足深井固井对油井水泥缓凝剂抗高温性能的需要，研制了具有优良的抗温缓凝效果，稠化时间可调，还能有效地降低水泥浆的失水量的多功能高温缓凝剂。实践表明，该高温缓凝剂适用温度范围宽，在浅井、中深井和深井中均可应用，可与多种外加剂配伍，在海上、西北、西南、东北等多个油田和地区应用，取得了良好的固井效果。由多胺化合物、三氯化磷或亚磷酸反应得到油井水泥缓凝剂，在50~180℃温度范围内能实现对水泥浆稠化时间调节，适用于低、中、高密度水泥浆体系，具有很好的耐盐性，可广泛应用于浅井、深井、超深井、水平井、大位移井等复杂井况等。

针对超深井固井的需求，由AMPS、丙烯三甲酸在偶氮二异丁咪唑啉盐酸盐引发聚合得到的耐230℃油井水泥用缓凝剂，能够降低深井固井成本，控制深井水泥浆的稠化时间，保证固井施工安全。

油井水泥分散剂是使用最普遍、消耗量最大的油井水泥外加剂之一。早在20世纪90年代磺化醛酮缩聚物就在油井水泥中得到应用，磺化醛酮缩聚物对水泥浆的流变性能具有较强的调控能力，分散效果较为显著，近年来在以前的基础上不断得到完善和推广。以动物明胶为原料，通过与甲醛、丙酮和焦亚硫酸钠发生磺化接枝反应，合成的明胶接枝磺化缩聚物油井水泥分散剂，分散性能优异、耐盐性强并且无缓凝副作用，性能与常用的磺化醛酮缩聚物分散剂接近，且可生物降解。以对氨基苯磺酸钠和苯酚为主要原料，通过与甲醛进行缩合反应，合成的油井水泥分散剂AS，具有优良的分散性能，和其他外加剂具有很好的配伍性，适用于50~185℃水泥浆体系。

针对水泥石低温情况下强度发展缓慢，由多种无机化合物和有机化合物按一定的比例复合得到一种早强剂DZ-Z，该剂加量为0.5%~2.0%，适用温度为0~50℃，8h水泥石抗压强度大于3.5MPa，同时DZ-Z基本不影响浆体的流变性能，在低温条件下可明显缩短固井候凝时间，节约钻井作业成本。由活性硅、固体醇胺和阴离子型聚合物复配得到一种油井水泥低温早强剂X-1，在水灰比为0.42~0.52时，加入10.0%的X-1可使水泥浆15℃稠化时间比净水泥浆缩短40%~50%，在15℃下养护12h、24h的抗压强度分别大于3.5MPa和6.5MPa，水泥浆体系的综合性能满足低温井固井施工的基本要求。

针对射孔和增产措施易使油井水泥环产生脆性破坏，带来层间流体窜流和套损率上升等难题，由合成橡胶粉H和特种化纤D复配开发了一种新型增韧剂HD，掺HD油井水泥石的韧性和弹性均显著提高，水泥浆综合性能可以满足固井施工的基本要求。一种新型复合纤维增韧剂SD，与净浆相比，加有SD的水泥石的抗冲击功提高了71%，且SD与其他外加剂配伍性良好。

随着我国高酸性气田的开发，对水泥石的抗腐蚀能力提出了新的要求。为了提高水泥石在酸性介质下的长期结构完整性和密封性，采用抗腐蚀材料 RF 能够明显地改善水泥石的抗腐蚀性能，并且所形成的抗腐蚀水泥浆体系具有良好的防窜、低失水、浆体稳定等综合性能。抗 CO_2 腐蚀外掺料 F1 的掺入，可使水泥石生成结构稳定的铝取代的雪硅钙石，有利于水泥石抗 CO_2 腐蚀能力的提高。

在油井水泥外加剂方面，将来仍然需要进一步开发耐高温的缓凝剂和降失水剂，以聚合物材料为基础，研究与其他外加剂配伍性好、不发生过度缓凝和起泡的抗高温分散剂，成本低廉的木质素改性产品，水泥浆游离水控制剂，以及固体悬浮剂、降失水剂和防气窜剂等[3]。

三、前置液

在固井施工中，当水泥浆与钻井液直接接触后，水泥浆将会由于受钻井液的污染，而使其流动性降低，黏度、动切力上升，这将导致施工泵压升高，严重时发生井漏；同时，污染后的水泥石抗压强度、界面胶结强度都将会大幅降低，影响固井封固质量。

通常在注入水泥浆前，先泵入另一种液体，将水泥浆与钻井液隔开，这种液体叫前置液。在注水泥浆后，也泵送一种液体，以隔离水泥浆与钻井液，这种液体叫后置液。

前置液包括冲洗液和隔离液。它能够将水泥浆与钻井液隔开，起到隔离、缓冲、清洗的作用，从而提高固井质量[4]。

（一）冲洗液

冲洗液一般具有低黏度、低剪切速率、低密度的特点。用于有效冲洗井壁及套管壁，清洗残存的钻井液及泥饼。

1. 冲洗液的作用

冲洗液的作用是：用于稀释和分散钻井液，防止絮凝和胶凝；有效地冲刷黏在井壁和套管上的钻井液或疏松泥饼，提高水泥与井壁和套管之间的胶结强度；作为钻井液与水泥浆之间的缓冲液和“隔离液”，防止水泥浆与钻井液直接接触而产生污染；稀释改善钻井液的流动性能，使钻井液易于被顶替，同时，提高顶替效率。

2. 冲洗液的性能

冲洗液一般密度较低（如 1.0~1.03g/cm^3），并接近牛顿流体；对井壁疏松泥饼具有渗透能力，使泥饼易于冲洗剥落；具有一定的悬浮能力，防止钻井液固相颗粒和冲蚀下来的泥饼的沉降和堆积；稀释型冲洗液，应能稀释和分散钻井液，使钻井液在较低流速下达到紊流顶替，其临界流速应控制在 0.5m/s 以下；与水泥浆混合比例较低的条件下，对水泥浆的稠化时间和强度的影响要小；对于冲洗型冲洗液，要能在流体中加入惰性固体粒子增强对井壁的冲刷效果；对套管不产生腐蚀作用。

3. 冲洗液配方

通常根据钻井液性能和井下条件来确定冲洗液的性能，配方设计中还要考虑使用成

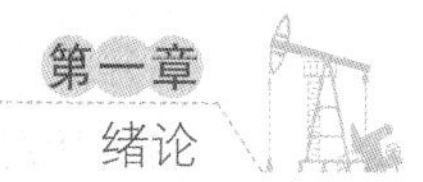

本低。在不需要加重的常规井固井中，尽量用海水或清水作前置液冲洗和稀释井内钻井液（与钻井液和水泥浆相容性好，且有助于提高紊流程度和经济）；加入冲洗液中的稀释剂、分散剂或表面活性剂要容易破坏钻井液的胶凝结构，有利于清洗井眼。

常用配方：100% 海水或淡水 +20% 清洗液（PC-W21L）。对盐层、各类敏感性地层固井通常加入相应的抑制材料加以控制。

（二）隔离液

隔离液是一种密度、黏度和静切力可以控制的前置液，通常为黏稠液体。主要用于隔离和驱替钻井液，应用中可单独使用，也可随冲洗液之后，即与冲洗液同时使用。可分为：

（1）紊流隔离液：具有较低的黏度和紊流临界返速，用于紊流顶替。

（2）黏性隔离液：用于塞流或低速层流顶替，隔离液应有一定的黏度和较大的切力。对于黏性隔离液的性能要求是：①良好的触变性，能悬浮钻屑和固体颗粒；②一般在 27~80℃条件下，塑性黏度应保持在 40~180mPa·s；③密度易调节，一般比钻井液大 0.06~0.12g/cm^3，比水泥浆小 0.06~0.12g/cm^3；④控制失水在 50~120mL（0.7MPa 下 30min）；⑤胶凝强度小于水泥浆大于钻井液，动切力大于钻井液 10Pa；⑥与水泥浆和钻井液具有良好的配伍性；⑦对套管不产生腐蚀。

1. 隔离液的作用

隔离液的作用是：能有效驱替钻井液，适应塞流、低速层流或紊流驱替钻井液；易于控制不稳定地层的垮塌（与冲洗液比较）；与冲洗液相比，能更有效地隔离钻井液和水泥浆，避免水泥浆的接触污染，防止钻井液絮凝增稠；对于紊流隔离液，依靠其中的固相颗粒冲蚀井壁泥饼；对于黏性隔离液，依靠其黏性产生平面推进驱替钻井液。

2. 隔离液的性能要求

对隔离液性能的基本要求如下：

（1）具有紊流冲刷作用，即不仅能以平面形式驱替钻井液，还能产生高的径向扰动，提高对井壁泥饼和管壁的冲蚀。

（2）与钻井液和水泥浆有良好的相容性。

（3）具有与牛顿流体接近的流体特性，其紊流的临界流速应较低。

（4）密度易于调节，能悬浮固相材料保持流体的稳定，特别对大斜度井和水平井尤为重要。

（5）温度对隔离液黏度的影响要小，温度升高后仍能保持稳定。

（6）能够控制井下不稳定地层，防止垮塌，对于易漏井固井，前置液应有防漏或堵漏效果。

（7）对套管无腐蚀作用。

（8）对于高压固井，前置液应有足够的密度。

（9）对于深井固井，前置液应具有热稳定性。

（10）前置液对油气层应不发生或少发生损害，或者损害后容易解除，即：①前置液的固相颗粒应尽量少地进入地层孔隙；②前置液的滤失量应尽量小，减少地层中黏土膨胀；③前置液的滤液成分应避免与地层中的可溶性盐类、地层水发生反应而生成不溶性沉淀。

（11）隔离液的密度一般要求：钻井液密度 > 隔离液密度 < 水泥浆密度，特别是在套管不居中的井眼内，用黏性隔离液进行塞流顶替时，应使隔离液与钻井液保持一定的密度差，切力差，充分发挥隔离液对钻井液的浮力效应。隔离液最简单的形式之一是清洗浆，这是一种低密度的水泥浆，但其主要缺陷是通常与钻井液不相容。

（12）隔离液失水控制一般要≤150mL（30min、7MPa）。低的失水量有利于防止井壁垮塌和减少地层损害。

（13）良好的相容性。即前置液与水泥浆、钻井液以不同比例接触混合，都能形成均质稳定的混合物，而且不会因为化学反应产生与设计要求相反的性能变化。

（三）典型的隔离液

国内近年来开发应用了一些不同组成的前置液、隔离液等。如：

（1）根据冲洗液、隔离液的性能要求，采用阴离子表面活性剂、非离子表面活性剂配制的一种清油剂 RJ-4，将 RJ-4 与增溶剂 B、螯合剂 C 复配，配制出了清油冲洗剂 QY-1（配方为：水 +30%RJ-4+60%B+10%C）。以高分子聚合物增黏悬浮稳定剂，CPS-2000 降滤失剂和抑制剂，形成了清油型隔离液 GLY-1（配方为水 +3%～4% 高分子聚合物增黏悬浮稳定剂 +0.3%CPS2000 降滤失剂 +7%～10% 抑制剂 +15%～30%RJ-4+ 加重剂）。应用表明，清油冲洗剂 QY-1 可有效清洗油膜，冲洗率达 95% 以上。清油隔离液 GLY-1 密度在 1.00～2.20g/cm^3 之间可调，悬浮稳定性好，具有良好的抑制能力，与油基钻井液、水泥浆配伍性良好。形成的高密度前置液的多级配制工艺，保证了现场前置液性能与室内实验一致。同时建立了四级冲洗顶替工艺技术，提高了顶替效率，进一步提高固井胶结质量，经过现场 5 口井应用表明，冲洗、隔离效果良好，固井质量优良[5]。

（2）由水 +5%～10%LWG-1+1%～2%LWG-2+2%～4%LWG-3+ 加重剂等组成的 WG 洗油隔离液，具有润湿、清洗、隔离、防塌等功能，可迅速清除环空壁面的油基钻井液，产生较高的内摩擦力和液相黏度，实现任意加重，有利于清除黏稠的高密度油基钻井液，防止因水基隔离液用量大而导致的页岩坍塌问题。该隔离液可以满足不同页岩气井况的固井要求，经过 10 余口页岩气水平井固井实践表明，主要油气层位固井质量合格率达 100%，优质率达 80% 以上[6]。

（3）一种由水、悬浮稳定剂、冲洗剂和重晶石等组成的密度为 1.5～2.3g/cm^3 的冲洗型隔离液，具有良好的流变和稳定性能，耐温达到 120℃，洗油效率达到 95% 以上，能够高效驱替油基钻井液，实现界面润湿反转，与油基钻井液和水泥浆相容性良好。该隔离液体系在四川地区页岩气油基钻井液条件下，在固井中应用 100 余井次，应用表明，冲洗隔离液能够起到隔离、清洁套管和井壁的作用，有效地提高了油基钻井液条件下的固井施工安全和固井质量[7]。

（4）由 LAS：JFC-6：AOS=1：1：1 组成的三元复配表面活性剂隔离液体系，对油基钻井液有良好的清洗效果，清洗效率可达 92.86%，能够提高界面胶结强度，有助于提高页岩气井的固井质量[8]。

（四）前置液用量

冲洗液和紊流隔离液用量要满足保证顶替效率对紊流接触时间的要求，一般可考虑在 10min 左右。最大用量一般不超过 250m 环空高度。同时使用冲洗液和隔离液时，二者总用量一般不超过 300m 环空高度。黏性隔离液应控制允许的环空高度，如一般为 150～200m 环空高度。对段尾管固井，也考虑等量裸眼环空容积。

对于特殊井况，前置液最小用量≥1.6m^3，最小环空高度≥100m。

四、水泥浆性能与调节

（一）水泥浆密度及其调整

固井时，为使水泥浆能将井壁与套管间的钻井液替换彻底，要求水泥浆密度应大于钻井液密度，但又以不压漏地层为度。

配水泥浆时，水与水泥的质量比称为水灰比。通常水泥浆的水灰比在 0.3～0.5 范围，所配得水泥浆密度则在 1.8～1.9g/cm^3 范围内。在低压油气层或易漏地层固井时，需在水泥浆中加入降低水泥浆密度外掺料，以降低水泥浆的密度。在高压油气层固井时，需在水泥浆中加入提高水泥浆密度的外掺料或加重剂，以提高水泥浆的密度。

（二）水泥浆稠化及稠化时间的调整

1. 水泥浆稠化

水与水泥混合后水泥浆逐渐变稠的现象称为水泥浆稠化。水泥浆稠化的程度用稠度表示。水泥浆的稠度是用稠化仪通过测定一定转速的叶片在水泥浆中所受的阻力得到，单位为 Bc。

水泥浆稠化速率用稠化时间表示。稠化时间是指水与水泥混合后稠度达到 100Bc 所需的时间。为使水泥浆顺利注入井壁与套管的环空，应要求稠化时间等于注水泥浆施工时间（即从配水泥浆到水泥浆上返至预定高度的时间）加上 1h。

2. 水泥的水化反应

水泥浆稠化是由水泥水化引起的，也就是水泥的主要成分与水发生的水化反应。通常水泥的水化分为五个阶段：

（1）预诱导阶段：这一阶段是在水与水泥混合后的几分钟时间内，在这阶段，由于水泥为水润湿而开始水化反应，放出大量的热（其中包括润湿热和反应热），水化反应生成的水化物在水泥颗粒表面附近形成饱和溶液并在表面析出，阻止了水泥进一步水化，使水化迅速下降，进入诱导阶段。

（2）诱导阶段：在这一阶段，水泥的水化速率很低，但由于水泥表面析出的水化物逐渐溶解（因它对水泥浆的水相未达到饱和），所以在这阶段后期，水化速率有所增加。

（3）固化阶段：在这一阶段，水化速率增加，水泥水化产生大量的水化物，它们首先溶于水中，随后饱和析出，在水泥颗粒间形成网络结构，使水泥浆固化。

（4）硬化阶段：在这一阶段，水泥颗粒间的网络结构变得越来越密，水泥石强度越来越大，因此渗透率越来越低，影响未水化的水泥颗粒与水接触，水化速率越来越低。

（5）中止期：在这一阶段，渗入水泥石的水越来越少，直到不能渗入，从而使水泥的水化中止，完成了水泥水化的全过程。

3. 水泥浆稠化时间调整

水泥浆稠化时间的调整包括促进水泥浆稠化和延长水泥浆稠化时间。

当需要促进水泥浆稠化时，常使用能缩短水泥浆稠化时间的物质，即促凝剂。促凝剂的促凝机理是压缩析出水化物表面的扩散双电层，使它在水泥颗粒间形成有高渗透性的网络结构，有利于水的渗入和水化反应的进行而起促凝作用。常用促凝剂，如氯化物、碳酸盐、磷酸盐、硫酸盐、铝酸盐、低分子有机酸盐等。

当需要延长水泥浆稠化时间时，可以使用延长水泥浆稠化时间的物质，即缓凝剂。缓凝剂的缓凝机理包括两部分，即吸附和螯合。其中，吸附机理，即缓凝剂吸附在水泥颗粒表面，阻碍与水接触。也可吸附在饱和析出的水泥水化物表面，影响其在固化阶段和硬化阶段形成网络结构的速率；螯合机理，即缓凝剂可以通过螯合形成稳定的五元环和六元环结构而影响水泥水化物饱和析出的速率。

（三）水泥浆流变性及其调整

水泥浆流变性与水泥浆的流动阻力有关，它关系到水泥浆对钻井液的顶替效率和固井质量。水泥浆流变性与钻井液流变性类似，其流变性调整主要是通过添加水泥浆分散剂降低流动阻力。分散剂作用机理与钻井液降黏剂相近，即通过吸附提高水泥颗粒表面负电性并增加水化层厚度，从而使水泥颗粒形成的结构拆散。常用的水泥浆分散剂如下：

（1）羟基羧酸及其盐类。柠檬酸、水杨酸、苹果酸等及其盐类作为水泥浆分散缓凝剂，具有热稳定性高、抗盐性强、缓凝作用好等特点。

（2）木质素磺酸盐及其改性产物。木质素磺酸盐及其改性产物作为分散缓凝剂，与羟基羧酸及其盐类相比有类似特点，由于易起泡，故在使用时要加消泡剂消泡。

（3）烯类单体低聚物。烯类单体低聚物包括聚乙烯磺酸钠、苯乙烯磺酸钠、苯乙烯磺酸钠与顺丁烯二酸酐的共聚物等（相对分子质量为 $2\times10^3\sim6\times10^3$）。它们用于水泥浆分散剂具有热稳定性高、不起泡、不缓凝、减阻效果好等特点。

（4）磺化树脂或缩聚物。该类分散剂主要有萘磺酸甲醛缩聚物、磺化三聚氰胺甲醛树脂和磺化酮醛缩聚物等。其中，磺化丙酮甲醛缩聚物（SAF）是目前应用最广泛的分散剂，具有抗温抗盐、分散效果好的特点。

（四）水泥浆滤失性及其调整

一般常规固井要求失水量小于250mL，深井固井小于50mL，油气层固井小于20mL。地层渗透率越低，滤失量应越低。

降低失水量通常采用降失水剂来达到。油井水泥降失水剂的降失水作用主要通过三个方面实现：一是增加体系黏度，阻碍自由水的移动；二是降低微细颗粒的流失，增加滤饼的致密度，降低渗透率；三是改变水泥颗粒表面的电性质，进而改变滤饼毛细孔的润湿性。

不同类型的降失水剂作用机理不同，如：固体颗粒通过捕集和物理堵塞达到降低失水量的目的，而胶乳则是通过黏稠液珠在地层空隙结构中产生Jamin效应，在地层空隙表面成膜，降低地层渗透率；水溶性聚合物是通过增黏、吸附、捕集和物理堵塞机理而达到降失水的目的。

（五）气窜及其控制

气窜是指高压气层中的气体沿着缝隙进入低压层或上窜至地面的现象。

发生气窜主要是由于水泥浆在固化阶段和硬化阶段的体积收缩所致。影响注水泥气窜的因素主要有水泥浆体系的性能、环空压力平衡情况和注水泥顶替效果。在水泥浆性能方面，可以通过优化水泥浆性能、添加防气窜剂，采用防气窜水泥浆来控制气窜。

通常通过增大水泥浆凝结期间的结构阻力来阻止在大压差下的气窜非常困难。因此，在高温超高压井中，要达到水泥浆体系有效防窜的目的，应想办法减小气窜压差，这就是要防止水泥浆失重，即要采用双作用防窜水泥浆体系。使用双作用防窜水泥浆体系可直接控制水泥浆的失重，降低气窜压差，从而达到防窜的目的。常用的防气窜剂有半水石膏、铝粉、氧化镁、水溶性聚合物、水溶性表面活性剂和胶乳等。

注水泥后环空出现气窜并不只是由于水泥浆性能所造成，它与环空液柱压力分布、固井时顶替钻井液的顶替效率好坏等因素也有关系。因此，必须综合考虑多个方面因素的影响。

（六）水泥浆漏失处理方法

在固井过程中遇到孔洞型或裂缝型漏失地层时，水泥浆会漏失低返，造成环空流速下降，降低顶替效率、影响胶结质量，致使地下流体层间互窜，影响油气井产能。另外，水泥浆漏失到产层，对油气层产生污染，影响油气产能，并导致油气井失控。可见在易漏失地层固井防漏非常重要。在水泥浆中加入纤维状、颗粒状等堵漏材料，减小水泥浆密度和流动压降等，可以达到防漏堵漏的目的，根据实践，防漏可以从如下几方面考虑。

（1）通过堵漏，提高地层承压能力。压稳气层所需要的最低水泥浆密度如果高于最薄弱地层的承压能力，则固井前必须在钻井液内加入堵漏材料，加强随钻堵漏，或根据漏失类型和裂缝性质采用弹性凝胶、刚性架桥材料等进行针对性堵漏，以提高地层承压能力，为固井施工提供足够的安全窗口。

（2）采用纤维防漏水泥浆体系。使用一种高强有机聚合物单丝短纤维，可以防止固井时的水泥浆漏失，同时还可以提高水泥浆径向剪切应力，改善水泥环抗冲击能力，显著提高固井质量，起到一剂多效的作用。

同时还需要优化施工工艺：

（1）控制套管下放速度。对套管在上层套管内和进入裸眼段地层后的下放速度都要有具体的要求，以防止由于套管下放速度过快对地层产生超过地层破裂压力的激动压力，导致薄弱地层漏失。

（2）变排量顶替工艺，控制井口压力。不追求紊流顶替，根据设计模拟结果，控制井口最高压力。在替浆前期，水泥浆自身具有很快的下落速度，此时采用先替轻浆后替重浆的替浆方式，减缓环空液柱的上返速度，有效控制泵压，降低漏失的风险；到替浆后期，根据泵压的升高情况及时调整替浆排量，将泵压控制在设计要求的范围内，预防漏失的发生。

第二节　酸化作业

油井酸化作业是一种使油井增产的有效方法，它是通过井眼向地层注入工作酸液，利用酸与地层中可反应的矿物的化学反应，溶蚀储层中的连通孔隙或天然（水力）裂缝壁面岩石，增加孔隙、裂缝的流动能力，从而使油井增产的一种工艺措施。

酸化的主要目的是清除井筒孔眼中酸溶性颗粒和钻屑及结垢，并疏通射孔孔眼恢复或提高井筒附近较大范围内油层的渗透性，打开原油流入井的通道，从而达到增产、增注的目的。改造低渗透地层，提高油层渗透率[9~11]。

一、油井酸化处理的分类

（一）酸洗

酸洗也称为表皮解堵酸化，主要用于砂岩、碳酸盐岩油层的表皮解堵及疏通射孔孔眼。

（二）基质酸化

基质酸化也称常规酸化，是指在井底施工压力小于储层破裂压力的条件下，将酸液注入地层，解除井筒附近的伤害，恢复储层产能的酸化作业。在基质酸化中酸液不压开地层，酸液主要在岩石孔隙和天然裂缝内流动，并与孔隙或裂缝中的堵塞物质反应，使之溶解于酸液中达到解堵的目的。基质酸化广泛应用于砂岩和碳酸盐岩储层。

（三）压裂酸化

压裂酸化又称为酸压，一般只应用于碳酸盐岩储层，酸压时的井底压力高于地层的破裂压力或天然裂缝的闭合压力，酸液在张开的裂缝流动并与缝壁反应，形成在施工结束后也不能完全闭合的流动槽沟，最终在储层中形成具有一定导流能力的油气通道，从而提高储层的渗流能力。

本书所述的酸化主要是指常规酸化，亦称“解堵酸化”，是利用酸液的作用提高油气井生产能力的一种措施。在新井完成后或修井后，为解除钻井液等外来物堵塞，恢复油气井生产能力，使其投入正常生产的一种酸处理措施。

常规酸化包括：低浓度盐酸酸化、高浓度盐酸酸化、土酸酸化、互溶土酸酸化、氟硼酸酸化、逆土酸酸化、油酸乳化液酸化、缓速酸化、磁处理酸化、低伤害酸酸化、热酸酸化、防膨酸酸化、集成酸酸化、胶凝酸闭合酸压、混气胶凝酸闭合酸化、硝酸粉末酸化技术。

该工艺的酸化处理范围较酸洗大，能有效地解除钻井液和完井液对地层的损害，作业用酸量也更大，一般约 $20\sim50m^3$，酸液浓度 15%～28%，但施工的泵注排量和泵送压力不高，不会形成裂缝，故又被称为基质酸化，多作为新井完井或修井作业后、气井投产前的常规处理措施。

二、酸液类型及应用

油井酸化处理中常用的酸液类型很多，目前常用的酸可分为无机酸、有机酸、固体酸、多组分酸和缓速酸等，其组成和应用情况如下[12]。

（一）无机酸

目前，常用的无机酸是盐酸、土酸（盐酸和氢氟酸的混合酸）。有时也用硫酸、硝酸、磷酸这些特殊酸。绝大多数的碳酸岩地层的酸化处理采用盐酸。一般盐酸的质量分数为 15%，人们通常称其为常规酸。氢氟酸多用于砂岩地层。

1. 盐酸

利用盐酸与地层中的碳酸盐岩类发生化学反应，生成能溶于水的氯化物和二氧化碳气体。

主要用于低渗透性的碳酸盐岩油层及碳酸盐为胶结构成分的砂岩油层，当井底附近油层空隙堵塞时，也可用盐酸解堵。

2. 土酸

土酸是指盐酸与氢氟酸按比例配制成的混合酸液。土酸酸化是利用土酸中的盐酸溶蚀油层中的碳酸盐类和铁铝化合物，利用氢氟酸来溶蚀地层中的黏土和硅酸盐类，生成能溶于水或易从地层中排出的物质。土酸酸化多用于碳酸盐含量少、泥质含量高的砂岩油层，解除井底机械杂质和各种沉淀物的堵塞，钻井液侵害严重的井用土酸处理也有非常好的效果。

新型土酸是 MP 多功能添加剂取代 ABS 表面活性剂和冰醋酸配制而成的酸液。MP 多功能添加剂能够降低酸液的表面张力，提高酸液穿透能力，加深酸化半径，与酸液及储层流体配伍性好，能抑制酸渣的凝结，使微粒渣溶解分散，不产生沉淀，减少了有机残渣对储层的伤害。

常规土酸表面张力及界面张力大，酸化时易造成矿物的分散，致使储层渗透率大幅度下降；新型土酸表面、界面张力小（比土酸低 34.6mN/m），可减少毛管和贾敏效应造成的附加阻力，减轻油、水在油层中的乳化，使残酸废液易排，达到深部酸化的目的。

1996 年，国外公司介绍了一种适用于砂岩储层增产的新型酸，它是用膦酸复合物水解氟盐来代替 HCl。这种酸液体系成功地应用在新西兰小间隔地热井，使其产量增加了 6 倍。虽然采用无机酸进行酸化的效果非常显著，并且成本低，反应生成物（氯化钙和二氧化碳）可溶，但它对井中的管柱有很强的腐蚀性，尤其当温度高于 120℃时，腐蚀会更严重，防腐费用也很大，故在使用时需考虑是否有必要使用缓蚀剂。

（二）有机酸

有机弱酸，反应速度比同浓度的盐酸要慢几倍到几十倍，适用于高温深井。

有机酸的主要优点是腐蚀性较弱，在高温下易于缓蚀。它主要用于酸与油管接触时间长的带酸射孔等作业。在有机酸中乙酸的用量最大，一般质量分数在 10% 左右。粉状有机酸，如氨基磺酸和氯醋酸都是易溶于水的白色晶状粉末。通常在井场或井口用水就地配制使用。在增产措施方面，这两种酸使用都有限，大多数是利用其呈粉末状，应用于交通不便的边远油井。氯醋酸与氨基磺酸相比，其酸性强且稳定，一般多采用氯醋酸。Baker Hughes 公司开发了一种新的有机酸用于高温井（92~204℃）的酸化，这种有机酸可以是二羧酸，如丁二酸、戊二酸、己二酸或它们的混合物。

氨基多羧酸（ACPA）为一类含有 N 和 O 原子的有机化合物，它们几乎可以和所有金属离子形成稳定的配合物。这类化合物是如乙二胺四乙酸（EDTA）、N-β-羟基乙基乙二胺三乙酸（HEDTA）、二乙基三胺五乙酸（DTPA）、乙二醇二乙醚二胺四乙酸（DEGTA）、三乙四胺六乙酸（TTHA）等有机多元酸，分子中含有 4 个以上的羧酸，其一级电离、二级电离后产生的氢离子能够与碳酸盐类矿物发生反应。

（三）固体酸

酸化常用的固体酸有氨基磺酸和氯乙酸，这二者都是易溶于水的白色晶状粉末，有时也将这些酸制成球状或棒状，便于投入井中以悬浮液状态注入注水井以解除铁质、钙质污染。与盐酸比较，固体酸使用和运输方便，有效期长，不破坏地层孔隙结构，能酸化较深部地层，但氨基磺酸在 85℃下易水解，不宜于高温使用。

此外，还有柠檬酸、乙二胺四乙酸钠（EDTA），氮川三乙酸（NTA）、苯甲酸。它们主要用于控制 pH 值、络合铁离子、暂堵分流等特殊目的。

（四）多组分酸

多组分酸是一种或几种有机酸与无机酸的混合物，如乙酸和盐酸的混合物、甲酸和盐酸的混合物。其主要起缓速作用，可以得到较大的有效酸化处理范围。它既利用了盐酸溶解力的经济性，又利用了有机酸的低腐蚀性，这类酸几乎都用于高温地层处理。

砂岩酸化研究结果表明，对某些地层，由于盐酸的强腐蚀性、与原油的不配伍性及矿物对盐酸的敏感性等原因，使用传统的 HCl–HF 基液体系会导致严重的地层伤害。在中高温井中，问题特别突出。而以乙酸和甲酸为主的有机 –HF 混合液可成功地使砂岩储层增产。但经过更深入地研究和优化，人们发现乙酸 –HF 和甲酸 –HF 体系在施工中出现严重伤害储层的情况。被乙酸 –HF 和甲酸 –HF 液体溶解的铝大多数沉淀，溶液中 AlF_3 的连续沉淀维持了高的 F/Al 比值。

在常规酸液中加入非活性的硝酸粉末或其他固体有机酸，注入地层后，硝酸粉末或其他固体酸在地层孔隙中逐渐溶解，在较长时间内保持低的 pH 值，可以有效地防止酸液对地层的二次伤害。

在用油做载体时硝酸粉末可被挤入较大的径向深度，在后继注入的酸溶液中水解，分解出 HNO_3 与 HCl、HF 等构成混合酸对地层伤害物具有更大的溶解力。在玉门、中原、胜利、青海等油田使用，成功率 80% 以上。

（五）缓速酸

缓速酸是一种通过将酸稠化或向酸液中加入亲油性表面活性剂或乳化剂，从而延缓酸与地层反应速度的酸液。在常规酸化施工中，由于酸岩反应速率快，酸的穿透距离短，只能消除近井地带的伤害。因此，必须运用缓速酸技术对地层进行深部酸化以改善酸处理效果。缓速酸主要有：稠化酸、自生酸、泡沫酸、活性酸、乳化酸等。

1. 稠化酸

稠化酸又称为胶凝酸，是通过加入稠化剂提高酸液的黏度，主要用于降低氢离子向岩石壁面的传递速度。稠化酸是一种高分子溶液，属于亲液溶胶，具有很高的黏度。稠化酸的主要技术特点是在酸化液中加入高分子聚合物（胶凝剂）后，使之成为亲液溶胶而降低 H^+ 的扩散速度，从而降低酸岩反应速度及酸液滤失速度，增加活性酸穿透距离，达到深度酸化目的。

近年来，国外将稠化酸体系应用于分流转向技术，以解决酸液滤失问题。20 世纪 80 年代以来，我国在引进国外稠化酸技术的基础上，研制成功了耐酸、耐高温、耐剪切的稠化剂 RTA、CTl–6 和 VY–101 等，应用效果良好。

2. 自生酸

自生酸是指在地层条件下利用酸母体通过化学反应就地生成活性酸。这类酸性体特别适用高温地层，不仅可避免酸液在高温下快速失活问题，还可防止管材及设备腐蚀。不同的自生酸可以产生 HCl 或 HF 两者的混合物，这些物质主要为氯羧酸盐、卤代烃（卤代烷、卤代烃和卤代芳烃）、卤盐（主要是卤的碱金属和铵盐，但这类物质必须使用引发剂，如醛、酸才能生成相应的酸）、含氟酸及盐（主要是氟硼酸 HBF_4、氟磷酸、氟磺酸等酸，以及氟硼酸、六氟磷酸、二氟磷酸和氟磺酸的水溶性碱金属和铵盐等）、脂、酸酐和酰卤等。

利用自生酸可对那些以前酸化工艺无法处理的高温层进行酸化。用地下生成酸的卤代盐作为释放游离酸时，由于加入化学添加剂，因此生成酸的速率很小，从而使酸化岩石的速率减慢，增加酸耗时间，穿透距离大大增加，同时也能缓和泵入过程中的金属设备的腐蚀，不易引入铁离子，可以避免由于铁离子沉淀而产生的地层损害。

3. 泡沫酸

泡沫酸是用充气或气化了的酸液来代替常规酸液，以降低酸岩反应速率，实现深穿透。泡沫酸由酸液、气体、起泡剂、稳泡剂、水溶性聚合物等组成，它含液量低、表观黏度高、滤失量小，可有效地减缓酸岩反应速率并迅速返排。其主要优点是滤失量低而相对增加了酸液的溶蚀能力，另外其排液能力大，减少了对油气层的损害。

泡沫酸配方中的主体酸可以是 HCl、HF 等无机酸，也可以是 HCOOH、HAC 等有机酸。常用的气体可以是 N_2 或 CO_2 气体，由于 N_2 气货源广，性能稳定，施工中多用 N_2 气。

泡沫酸中含有的液相（酸液）成分少，流体静压柱低，可大大减少液相（一般指水）渗入地层造成伤害；返排时，井筒瞬间形成负压，泡沫迅速膨胀，产生很大的举升能力，导致裂缝中流体产生高流速，从而加快了返排，提高了携带泥沙与淤渣的能力。泡沫酸压裂酸化产生裂缝的能力较大，裂缝导流能力好，酸化半径大，适合于厚度大的碳酸盐岩油层，也适合于重复酸化的老井和水敏性地层。

4. 活性酸

为了延缓酸的反应速率，可以在酸液中添加缓速剂以达到目的，其中加入表面活性剂就是其方法之一，在酸中加入活性剂的酸即为活性酸。酸中的表面活性剂可以吸附在岩石表面，通过控制酸与岩石表面的反应以达到缓速的目的。凡能与酸配位并易吸附在岩石表面的活性剂，均可用于配制活性酸。活性酸的缓速过程为：当酸与地层接触时，初时酸浓度大，活性剂浓度也大，因而能有效地缓速；随着酸向地层深处推移、酸浓度减少，活性剂浓度也因吸附而减少，酸仍然能有效地对地层作用。但随着活性剂浓度减小，就很难有效地控制离子半径小、对岩石表面有特殊作用力的 H^+ 的攻击，因而降低反应速度的能力也减少。

5. 乳化酸

乳化酸是最早用于深度酸化的缓速体系之一，乳化酸即为油包酸型乳状液，其外相为原油或其他油类。对其要求为地面条件下稳定不破乳、地层条件下不稳定易破乳。

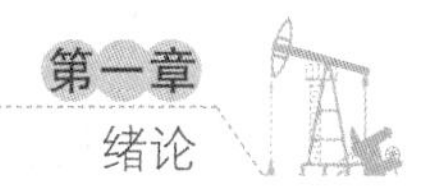

乳化酸是用适当的乳化剂将油和酸乳化而制得的一种缓速酸液，它既可配制成油/酸型，也可配制成酸/油型，油田常用后者，其外相为原油、煤油、柴油或有机芳香烃，内相为 HCl、HCl+HF、HCOOH、HAc 等。乳化酸之所以有缓速作用，主要是这类酸液中的酸以微小液滴分散于油中，被油所包裹，加之乳化剂的乳化稳定作用，使得乳化酸在地面和进入地层的一段时间内不易破乳，酸和岩石不起反应，随着乳化酸向地层深部的逐渐穿透，地温的升高，窄小孔道的挤压以及地层对乳化剂的吸附而导致破乳，此时被油包裹的酸液释放出来溶蚀岩石，从而使整个酸/岩反应减缓，作用时间增长，穿透深度增加，扩大了酸化处理范围。

乳化酸的酸用量和强度范围较宽，经常使用的乳化液是酸油比为 70∶30 的油包酸体系。乳化液的黏度是重要的参数，一些用于压裂的混合物因黏度高而限制了它们在基质酸化的应用。

（六）转向酸

转向酸均匀布酸酸化压裂技术主要是将盐酸黏弹性表面活性剂作为酸液体使用，挤入地层后，活性剂能够首先进入到渗透率较高的岩层当中，然后再渗入到较低的岩层当中，对岩层具有暂堵和转向的功能。这一技术不单单是对酸化压裂技术的改进，还能够改进渗透率低的储层的渗透率，提高碳酸盐层储层的改造效果。

对表面活性剂转向酸体系研究发现，甜菜碱型表面活性剂用量达到 4% 以上时，能够有效降低 H^+ 的传质速度。采用一种长链甜菜碱两性表面活性剂在酸液中的聚集形态变化，形成了以土酸为主体酸，且仅依靠酸浓度变化就能有效增黏的组成为 15%HCl+3%HF+4% 转向剂 +1% 缓蚀剂 +0.5% 铁离子稳定剂的自转向酸体系，在酸化改造过程中仅依靠自身聚集形态随酸浓度的变化即可增黏，并不需要大量 Ca^{2+}、Mg^{2+} 的“交联”作用。酸岩反应 20min 后，含转向剂的土酸酸液溶蚀率仅为 13%，90℃下剪切 90min 后的黏度依然保持在 60mPa·s 以上，自转向酸残酸凝胶与地层原油接触 2h 后，酸液黏度降至 10mPa·s 左右，充分说明体系不仅缓速性能优异且具有良好的耐高温性，很好的转向、缓速和返排性能。现场试验也表明，该体系在砂岩储层中增产效果明显。

三、酸化液添加剂

酸化液作为一种能通过井筒注入地层并能改善储层渗透能力的工作液体，必须根据储层条件和工艺要求加入各种化学添加剂，以完善和提高酸化液体系性能，保证施工效果，常用的添加剂主要有缓蚀剂、助排剂、乳化剂、防乳化剂、起泡剂、降滤失剂、铁稳定剂、缓速剂、暂堵剂、稠化剂、防淤渣剂等。

添加剂的作用在于防止过度腐蚀、形成酸渣、乳化、反应物沉淀，助排、变黏，增加作用范围、稳定黏土和分散石蜡和沥青质等。酸化液添加剂的研究开发在 20 世纪 80

年代达到高峰，90 年代趋于平稳发展，并深入研究如何提高产品性能，为有利于环境保护，尽可能采用绿色化学剂。

由于盐酸和氢氟酸等，对钢材都有很强的腐蚀作用，缓蚀剂的开发与研究一直是添加剂的重点。国外油田在 20 世纪 90 年代应用的缓蚀剂仍以 80 年代开发应用的缓蚀剂为主，90 年代国外几大公司应用的缓蚀剂产品有 50 种之多。目前采用的缓蚀剂分低温（T<104℃）和高温（T<178℃或更高）两类。低温缓蚀剂通常为有机物，包括含氮化合物、含硫化合物、炔属化合物和醛类、酮类、醇类等亲油化合物及表面活性剂等。高温缓蚀剂在成分上与低温缓蚀剂差别不大，只是加入了增强剂。增强剂有甲酸及其衍生物、酸溶性碘盐及酸溶性酮盐、锑盐、铋盐和汞盐。含苯基酮及喹啉类（如喹啉）等复合缓蚀剂适用于 20～204℃，缓蚀效果好。

国外缓蚀剂主要有苯乙烯－马来酐共聚物的多胺缩合物、苯乙烯－丙烯酸树脂的共聚物与多胺缩合物、胺衍生物缓蚀剂、复合缓蚀剂、增效缓蚀剂、苯烯酮缓蚀剂、工业废物作缓蚀剂等。

国内缓蚀剂主要产品有土酸点蚀缓蚀剂 8703–A、土酸缓蚀剂 V–1、水溶性氟碳表面活性剂缓蚀剂等。

国外新产品的耐高温和缓蚀长效方面具有优越性。如 Halliburton 公司的 HAI–72E，在增效剂的协同作用下，在 15%HCl 中能用到 150℃，HAI–81 在 80℃下 15%HCl 中能保持 40h 缓蚀性能，在 120℃下 28%HCl 中也能保持 40h，这保证了需长效缓蚀剂井酸化施工的成功。

酸化液在流动状态下对钢材的腐蚀速度会比静态实验结果快得多，所以在选用缓蚀剂时要充分考虑动态腐蚀因素，增加保险系数。

近年来，国外在酸化液添加剂方面发展相对缓慢，研究开发的重点集中在开发酸化用缓蚀剂、高温稠化剂等方面。在酸化工作液及添加剂的研究与开发和基础理论研究方面不断有新的认识。相比于国外，国内还有相当大的差距。我国近年来酸化液添加剂研究力度不够，进展不大。围绕酸化液添加剂，虽然开展了一些探索，但现场应用的还较少，针对酸化技术的发展，尤其是随着国内各油田气田大量深井施工和低渗油气藏改造需要的日趋紧迫，针对不同区域的地质条件和地层情况，选择不同的酸液添加剂和酸液体系的工作尤为重要，这便要求今后应加快发展、完善酸化添加剂品种，配套、发展针对性强的高效、低伤害酸液体系，以形成酸化液添加剂品种、酸液体系系列化，确保酸化施工的针对性、成功率和有效性。

四、酸化液对储层的伤害

酸化过程最常见的储集层伤害主要有：酸化后二次产物的沉淀、酸液与储集层岩石及地层流体的不配伍性及储层的润湿性改变，毛管力的产生，酸化后颗粒的脱落运移堵塞，产生乳化等[13]。通过了解酸化液对储层的伤害，在酸化作业时就可以通过优化酸化液配方和酸化工艺使伤害尽可能地降低或避免。

（一）酸液与油层流体不配伍造成的伤害

1. 储层原油与酸液的配伍性

当酸液与储层中原油接触时，会产生酸渣。酸渣由沥青、树脂、石蜡及其他高分子化合物组成，是一种胶状不溶性产物，一旦产生，会对储层造成永久性的伤害，一般很难消除。实验表明，在酸液中若不加入抗酸渣添加剂，一般都会产生酸渣，且酸液浓度越高，酸渣生成得越多。当酸液中含有一定量的 Fe^{2+} 和 Fe^{3+} 时，会大大增加酸渣的生成量，其中 Fe^{3+} 对酸渣的影响特别明显。

2. 地层水与酸液的配伍性

地层水与酸接触造成的伤害主要是阴阳离子反应生成沉淀。室内用不同配方的酸液与地层水反应，常见三种情况：一是在加热条件下反应 1h，未产生沉淀，冷却后可见少量沉淀物；二是在常温下无变化，但在加热时有沉淀产生；三是在常温下产生沉淀，且在加热时沉淀量增加。如果地层水中富含 Na^+、K^+、Ca^{2+}、Mg^{2+}、Fe^{2+}、Fe^{3+}、Al^{3+} 等离子时，酸液及反应后残余物将与这些离子作用产生沉淀，对储层造成新的伤害。

（二）酸液与储层岩石的配伍性

储层岩石矿物成分复杂，酸液注入后对不同矿物产生的溶解机理不同，对储层造成的伤害也不一样。黏土矿物普遍存在于油、气储层中，最常见的是蒙脱石、高岭石、伊利石及绿泥石。不同的黏土矿物其组成、结构及理化性质不同，酸液对其产生的伤害也不同。

1. 酸液引起黏土矿物膨胀和造成黏土颗粒的运移

酸液注入含蒙脱石或伊利石－蒙脱石含量较高的储层，酸液中的水被蒙脱石所吸收，引起黏土矿物的膨胀，特别是蒙脱石含量高的黏土，膨胀体积可达 6~10 倍。高岭石类的黏土在储层中大多数松散地附着在砂岩表面，随着酸液的冲刷、剥落下来的微粒将发生运移，造成孔隙喉道的堵塞，导致渗透率下降，因此在酸化作业过程中，必须加入黏土稳定剂。

2. 酸液溶解含铁矿物产生不溶产物

绿泥石类的黏土矿物是水合铝硅酸盐，含有大量的 Fe 和 Mg，当与地层反应后 pH 值逐渐升高至 3~4 以上时，Fe^{3+} 可以再次以 $Fe(OH)_3$ 凝胶沉淀出来，堵塞储层，因此酸液中应加入铁离子稳定剂。

3. 酸化后产生的结垢沉淀

酸化过程中产生过剩的 Ca^{2+}，在酸化过程中若不能及时排出，将与油层中的 CO_2 作用产生 $CaCO_3$ 后与 F^- 反应生成 CaF_2 沉淀堵塞油层。因此，酸化结束后，应及时连续排液，以便排出过剩的 Ca^{2+}、Mg^{2+} 离子，减轻对油层的伤害。

4. 酸化产生液堵及岩石润湿性的改变

酸液注入地层后，井壁附近的含水大大增加，当水油流度比大于 1 时会出现水锁。若酸化时形成乳化、泡沫等，两相流动阻力增加，产生贾敏效应封堵喉道。

（三）酸液与储层矿物反应产生二次沉淀造成的油层伤害

在酸化过程中，酸溶解矿物可以增加岩石孔隙度和油层渗透率，但若溶解后的产物再次沉淀出来，则会重新堵塞孔道，造成油层的伤害。这些二次沉淀物主要有铁质沉淀、铁与沥青质原油结合产生的沉淀、钙盐沉淀、钠盐和钾盐沉淀及水化硅沉淀。

（四）酸液滤失造成的伤害

酸液滤失造成的伤害主要有两方面，一是酸液或前置液渗入细小的孔道，产生毛管阻力，返排时压差不能克服毛管阻力，造成液体流动阻力；二是酸液中固相颗粒，酸液溶蚀下来的储层微粒，特别是高黏残渣等在孔道中运移堵塞孔道，在裂缝壁面形成滤饼。酸压后若这种堵塞不能解除，给储层流体流动带来阻力。

（五）其他伤害

此外，不正确的配液方法，化学剂的质量及杂质含量、施工过程的不连续性等都会对酸化效果造成影响。

第三节　压裂作业

压裂是指利用水力作用，使油气层形成裂缝的一种方法，又称水力压裂。压裂作业是用压力将地层压开，形成裂缝并用支撑剂将它支撑起来，以减小流体流动阻力，增加导流面积的增产、增注措施，对改善油井井底流动条件、减缓层间和改善油层动用状况可起到重要的作用，是低渗透油藏、碳酸盐油藏主要的增产、增注措施。

一、压裂原理

压裂的方法分水力压裂和高能气体压裂两大类，水力压裂是靠地面高压泵车车组将流体高速注入井中，借助井底憋起的高压，使油层岩石破裂产生裂缝。为防止泵车停止工作后，压力下降，裂缝又自行合拢，在地层破裂后的注入液体中，混入比地层密度大数倍的砂子，同流体一并进入裂缝，并永久停留在裂缝中，支撑裂缝处于开启状态，使油流环境长期得以改善。当前水力压裂技术已经非常成熟，油井增产效果明显。特别对于油流通道很小，即渗透率较低的油层增产效果特别突出。

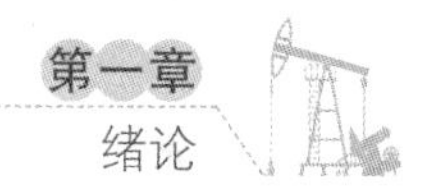

二、压裂工艺技术

（一）压裂工艺技术基础

任何压裂设计方案的有效实施都必须依靠适当的压裂工艺技术。压裂技术主要用于油气层受污染或者堵塞较大的井以及注不进去水或注水未见效的井，特别是页岩油气井。对于不同特点的油气层，必须采取与之适应的工艺技术，才能保证压裂设计的顺利执行，取得良好的增产效果。压裂工艺技术种类很多，主要有以下几种[14, 15]。

1. 封隔器分层压裂

根据所选用的封隔器和管柱不同，封隔器分层压裂包括单封隔器分层压裂、双封隔器分层压裂、桥塞封隔器分层压裂和滑套封隔器分层压裂等不同类型。

国内采用喷砂器带滑套施工管柱，采用投球憋压方法打开滑套。该压裂方式可以不动管柱、不压井、不放喷一次施工分压多层，对多层进行逐层压裂和求产。

2. 限流法分层压裂

用于欲压开多层而各层破裂压力有差别的油井。通过控制各层射孔孔眼数量和直径，并尽可能提高注入排量，利用先压开层孔眼摩阻提高井底压力而达到一次分压多层的目的。

例如，有 A、B 和 C 三个油层，相应的破裂压力分别为 24MPa、20MPa 和 22MPa，按射孔方案射开各自的孔眼。当注入井底压力为 20MPa 时，B 层压开；然后提高排量，因孔眼摩阻正比于排量，B 层孔眼摩阻达到 2MPa 时的注入井底压力为 22MPa，即 C 层被压开；继续提高排量，B 层孔眼摩阻达到 4MPa 时的井底注入压力为 24MPa，A 层被压开。射孔孔眼的作用类似于井下节流器，随排量增加，井底压力不断提高，从而有利于逐层压开的目的。

限流法分层压裂的关键在于必须按照压裂的要求设计合理的射孔方案，包括射孔孔眼、孔密和孔径，使完井和压裂构成一个统一的整体。

3. 蜡球选择性压裂

在油田开发层系划分中，有的虽同属一个开发层系，但油层非均质特性强，存在层内分层现象，这通常称为选择性压裂。

蜡球选择性压裂在压裂液中加入油溶性蜡球暂堵剂，压裂液将优先进入高渗层内，蜡球沉积而封堵高渗层，从而压开低渗层。油井投产后，原油将蜡球逐渐溶解而解除堵塞。若高渗层为高含水层，堵球不解封有助于降低油井含水率。

4. 堵塞球选择压裂

将井内欲压层段一次射开，首先压开低破裂压力层段后加砂，然后注入带堵塞球的顶替液暂堵该层段；再提高泵压压开具有稍高破裂压力的地层，根据需要注入顶替液后结束施工或者继续注入带堵塞球的顶替液暂堵该层段同时压裂另外层段，从而改善产油吸水剖面。

5. 控缝高压裂技术

当油气层很薄或者产层与遮挡层间最小水平主压力差较小，压开的裂缝高度很容易进入遮挡层，此时需要控制裂缝高度延伸。可以通过控制压裂液性能参数和施工排量来实现，更可靠的是人工隔层控缝高压裂技术。其基本原理是在前置液中加入上浮式或下沉式导向剂，通过前置液将其带入裂缝，浮式导向剂和沉式导向剂分别上浮和下沉聚集在人工裂缝顶部和底部，形成压实的低渗透人工隔层，阻止裂缝中压力向上/向下传播，达到控缝高的目的。为了使两种导向剂能上浮和下沉，一般在注入携有导向剂的液体后短期停泵，然后进行正常的压裂作业。

人工隔层控缝高压裂技术主要用于生产层与非生产层互层的块状均质地层；生产层与气、水层间无良好隔层；生产层与遮挡层应力差不能有效控制裂缝垂向延伸。

6. 测试压裂技术

测试压裂也称为小型实验压裂，它是进行一次小规模压裂并分析压裂压力获得裂缝有关参数。包括裂缝延伸压力测试、裂缝闭合压力测试、微注入测试等。

（二）压裂技术进展

自从1947年在美国堪萨斯州某气田成功实施世界第一口压裂井的压裂作业以来，已经有超过150万井次压裂作业，并使水力压裂技术逐步由简单、低液量、低排量压裂增产技术发展成为一项高度成熟的采油采气工艺技术。

由于低渗透油、致密油气藏低孔、低渗、低压的“三低”特性，使得低渗透储量产能低，达不到工业开采经济效益。因此需要对油井进行压裂增产，从而实现油田增产稳产。

我国从20世纪50年代开始进行水力压裂研究与应用，在单井产能预测、水力裂缝理论、压裂工艺等方面取得了较大进展，但总体水平与国外还存在一定差距，尤其是在装备上还需进一步完善配套，强化技术攻关，以满足现代压裂技术发展的需要。

1. 水平井分段压裂技术

水平井分段压裂技术可在较短时间内安全地压裂形成多条水力裂缝，并且压后能够迅速排液，对储层伤害低，其难点在于分段压裂工艺方式和井下封堵工具的选择。根据封堵方式的不同水平井分段压裂工艺可分为以下几种。

（1）限流压裂技术。

限流压裂是一种完井压裂技术，用于压开各个层段破裂压力不同的油井。通过严格控制射孔炮眼的直径和数量，使用尽可能大的注入排量，带动井底压力上升，用最早被压开位置的炮眼限流，压迫压裂液使之分流，在每一层段上压开裂缝。

（2）水力喷射压裂技术。

水力喷射压裂技术是将水力喷射射孔和水力压裂工艺合为一体，能快速准确地进行多层压裂而不需要机械密封装置。一趟管柱能够进行多段压裂，施工周期短有利于降低储层伤害，在国外得到了广泛的应用。

（3）水平井分段多簇压裂工艺。

水平井分段多簇压裂工艺采用多簇射孔，高排量施工，多簇合压的压裂模式，能有效提高多簇裂缝起裂几率、解决地层压不开的问题。根据限流压裂的理论，同时通过加大施工规模及改造强度来进一步提高储层有效改造体积，实现多条裂缝同时延伸，进而提高压后效果；同时深化多簇裂缝起裂机理研究及多簇起裂影响因素分析，并根据簇间诱导应力场的分析对射孔参数和施工参数进行优化，可进一步提高多簇压裂设计的科学性和针对性。

（4）易钻式桥塞分段射孔压裂工艺。

易钻式桥塞分段射孔加砂压裂技术是目前北美地区页岩气水平井分段压裂的主流技术，适用于套管井，其特点是多段分簇射孔、易钻式桥塞封隔，桥塞通过电缆下入或连续油管下入并坐放，然后进行射孔压裂，重复这一过程直到完成所有层段的压裂。该技术能够在水平井段形成多条裂缝，进行更加复杂的压裂工艺，显著增大有效改造体积，从而获得更好的增产效果。

相比于封隔器坐封和水力喷砂射孔压裂技术，易钻式桥塞分段射孔加砂压裂施工摩阻低、压裂分段准、分段级数无限制，并且拥有更高的改造强度和力度，更适用于低渗透储层的改造。

2. 直井多层分压技术

（1）封隔器分层压裂。

封隔器分层压裂是目前国内外广泛应用的一种压裂工艺技术，但作业成本高、施工复杂。根据封隔器和选用管柱的不同，主要有以下类型。

对最底层的储层进行压裂，适用于各种类型的油气层，特别是对深井进行大型压裂施工，可以采用单封隔器分层压裂。对已射孔的油气井中任意层位进行压裂，则可以采用双封隔器分层压裂和桥塞封隔器分层压裂。

也可以采用套管滑套多层分压技术。该技术是国外针对多层压裂开发的技术，可实现无限级多层连续压裂，能满足大排量注入压裂及选择性开采，但工具结构复杂、稳定性较差。

（2）连续油管分层压裂技术。

连续油管水力喷射压裂技术是国外解决多层气藏分压改造的有效手段之一，能够实现深井较大规模压裂施工。该工艺对多层改造气井有一定优势，但工艺因连续油管大型设备配套复杂，应用规模受到限制，且对连续油管设备及操作人员水平有较高要求，一旦设备出现故障或操作不连续，将严重影响施工作业的进度。

（3）重复压裂工艺技术。

重复压裂是在原有压裂井的基础上进行再次或多次压裂的一种方式。低产量的油气井经过压裂，一段时间后可能会由于各种因素而使得裂缝失效导致产能再次降低，对于该情况，可以采取重复压裂的措施以求提高单井产量以及储层采出程度。

重复压裂过程中，在两个水平应力作用下产生诱导应力，在射孔孔眼附近，新的裂缝将在最小应力方向上逐渐形成。在射孔孔眼和初次压裂的裂缝附近，如果最小水平应力和最大诱导应力之和大于油孔与初次压裂裂缝形成的椭圆区域，则新产生的裂缝方向将与初次压裂裂缝方向垂直。

目前，重复压裂在国内外储层改造中的应用越来越多，国内外的重复压裂方法主要有三种，即原有裂缝延伸、层内压出新裂缝和转向重复压裂。其中转向重复压裂比以往的裂缝延伸带来的经济效益更大，因此逐渐得到了发展。

重复压裂虽然能够进行多次重复压裂作业、使用暂堵剂对老缝进行封堵，从而达到提高重复压裂效率的目的，但由于地层不断变化的地理环境，使施工人员很难及时把握并使用这种方法。如果压裂液始终向着最小应力方向进行压裂，没有充分利用含油气地层，虽然能够增加新裂缝，但会使得含水量上升，并且随着时间推移，产量递减速度会加快，有效期缩短。所以需要更好的暂堵材料和更加先进的工艺技术，才能保证施工效果。

3. 新型压裂工艺

（1）致密油高效渗吸压裂技术。

针对在未改造条件下的致密油储层，常规体积压裂技术在致密油气藏开采中已经得到广泛的应用，并获得了显著效果。结合致密储层的特点，将致密油孔喉细小的劣势转化为优势，充分利用其自发渗吸的能力，通过纳米液滴、高效洗油表面活性剂，形成纳米高效洗油剂，实现压裂液渗吸增效的功能。

致密油高效渗吸压裂技术工艺原理是通过“体积压裂”形成缝网为油气提供“网络”渗流通道，同时“打碎”储层，极大程度地增大人工裂缝面积，从而扩大含纳米洗油剂的压裂液与储层的接触，为油水置换创造条件，压裂后适度“闷井”，利用渗吸作用置换储层基质中的原油，最大限度提高致密油储层压裂效率和效果。在未改造的条件下，通过渗吸压裂能够最大限度地提高致密储层产量，达到经济高效开发的目的。其工艺技术关键如下：

①体积压裂。通过大规模大排量及人工控制裂缝转向技术“打碎”储层，形成自然裂缝与人工裂缝相互交错的裂缝网，提高油气改造体积，极大程度上增大了压裂液与储层的接触面积，为基质中原油渗吸置换奠定基础。

②渗吸洗油。在压裂液中添加纳米高效洗油剂，通过改变岩石润湿性，促进自发渗吸的发生，生物溶剂与表面活性剂协同作用能有效实现油水置换。

③高效纳米洗油剂。由多种表面活性剂与生物溶剂复合配置，生物溶剂使表面活性剂胶束纳米化，使得表面活性剂能够进入裂缝深部并有效覆盖裂缝表面，实现低渗、超低渗储层原油置换。

（2）无水压裂工艺技术。

二氧化碳干法加砂压裂技术属于国际上无水压裂的前沿技术之一，能够显著提高强水敏、强水锁和非常规油气藏增产效果和开发效益。对于“三低”油气田，要经济有效

的开发，必须对油气藏储层进行增产改造，但是压裂过程中的储层损害是影响这类储层改造效果的致命因素，而这一技术在对储层保护和提高天然气增产效果方面具有极为明显的优势。

超临界二氧化碳具有独特的性能，尤其是密度接近于水，黏度非常低，接近于气体，表面张力接近于零。采用液态二氧化碳代替常规水力压裂液，将支撑剂带入地层形成高导流裂缝，可实现增产改造全过程无水相，是致密油气藏增产增效的法宝，可有效解决水力压裂带来的难题，对节约水资源，推动我国低渗透油气藏经济有效开发具有重要的意义。

二氧化碳干法加砂压裂技术采用纯液态超临界二氧化碳代替常规水力压裂液进行造缝、携砂，其优势是：①增产效果显著，是常规水力压裂效果的5倍到6倍；②无水相、返排快，避免了水敏储层中由于常规水力压裂液中的水相侵入而导致的地层损害；③无残渣，可使裂缝内壁和导流床保持清洁高效；④应用范围广，可用于煤层气、页岩气、致密砂岩气的压裂增产；⑤二氧化碳比甲烷的吸附能力更强，可置换出吸附于储层岩石上的甲烷，从而提高天然气或煤层气产量；⑥能够实现部分二氧化碳永久埋存，并且能够对二氧化碳尾气进行回收利用，有利于环境保护。

（3）“三低一大”压裂技术。

此方法是针对我国煤层气单井产量普遍较低而提出，由于煤层对应力敏感性较强，如果进行常规诱导压裂，会导致煤层渗透率显著降低。因此提出了低砂比、低排量、低压力、大液量的压裂新方法。

①低砂比。按照常规水力压裂理论，加砂量越大，压裂效果就会越好，但对煤层气增产却正好相反，其关键在于沟通天然裂缝形成缝网，因此煤层气水力压裂时应使用低砂比。

②低排量。研究认为，低排量注水时，水会逐渐渗入天然裂缝，使裂缝膨胀、张开、沟通，有利于形成裂缝网，排水降压后大量煤层气解吸，能获得较大的体积改造范围。

③低压力。煤层对应力敏感性强，并且储层中含有大量天然裂缝，若进行常规诱导压裂，很可能会造成严重的储层损害。因此煤层气储层压裂的主要任务是沟通天然裂缝而不是压出新裂缝。在施工时，要控制施工压力略低于地层破裂压力，这样可以使天然裂缝张开而地层不致被压裂，其结果是既可以沟通煤层中大量的天然裂缝又避免了压裂地层而造成的储层伤害。

④大液量。随着压裂液用量的增多，大量的压裂液流进入天然裂缝，波及的体积范围随之增大，压裂改造体积也会增大，最终提高煤层气单井产量。

三、压裂液

压裂液自 1947 年首次用于裂缝增产以来经历了巨大的演变。早期的压裂液是向汽油中添加足以压开和延伸裂缝的黏性流体；后来，随着井深的增加和井温的升高，对压裂液的黏度提出了更高的要求，开始采用瓜胶及其衍生物压裂液。为了在高温储层中达到足够的黏度和提高压裂液的高温稳定性，采用硼、锆、钛等无机和有机金属离子交联线性凝胶。20 世纪 80 年代，因泡沫压裂液对地层伤害小而受到广泛重视；20 世纪 90 年代，通过使用高效化学破胶剂和降低聚合物浓度的方法来减少瓜胶对地层的伤害。随着低残渣聚合物压裂液和清洁压裂液等的广泛应用，压裂作业流体已从 20 世纪 50 年代的油基体系，发展到 90 年代乃至目前仍广泛使用（超过 90%）的各种水基体系，并逐渐朝着绿色、高效、低伤害的方向发展[16]。

由于在压裂过程中，注入井内的压裂液在不同的阶段有各自的作用，所以压裂液可以细分为前置液、携砂液和顶替液。

（1）前置液：其作用是破裂地层并造成一定几何尺寸的裂缝，同时还起到一定的降温作用。为提高其工作效率，特别是对高渗透层，前置液中需加入降滤失剂，加细砂或粉陶（粒径 100~320 目，即 0.15~0.045mm，砂比 10% 左右）或 5% 柴油，以堵塞地层中的微小缝隙，减少液体的滤失。

（2）携砂液：它起到将支撑剂（一般是陶粒或石英砂）带入裂缝中并将砂子放在预定位置上的作用。在压裂液的总量中，这部分占的比例很大。携砂液和其他压裂液一样，都有造缝及冷却地层的作用。

（3）顶替液：其作用是将井筒中的携砂液全部替入到裂缝中。

（一）对压裂液的要求

对压裂液的基本要求是黏度高、摩阻低、滤失量少、对地层无伤害、配制简便、材料来源广、成本低。

根据不同的设计工艺要求及压裂的不同阶段，压裂液在一次施工中可使用一种液体，其中含有不同的添加剂。对于占总液量绝大多数的前置液及携砂液，都应具备一定的造缝能力并使压裂后的裂缝壁面及填砂裂缝有足够的导流能力。基于此，压裂液必须具备如下性能：

（1）滤失小。这是造长缝、宽缝的重要性能。压裂液的滤失性，主要取决于它的黏度、地层流体性质与压裂液的造壁性，黏度高则滤失小。在压裂液中添加降滤失剂能改善造壁性，大大减少滤失量。压裂施工时，要求前置液、携砂液的综合滤失系数 $\leqslant 1\times10^{-3}m/min^{1/2}$。

（2）悬砂能力强。压裂液的悬砂能力主要取决于其黏度。压裂液只要有较高的黏度，砂子即可悬浮于其中，这对砂子在裂缝中的分布是非常有利的；但黏度不能太高，如果压裂液的黏度过高，则裂缝的高度大，不利于产生宽而长的裂缝。一般认为压裂液的黏度为 50~150mPa·s 较合适。由表 1–2 可见液体黏度的大小直接影响砂子的沉降速度。

表 1-2　黏度对悬砂的影响

黏度 /mPa·s	砂沉降速度 /（m/min）	黏度 /mPa·s	砂沉降速度 /（m/min）
1.0	4.00	87.0	0.08
16.5	0.56	150	0.04
54.0	0.27		

（3）摩阻低。压裂液在管道中的摩阻越大，则用来造缝的有效水马力就越小。若摩阻过高，则将会大大提高井口压力，降低施工排量，甚至造成施工失败，故压裂液必须摩阻低。

（4）稳定性好。压裂液稳定性包括热稳定性和剪切稳定性。即压裂液在温度升高、机械剪切下黏度不发生大幅度降低，这是关系施工成败的关键。

（5）配伍性好。压裂液进入地层后与各种岩石矿物及流体相接触，不应产生不利于油气渗滤的物理、化学反应，即不引起地层水敏及产生颗粒沉淀。这些要求是保证压裂效果的关键。

（6）低残渣。要尽量降低压裂液中的水不溶物含量和提高返排前的破胶能力，减少其对岩石孔隙及填砂裂缝的堵塞，增大油气导流能力。

（7）易返排。裂缝一旦闭合，压裂液返排越快、越彻底，对油气层损害越小。

（8）货源广，便于配制，价格便宜，以降低作业成本。

（二）压裂液的分类

目前国内外使用的压裂液有很多种，主要有油基压裂液、水基压裂液、酸基压裂液、乳化压裂液和泡沫压裂液，其中水基压裂液和油基压裂液应用比较广泛。常用的各种类型压裂液或压裂液体系见表 1–3。

表 1-3　各类压裂液及其应用条件

压裂液基液	压裂液类型	主要成分	应用对象
水基	线型	HPG、TQ、CMC、HEC、CMHPG、CMHEC、PAM	短裂缝、低温
	交联型	交联剂 +HPG，HEC 或 CMHEC	长裂缝、高温
油基	线型	油、胶化油	水敏性地层
	交联型	交联剂 + 油	水敏性地层、长裂缝
	O/W 乳状液	乳化剂 + 油 + 水	适用于控制滤失
泡沫基	酸基泡沫	酸 + 起泡剂 +N_2	低压、水敏性地层
	水基泡沫	水 + 起泡剂 +N_2 或 CO_2	低压地层
	醇基泡沫	甲醇 + 起泡剂 +N_2	低压存在水锁的地层
醇基	线性体系	胶化水 + 醇	消除水锁
	交联体系	交联体系 + 醇	

注：HPG——羟丙基瓜胶；HEC——羟乙基纤维素；TQ——田菁胶；CMHEC——羧甲基羟乙基纤维素；CMHPG——羧甲基羟丙基瓜胶。

1. 水基压裂液

水基压裂液是以水作溶剂或分散介质，向其中加入稠化剂、添加剂配制而成的压裂液体系。主要采用三种水溶性聚合物作为稠化剂，即瓜胶、田菁胶、魔芋胶等植物胶、纤维素衍生物及合成聚合物。这几种高分子聚合物可在水中溶胀成溶胶，交联后可形成黏度极高的冻胶。具有黏度高、悬砂能力强、滤失低、摩阻低等优点。

2. 油基压裂液

油基压裂液是以油作为溶剂或分散介质，与各种添加剂配制成的压裂液。原油最初用作油基压裂液，是因为它们比水基液对含油气地层的伤害小，油基液本身固有的黏度也使其比水更具吸引力。但是油基液较贵，施工操作较难处理，且受到安全和环保限制，所以目前仅用于已知对水极为敏感的地层中。

3. 泡沫压裂液

泡沫压裂液是由气相、液相、表面活性剂和其他化学添加剂等组成的压裂液体系。泡沫压裂液是一种稳定的气液混合物，用表面活性剂降低了表面张力可使这种混合物达到稳定。当液体从作业井中返排时，泡沫中的承压气体（氮或二氧化碳）膨胀将液体从裂缝中驱出，泡沫加速了支撑裂缝中液体的回收率，因此是一种用于低压储层中的理想液体。由于体积气体的泡沫含量高达 95%，所以液相最小。在水基液中，充满泡沫的液体极大地减少了与地层接触的液量，因此在水敏地层中泡沫压裂液具有良好的效果。

4. 清洁压裂液

清洁压裂液又称为黏弹性表面活性剂压裂液，它是一种基于黏弹性表面活性剂的溶液。清洁压裂液是为了解决常规压裂液在返排过程中由于破胶不彻底对油气藏渗透率造成很大伤害的问题而开发的一种新型压裂液体系。清洁压裂液具有良好的流变性、滤失性、低损害与高导流能力等特性。

5. 乳化压裂液

乳化压裂液是两种不融合相的分散体系，如用表面活性剂稳定的油包水或水包油体系。乳化压裂液是高度黏稠溶液，具有良好的传输性。乳化液常因乳化剂吸附在地层岩石表面上而破乳。由于聚合物用量极少，这类液体对地层伤害较小，而且可快速清洗。乳化液的不足是摩擦压力较高，而且液体的费用较高（除非碳氢化合物可回收）。此外随着温度的升高，乳化液明显地变得很稀，故不宜用于高温井中。

（三）压裂液对油气层的伤害与防护

压裂作业存在两重性：一方面是形成具有一定几何形状的高导流能力裂缝，改善油气通道；另一方面是压裂液进入地层后，会引起部分损害。损害包括液体损害和固体损害。

液体损害通常是由于压裂液滤液引起的地层黏土膨胀、分散、运移、堵塞孔道；滤液进入喉道后由于毛细管力的作用造成水锁；润湿性反转使油相渗透率变小；与地层流体配伍性差而产生沉淀等。固体损害是由于残渣对压裂效果的影响存在双重性，一是形

成滤饼，阻碍压裂液侵入地层深处，减轻了地层损害；另一方面是堵塞地层及裂缝内孔隙和喉道；增强乳化液的界面膜厚度，难于破乳。压裂液残渣及浓缩胶黏附在支撑剂表面，堵塞支撑剂间孔隙通道，甚至把支撑剂固结在一起，导致裂缝导流能力大大降低。

为尽可能降低压裂液带来的伤害，可以采用如下措施：①优选降滤失剂，减少由于压裂液滤失对储层造成的伤害；②适用于低水不溶物稠化剂，减少由于压裂液残渣对地层的伤害；③优选压裂液添加剂，加入防膨剂、交联剂、降黏剂以及铁离子稳定剂等，降低水敏、盐敏和原油结蜡造成的伤害；④改善压裂液的破胶性能，使压裂液迅速、彻底破胶，减少对支撑裂缝导流能力的伤害。

四、压裂液添加剂

压裂液添加剂是组成压裂液的不同作用的化学剂，压裂液不仅是单纯由液体和调化剂组成，还要加入各种添加剂，以抑制细菌，改善高温稳定性，施工一结束压裂液即破胶，使地层损害最小和控制滤失，压裂后有部分物质还要支撑裂缝。

压裂液添加剂的作用是在压裂过程中提高压裂液的综合性能，以满足压裂工艺对压裂液的要求，提高压裂效果。压裂液添加剂包括破胶剂、缓蚀剂、助排剂、交联剂、黏土稳定剂、减阻剂、防乳化剂、起泡剂、降滤失剂、pH 值控制剂、暂堵剂、增黏剂、杀菌剂和支撑剂等。

水基压裂液主要是利用交联剂使溶解于水中的高分子稠化剂进行不完全交联，形成具有三维网状体型结构的冻胶。该冻胶具有黏度高、造缝性能好、悬砂能力强、滤失量小等优点，被广泛应用于油井增产、水井增注等的中深、深井压裂作业，尤其适于高砂比、大砂量、宽造缝、深穿透的压裂施工。水基压裂液在深井、超深井等高温环境的压裂施工过程中，稠化剂高分子链能否稳定、不降解，在交联剂作用下能否形成具有网络结构的冻胶，决定着压裂液的悬砂、造缝性能以及整个压裂措施的成败[17, 18]。

从 20 世纪 60 年代至今，水基压裂液稠化剂主要以胍胶及其衍生物为主，其生产和应用工艺已经基本完善；随后逐渐形成了香豆胶、田菁胶等不同类型的改性天然植物胶，以及羧甲基纤维素（CMC）、羟乙基纤维素（HEC）、羧甲基羟丙基纤维素（CMHPC）、羟丙基甲基纤维素（HPMC）和羟丁基甲基纤维素（HBMC）等纤维素衍生物稠化剂。近年来，水溶性合成聚合物压裂液稠化剂已成为国内外研究的热点。与天然聚合物相比，合成聚合物具有增稠能力强、破胶性能好、残渣少等特点。合成聚合物稠化剂主要是聚丙烯酰胺类，聚丙烯酰胺通过与有机钛、锆等金属交联剂反应可形成水基冻胶压裂液，目前已合成的聚丙烯酰胺类稠化剂主要有聚丙烯酸钠、聚丙烯酸酯、聚乙烯基胺、聚乙烯醇等。近年来的研究表明，AM 与 AMPS、NVP 等单体的共聚物或疏水缔合聚合物等是前景较好的一类胶凝剂，但国内高温下稳定的聚合物稠化剂、抗高温抗盐减阻剂等仍然没有形成成熟稳定的产品。

随着新型稠化剂的出现，具有新结构和新功能的交联剂的研究与开发日益受到研究者的重视。无机钛、锆、硼等交联剂是应用较早的水基压裂用交联剂。将钛、锆、硼等无机离子直接作为交联剂，能获得交联效果比较理想的冻胶，但无机交联剂本身存在以下缺陷：①钛、锆、硼等无机离子的尺寸较小，在水溶液中的流动、渗透、扩散性能好，形成冻胶的速度较快，压裂液冻胶泵送时会产生较大的摩阻；②离子尺寸小，交联时需要缩短 HPG 分子链空间距离，HPG 需要保持相对较高的浓度，这将导致破胶后残渣量大，对储层伤害大，影响油气田的产能，降低经济效益；③无机离子交联 HPG 形成的冻胶强度相对较低，在外加剪切力时发生剪切稀化甚至破胶，破胶过早、过快会导致悬砂效果下降，压裂液体系造缝能力降低，甚至施工过程中发生砂卡，造成施工事故。由此可见，改善无机交联剂的延迟交联效果，提高耐温耐剪切性能，并减小地层伤害，具有重要的理论和现实意义。

为提高无机交联剂的交联能力和耐温耐剪切性能，从 20 世纪 70、80 年代开始，国外研究者向钛、锆、硼等离子中加入了一定量的有机配体，开发了基于配位作用的有机交联剂体系。目前所使用的有机配体大多是多羟基化合物、胺类化合物和羧酸，如乙二醇、二乙醇胺、三乙醇胺、葡萄糖、葡萄糖酸等。1991 年，国外学者用有机配体制备了有机硼交联剂。钛、锆、硼等离子直接作为交联剂时，离子尺寸相对较小，加入有机配体形成有机配位交联剂后，粒子将增大至胶体尺寸。将有机配位交联剂加入 HPG 溶液中，位于交联剂表面的一部分配体解离，裸露出的交联剂与 HPG 大分子链上的羟基相结合，使 HPG 逐步交联成冻胶。

由于钛、锆、硼等离子与有机配位体发生配位后形成的有机交联剂的粒子尺寸加大，可使溶液中空间距离相对较远、浓度较低的 HPG 溶液形成冻胶，这一结果具有重要的意义：一方面，可降低 HPG 用量，节约使用成本，提高经济效益；另一方面，可减少破胶后产生的残渣量，降低地层伤害，提高油气产量。同时，由于有机配体与 HPG 上的羟基之间存在竞争，因此，有机配体的存在可以延缓交联反应的进行，从而赋予有机交联剂延迟交联的效果，有利于降低泵送中产生的摩阻。另外，有机交联剂交联后形成的冻胶桥连化学键更稳定，冻胶具有更好的耐温、耐剪切性能。

对比钛、锆、硼交联剂性质发现，有机钛、有机锆交联形成的冻胶耐温耐剪切能力强、冻胶强度大，但破胶不彻底、返排困难、对地层伤害大；有机硼类交联形成的冻胶，破胶后残渣量较少、对地层伤害小，但需要性能合适的配体来强化冻胶的耐温耐剪切性能。

研究表明，两种有机交联剂体系有明显的互补性，因此有研究者将两者复配，制备出了硼 / 钛、硼 / 锆型复合交联剂。

此外，在降滤失剂、乳化剂、支撑剂、破胶剂等方面，自 20 世纪 90 年代以来虽然取得了一定的进展，但目前仍然存在一些没有解决的问题。在压裂液稠化剂方面虽然开展了一些探索，但现场应用的还较少，针对压裂技术的发展，今后需要从合成聚合物压裂液高温稠化剂、高性能纤维素或纤维素衍生物、性能优良的新型多侧基植物胶、高性能减阻剂，与聚合物配伍性好的抗高温压裂液交联剂、低浓度植物胶压裂液交联剂，以

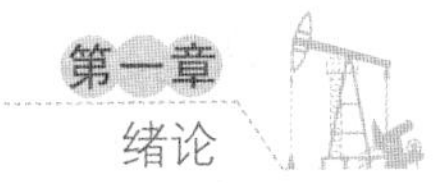

及延迟交联性能更佳的交联剂体系，低密度、高强度、与交联剂匹配性好的支撑剂、长效防膨剂等，破胶彻底、安全环保的新型破胶剂等方面开展研究，以促进压裂液添加剂的发展。

参考文献

[1] 王胜军，李洪，熊启勇，等．国内完井液研究应用现状［J］．新疆石油科技，2014，24（2）：18-21.

[2] 王中华．国内油井水泥外加剂研究与应用进展［J］．精细与专用化学品，2011，19（10）：45-48.

[3] 王中华，何焕杰，杨小华．油田化学品实用手册［M］．北京：中国石化出版社，2004.

[4] 固井前置液设计［EB/OL］. https：//wenku.baidu.com/view/dd9e0b0b804d2b160a4ec00e.html，2014-07-03/2019-07-26.

[5] 李韶利，姚志翔，李志民，等．基于油基钻井液下固井前置液的研究及应用［J］．钻井液与完井液，2014，31（3）：57-60.

[6] 刘伟，刘学鹏，陶谦．适合页岩气固井的洗油隔离液的研究与应用［J］．特种油气藏，2014，21（6）：119-122.

[7] 赵启阳，张成金，严海兵，等．提高油基钻井液固井质量的冲洗型隔离液技术［J］．钻采工艺，2017，40（5）：88-90.

[8] 刘丽娜，李明，谢冬柏，等．一种适用于油基钻井液的表面活性剂隔离液［J］．钻井液与完井液，2017，34（3）：77-80.

[9] 王宝峰，许志赫，曾斌，等．表面活性剂在酸化中的开发与应用［C］// 全国工业表面活性剂发展研讨会．2001.

[10] 郭建春，陈朝刚．酸化工作液发展现状［J］．河南石油，2004，18（6）：40-42.

[11] 缑新俊，赵立强，刘平礼．基质酸化发展现状［J］．钻采工艺，2002，25（2）：40-44.

[12] 王磊，薛蓉，赵倩云，等．油气藏酸液体系研究进展［J］．应用化工，2018，47（3）：548-553.

[13] 王钧科，王平，南天界，等．陇东油田保护储层的酸化工艺及酸化液体系研究应用［J］．钻采工艺，2004，27（6）：79-82.

[14] 杨航宇，杜敬国．压裂工艺技术现状及新进展［J］．兰州石化职业技术学院学报，2017，17(2)：1-4.

[15] 压裂［EB/OL］.https：//baike.baidu.com/item/%E5%8E%8B%E8%A3%82/2433044?fr=aladdin#reference-［1］-134848-wrap，2018-07-04 /2019-07-26.

[16] 梁文利，赵林，辛素云．压裂液技术研究新进展［J］．断块油气田，2009，16（1）：95-98.

[17] 柳慧，侯吉瑞，王宝峰．水基压裂液稠化剂的国内研究现状及展望［J］．广州化工，2012，40（13）：49-51.

[18] 何青，姚昌宇，袁胥，等．水基压裂液体系中交联剂的应用进展［J］．油田化学，2017，34(1)：184-190.

第二章　固井水泥浆

水泥浆是钻完井过程中应用的一种重要的作业流体，固井是在已经钻成的井眼内下入一定尺寸的套管串，并在套管串与井壁之间的环形空间注入水泥浆进行封固的作业。水泥浆的功能是固定和保护套管、保护高压油气层和封隔严重漏失层和其他复杂层。

水泥浆由水、水泥、外加剂和外掺料组成。配水泥浆的水可以是淡水、盐水或海水。水泥是由石灰石、黏土在1450~1650℃下煅烧、冷却、磨细而成，它主要含硅酸盐和铝盐酸，如硅酸三钙 $3CaO \cdot SiO_2$（简称 C_3S）、硅酸二钙 $2CaO \cdot SiO_2$（简称 C_2S）、铝酸三钙 $3CaO \cdot Al_2O_3$（简称 C_3A）和铁铝酸四钙 $4CaO \cdot Al_2O_3 \cdot Fe_2O_3$（简称 C_4AF）等。同时还含有石膏、碱金属的氧化物等。

水泥水化后的早期强度主要决定于硅酸三钙，后期强度则主要决定于硅酸三钙和硅酸二钙，而铝酸三钙和铁铝酸四钙对早期强度和后期强度的影响都较小。水泥石还含有石膏、碱金属、氧化钙等。

油井水泥浆外加剂与外掺料是维护水泥浆性能、保证固井质量的关键。若按用途，则油井水泥外加剂与外掺料的主要作用是促凝、缓凝、减阻分散、膨胀、降失水、调整密度和防漏堵漏等[1]。本章从油井水泥外加剂和水泥浆体系两方面进行介绍。

第一节　油井水泥外加剂

油井水泥外加剂是通过对水泥浆性能的控制、调整，提高水泥石的综合性能，以满足各种类型井和复杂条件下的固井需要的化学剂。它是保证水泥浆性能，最终保证固井质量的关键。油井水泥外加剂主要包括促凝剂、缓凝剂、降滤失剂、分散剂、减轻剂、加重剂、消泡剂和防气窜剂等[2~5]。

一、促凝剂

在浅井或表层套管注水泥作业中，虽然水泥浆能够满足泵送的要求，但往往存在稠化时间长、强度发展慢等问题，严重影响钻井进尺和固井质量，为此需要加入促凝剂或早强剂来改变水泥浆性能，以满足固井作业的需要。这一过程中所添加的能够减少水泥浆凝固时间的添加剂就是促凝剂。促凝剂的最大特点是它在油井水泥中的加量与稠化时间不成正比，在水泥浆配方设计中要高度注意，以防出现施工事故。促凝剂主要包括氯化物促凝剂、无氯促凝剂、复合促凝剂等。

（一）氯化物促凝剂

氯化物促凝剂主要是氯化钙、氯化钠和氯化钾等。

氯化钙，一般采用无水氯化钙。无水氯化钙为白色立方结晶或粉末，无臭、味微苦，有强吸湿性，暴露于空气中极易潮解；分子式 $CaCl_2$，相对分子质量 120.983；熔点 782℃，沸点 1635.5℃，相对密度 2.15；易溶于水，同时放出大量的热，其水溶液呈微酸性，溶于醇、丙酮、醋酸；用于油井水泥促凝剂，还有理想的早强作用，其用量一般为水泥质量的 2%~4%。

氯化钠，别名食盐，为白色立方晶体或细小结晶粉末；分子式 NaCl，相对分子质量 55.45；密度 2.17g/cm^3 左右，熔点 801℃；纯品不潮解，含 $MgCl_2$、$CaCl_2$ 等吸湿性杂质时易吸潮；溶于水和甘油，几乎不溶于酒精，在水中的溶解度受温度的影响不大；一般氯化钠用量占水泥质量的 10% 以下为促凝剂，在 10%~18% 既不促凝也不缓凝，当用量 18% 以上时表现出缓凝效果，可作水泥浆加重剂，也可配制饱和盐水水泥浆，还可以降低水泥浆的冰点。

氯化钾，无色立方晶体或白色结晶；分子式 KCl，相对分子质量 74.55，相对密度 1.984，熔点 770℃，加热至 1500℃则升华；易溶于水，微溶于乙醇，稍溶于甘油，不溶于浓盐酸、丙酮；有吸湿性，易结块；在水中的溶解度随温度的升高而迅速增加；用于油井水泥促凝剂，能促进水泥浆凝固，且对流动性略有影响，与氯化钙复合使用效果更好；在泥岩、砂岩、夹缝砂岩、石灰岩等注水泥时，若在水泥浆、隔离液或冲洗液中加入 0.3%~1.0% 的氯化钾，可以抑制黏土水化膨胀，以免影响胶结强度。

除上述无机盐单独使用外，也可以复配用于油井水泥促凝剂，氯化钙和氯化钠或氯化铵等复合使用效果更好。用 1% 氯化钙和 2% 的氯化铵，或 2% 的氯化钙和 2% 的氯化钠可以加速水泥凝结和硬化，不影响水泥浆的流动性，而且可以降低水泥浆的游离水，同时具有早强作用。

（二）无氯促凝剂

用于无氯促凝剂化合物包括无机化合物和有机化合物。

1. 无机化合物

无机化合物主要包括硅酸钠、硫酸钙和硫酸铝等。

硅酸钠，别名水玻璃、泡花碱；分子式 $Na_2O \cdot nSiO_2 \cdot xH_2O$，相对分子质量 122.054（$Na_2SiO_3$）；无色、淡黄色或青灰色透明的黏稠液体；溶于水呈碱性，遇酸分解（空气中的二氧化碳也能引起分解）而析出硅酸的胶质沉淀；无水物为无定形，天蓝色或黄绿色，为玻璃状；模数是硅酸钠的重要参数，一般在1.5~3.5之间；其相对密度随模数的降低而增大，无固定熔点；模数越大，固体硅酸钠越难溶于水；模数越大，氧化硅含量越多，硅酸钠黏度增大；水玻璃通常分为固体水玻璃、水合水玻璃和液体水玻璃三种；固体水玻璃与少量水或蒸汽发生水合作用而生成水合水玻璃，水合水玻璃易溶解于水变为液体水玻璃，液体水玻璃一般为黏稠的半透明液体，随所含杂质不同可以呈无色、棕黄色或青绿色等，其用于油井水泥外加剂，可以促进水泥浆凝固，也可以用作油井水泥减轻剂。

硫酸钙，别名硬石膏，天然无水硫酸钙属斜方晶系的硫酸盐类矿物；分子式$CaSO_4$，相对分子质量136.14；密度2.9g/cm^3，莫氏硬度3.0~3.5。生石膏是天然矿物，分子式为$CaSO_4 \cdot 2H_2O$，为白、浅黄、浅粉红至灰色的透明或半透明的板状或纤维状晶体，性脆，128℃失1.5H_2O，163℃失2H_2O。工业上将生石膏加热到150℃脱水成熟石膏（或烧石膏），分子式为$CaSO_4 \cdot 0.5H_2O$，加水又转化为$CaSO_4 \cdot 2H_2O$。$CaSO_4$溶解度不大，其溶解度呈先升高后降低的特殊状况，如10℃溶解度为0.1928g/100g水（下同），40℃为0.2097g/100g水，100℃降至0.1619g/100g水。其一般由天然产出，建筑工业用于调节水泥的凝结时间等，作为无机触变剂，可以用于配制触变性水泥浆，用于油井水泥促凝早强剂。

硫酸铝，有无水物和十八水合物。无水物为无色斜方晶系晶体，溶于水，水溶液显酸性，微溶于乙醇，在水中的溶解度随温度的上升而增加。十八水合物分子式$Al_2(SO_4) \cdot 18H_2O$，相对分子质量666.41，为无色单斜晶体，溶于水，不溶于乙醇，水溶液因水解而呈酸性；相对密度（水=1）2.71，水合物不易风化而失去结晶水，比较稳定，加热会失水，高温会分解为氧化铝和硫的氧化物；加热至770℃开始分解为氧化铝、三氧化硫、二氧化硫和水蒸气；水解后生成氢氧化铝，水溶液长时间沸腾可生成碱式硫酸铝；无毒，粉尘能刺激眼睛；在碱性水溶液中则反应生成$Al(OH)_3$胶状沉淀。硫酸铝可用于油井水泥促凝、早强剂，可作为无机触变剂，也可以用于配制触变性水泥浆。

2. 有机化合物

有机化合物主要包括甲酰胺和三乙醇胺。

甲酰胺，分子式CH_3NO，相对分子质量45.04；透明油状液体，略有氨臭，具有吸湿性，可燃；能与水和乙醇混溶，微溶于苯、三氯甲烷和乙醚；相对密度1.133，沸点210℃，熔点2.55℃，闪点175；用于油井水泥促凝剂，其促凝效果与氯化钙相当，对金属无腐蚀作用，但价格高。

三乙醇胺，又名2，2，2–三羟基三乙胺，分子式$(HOCH_2CH_2)_3N$，相对分子质量149.19；无色透明黏稠液体，具有氨的气味，冷时固化；熔点21.2℃，沸点360℃，相对密度1.1242（20℃），黏度613.3mPa·s（25℃），折射率1.4852（20℃）；具吸湿性，溶于水、乙醇和氯仿，微溶于苯和乙醚；具碱性，能吸收二氧化碳和硫化氢等，与各种酸反应生成酯；用于促进水泥浆凝固和早强剂。

二、缓凝剂

缓凝剂是指能够有效地延长或维持水泥浆处于液态和可泵性时间的化学剂。好的缓凝剂应该在任何温度区间都具有缓凝作用，而且稠化时间的长短与其加量的多少成正比，与各种油井水泥具有很好的适应性，与其他不同类型的外加剂具有很好的配伍性。对指定配方的水泥浆，其稠化时间有很好的预测性和重复性。油井水泥缓凝剂有木质素磺酸盐及其衍生物，单宁、磺化单宁及其衍生物，羧酸、羟基羧酸异构体或衍生物及其盐类，葡萄糖酸及其衍生物的钠盐或钙盐，低相对分子质量的纤维素及其衍生物，有机或无机磷酸盐，硼酸及其盐。

聚合物类缓凝剂是近年来国内外研究最多的一类。通过聚合技术可将多种不同的功能性单体结合在一起，而且可以控制分子链的长短、相对分子质量的大小及分布，以得到综合性能较为理想的缓凝剂产品。

油井水泥缓凝剂按使用温度范围不同，一般分为低温（90℃以下）、中温（90~120℃）和高温（120℃以上）缓凝剂。

（1）低温缓凝剂。

最早应用的低温缓凝剂主要是木质素磺酸盐及其改性产品。20世纪90年代开发了聚合物产品，如2–丙烯酰胺基–2–甲基丙烷磺酸（AMPS）与丙烯酸的共聚物，是用于井底温度77℃以下的合成聚合物缓凝剂。

（2）中温缓凝剂。

中温缓凝剂，主要是改性木质素磺酸盐混合物、有机酸或其盐的混合物以及羧甲基羟乙基纤维素等。中温缓凝剂中不少产品的适应温度范围很宽，有的产品自低温拓展到中温。如适用于52~107℃的改性木质素磺酸盐混合物；有的产品自低温拓展到高温，如适用于79~300℃的有机酸或其盐的混合物以及适于66~149℃的羧甲基羟乙基纤维素等。20世纪90年代开发了一些聚合物类缓凝剂产品，如由聚乙烯酰胺和卤代羧酸在某种碱金属氢氧化物参与下反应制得，或者由聚乙烯酰胺和亚磷酸在盐酸参与下反应制得的聚胺型缓凝剂。近年来合成聚合物型缓凝剂的研究越来越深入，如由AMPS与其他单体共聚得到氟聚合物，这些聚合物可应用于121℃井温条件下。

（3）高温缓凝剂。

20世纪90年代发展的高温缓凝剂绝大部分是合成有机共聚物，极少数产品是木质素磺酸盐辅以“加强剂”的缓凝剂或硼酸盐类缓凝剂，如含有一种或多种侧位共聚合的乙烯基化合物的葡萄糖酸或山梨糖醇等主链糖的接枝共聚物缓凝剂，AMPS与衣康酸的共聚物，马来酸、衣康酸、富马酸、柠檬酸和甲基富马酸等与AMPS、甲代烯丙基磺酸钠、对乙烯苯磺酸钠、丙烯酰胺、N，N–二甲基丙烯酰胺、乙烯基磺酸、丙烯腈、N–乙烯基–2–吡咯烷酮、乙烯基膦酸等或丙烯酸制备的二元共聚物或三元共聚物，由脂族酮、脂族醛和引入酸基的化合物缩聚反应的产物，再与接枝共聚单体反应制备而成的适用井温范围很宽（49~177℃）的缓凝剂。

同时还有甲叉膦酸衍生物与硼酸盐反应获得的高温缓凝剂，木质素磺酸盐加煤碱剂（腐殖酸钠）、硅有机化合物（例如硅酸乙酯），或者加氢氧化钠、酒石酸一盐沉渣和甲醛（作防腐剂）复配的缓凝剂[6]。

下面介绍一些可用于油井水泥的缓凝剂产品，在实际应用中可以根据具体情况进行选择。

（一）羟基多羧酸

常用的羟基多羧酸是酒石酸和柠檬酸。

酒石酸，又称2，3-二羟基丁二酸，分子式$C_4H_6O_6$，相对分子质量150.09；无色结晶或白色结晶粉末，无臭、有酸味，在空气中稳定；它是等量右旋和左旋酒石酸的混合物，常含有一个或两个结晶水，热至100℃时失掉结晶水；密度1.697，水中溶解度20.6%，乙醚中溶解度约1%，乙醇中溶解度5.01%；工业品酒石酸含量≥99%，熔点范围200~206℃；用于油井水泥缓凝剂。

柠檬酸分子式（HO）C（CH_2COOH）$_2COOH$，相对分子质量192.13（无水物）；为透明结晶或白色颗粒状固体，味香无臭，在空气中略有风化性，在潮湿空气中有潮解性；无水物熔点为153℃，在沸腾前分解，相对密度为1.542（18℃），折射率为1.493~1.509（20℃）；含一分子结晶水的柠檬酸在100℃时熔化，130℃时失去全部结晶水成为无水柠檬酸，在135~152℃之间熔化；易溶于水和乙醇、溶于乙醚，不溶于氯仿、苯和四氯化碳等有机溶剂；能与Fe^{3+}形成稳定的络合物且有良好的耐温性能；用于油井水泥缓凝剂。

（二）有机膦酸（盐）

有机膦酸（盐）种类繁多，有不少品种适用于油井水泥缓凝剂。例如，将甲撑膦酸衍生物用作超细水泥缓凝剂，使用温度可达116℃以上；将乙二胺四甲叉膦酸钙、乙二胺四甲叉膦酸钠、乙二胺五甲叉膦酸等甲撑膦酸衍生物和硼砂按（0.025~0.2）：1质量比复配用作高温缓凝剂，适用温度121~260℃，适合长封固段高温深井固井；同时可将有机膦酸（盐）和无机磷酸（盐）按一定比例复配用作缓凝剂；此外，也可加入缓凝增强剂以扩大应用温度范围。一个推荐的缓凝剂组成如下：10%~15%的乙二胺四甲叉膦酸钠钙，40%~45%的磷酸以及40%~50%缓凝增强剂，该缓凝剂有效使用温度为70~140℃；将羟基二胺甲叉膦酸用作高温缓凝剂，使用温度范围50~170℃；以一种不饱和胺类化合物与亚磷酸、甲醛反应生成的烷撑膦酸盐作为缓凝剂，使用温度范围40~170℃，综合性能优于用二甲胺与亚磷酸、甲醛的合成产物；常用的有机膦酸（盐）如1-羟基乙叉-1，1-二磷酸、乙二胺四亚甲基膦酸钠和二乙烯三胺五甲叉膦酸等。

1-羟基乙叉-1，1-二磷酸，分子式$C_2H_8P_2O_7$，相对分子质量206.03；无色至淡黄色黏稠状液体，无沉淀，可与水混溶；在高pH值下仍很稳定，低毒无公害；工业品密度 1.38～1.48g/cm^3，有效物含量 54%～56%，pH（1% 水溶液）≤2；用于油井水泥缓凝剂，使用温度可达 116℃以上。

乙二胺四亚甲基膦酸钠，也称乙二胺四甲叉膦酸钠（EDTMPS），分子式 $C_6H_{12}O_{12}N_2P_4Na_8$，相对分子质量 612.0；为黄棕色透明液体，低毒、无污染；工业品为黄棕色透明液体，活性组分（以 EDTMPS 计）含量≥28.0%，有机膦含量≥4.5%，亚磷酸含量≤2.0%，磷酸含量≤1.0%，1% 水溶液 pH≤9.5，密度（20℃）≥1.30g/cm^3；用于油井水泥缓凝剂，可抗 170℃的高温，加量少，稠化时间可调，过渡时间短；对 NaCl 不敏感，对水泥石抗压强度无影响，与其他外加剂有很好的配伍性；能较好地适应高温环境、盐膏层和长封固段。

二乙烯三胺五甲叉膦酸（DTPMP），相对分子质量 573.2；为红棕色黏稠液体，能与水混溶；工业品活性组分含量≥50.0%，亚磷酸含量（以 PO_3^{3-} 计）≤3.0%，氯化物含量（以 Cl^- 计）14%～17%，1% 水溶液 pH≤2.0，密度（20℃）1.25～1.45g/cm^3；用于油井水泥缓凝剂，可以单独使用，也可以与其他缓凝剂等配伍使用。

（三）硼酸类

用于混凝剂的硼酸类化合物包括硼酸和硼砂，以及它们的混合物。

硼酸，分子式 H_3BO_3，相对分子质量 61.84。白色无臭到珍珠光泽的三斜晶体粉末。接触皮肤有滑腻感觉。相对密度 1.435（15℃），溶于水，水溶液呈弱酸性，溶于甘油、乙醇。工业品中硼酸含量≥99.5%，水不溶物≤0.05%，硫酸盐≤0.10%，氯化物≤0.01%，铁≤0.003%。用于油井水泥缓凝剂等。

硼砂，分子式 $NaB_4O_7 \cdot 10H_2O$，相对分子质量 381.36；为无色半透明晶体或白色结晶粉末；无臭、味咸、相对密度 1.73，在 60℃时失去 8 个结晶水，在 320℃时失去全部结晶水；在空气中可缓慢风化，熔融时成无色玻璃状物质；微溶于乙醇、丙酮、乙酸乙酯等，易溶于丙三醇、乙二醇、二乙二醇等多羟基低分子有机化合物；硼砂有杀菌作用，口服对人体有害；用于油井水泥缓凝剂。

HR-A 油井水泥缓凝剂，它是硼酸、硼砂和天然聚合物的混合物；将 17 份硼酸、23 份硼砂、60 份天然聚合物（CMC、CMS 等）经混合、干燥、粉碎即得产品；外观为白色无定型粉末或颗粒，细度 0.42mm 筛全通过，均匀分散于水中成胶体溶液，还原糖含量≥2%，稠化时间≥4h；本品适用于 97～180℃高温井的固井作业，与其他油井水泥外加剂有很好的相容性，可适用于各种油井水泥。

（四）淀粉衍生物

可用于混凝剂的淀粉衍生物包括葡糖酸、葡萄糖酸钠、葡萄糖酸钙，以及糊精和磺化淀粉等。

葡糖酸，也称葡萄糖酸，1，2，3，4，5- 五羟基己酸，是一种多元醇酸；分子式 $C_6H_{12}O_7$，相对分子质量 196.16；具酸性结晶，熔点 131℃，溶于水，微溶于醇，不溶于乙醇及大多数有机溶剂；本品几乎无毒，无腐蚀性，无刺激性气味；用于油井水泥分散缓凝剂，具有一定分散作用。

葡萄糖酸钠，分子式 $C_6H_{11}O_7Na$，相对分子质量 218.14；白色颗粒到细的结晶粉末，极易溶于水，微溶于乙醇，不溶于乙醚；产品有效含量（以 $C_6H_{11}NaO_7$ 计）≥98.0%，重金属（Pb）≤0.002%，还原性物质（以 D- 葡萄糖计）≤0.5%；用于油井水泥分散缓凝剂。

葡萄糖酸钙，分子式 $C_{12}H_{22}CaO_{14} \cdot H_2O$，相对分子质量 448.38；白色颗粒结晶或粉末，无臭无味，在空气中稳定，它的水溶液对石蕊显中性，1g 葡萄糖能溶于大约 30mL、25℃水中，大约 5mL 沸水中；难溶于酒精和其他多种有机溶剂中；用于油井水泥分散缓凝剂等。

糊精，白色或微带浅黄色阴影的无定形粉末，无肉眼可见杂质；具有麦芽糊精的特殊气味，不甜或微甜，无臭，无异味；采用玉米淀粉经低度水解、净化、喷雾干燥制成；产品中水分含量≤10%，细度（孔径 0.147mm 标准筛通过率）≥98%，溶解度≥70%；用于油井水泥分散缓凝剂。

磺化淀粉，它是以氯磺酸为磺化试剂制备的淀粉衍生物；磺化淀粉用于油井水泥缓凝剂，在 90~130℃的范围内具有良好的缓凝效果，缓凝时间可调，稠化曲线理想，与降失水剂、减阻剂具有很好的配伍性，水泥石抗压强度满足要求[7]。

此外，深度氧化淀粉（CH20L）作为油井水泥缓凝剂，可以有效控制水泥浆的凝固时间，能满足井温 80~180℃条件下固井作业安全的需要；水泥浆稠化实验结果表明，CH20L 稳定性好，无早凝、过度缓凝现象发生，加量与稠化时间呈线性关系[8]。

（五）单宁及改性产物

单宁及改性产物主要包括单宁、磺化单宁和磺化栲胶。

单宁，又称单宁酸，鞣酸，没食子鞣酸，鞣质，五倍子单宁酸；化学式 $C_{76}H_{52}O_{46}$，相对分子质量 1701.20；淡黄色至浅棕色无定型粉末；无臭，微有特殊气味，具强烈的涩味，暴露在光和空气中色变深；可燃性物质；在 210~215℃时熔融，并大部分分解为焦性没食子酸和二氧化碳；闪点 187℃，自燃点 526.6℃；溶于水，易溶于乙醇、丙酮和甘油，几乎不溶于乙醚、苯、氯仿和石油醚。

单宁酸的化学组分随原料来源而异，由中国五倍子得到的单宁酸含葡萄糖约 12%；由土耳其五倍子得到的单宁酸含葡萄糖约 16.5%。由野生植物五倍子等经浸取、真空蒸发浓缩、喷雾干燥而制得。工业单宁酸为土黄色至棕红色粉末，单宁酸含量≥81.0%，干燥失重≤9.0%，水不溶物≤0.6%，总颜色≤2.0；用作油井水泥缓凝剂，使用温度范围广；它不仅可以改善水泥浆的流动性，而且具有一定的降滤失作用，适用于各种水泥浆，可用于高温深井的固井中。

磺化单宁，又称磺甲基单宁（SMT），磺甲基五倍子单宁酸钠，是一种以五倍子单宁酸为原料的天然材料改性产品，属于阴离子性，易吸潮，可溶于水，水溶液呈弱碱性；

与单宁酸相比，由于分子链上引入了磺酸基团，且不含糖类，水溶性和抗温抗盐能力进一步提高；工业品为棕褐色粉末或细状颗粒，水分≤7.0%，干基水不溶物≤2.5%，有效成分≥80%，pH 值（25℃，1% 水溶液）为 7~9。用作油井水泥缓凝剂，使用温度范围广；在高温下仍有较好的缓凝效果，它不仅可以改善水泥浆的流动性，而且具有一定的降滤失作用，适用于各种水泥浆，可用于高温深井的固井中，也可以用作配制固井隔离液。

磺甲基栲胶（代号 SMK），俗名磺化栲胶，为棕褐色的粉末或细粒状，属于阴离子性，易吸潮，可溶于水，水溶液呈弱碱性；工业品为棕褐色粉末或细状颗粒，水分≤10.0%，干基水不溶物≤5.0%；用作油井水泥缓凝剂，还具有一定的改善水泥浆的流动性和降滤失作用，也可以用作配制固井隔离液，其缺点是易起泡。

（六）木质素磺酸盐类

常用的木质素磺酸盐是木质素磺酸钠和木质素磺酸钙；其中，木质素磺酸钠（简称木钠）是一种阴离子型表面活性剂；棕色粉末，易溶于水；木质素磺酸钠 1% 水溶液 pH 值为 9~11，总还原物含量为 3%~5%，钙镁离子含量 2000×10^{-6}，水不溶物含量≤0.3%；用作油井水泥缓凝剂，具有改善水泥浆的流动性和降滤失作用，其缺点是易起泡；木质素磺酸钙（简称木钙）是一种多组分高分子聚合物阴离子表面活性剂；浅黄色至深棕色粉末，略有芳香气味，相对分子质量一般在 800~10000 之间，具有很强的分散性、黏结性、螯合性；可含有高达 30% 的还原糖；溶于水，但不溶于任何普通的有机溶剂；1% 水溶液的 pH 值为 3~11；可用作混凝土减水剂，用作油井水泥缓凝剂，还具有改善水泥浆的流动性和降滤失作用，其缺点是易起泡。

（七）合成聚合物缓凝剂

合成聚合物混凝剂主要是 AMPS 共聚物以及苯乙烯磺酸单体的共聚物。2–丙烯酰胺基–2–甲基丙磺酸（AMPS）与其他乙烯基单体的共聚物类缓凝剂是近年来国内外研究最多的一类缓凝剂。下面是一些典型的 AMPS 聚合物缓凝剂。

（1）AMPS/AA 二元共聚物。

采用 AMPS 与丙烯酸（AA）共聚，当共聚物中 AMPS 摩尔分数为 40%~60%，相对分子质量小于 5000 时，AMPS/AA 共聚物作为缓凝剂使用温度可达 121℃，掺量为 0.3%~1.5%BWOC、在 66~118℃区间内稠化实验规律较好，稠化时间容易调节。当共聚物中 AMPS 的摩尔分数达到 65%~85% 时，具有良好的中低温缓凝作用。当 AMPS/AA 共聚物与木质素磺酸盐、硼砂、有机酸等其他缓凝剂复配使时用可扩大其适用温度范围，如与酒石酸钠复配使用后其使用温度可达 260℃。

（2）AMPS/IA 二元共聚物。

采用 AMPS 与衣康酸（IA）进行二元共聚反应合成油井水泥缓凝剂，当反应温度为 80℃，w（引发剂）=1.5%，m（IA）：m（AMPS）=1：2.7，反应时间为 1h 时，合成的共聚物对水泥浆有优异的高温缓凝作用，能显著延长水泥浆的稠化时间，具有良好的分散作用和抗钙性能。实验表明，从 120～180℃，适当调节缓凝剂用量可很好地延缓水泥水化，表现出良好的高温缓凝性能[9]。实践表明，当共聚物中 AMPS 与 IA 的物质的量比为 73：27 时，AMPS/IA 共聚物的缓凝效果明显优于 AMPS/AA 缓凝剂，无须加入硼砂、有机酸等缓凝增强剂，单独使用温度可达 260℃。

（3）AMPS/MA 共聚物。

由 AMPS 和马来酸（MA）的共聚反应得到的共聚物缓凝剂 MAM，当 70℃下反应 4h 且 AMPS 与 MA 物质的量比为 2：1、引发剂质量分数为 1% 时，缓凝效果最佳[10]。

（4）DMAM-AMPS－IA 共聚物。

由 N，N- 二甲基丙烯酰胺（DMAM）与 AMPS、IA 共聚得到缓凝剂性能较好，加入 0.5% 共聚物的水泥浆稠化时间比未加共聚物的水泥浆长 2 倍之多；相同共聚物加量下，90～150℃温度范围内水泥浆的稠化时间均在 300min 以上，水泥石强度发展均在 14MPa 以上。共聚物作为缓凝剂不仅能显著延长水泥浆稠化时间，温度适应性强，在特定的实验条件下，水泥浆的稠化时间随缓凝剂加量的增大而延长，抗压强度随缓凝剂加量的增大衰减程度小，在满足稠化时间要求的同时，对水泥石抗压强度的影响不明显[11]。

（5）AMPS－AA-AM-DMAM 共聚物。

由 AMPS、AA、AM 和 DMAM 共聚得到的四元共聚物，用于油井水泥缓凝剂，在 80～120℃范围内，对油井水泥具有很好的缓凝性能，且对温度不敏感，在同一温度下，随着缓凝剂用量的增加，稠化时间也随之增加，缓凝剂的加量与稠化时间具有很好的线性关系，在 100℃下，加量为 0.8%、1.0% 和 1.5% 时的稠化时间分别为 161min、197min 和 227min；加量相同时，随着温度的升高，缓凝时间有所变短，未出现“倒挂”现象，加量为 1.5% 时，在 80℃、100℃和 120℃的稠化时间分别为 248min、227min 和 208min；在 80～120℃范围内对水泥石抗压强度影响小，抗盐达到 18%，与其他水泥浆外加剂配伍性好[12]。

对于苯乙烯磺酸与其他单体的聚合物，可以是二元，也可以是多元共聚物。研究表明，苯乙烯磺酸 / 马来酸酐二元共聚物在有机酸等缓凝增强剂协同作用下，缓凝温度可高达 302℃。如以 AA、对苯乙烯磺酸钠（SSS）和一种含亲水性长链的烯类单体（APO）共聚得到的共聚物，作为油井水泥缓凝剂，使用温度范围广（90～170℃）且对温度不敏感，在 170℃下、加量为 2.75% 时稠化时间为 356min；可以改善水泥浆的流变性，分散效果良好，且对水泥石强度影响较小，有较好的抗盐性能[13]。采用 AA、MA、SSS 和亲水性长链烯类单体（LN）制备的四元共聚物油井水泥缓凝剂 HL-1，具有较好的高温缓凝性能，在 150℃、80MPa 下，加有 1.0%HL-1 的水泥浆稠化时间达到 380min，同时对水泥浆还具有较好的分散作用，可有效改善水泥浆的流动性且对水泥石强度影响小[14]。

三、降失水剂

在固井作业时，如果出现水泥浆失水，可能会由于水泥浆密度提升而导致环空水灰比降低，在注水泥时，顶替效率和流变性能会有所降低，在较大的顶替压力作用下，更容易出现薄弱地层的井漏，水泥浆在凝结失水期可能存在环空桥堵而加大油气窜几率。因此，必须添加降失水剂来控制水泥浆中液相向渗透性地层的滤失。

降失水剂是能够降低水泥浆失水量的外加剂，降失水剂包括三大类：固体颗粒类材料、合成高分子和天然高分子类。

对于颗粒类材料有膨润土、沥青、石灰石粉和热塑性树脂等。研究较多的是胶乳，这是由于胶乳对水泥浆具有良好增韧和降失水性能，能有效防止气窜。固体颗粒材料有时采用不同的聚合物材料复配。对于合成高分子降失水剂，由于其能按需求来进行不同性能产物的合成，是近期发展的重点，多为支链型和线型水溶性大分子，包括阳离子类、阴离子类和两性离子类。水溶性合成高分子聚合物主要有聚丙烯酰胺类、聚胺类、磺化聚合物类、聚乙烯吡咯烷酮和聚乙烯醇等。天然高分子材料主要有纤维素类、淀粉类，其中羟乙基纤维素和羧甲基纤维素更好；目前降失水剂存在的主要问题是耐温、耐盐性差、易使水泥浆增稠等。

（一）纤维素衍生物

用于降失水剂的纤维素衍生物有羧甲基纤维素、羟乙基纤维素和羟丙甲纤维素。

羧甲基纤维素，用于降失水剂的羧甲基纤维素（LV-CMC）一般为低黏产品，通常是羧甲基纤维素钠盐（Na-CMC 或 CMC），它是由许多葡萄糖单元构成的长链状高分子化合物，外观为白色或微黄色絮状纤维粉末或白色粉末，无臭无味，无毒；易溶于冷水或热水，形成具有一定黏度的透明溶液，溶液为中性或微碱性；不溶于乙醇、乙醚、异丙醇、丙酮等有机溶剂，可溶于含水 60% 的乙醇或丙酮溶液；固体 CMC 对光及室温均较稳定，在干燥的环境中，可以长期保存；工业品为白色或淡黄色粉末、不结块，水分≤10.0%，纯度≥85.0%，取代度≥0.80，pH 值为 7.0~9.0；可用作水泥浆降滤失剂，同时还具一定的缓凝作用；在使用时，可以与水泥干混使用，也可加入配浆水中，其加量为 0.2%~0.5%。适用于 120℃以下。

羟乙基纤维素（HEC），是纤维素分子中羟基上的氢被羟乙基取代的衍生物；外观为白色至淡黄色纤维状或粉末固体，无毒、无味；密度（25℃）为 $0.75g/cm^3$，软化温度为 135~140℃，表观密度为 $0.35\sim0.61g/cm^3$，分解温度为 205~210℃，燃烧速度较慢；易吸潮，易溶于水，不溶于醇，溶于甲酸、甲醛、二甲基亚砜、二甲基甲酰胺、二甲基乙酰胺等溶剂中；HEC 在水中不发生电离，耐酸、耐碱性好，不与重金属反应发生沉淀，在 $pH<3$ 时，会因酸解而使其水溶液的黏度下降；在强碱作用下，HEC 会发生氧化降解，并因热和光线的作用使其水溶液黏度下降，在 pH 值为 6.5~8.0 的范围内稳定；

其水溶液中允许含有高浓度的盐类而稳定不变，即水溶液对盐不敏感；用作水泥浆降滤失剂，在使用时可以与水泥干混使用，也可加入配浆水中，其加量为0.3%~1.5%。适用于各种类型的油井水泥。

羟丙基纤维素（HPC），是一种非离子型的纤维素醚类，为白色纤维状或粉末固体，无毒、无味，易溶于水，水溶液对盐不敏感；碳化温度为280~300℃，视密度为0.25~0.70/cm³（通常在0.5g/cm³左右），密度为1.26~1.31g/cm³，变色温度为190~200℃；其化学性质与HEC相近，通常可以溶于40℃以下的水和大量极性溶剂中，而在较高温度（大于40℃）的水中，溶解情况与摩尔取代度（MS）有关，MS越高，可以溶解HPC的温度越低，具有较高的表面活性，具有黏合、增稠、悬浮、乳化、成膜等作用；工业品纯度≥80.0%，含水量≤10%，取代度为0.9~2.8，pH值为7.0~9.0；用作水泥浆降滤失剂，使用时，可以与水泥干混使用，也可加入配浆水中。

（二）合成聚合物

在降失水剂方面以合成聚合物研究与应用居多，下面分别介绍。

1. 聚乙烯基吡咯烷酮

聚乙烯基吡咯烷酮（PVP）为无臭、无味、无毒的白色粉末，其平均相对分子质量一般用K值表示，K值通常分为K–15、K–30、K–60、K–90，分别代表1×10^4、4×10^4、16×10^4、36×10^4的相对分子质量范围。PVP的结构中，形成链和吡咯烷酮环的亚甲基是非极性基团，具有亲油性，分子中的内酰胺是强极性基团，具有亲水作用；这种结构特征使PVP能溶于水和许多有机溶剂，如烷烃、醇、羧酸、胺、氯化烃等，不溶于乙醚、丙酮等，能与多数无机盐和多种树脂相容；具有成膜性及吸湿性；具有很强的黏结能力，极易被吸附在胶体粒子的表面起到保护胶体的作用，其内酰胺结构可与许多极性官能团发生络合作用，增强其增稠能力；具有优良的生理惰性与生物相容性，对皮肤、眼睛无刺激或过敏效应。

在通常情况下，PVP的水溶液和固态均较稳定，水溶液可耐受110~130℃蒸汽热压，而在150℃以上时，PVP固体可因失水而变黑同时软化；工业品固含量≥95.0%，K值为27~33，残余单体≤0.2%，水分≤5.0%，5%水溶液pH值为3~7。

高相对分子质量的产品可以作为油井水泥降滤失剂，具有较强的抗温抗盐能力。

2. 聚乙烯醇（PVA）

聚乙烯醇为白色或微带黄色粉末或粒状；密度为1.27~1.31，折射率（$n^{25}{}_{D}$）为1.49~1.53；在100~140℃时稳定，高于150℃时漫漫变色，在170~200℃时分子间脱水，高于250℃时分子内脱水，颜色很深，不溶解；玻璃化温度65~87℃，无定形聚乙烯醇玻璃化温度一般为70~80℃；比热0.173J/g·℃；与强酸作用，溶解或分解；与强碱作用，变软或溶解；与弱酸作用，变软或溶解；相对分子质量越低，水溶性越好；由于水解度不同，产物从溶于水至仅能溶胀。

聚乙烯醇用作油井水泥降失水剂时，其聚合度和醇解度对应用效果有明显的影响[15]。当醇解度一定、水泥浆中 PVA 加量相同时，聚合度为 1700 的 PVA 的降失水效果优于聚合度为 1000 和 2000 的 PVA。其在水泥浆中加量相同的情况下，当聚合度为 1700 时，醇解度 88% 的 PVA 的降失水效果优于醇解度分别为 80% 和 99% 的 PVA。

在固井过程中，通常用硼酸盐、钛酸盐或铬酸盐等与 PVA 经机械混合后加入油井水泥中，这些无机阴离子和 PVA 分子在水溶液中可以形成凝胶状络合结构，束缚水泥浆中自由水的流失，使失水量比单独使用 PVA 时显著降低；但是，PVA 和共混的无机盐在较低温度下（<40℃）难形成均匀的络合物胶，在较高温度下（>100℃）络合物胶又易分解，因此作为油井水泥降失水剂，共混交联 PVA 的适用温度范围较窄；而通过对 PVA 进行化学交联，则可以使其使用温度提高到 120℃，抗盐能力提高到 8%（NaCl）；即使在上述苛刻条件下，使用化学交联 PVA 的水泥浆的失水量仍能低于 50mL。化学交联方法如下：

将 PVA 溶于水，在 80~90℃下搅拌溶解后冷却至 50℃。加入交联剂继续搅拌 0.5h，使其混合均匀。调整 pH 值小于 5 后继续反应 1h，然后用 NaOH 中和并加入少量杀菌剂和稳定剂，得到产品[16]。所得交联产物的交联度对产物降失水能力有明显的影响。完全或部分水解的线型聚乙烯醇通过化学交联反应后形成网状体型的高分子，其交联度和相对分子质量成正比。PVA 的化学交联度与用 PVA 所处理水泥浆失水量的关系见表 2-1。从表 2-1 可以看出，在一定相对分子质量范围内，水泥浆失水量随着 PVA 相对分子质量的增加呈降低趋势。相对分子质量越大，表明分子结构中交联点越多，形成的网状结构越稳定，分子链的刚性也增强，因此失水量降低。当相对分子质量过大（>800000）时，由于交联点过多，会使产品的水溶性变差，失水量反而增加。相对分子质量过大还会使水泥浆的黏度明显增加，流变性能变差。实验表明，作为油井水泥降失水剂，平均相对分子质量控制为 350000~650000 较适当。

表 2-1　PVA 的化学交联度和水泥浆失水量的关系

平均相对分子质量	失水量 /mL	平均相对分子质量	失水量 /mL
168000*	680.0	419799	39.0
286710	115.0	644152	16.0
353400	50.0	851000	83.0
389938	43.4		

注：* 未交联线型 PVA，PVA 加量 0.7%（占水泥质量）。

聚乙烯醇也可以通过接枝共聚扩大其应用范围，下面具体介绍一下。

（1）PVA/AMPS-AM 接枝共聚物[17]。

采用 AMPS、AM 等单体与 PVA 1788 进行接枝共聚得到的接枝改性而成，用作油井水泥降失水剂，具有良好的耐温、抗盐性能，且流变性能、抗压强度及防气窜性能等优良。加有 PVA/AMPS-AM 接枝共聚物的水泥浆在 150℃时 API 失水可控制在 150mL 以内，抗盐达 18%，与聚乙烯醇类降失水剂相比，抗盐性能明显提高，稠化时间较原浆稍有延长，水泥石的抗压强度较原浆稍有提高，与其他外加剂配伍性良好，水泥浆具有很好的防气窜能力，能够满足 150℃以下的中高温固井要求。

（2）PVA/AMPS-NVP 接枝共聚物[18]。

以 PVA1788、AMPS、N- 乙烯基吡咯烷酮（NVP）和交联剂乙二醛等为原料，经过接枝改性得到，用于油井水泥降滤失剂，可使水泥浆的 API 失水量控制在 50mL 以下，抗温能力接近 150℃；加有 PVA-1 的水泥浆稠化时间稍有延长，抗压强度不降低，抗析水能力增强；与分散剂 DZS 和缓凝剂 DZH 的配伍性良好，同时还能提高水泥浆的防气窜能力，能够满足 150℃以下高温固井的需求。

3. P（AA-AM）共聚物降失水剂

P（AA-AM）共聚物降失水剂是一种低相对分子质量的丙烯酰胺和丙烯酸共聚，易吸潮，可溶于水；常用商品代号 XS-1；工业品为自由流动的颗粒或粉末，100% 通过 0.42mm 标准筛，相对分子质量为 7×10^4~15×10^4，水不溶物≤1.0%，水分≤10.0%；用作水泥浆降滤失剂，还具有一定的缓凝、分散作用，且抗盐水和二价金属离子的能力强，若与适量 Na-CMC 配合使用，可以获得更好的效果。

4. P（MA-AM）共聚物降失水剂

P（MA-AM）共聚物油井水泥降失水剂一般是通过顺丁烯二酸酐与丙烯酰胺在水溶液中，采用氧化 - 还原引发剂引发聚合得到[19]；其加量对水泥浆失水量及流动度的影响明显，即随聚合物加量增加，失水量降低，流动度变小；用于油井水泥降失水剂，可与分散剂 SAF、DCLS、单宁等配伍使用，以增加水泥浆的流动性；如果水泥浆体系的稠化（凝结）时间过长，可加入适量的 $CaCl_2$、NaCl 来催凝，以缩短水泥浆稠化时间，具体的加量应通过实验来决定；适用于不同类型的油井水泥。

5. 磺甲基化聚丙烯酰胺

磺甲基聚丙烯酰胺（SPAM）由聚丙烯酰胺（PAM）经过磺甲基化反应得到，是一种低相对分子质量的丙烯酰胺系聚合物；易吸潮，可溶于水；SPAM 作为水泥浆降失水剂，加入水泥浆中可大大地降低水泥浆失水量，在加量为 0.30% 时，可使水泥浆在 0.7MPa/30min（25℃）下的失水量由 598.2mL 降低到 43.3mL 以下，尽管流动度有所降低，但仍能满足施工要求[20]；粉状产品为白色或灰白色粉末，100% 通过 0.42mm 标准筛，有效物≥85.0%，水分≤10.0%，水不溶物≤2.0%。

用作油井水泥外加剂，具有较强的抗温、抗盐能力，在多种类型的水泥浆体系中均具有明显的降滤失效果，同时还具有一定的分散和缓凝作用，对于稠化（凝结）时间要求较短时，为满足施工需要，应适当加入与之相配伍的促凝剂。

6. AMPS 与其他单体的共聚物

相对分子质量为 10×10^4~20×10^4 的 AMPS 和 AM 二元共聚物，作为油井水泥降失水剂，不仅具有 P（AM-AA）共聚物的优点，由于引入了磺酸基团（$-SO_3^-$），耐盐性能进一步提高，适用于各种型号的油井水泥，与常用的水泥外加剂配伍性好，是深井或超深井固井施工中理想的油井水泥降失水剂，但温度高时会产生缓凝作用，如以 AMPS 与

丙烯酰胺共聚合成油井水泥降滤失剂 FF-1，在 40~100℃范围内均能将水泥浆的失水量控制在 30mL 以下，且在饱和盐水水泥浆中同样具有良好的效果[21]。

AMPS 和 N，N- 二甲基丙烯酰胺（DMAM）的二元共聚物，作为水泥降滤失剂，它不仅适用于淡水水泥浆，而且适用于盐水、海水和饱和盐水水泥浆，与常用的水泥外加剂配伍性好，在较宽的温度范围，不影响水泥石的强度。

AMPS 和苯乙烯的二元共聚物，可用于淡水、盐水、海水和饱和盐水水泥浆，与常用的水泥外加剂配伍性好，适用于较宽的温度范围，通常和其他外加剂配合使用。

以 AMPS、AA、AM 共聚得到的三元共聚物降失水剂 G310，适用温度范围宽，抗盐性能可达饱和，降失水效果明显，稠化时间可调且性能稳定。加有 G310 的水泥浆，其失水量随着温度的升高或盐水浓度的增大而有所增大，但在 40~175℃的温度范围内，盐水达饱和时，仍可将失水量控制在 100mL 以内；但在低温下该产品有较强的缓凝作用，为了保证施工安全，需加入促凝剂配伍使用[22]。

以 AMPS、DMAM、3- 烯丙氧基 -2- 羟基 -1- 丙磺酸（AHPS）和 AA 为原料，合成的油井水泥降失水剂 SCF，其在淡水水泥浆中的加量为 3%~6% 时，可使水泥浆 API 失水量控制在 50mL 以下，抗温可达 180℃；使水泥浆的稠化时间稍有延长，在 100℃、加量为 6% 时，延长 52min，抗压强度略有降低，抗析水能力增强；其抗盐能力可达到 36%[23]。

在 AMPS 与 AM 共聚物油井水泥降失水剂合成中，引入少量的 NVP 可以使其降失水能力得到提高。以 AMPS、N- 乙烯基吡咯烷酮（NVP）和 AM 为单体合成的油井水泥降失水剂 FAN，具有较好的耐高温降失水能力和一定的缓凝性能，且对水泥石早期强度的发展影响不大。掺量为 0.5% 的水泥浆在 160℃时失水量小于 100mL，在 110℃，21MPa 条件下养护 24h 的抗压强度达 26.1MPa，水泥浆综合工程性能良好，无游离液析出，水泥石的抗压强度等性能满足固井施工技术要求[24]。

AMPS 与其他单体的共聚物通用技术要求为：有效物≥85.0%，2% 水溶液表观黏度≤10mPa·s，水分≤10.0%，水不溶物≤2.0%；适用于各种型号的油井水泥，与常用的水泥外加剂配伍性好，是深井或超深井固井施工中理想的油井水泥降滤失剂，温度高时会产生缓凝作用。

7. 聚乙烯亚胺

聚乙烯亚胺，polyethylenimine（PET）[25]。PEI 是由氮杂环丙烷聚合而得的水溶性聚合物，在无水状态下，具有高黏稠性、高吸湿性、有氨味，外观呈黄色或无色，溶于水和低级醇，如甲醇、乙醇等，不溶于苯、甲苯、四氢呋喃；其水溶液为透明黏稠液体，稳定性好，酸性介质中可形成凝胶；可吸收二氧化碳，发生反应；一般制成 20%~50% 的水溶液。PEI 并非完全线型结构，而是含有伯胺、仲胺、叔胺分支结构的高分子，为弱碱性；其热稳定性好，在空气或氮气环境下加热至 500℃，失重很少。

PEI 是阳离子型降失水剂，单独使用基本没有降失水能力，但与磺化酮醛缩合物（SAF）配合使用时，降失水能力得到显著提高，在使用 PEI 降失水剂时必须注意，要将降失水剂和分散剂或减阻剂提前加入配浆水中进行预先溶解。

（三）复配型产品

除前面所述的单一聚合物降失水剂外，还有一些复配型降失水剂。

（1）MD-3 油井水泥降失水剂。

它是多糖类衍生物、合成聚电解等的复合物。将 26 份 40% 磺化丙酮 - 甲醛缩聚物、50 份多糖类衍生物、10 份助溶剂、14 份闪凝抑制剂等在一定条件下混合后，经干燥、粉碎得到；其作为降失水剂，在加量 0.8%～1.5% 时，可使水泥浆失水量降至 250mL 以下，最低可降至 40mL（6.9MPa、30min）；产品有效物含量≥85.0%，水分≤5.0%，水泥浆稠化时间与原浆接近；本品与多种油井水泥和常用外加剂具有良好的相容性，水泥浆性能容易调节，使用方便，同时还兼具分散作用，适用于中深井固井作业。

（2）XS-2 油井水泥降失水剂。

它是改性植物胶和低相对分子质量聚合物的混合物质量分数，是在 XS-1（AM-AA 共聚物）降失水剂基础上复配其他材料而成（组分：22.3%～28.6% 改性植物胶、77.7%～71.4%XS-1）。本品与其他外加剂的相容性好，对国产 G 级水泥适用性好；在 75～95℃温度范围内具有良好的降失水效果，且水泥浆稠化时间易调，对水泥的抗压强度影响小，并具有一定的减阻作用。

（3）XSM 降滤失剂。

它是丙烯酰胺聚合物、$CaCO_3$ 和黏土等的混合物，组成为 39 份 XS-1、44 份 $CaCO_3$ 和 17 份黏土；具有较好的抗盐、抗钙和降失水性能；用 XSM 处理水泥浆在 75℃、7MPa 条件下的失水量小于 200mL，抗压强度大于 15.6MPa，水泥浆流动性能良好，析水量低，稠化时间和凝结时间可调，有利于固井施工。

（4）TG-2 降滤失剂。

它是萘磺酸甲醛缩聚物、磺化聚乙烯甲苯、磺化苯乙烯马来酸酐共聚物混合而成，组分为 57.1 份萘磺酸甲醛缩聚物、28.6 份磺化聚乙烯甲苯、14.3 份磺化苯乙烯马来酸酐共聚物。本品水溶性好，为能自由流动的固体粉末，0.42mm 筛余≤2.0%，水分≤5.0%；可用作油井水泥外加剂，具有良好的降失水性能，能满足井底温度为 40～93℃的注水泥要求，加量在 0.8%～1.5% 范围内，可将失水量控制在要求的范围以内，能与多种油井水泥和多种其他外加剂相容，且有较强的抗盐能力；可用于饱和盐水水泥浆中。

四、分散剂

分散剂是能够改善水泥浆流动性的外加剂，又称减阻剂或紊流诱导剂。它可以提高水泥浆的可泵性，降低一定流速下的泵压，使注水泥作业顺利，是重要的油井水泥外加剂之一。分散剂按化学结构和使用性能可分为磺酸盐型和羧酸盐型。

1. 磺酸盐型

（1）萘磺酸甲醛缩聚物。

它是一种重要的表面活性剂，也是水溶性很能好的聚电质，为棕黄色粉末，易溶于水，水溶液呈弱碱性；可用作油井水泥外加剂，其具有分散效果好，对水泥浆的减阻、增密作用强，引气量少，早期强度发展较快等特点，适用于多种油井水泥，与其他外加剂有良好的相容性，耐温性超过普通的木质素磺酸盐，是早期最常用且用量最大的油井水泥外加剂之一。

（2）磺化丙酮－甲醛缩聚物（SAF）。

它是一种阴离子型聚电解质，产品为橘黄色粉末，易溶于水，水溶液呈现弱碱性；其分子中含有羟基、羰基和磺酸基等亲水基团，以及有共轭羰基基团，具有耐温、抗盐和分散能力强等特点，适应于多种类型的油井水泥，与其他外加剂相容性好，是一种非引气型分散减阻剂。

SAF 对油井水泥浆的减阻作用与其在水泥颗粒上的吸附性有关。一方面，加入水泥浆中的减阻剂分子定向吸附，水泥颗粒表面带有相同的电荷，在斥力的作用下，水泥－水体系处于相对稳定的悬浮状态，拆散水泥在水化初期形成的絮凝状结构，使絮凝体内的游离水释放出来，从而提高水泥浆的流动性；另一方面，吸附在水泥颗粒表面上的 SAF，其分子链上的 $-SO_3^-$ 是强水化基团，$-SO_3^-$ 很易与极性水分子缔合，在水泥颗粒表面形成一层稳定的水化膜，阻止了水泥颗粒间的相互聚结，达到分散减阻的目的[26]。

本品为国内 20 世纪 90 年代开发的一种专用的油井水泥减阻剂，也可用作混凝土减阻剂；用作水泥浆分散剂时，既可加入配浆中，也可直接干混在油井水泥中使用。SAF 产品为橘黄色自由流动粉末，0.42mm 筛余≤5.0%，水分≤10%，水不溶物≤3.0%，2% 水溶液 pH 值为 8～9，掺加 SAF 的水泥浆流性指数≥0.70，稠度系数 k≤0.5Pa・s^n，初始稠化时间≤100min，抗压强度≥14.0MPa。

（3）磺化三聚氰胺甲醛树脂。

它也称磺化蜜胺树脂，为水溶性的阴离子树脂型表面活性剂，易溶于水，水溶液呈现弱碱性；可用作水泥减水剂和油井水泥减阻剂，对水泥有高度分散作用，是一种非引气型分散减阻剂，同时还具有一定的早强作用；适应于多种类型的油井水泥，与其他外加剂相容性好；工业品为黄色至黄褐色自由流动粉末，水分≤10%，水不溶物≤3.0%，0.42mm 筛余≤5.0%，2% 水溶液 pH 值为 7～9，流性指数≥0.5，稠度系数 k≤0.5Pa・s^n，抗压强度≥12.0MPa。

（4）低分子量磺化聚苯乙烯（SPS）。

它是一种表水溶性聚电质，一般为棕红色粉末，易溶于水，水溶液呈弱碱性。固含量≥85.0%，相对分子质量为 3000～4000，磺化度≥0.7，2% 水溶液 pH 值为 7～9；用作油井水泥外加剂具有较好耐温性，适用于多种油井水泥浆体系。

（5）对氨基苯磺酸－苯酚－甲醛树脂。

它是以对氨基苯磺酸钠和苯酚为主要原料，通过与甲醛进行缩合反应而得到的一种油井水泥分散剂 AS[27]，具有良好的分散性能和耐高温性能，在 185℃高温下仍能起到优良的分散作用，对各种油井水泥具有良好的适应性，和 SW 系列降失水剂、缓凝剂具有很好的配伍性，适用于 50~185℃的水泥浆体系，能够满足现场施工的要求。

2. 羧酸盐型

（1）羧甲基葡萄糖。

它是一种葡萄糖的改性产物，易于水；外观为橘黄色粉末，水分≤10%，水不溶物≤2%，2% 水溶液 pH 值为 8~9；可用作油井水泥外加剂，具有显著的分散缓凝作用，且加量少，抗温能力强；使用时可将本品加入配浆水中，也可与水泥干混后使用，用量为 0.1%~0.6%。

（2）聚羧酸类分散剂。

实践表明，用于水泥浆分散剂的通常是相对分子质量为 8000~12000 的丙烯酸类聚合物和马来酸酐类聚合物，多数是以丙烯酸或甲基丙烯酸或马来酸酐为主链，接枝不同侧链长度的聚醚而得到。目前该类分散剂主要用于混凝土工业，由于耐温以及偶有异常的凝胶状物质产生等方面的问题，在油井水泥中还很少应用，多处于开发阶段[28]。如采用水相自由基聚合反应的方法，以甲氧基聚乙二醇甲基丙烯酸酯、甲基丙烯酸、2– 丙烯酰胺基 –2– 甲基丙磺酸为原料制备的聚羧酸分散剂 PC–F42L，对水泥浆的流变性能具有较强的调控能力，分散效果显著，其加量为 0.5%~1%（BWOC）时，所配制的水泥浆初始稠度低，流性指数随着分散剂加量的增加逐渐增大；并与常用的降失水剂、缓凝剂有良好的相容性。现场应用表明，用 PC–F42L 所配制的水泥浆流动性能良好，水泥浆失水量、稠化时间与抗压强度发展均能够满足要求[29]。

从目前的情况看，聚羧酸类分散剂，可以采用丙烯酸或甲基丙烯酸聚合物与不同链长度的聚醚反应得到，也可以采用甲基丙烯酸聚氧乙烯酯、异戊烯醇聚氧乙烯醚、烯丙基聚氧乙烯醚、甲基烯丙醇聚氧乙烯醚、甲基丙烯酸辛基酚聚氧乙烯醚酯、聚氧乙烯甲基烯丙基二醚等聚醚大单体共聚得到，引入磺酸基可以提高产物的综合性能[30]。

工业品外观为能自由流动的颗粒或粉末，100% 通过 0.42mm 标准筛，水不溶物≤1.0%，水分≤10.0%，相对分子质量为 7×10^4~12×10^4；用作水泥浆分散剂，具有较好的悬浮性，而且还具降失水作用，可抗温 150℃以上。

五、减轻剂

减轻剂也称填充剂，是能够减轻水泥浆密度的外加剂。减轻剂通常可分为三类：吸水性材料、轻质材料和泡沫水泥。在同一种水泥浆中经常使用几种减轻剂，以达到密度低而性能又稳定的目的。

1. 硅藻土

硅藻土是一种单细胞水生植物硅藻的古生物残骸沉积物，在显微镜下观察，有形态各异的各种藻类形状。它具有多孔结构、密度低、比表面积大、吸附性能强、悬浮性能

好、物化性能稳定、无毒和无味等特殊性能，由单细胞水生植物硅藻的古生物残骸沉积物经过精细加工而成；白色或黄色粉末，H_2O 含量≤1%，紧堆密度为 0.42g/cm^3，烧失量≤1%，含 SiO_2≥85%，Al_2O_3≤5%，Fe_2O≤1.8%，150 目筛余为 1%~6%，320 目筛余为 18%~25%。

2. 粉煤灰

粉煤灰，是从煤燃烧后的烟气中收捕下来的细灰，为燃煤电厂排出的主要固体废物，是一种人工火山灰质混合材料，成分以 Al_2O_3、SiO_2 为主，其余为 Fe_2O_3、CaO、Na_2O、K_2O 和 SO_3 等。它本身略有或没有水硬胶凝性能，但当以粉状及水存在时，能在常温，特别是在水热处理（蒸汽养护）条件下，与氢氧化钙或其他碱土金属氢氧化物发生化学反应，生成具有水硬胶凝性能的化合物，成为一种增加强度和耐久性的材料。粉煤灰密度为 1.9~2.9g/cm^3，堆积密度为 0.531~1.261g/cm^3，比表面积为 800~19500cm^2/g（氮吸附法）、1180~6530cm^2/g（透气法），原灰标准稠度为 27.3%~66.7%，吸水量为 89%~130%，28d 抗压强度比为 37%~85%。

粉煤灰外观类似水泥，颜色在乳白色到灰黑色之间变化。粉煤灰的颜色是一项重要的质量指标，可以反映含碳量的多少和差异，在一定程度上也可以反映粉煤灰的细度，颜色越深粉煤灰粒度越细，含碳量越高。粉煤灰有低钙粉煤灰和高钙粉煤灰之分，通常高钙粉煤灰的颜色偏黄，低钙粉煤灰的颜色偏灰。粉煤灰颗粒呈多孔型蜂窝状组织，比表面积较大，具有较高的吸附活性，颗粒的粒径为 0.5~300μm；并且珠壁具有多孔结构，孔隙率高达 50%~80%，有很强的吸水性。

粉煤灰的活性主要源于活性 SiO_2（玻璃体 SiO_2）和活性 Al_2O_3（玻璃体 Al_2O_3）在一定碱性条件下的水化作用。因此，粉煤灰中活性 SiO_2、活性 Al_2O_3 和活性 CaO（游离氧化钙）都是关键的活性成分，硫在粉煤灰中一部分以可溶性石膏（$CaSO_4$）的形式存在，它对粉煤灰早期强度的发挥有一定作用，因此硫对粉煤灰活性也是有利组分。粉煤灰中钙含量在 3% 左右，它有利于胶凝体的形成。

粉煤灰中少量的 MgO、Na_2O、K_2O 等生成较多玻璃体，在水化反应中会促进碱硅反应，但 MgO 含量过高时，对安定性产生不利影响。粉煤灰中的未燃炭粒疏松多孔，作为惰性物质不仅对粉煤灰的活性有害，而且不利于粉煤灰的压实；过量的 Fe_2O_3 对粉煤灰的活性也不利。

粉煤灰的细度和粒度直接影响着粉煤灰的其他性质，粉煤灰越细，细粉占的比例越大，其活性也越大。粉煤灰的细度影响早期水化反应，而化学成分影响后期的反应；可用于油井水泥减轻填充剂；在低密度水泥浆中，若粉煤灰的掺量超过水泥量的 140% 以上，水泥强度将大大下降；通常粉煤灰的掺量占干水泥重量的 20%~40%，相应的水泥浆密度为 1.68~1.55g/cm^3。

3. 微硅

微硅又称硅灰或微粒硅，是电炉中生产硅和硅铁合金的副产品。硅灰是以气态形成的，并通过气体吹入特制的集尘过滤器收集的微小颗粒，其主要化学成分为无定型 SiO_2

（含量约为85%～98%），密度为2.4g/cm³，平均粒径约为0.15μm，比水泥平均半径小100多倍，颗粒分布在0.02～0.5μm之间。

硅灰颗粒细小，具有较大的比表面积，加入水泥浆中具有较强的吸水性，因此可在一定程度上增大水灰比、降低水泥的密度；由于硅灰的主要成分为无定型，因此具有很高的反应活性，能在适宜的条件下与水泥水化产物发生作用而获得硅酸钙凝胶或雪硅钙石（110～150℃）或硬硅钙石（>150℃）等产物，这些产物对于保障水泥石形成良好的网络结构及骨架强度具有重要的作用。实验表明，高温条件下向水泥中添加硅灰等具有活性二氧化硅材料时，能够有效改善水泥石的高温强度衰退性能，有效提高特定养护时间条件下水泥石的强度，降低水泥石的渗透率，并具有强度发育衰退小的特点。

微硅产品的主要技术要求：灰色粉末，平均粒径为0.10～0.15μm，密度为2.1～3.0g/cm³，堆密度为200～250kg/m³；主要用于水泥或混凝土掺合料，以改善水泥或混凝土的性能，还可用作油井水泥减轻填充剂。

4. 膨胀珍珠岩

膨胀珍珠岩是具珍珠结构的酸性火山玻璃岩，是酸性火山玻璃岩经焙烧后，体积迅速膨胀，成为膨胀珍珠岩。膨胀珍珠岩具有容重轻，导热系数低，吸声性能好，抗冻性，绝缘性等优点；用于油井水泥减轻填充剂；其主要技术指标：容重 <80kg/cm³，粒度：粒径 >2.5mm 的不超过5%（质量分数），粒径 <0.15mm 的不超过8%，含水率 <2%。

5. 空心漂珠

漂珠是从粉煤灰中出来的玻璃珠，是磨细的粉灰在发电厂锅炉燃烧时，其中的本体灰分将熔融，熔融提取的灰分在表面张力作用下团缩成球，排出炉时，受急剧冷空气作用形成空心球体。将粉煤灰排入水池中，大部分大颗粒、含未燃尽炭的颗粒以及表面破损的颗粒能吸附水而沉入水中，密闭而密度小的颗粒悬浮在水上，这些飘浮于水上的颗粒收集起来，晒干后即是漂珠。漂珠是一种比水泥颗粒径大30倍（本身粒径为40～250μm）的密闭、薄壳、轻质玻璃质材料；其密度仅为0.7g/cm³，珠壁厚是球珠壁直径的5%～30%。漂珠具有和粉煤灰相同的化学组成，因此同样具有活性，漂珠密闭的空心球形内包含氮气和二氧化碳。因此，配制低密度水泥浆具有一定的流动度，并因为其能够部分参与水化作用而有效保障水泥的强度。

由于漂珠的密闭性能，其在配浆时只需少量的水润湿表面，使水泥浆具有一定的流动性即可。因此漂珠低密度水泥浆中起减轻作用的主要是漂珠，而不是水，所以随着漂珠掺量的增加可以配制出一般减轻剂所达不到的超低密度水泥浆，密度范围达1.44～1.08g/cm³。由于漂珠低密度水泥浆的低水灰比使它具有高强度的特性。

由于漂珠的主要成分是SiO_2、Al_2O_3，在较高的温度下具有较高的活性，有利于强度的提高，因此漂珠低密度水泥可用于中深井的固井。漂珠低密度水泥浆能与大多数外加剂相容，只是由于漂珠的特性，水泥浆性能的控制比纯水泥难度大。配合漂珠低密度水泥浆使用的外加剂主要有降失水剂、早强剂。

漂珠作为是一种轻质非金属多功能材料，外观为灰白或灰色颗粒，松散，流动

性好；粒径为 20~400μm，球形率 >95%，堆积密度为 0.26~0.45g/cm^3，抗压强度为 100~350kg/cm^3，莫氏硬度为 5~7，耐火度为 1200~1750℃，烧失量 <1%，比表面积为 0.02~0.1m^2/cm^3。

6. 矿渣

高炉矿渣是高炉冶炼生铁时的副产物，在 1400~1500℃下由铁矿石和石灰石助熔剂熔融化合而成。熔融的矿渣比铁水轻，漂浮在生铁水的上面，自高炉流出后，经水淬矿渣熔浆固化成灰白色或乳黄色的细小颗粒，即高炉水淬矿渣。高炉矿渣经水淬冷却后的产物大多由玻璃体组成，偶尔析晶；这种非晶态的玻璃体，其中的连续相是化学稳定性差的富钙相，它是化学活性主要来源，但矿渣形成的 β-C_2S 晶相也具有一定的化学活性。水淬矿渣的玻璃体由网架形成体和网架改性体组成。网架形成体主要由 SiO_3^{2-} 组成；网架改性体主要由 Ca^{2+} 组成，它存在于网架形成体的空隙中，以平衡电荷；矿渣中的 Al^{3+} 和 M^{2+} 不仅是网架的形成体，又是网架的改性体，钙离子（Ca^{2+}）以离子键形成存在于六元配位键内，钙或其他类似离子含量的增加伴随着硅氧四面体网络结构的解聚而增加，这层较稳定的“保护膜”——硅氧四面体网络，是矿渣具有潜在活性的原因。

矿渣是一种代替水泥的廉价水化材料，其密度比水泥轻（密度为 2.6~2.8g/cm^3），可用于低密度水泥的减轻材料来配制矿渣水泥，但其对密度的减轻效果不如粉煤灰明显。不同产地的矿渣化学成分不同。矿渣主要成分为 CaO、MgO、Al_2O_3 等化合物，同时还有少量的 Fe_2O_3、MnO、TiO_2、P_2O_5 等。磨碎的水淬矿渣和水混合后，在其表面会发生轻微的水化反应，使部分物质溶解和水化，形成 C-S-H 凝胶，但进一步水化被矿渣玻璃体表面的低渗透保护膜阻止，使水不能进入矿渣玻璃体内部，因而矿渣内部的离子也不能渗出，这种情况可以通过向溶液中加入碱性激活剂的方式提高矿渣的反应活性。

7. 膨润土

膨润土主要是由含微晶蒙脱石的黏土矿物组成，工业品是黏土矿物经过经干燥、磨细而成的粉状物质，其密度为 2.6~2.70g/cm^3。由于蒙脱石由两层硅氧四面体片与一层铝氧八面体形成的层状晶胞组成，且晶格取代量较大，具有较强的负电荷，在溶液中具有较大的阳离子交换容量，因此，使得膨润土具有规则的层状结构，遇水后层与层之间可以吸附大量的水分，使其体积膨胀。通常每克膨润土可以吸收 5.3mL 水，体积膨胀达 15 倍。可见，利用膨润土设计低密度水泥浆时降低密度的手段主要靠增大水量来实现。因此，对 G 油井级水泥来说，按照 API 标准配制水灰比为 0.44 的水泥浆体系，其密度为 1.9g/cm^3；如果使配制的水泥浆密度降至 1.55g/cm^3，则相应的水灰比约为 0.93g/cm^3，这样扣除水泥本身的水灰比 0.44，余下的水就需要增加膨润土来吸附。大量实验表明膨润土低密度水泥浆体系适宜的密度为 1.53~1.58g/cm^3。

8. SNC 减轻剂

SNC 减轻剂属于改性硅酸钠。将硅酸钠加入反应器中，加热、搅拌，然后加入适量的氢氧化钠溶液，以调整硅酸钠的模数在适宜的范围内；加入护胶剂和辅助材料，待完全溶解后继续搅拌 1h，将反应产物冷却，然后过滤即得成品。本品是一种黏稠液体，将本品加入水泥浆中，可增大水泥浆的水灰比，从而大幅度降低水泥浆的密度，使水泥浆体系性能稳定，析水小；其主要技术指标：密度为 1.34 ± 0.004g/cm^3，pH 值为 10.5~11.5，水不溶物≤0.3%，Cl^- 含量≤0.1%，可用于各种油井水泥；由本品配制的低密度水泥浆，一般只适用于表层及中间套管固井，不适用于封固油层井段。在水灰比一定的条件下，水泥浆的析水随本品加量的增加而降低。因此，本品也可作为常规固井时水泥浆的析水降低剂；通常加量为干水泥质量的 5%~10%，将其先加入配浆水中，充分搅拌混合均匀后，即可进行施工作业；也可以用于配制隔离液。

9. 天然沥青

天然沥青又称地沥青或矿物沥青，为石油的转化产物。石油原油渗透到地面，其中轻质组分被蒸发，进而在日光照射下被空气中的氧气氧化，再经聚合而成为沥青矿物；主要由沥青质、树脂等胶质，以及少量的金属和非金属等其他矿物杂质组成。

按形成环境可分为岩沥青、湖沥青、海底沥青等。岩沥青质脆，具有明显的或暗淡的光泽，高熔点，半熔化或几乎不能熔化，溶于二硫化碳，颜色由暗褐色到黑色，是不含矿物质或仅含有少量夹杂物的沥青，在水泥浆中，大颗粒可以作为颗粒桥堵剂，配合其他材料用于防漏，细颗粒或粉状产品可以作为减轻剂。

六、加重剂

能够增加水泥浆密度的外加剂或外掺料称加重剂。加重剂自身密度要比水泥大，通常要求加重剂的颗粒粒度分布要与水泥相当，颗粒太大容易从水泥浆中沉淀，太小又容易增加水泥浆的稠度；呈惰性，并与其他外加剂具有很好的相容性。常用的加重剂主要是重晶石粉、钛铁矿粉和赤铁矿粉。

（1）重晶石粉，是以硫酸钡（$BaSO_4$）为主要成分的非金属矿产品；化学式 $BaSO_4$，相对分子质量 233.39；莫氏硬度为 3.0~3.5，密度为 4.0~4.6g/cm^3，是应用最广泛和用量最大的加重剂。重晶石化学性质稳定，不溶于水和盐酸，无磁性和毒性，不易吸水，但受潮后易结块；作为水泥浆加重剂，其密度应达到 4.2g/cm^3 以上；工业品为灰白色或浅灰色粉末，密度≥4.20g/cm^3，水溶性碱土金属含量（以钙计）≤250mg/kg，75μm 筛余（质量分数）≤3.0%；广泛用于钻井液和固井水泥浆加重剂。

（2）钛铁矿粉，是由钛铁矿物粉碎得到，为褐色粉末；化学成分 $FeTiO_3$，硬度为 5~6，密度为 4.4~5.0g/cm^3，密度随成分中 MgO 含量降低或 FeO 含量增高而增高，具弱磁性；在氢氟酸中溶解度较大，缓慢溶于热盐酸；溶于磷酸并冷却稀释后，加入过氧化钠或过氧化氢，溶液呈黄褐色或橙黄色；具有密度大耐研磨的特点；不溶于水，部分能和盐酸发生反应；不易吸水，但受潮后易结块；工业品密度≥4.7g/cm^3，水溶性碱土金属含量（以钙计）≤100mg/kg，二氧化钛含量≥12%，全铁含量≥54%，湿度≤1%，75μm 筛筛余量≤3.0%，45μm 筛筛余量 5.0%~15.0%；主要用于钻井液和固井水泥浆加重剂。

（3）赤铁矿粉，是赤铁矿经过机械破碎、研磨、筛分而成，化学成分为三氧化

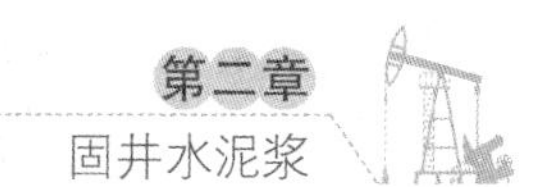

二铁，分子式 Fe_2O_3，相对分子质量 159.69；为具有金属色泽的黑色粉末，密度为 4.9~5.3g/cm^3，有天然磁性；不溶于水，部分能和盐酸发生反应；不易吸水，但受潮后易结块；工业赤铁矿密度≥5.05g/cm^3，水溶性碱土金属含量（以钙计）≤100mg/kg，75μm 筛余（质量分数）≤1.5%，45μm 筛余（质量分数）≤15%。本品可用于钻井液和固井水泥浆加重剂。

七、消泡剂

能够消除水泥浆中泡沫的外加剂称消泡剂，它具有破泡和抑制泡沫的作用，是保证固井作业顺利的必不可少的外加剂之一。消泡剂主要有醇类、磷酸酯类和硅氧烷类。

1. 醇类

（1）甘油聚醚，也即甘油聚氧乙烯醚，为无色透明黏稠状液体，微有特殊气味，难溶于水，能溶于苯、乙醇等有机溶剂；具有优良的稳泡、润湿、渗透、润滑、增溶和保湿能力；以甘油起始剂，在高压下加入环氧丙烷经缩聚而成；工业品活性物含量≥98%，羟值（以 KOH 计）为 44~56mg/g，浊点≥17℃，酸值≤0.2mg KOH /g，水分≤0.5%，pH 值（25℃，1% 水溶液）6.5~7.0；是常用的钻井液和水泥浆消泡剂。

（2）聚醚酯，由聚醚和羧酸按照 1.2∶1 在一定条件下反应得到，为琥珀色黏液体，pH 值为 6~7，用于油井水泥消泡剂，既保留聚醚类消泡剂易于分散、表面张力低、稳定性好、耐高温的优点，且消泡能力更高，活性更强[31]。

2. 磷酸酯类

主要是磷酸三丁酯，其分子式 $(C_4H_9)_3PO_4$，相对分子质量 266.3；难溶于水，水中溶解性为 0.1%（25℃）；能与多种有机溶剂混溶；无色、有刺激性气味的液体，蒸汽压 2.67kPa/20℃，沸点为 180~183℃（2.87kPa），闪点 146℃（开口），熔点 <-79℃，表面张力 27.79mN（20℃），相对密度（水 =1）0.9766；相对密度（空气 =1）7.67。

由于其低的表面张力及难溶于水的物性，可作为工业用消泡剂，能够使已形成的泡沫膜处于不稳定状态而迅速消泡，是常用的油井水泥浆消泡剂之一。

3. 硅氧烷类

（1）二甲基硅油，也称聚二甲基硅氧烷（PDMS），是一种透明液体，无毒、无腐蚀，具有生理惰性和良好的化学稳定性，是疏水类有机硅；熔点 -35℃，密度 1.0g/cm^3（20℃），同时还具有优良的耐冻、耐热、耐氧化性，可在 -50~200℃温度范围内长期使用；常用作工业消泡剂，具有消泡力强、耐高温、不挥发、化学稳定性高，无毒、安全等特点。本品是应用范围最广的消泡剂，广泛应用于石油、化工、印染、涂料、制药、制革、发酵、食品等方面，也常用作固井水泥浆消泡剂。

（2）甲基乙氧基硅油，即聚甲基乙氧基硅氧烷，为无色或淡黄色透明油状液体，是在硅氧烷主链中引入活性基团的甲基硅油；具有优良的疏水性、润滑性，表面张力低，无腐蚀性，无毒无害，同时还具有硅酸盐的某些特性；可用作消泡剂，消泡能力强，毒性低。工业品为无色或淡黄色透明油状液体，黏度为3～50mPa·s，密度为1.005～1.080g/cm^3，乙氧基含量为20%～50%、pH值为7～8。本品与聚醚接枝用于原油脱水的含硅破乳剂，也可用作油井水泥浆消泡剂。

八、防气窜剂

在油气井注水泥作业中，特别是某些高压气井，邻近环空的地层，含有一定压力的原生气，这种气体能够进入注水泥后的环空，造成气体泄漏，有时可能达到地面或其他低压层，这就是所谓的气窜或气侵；其结果将会使固井质量达不到要求，为了杜绝气窜现象的发生，在固井作业中通常采用可压缩水泥、不渗透水泥或触变性水泥浆固井；用于配制可压缩水泥、不渗透水泥或触变性水泥浆等所使用的外加剂称为防气窜剂，它是保证固井质量的重要外加剂之一。

1. 发气型防气窜剂

（1）铝粉防气窜剂，该剂是以铝粉为主要原料的油井水泥外加剂，由15份包覆铝粉、75份活性炭、10份辅助材料混合均匀，包装即得成品；其外观为能自由流动的棕色粉末，发气量≥250.0mL/g，初发时间≥40min，水分≤2.0%，0.84mm筛筛余≤6.0%；其特点是加量小，使用简单方便，水泥浆性能易调节，防气窜效果好等，是一种重要的油井水泥外加剂之一。由铝粉防气窜剂配制的可压缩水泥浆，具有防止各种类型的失重和气侵的能力。

（2）钝化铝粉防气窜剂，该剂由铝粉经过单油酸脱水山梨醇酯表面活性剂石油醚溶液处理后干燥而得到。它在水泥浆和井下温度的作用下会产生气体，以微小的气泡均匀分布在水泥浆体系内。微小气泡产生的膨胀压力补偿了水泥浆“失重”时的压力损失，并提高套管与井壁的胶结效果，从而达到防止环空气窜或其他流体窜的目的；其外观为能自由流动的棕色粉末，发气量≥250.0mL/g，初发时间≥40min，水分≤2.0%，0.84mm筛筛余≤6.0%。钝化铝粉防气窜剂与常用油井水泥外加剂相容性好，添加本产品后的水泥石强度和渗透率均优于未加本产品的水泥石。

2. 晶格膨胀型防气窜剂

（1）固井水泥浆防气窜剂，该剂由工业纤维、碳酸钙粉末、活性二氧化硅微粒，氧化钙粉等组成。按（用1%～2%表面活性剂处理烘干）10%～30%改性纤维、15%～55%活性二氧化硅、5%～15%碳酸钙粉末、8%～30%氧化钙粉末的比例，将工业纤维、碳酸钙粉末、活性二氧化硅微粒和氧化钙粉末等混合即得产品。本产品为能自由流动的灰白色粉末，水分≤2.0%，0.59mm筛筛余≤6.0%；其与聚合物降失水剂、分散剂、促凝或缓凝剂共同使用，可配制出一种油气井固井防气窜水泥浆体系；该水泥浆体系防气窜性能好，浆体稳定，强度高。

（2）油井水泥膨胀剂SUP，该剂由钙、铝或镁的氧化物及一定量的钝化铝材料复合而成，为能自由流动的灰白色粉末，在硅酸盐油井水泥中既可促使水泥水化早期钙矾石的形成，产生微小的体积膨胀，又由于钝化铝材料与水泥的反应在水泥中产生膨胀压力，从而起到补偿水泥水化过程中的体积收缩，提高水泥石与套管、地层之间的界面胶结强度的作用，并大大提高水泥石的抗压强度。用于固井防气窜水泥浆体系，配常规密度水泥浆时加量为水泥干重的2%~3%，配低密度水泥浆时加量为水泥干重的4%~5%。

3. 胶乳防气窜剂

主要是丁苯胶乳。丁苯胶乳作为防气窜剂，在20世纪90年代初成功用于现场固井作业。当用丁苯胶乳水泥浆封固油气层时，随着水泥水化反应的进行，环绕水泥颗粒的水被消耗，丁苯胶乳产生聚集，形成空间网络状非渗透膜，完全填充水泥颗粒间空隙，避免环空窜流产生。丁苯胶乳（SBL）是由丁二烯（Bd）和苯乙烯（St）经过乳液聚合得到的一种固含量为30%~50%的水分散性乳液，由不同比例的苯乙烯和丁二烯经乳液聚合而成。根据苯乙烯含量、乳化剂和聚合温度等不同，而有多种品种，其性能和用途也不同。

工业丁苯胶乳呈乳白色，固含量在40%~45%，黏度小于30mPa·s，pH值为6~8，密度接近1.0g/cm^3，液珠直径小于200nm。胶乳乳状液中液珠直径主要集中分布在40~180nm之间，其平均值为114.4nm；丁苯胶乳为阴离子型胶乳，ζ电势分布在−40~−20mV之间，平均值为−39.4mV[32]；可用于水泥浆外加剂，具有加量少、抗高温、低失水、低游离水、直角稠化、过渡时间短、防气窜和良好的流变性等特点，使水泥浆性能良好，固井质量优异。

4. 微交联聚合物防气窜剂

主要是微交联AMPS共聚物，它是以AMPS、AM、N，N-二甲基丙烯酰胺（NNDMA）为共聚单体、N，N-亚甲基双丙烯酰胺为交联剂共聚得到[33]，用于油井水泥防气窜剂，具有良好的滤失控制性能，加量为0.5%时就可以把失水量控制在50mL左右；该共聚物有较明显的增黏和提切作用，配制的水泥浆具有一定的触变性能，稠化实验及静胶凝强度实验过渡时间短，可控制在10~20min之内，防气窜性能较好，在2.1MPa的验窜压差下不发生气窜。

第二节　固井水泥浆体系

固井工作完成后，如果出现油气井内环空油、气、水的外窜，将导致固井质量不合格和生产井的产能严重不足，造成严重的资源浪费和巨大的经济损失。提高固井质量的关键在于优化和选择水泥浆体系，使水泥浆具有良好的直角稠化特性、静胶凝强度提高速率、较高的防窜能力、较低的水泥浆游离液、较小的体积收缩、较高的水泥石胶结强度、较低的水泥石渗透率等，从而提高固井质量。

固井水泥浆体系通常包括常规水泥浆体系、高密度和低密度水泥浆体系、抗盐水泥浆体系、防气窜水泥浆体系、塑性水泥浆体系、触变性水泥浆体系、高温水泥浆体系等。本节结合现场实践，对一些常用的水泥浆体系性能及应用进行简要介绍。

一、常规水泥浆体系

常规水泥浆体系，也是最基本的水泥浆体系，是指掺入降失水剂、分散剂等外加剂，根据井底温度和施工时间加入不同比例的缓凝剂，达到高分散、低失水、易泵送目的的水泥浆体系。

该体系既适用于淡水水泥浆固井，也适用于矿化度较高水泥浆固井，既可用于常规密度一般条件下固井，也可用于低密度、高密度等特殊条件下复杂井的固井。作为一种性能优良的可广泛使用的水泥浆体系，具有配伍性好、水泥浆体系各性能稳定、各种性能都能很容易调节的优点，能够真正做到低失水、低析水、高强度、浆体稳定、流变性能和稠化时间好调节等，解决固井作业中常需要的提高顶替效率、防止油气水窜、低密度或高密度固井、适当的触变性等问题。

二、高密度水泥浆体系

高密度水泥浆通常是指掺入赤铁矿、钛铁矿、重晶石等加重材料及其他配伍外加剂的水泥浆体系，常用于高压井固井作业。

（一）高密度水泥浆设计难点

高密度水泥浆因为密度高，掺入加重剂量多，和常规密度水泥浆相比，在设计、混配、施工等方面要困难得多。主要表现在[34]：①水泥浆体系材料密度相差大，加重剂在浆体静止时容易沉淀，导致浆体失稳；②由于加入大量加重剂，浆体单位体积内活性材料（水泥）少，水泥浆防窜性差，水泥石强度发展慢，上部低温井段的强度难以保证；③体系流变性差，注水泥及替浆过程中流动压耗大，水泥浆流变性控制和现场混配困难；④提高顶替效率困难。钻井液密度、黏度、切力高，流变性差，同时调整的余地不大，替净的难度大，受设备及井眼条件的限制，替浆过程中返速又不能过高。

（二）高密度钻井液条件下固井水泥浆应具备的性能

一般来说，高密度钻井液条件下固井对水泥浆性能的要求主要有以下几个方面：

（1）密度有一定的可调范围，能使环空当量密度所提供的液柱压力大于油、气、水层的压力，能保证固井作业安全和井壁的稳定。

（2）浆体稳定性好，同时又具有较好的流变性能。

（3）水泥浆在循环温度下的稠化时间既要能保证施工作业安全，同时又不能使水泥浆过渡缓凝。

（4）具有较小的滤失量，一般应控制在 100mL 以内，最好在 50mL 以内。

（5）水泥浆稠度由30Bc过渡到100Bc的时间最好控制在5~20min内，水泥浆稠化后能迅速由液态变为固态，以满足多压力层系和长封固段固井的需要。

（6）无论是底部还是顶部的水泥石均应有尽可能快的强度发展，尤其对于长封固段固井来说，顶部低温下水泥石的强度发展更应是一个着重考虑的问题。

（三）高密度水泥浆设计的准则及注意事项

良好的水泥浆体系是保证固井质量的前提，设计高密度水泥浆时，更应严格筛选外加剂，优化水泥浆配方，以满足固井的需要。

1. 高密度水泥浆设计的准则

设计高密度水泥浆时应充分考虑到水泥浆在混配、泵注、顶替等方面的困难，一般来说应能满足以下要求：①水泥浆密度能满足压稳地层的要求，有一定的可调范围，根据井况来确定水泥浆的密度；②外加剂对水泥、加重剂无敏感性反应，外加剂与水泥、加重剂之间有良好的相容性；③对于加重水泥浆在保持良好流动性的前提下，静止时不允许出现沉降分层和加重剂的析出现象；④水泥浆应具有较高的防窜能力、较短的过渡时间，水泥固化后基质渗透性低；对于高压油气井及存在活跃流体的井来说水泥浆的防窜性更需要重点考虑；⑤一般在井底静止温度下24h内水泥石强度不低于14MPa，顶部静止温度下水泥石48h强度不小于7MPa；⑥水泥浆的可泵时间根据施工时间来确定，在可泵时间内，水泥浆的稠度小，满足顺利施工要求。

2. 固井设计注意事项

为提高固井质量，保证固井安全，固井设计时要注意以下问题：

（1）优化水泥浆体系。固井前根据井下条件来优化水泥浆配方，综合考虑水泥浆的性能，特别是水泥浆体系的稳定性、流变性、抗压强度发展和失水量等。

（2）优化冲洗液与隔离液。冲洗液、隔离液应能有效冲洗、稀释、隔离与缓冲钻井液，能防止注水泥及替浆过程中的浆体污染，且能有效提高顶替效率，但又不至于造成井壁的失稳。

（3）科学制定钻井液降黏降切处理方案。为提高顶替效率，固井前需要根据井眼状况，充分调整钻井液性能，降低黏度和切力，增加流动性，但不能造成井壁的失稳。必要时可以配制一定量与井下钻井液相容且流动性好的低黏低切钻井液，作为注冲洗液之前的预冲洗液。

（4）保证所用作业流体间良好的相容性。水泥浆、隔离液、钻井液间要有良好的相容性，以防止替浆时浆体间相互掺混而造成稠化，影响施工安全和固井质量。

（四）高密度水泥浆体系

1. 高密度水泥浆设计原则

（1）优选水泥类型。

优选水泥类型以达到减少用水量、提高水泥浆密度、保证浆体的综合性能的目的。

（2）优选加重材料。

为保证高密度水泥浆性能及固井质量，设计高密度水泥浆时加重剂的选择至关重要，重晶石、钛铁矿、磁铁矿、赤铁矿、砷铁矿、方铅矿等均可用于水泥浆的加重剂；但是，选择时应从加重效果、杂质含量对流动性的影响程度，化学杂质对外加剂的敏感性反应，细度可控范围与稳定性的要求等方面综合考虑。优选加重剂时要提出对细度分布的要求。

（3）优选外加剂品种。

对于高密度水泥浆，选用外加剂时要根据配伍性、非敏感性、非增黏性以及防窜性的要求来加以选择，其中降失水剂和缓凝剂的选择尤为关键。

2. 加重剂筛选及性能要求

提高水泥浆密度的最简单方法是减少水的用量，但是要获得更高密度水泥浆则需要掺入加重剂。加重剂的选择是高密度水泥浆配制的关键，没有适宜性能的加重剂，就难以获得满足施工要求的水泥浆体系。优质的加重剂应满足：①加重材料的颗粒分布要与水泥相容，避免由于颗粒太大易从水泥浆体系中沉降出来，太小又会增加水泥浆的黏度；②用水量少；③水泥水化过程中加重剂呈惰性，与其他外加剂有很好的相容性。

依据不同的密度要求，在水泥浆中掺入适当类型和数量的加重剂，就可以使水泥浆的密度达到2.20~2.50g/cm^3，选用特殊的加重材料可配制出密度高达3.10g/cm^{3}的超高密度水泥浆。常用的加重剂以钛铁矿、赤铁矿、重晶石等为宜。

对于一般高压井固井来说，用重晶石加重即可满足固井压稳的要求，并且重晶石来源广，价格便宜。

重晶石水附加加量为0.24。水泥浆在密度高于2.30g/cm^{3}时，稠度较大，流变性能差，所以需要大量的水来润湿颗粒表面；加水后，虽然增加了水泥浆的流动性，但是水泥石抗压强度变低，影响环空封固质量，所以用重晶石配制密度低于2.30g/cm^{3}的水泥浆效果较好。

钛铁矿颗粒的水附加量为零，用钛铁矿配制密度低于2.45g/cm^{3}的水泥浆效果较好，与其他外加剂有较好的相容性。用赤铁矿、钛铁矿也可以配制出密度为2.40g/cm^3（最高加重至2.50g/cm^3）的水泥浆体系。

3. 外加剂筛选及性能要求

高密度水泥浆性能的优劣，取决于其综合性能，或者说要全面满足固井设计中的各项性能要求；即使是某一项性能好，其他性能不好，甚至只有一项性能太差，也不能用于现场施工。在外加剂的使用方面要从水泥浆的整体性能来考虑，外加剂的选择原则如下：

（1）分散剂。

分散剂的作用是减少水泥颗粒间的凝聚力，增加水泥浆的流动性，但是不能破坏水泥浆体系的稳定性，不能增加游离水量，水泥浆不能沉降离析。

（2）缓凝剂。

使用缓凝剂的目的是调节水泥浆的稠化时间，但不能影响水泥石的强度发展，更不能破坏水泥的水化过程而使水泥石的强度丧失，稠化时间的长短不应影响水泥石的早期强度，不能“稠而不凝”或因“假凝”而使强度很低，缓凝剂也不能对温度过于敏感。

（3）降失水剂。

对于高密度水泥浆来说，筛选性能优良的降失水剂尤为关键，这主要是由于配制高密度水泥浆时，其用水量远小于常规密度水泥浆；因此，即使少量的失水对水泥浆性能的影响也是非常大的，为安全起见，滤失量应不大于100mL，最好控制在50mL以内，以保证水泥浆性能的稳定。降失水剂不能过大地增加水泥浆的初始稠度，更不能影响水泥石的强度。

由于不同类型的外加剂之间存在相容性问题，在设计水泥浆配方时，要进行大量的配伍实验，最好选用配套的外加剂体系。固井作业前应根据所钻地层特点、井况等，进行固井水泥和外加剂筛选及配套工作，以保证固井作业顺利和固井质量。

（五）超高密度水泥浆体系

超高密度水泥浆体系中重点要解决的是浆体中加重料的沉降问题以及沉降稳定性与流动性之间的协调问题，通过对水泥加重剂和外加剂的合理选择，可以得到密度达2.65g/cm^{3}且体系稳定的超高密度水泥浆[35]。

从固井工程需要看，超高密度水泥浆应达到如下要求：水泥浆的密度在一定的范围内（2.40~2.65g/cm^3）可以调整；在保持必要流动性的前提下，尽量控制水泥浆的沉降稳定性，稳定性允许相差0.02g/cm^3；为适应不同的施工情况，水泥浆的稠化时间应可调节；按常规情况水泥石24h的抗压强度不低于14MPa；水泥浆体系应具有一定的压稳防窜候凝能力，以在候凝过程中维持高的孔隙压力和井底有效压力而压住地层流体，实现压稳防窜候凝，以免由于水泥浆失重、井底有效压力降低压不住地层流体而使地层流体侵入环空破坏水泥浆柱的完整性，使其无法形成优质完整的水泥环而引发环空窜流。

1. 超高密度水泥浆性能控制

对于超高密度水泥浆，为解决体系中加重剂的沉降问题以及沉降稳定性与流动性之间的协调统一，可以重点从如下几方面考虑：

（1）合理选择加重剂及其粒度分布。

如前所述，高密度水泥浆设计中加重料的选择是关键，重晶石、钛铁矿、磁铁矿、赤铁矿、砷铁矿、方铅矿等均可用于加重，但从加重效果、杂质含量对流动性的影响程度，化学杂质对外加剂的敏感性反应，细度可控范围与稳定性要求，货源及成本等方面综合考虑，可选用氧化铁粉，即铁矿粉作为加重剂，并要求铁矿粉密度大于4.90g/cm^{3}或至少不低于4.70g/cm^3。铁矿粉合适的粒度分布是保证高密度水泥浆良好综合性能的前提。实验表明，具有宽的粒度分布，且粗细搭配组成的铁矿粉能获得性能较好的高密度水泥浆，另外铁矿粉应经过精选以尽可能减少其黏度效应。

（2）水泥外加剂优选。

选择具有显著早强特性的早强剂及对水泥石早期强度发展影响小的降失水剂和缓凝剂，可获得较高的抗压强度，并易于调整水泥浆的稠化时间；同时应注意控制降失水剂和减阻剂的加量，使水泥浆具有良好的可泵性，并且外加剂之间要有良好的配伍性。

（3）水泥浆的沉降稳定性的控制。

由于超高密度水泥浆中加重剂的密度和水泥的密度相差比较大，浆体容易沉降使稳定性变差，超高密度水泥浆在保持必要流动性的前提下，尽量控制水泥浆的沉降稳定性，通过优化加重剂粒径及级配可以得到稳定的超高密度水泥浆体系。

2. 超高密度水泥浆的性能及应用

例如，在G级油井水泥中加入500目（粒径0.02mm）、100目（粒径0.147mm）铁矿粉和200目（粒径0.075mm）还原铁粉按照3：2：1进行级配的混合加重剂，同时配合优选的外加剂材料，设计出密度为2.80g/cm^{3}的超高密度水泥浆[36]。根据温度及对稠化时间的要求，在水泥浆基本配方中加入适量缓凝剂BS200R来调整稠化时间，在90℃条件下评价超高密度水泥浆体系性能，如表2-2所示，超高密度水泥浆密度达到2.83g/cm^3，具有稠化时间可调、直角稠化的性能，失水在50mL以内。增压养护釜水泥石强度养护模块实验表明：30℃、常压24h条件下大于10MPa；80℃、21MPa下48h的抗压强度基本大于20MPa；同时该水泥石还具有无收缩、无脆性的特性。实验表明水泥浆自11h开始有较快的发展强度，至12h时强度达到7MPa，25~72h内强度稳定在38~42MPa。该体系在强度方面体现出较大的优越性和先进性。

表2-2　超高密度水泥浆配方与基本性能（90℃）

序号	配方	密度/（g/cm^3）	流变参数		稠化时间/min	失水量/mL	析水/mL	24h/48h抗压强度/MPa	
			n	k/Pa·s^n				30℃、0.1MPa	80℃、21MPa
1	Ⅰ号配方	2.83	0.98	0.32	87（29Bc）	30	0	10.11/14.03	23.75/29.85
2	Ⅰ号配方+0.5HS200R	2.82	0.72	0.36	118（29Bc）	40	0	9.45/12.52	21.80/28.45
3	Ⅰ号配方+1.5HS200R	2.81	0.86	0.18	325（25Bc）	48	0.2	6.75/10.20	20.15/26.87

注：基础配方为：G级水泥+200%铁矿粉混合加重剂JZJ-H+1.0%防气窜剂FC-I+1.2%降失水剂BS100+4%胶乳JR+2.2%分散剂BS300-J+1.5%早强剂BS400L+消泡剂1.0%，L/S=0.227。

经文72-421井应用表明，超高密度水泥浆密度均匀，平均密度为2.803g/cm^3，最低密度为2.760g/cm^3，最高为2.820g/cm^3，现场施工顺利，固井一次成功率为100%，固井质量优良率为100%。

为了解决贵州赤水地区官渡构造钻探中超高压气层或盐水层固井的技术难题，通过加重材料优选和颗粒设计，设计了密度为2.70~3.00g/cm^{3}的超高密度水泥浆体系，其基

本性能、流动性和稳定性良好。在地面模拟混配实验中，采用常规一次固井流程配制了平均密度为 2.71g/cm³ 的水泥浆。在官深 1 井的尾管固井中，采用设计密度为 2.80g/cm³ 的水泥浆成功封隔超高压盐水层：水泥浆入井平均密度为 2.78g/cm³，最高密度为 2.82g/cm³，声幅测井显示固井质量合格，后续作业钻井液密度由 2.77g/cm³ 降至 2.00g/cm³，井内稳定[37]。

三、低密度水泥浆体系

低密度水泥浆体系是为了适应低压、低渗透、易漏失地层等多种复杂油气井固井需求而开发的一类特殊水泥浆体系。由于其密度比常规水泥密度低（用正常水灰比配制出的纯水泥浆的密度均大于 1.8g/cm³），对于易漏失低压地层、深井长封固或全井封固、欠平衡钻井、近平衡或平衡固井等特殊井的固井施工具有良好的适用性，它不仅能够以较低的液柱压力作用于地层，避免造成水泥浆注替过程中发生漏失，同时由于其超低密度的特殊性能，进一步为实现平衡压力固井提供了条件，对于实现减少注水泥施工及水泥浆候凝过程中对产层的污染提供了可靠的技术途径[38]。

早在 20 世纪 60 年代初，在中东、美国墨西哥湾等地区已广泛使用了以膨润土、硅藻土、膨胀珍珠岩、水玻璃硅质充填物等材料配制的低密度水泥浆，用这类材料配制的具有合适强度的水泥浆最低极限密度是 1.318g/cm³。70 年代国外研究了两种超低密度水泥浆，一种是高强度空心玻璃微珠水泥浆，另一种是泡沫水泥浆。1997 年美国在西德克萨斯的 Sprabrry 油田，使用泡沫水泥浆（密度为 0.82~1.14g/cm³、失水 <200mL）解决了该地区丙烷气层和几层易漏失及腐蚀水层的水泥返高问题；但一般来讲，这些低密度水泥浆具有较低的强度，大部分作为充填浆用来封固非目的层。90 年代后期，斯伦贝谢公司开发了新一代低密高强水泥浆，该体系具有优化的颗粒级配和重量配比，水泥中大小颗粒互相填充，在保证水泥浆流变性的情况下，增加单位体积水泥浆中的固相含量，使体系达到紧密堆积的效果，为提高体系的强度及抗渗透性能提供了新的解决途径。

国内塔里木油田深井超深井漏失地层，井深一般在 5000m 以上，油层套管固井环空间隙小，封固段长（1000~2800m），由于固井过程中经常发生漏失，使油气层受到污染。该地区曾采用漂珠低密度水泥浆固井，但由于漂珠为空心玻璃体，在一定压力（大于 42MPa）下会发生破碎，使水泥浆密度升高，水泥浆性能随之变化，因此影响应用效果。为此，应用了微硅低密度水泥浆体系，在塔北 5 口深井中应用表明，固井质量合格，解决了注水泥漏失的问题，能满足深井低压易漏失地层固井的需要。

（一）低密度水泥浆的类型

实现水泥浆低密度的途径有两种，一种是通过掺加减轻剂，另一种是向普通水泥浆中通入气体并添加表面活性剂得到。

目前使用的低密度水泥浆体系按照减轻材料的减轻原理可划分为三类。

（1）以膨润土、粉煤灰、微硅、膨胀珍珠岩、火山灰等超细粉末为减轻材料，这一类减轻材料一般为吸水或增黏物质，水泥浆密度的降低主要依靠较大的水灰比，使用密度范围一般为 1.40~1.60g/cm³。

（2）依靠减轻材料本身的低密度来降低水泥浆密度，如硬沥青、细小的耐压中空微珠或陶瓷球等，这一类低密度水泥浆的密度主要取决于减轻材料本身密度大小和掺量的多少，其密度范围一般为 1.30~1.60g/cm³。

（3）以气体为减轻材料的充气泡沫水泥浆，这一类水泥浆的密度受水泥浆基浆密度、充气量和井底压力共同影响。其地表密度可低到 0.70g/cm³，井下密度一般在 1.30g/cm³ 以上。

（二）掺加减轻剂的低密度水泥浆体系

1. 减轻剂选用原则

水泥浆静止候凝过程中，要求浆体的固相颗粒不发生分层离析，以达到预期封固高度和封固质量。在低密度水泥浆中，由于减轻剂本身具有很低的密度，其上浮趋势明显，水泥浆存在不稳定趋向。在水泥浆的特性中，对稳定性起重要作用的是水泥浆浆体的静切应力和塑性黏度，当动切力和塑性黏度匹配适当时，既能保证具有良好的流动性，以满足施工要求，又保证浆体的稳定性。

由于减轻剂的上浮速率与颗粒直径的平方成正比，与浆体的塑性黏度成反比，在浆体密度一定时，通常是减轻剂颗粒直径越大，保持浆体稳定所需静切应力越大，减轻剂密度越小，所需静切应力越大。因此，减轻剂应尽量选择颗粒尺寸较小，密度与浆体密度接近的，更容易保证浆体的稳定。另一方面，在满足施工对流动性要求的前提下，可适当提高浆体的黏度，使减轻剂的上浮趋势降低，保持浆体的稳定性。

在低密度水泥浆中，由于减轻材料的掺量很大，主体胶凝材料——水泥所占的比例相对降低了很多，因此所设计的水泥浆体系的固含量尽可能的高，以有利于实现紧密堆积，降低水泥石的渗透率，提高水泥浆的强度，这就要求所选择的减轻材料表面吸附水量（或水化膜）尽可能少，并且有好的球形度。另外，由于惰性的减轻材料对水泥石的强度不能产生化学贡献，仅靠水泥很难获得相对高的强度，所以需要优先考虑具有活性的矿物材料，参与水泥的水化，增加水泥石的强度。

综合上述分析，在选择低密度水泥浆的减轻剂时应遵循：①减轻作用明显，密度恒定，能有效降低水泥浆的水固比，提高水泥浆的固相量，有利于实现紧密堆积；②减轻剂应尽量选择颗粒尺寸较小的球形材料，在掺量允许的情况下，密度与浆体密度相接近，保持水泥浆浆体稳定；③减轻材料具有反应活性，物理化学性能对水泥浆性能有贡献等原则。

另外，减轻剂的成本也应该适当的考虑，以便于扩大应用。

各种减轻剂与水泥混配时都能降低密度，但降低程度有差别，其中以漂珠降低密度的程度最大，其次为矿渣膨润土特种水泥浆，粉煤灰与膨润土降低密度程度基本相近。由于不同类型的减轻剂在水泥浆中降低密度的基本方式及原理有差别，加之其与水泥间的作用不同，因而导致其所形成浆体在水化硬化过程中体现出流动、稠化性能及强度等性能各不相同。因此，依照现场施工所需参数来选择减轻剂类型及优化其加量非常重要。

但从目前利用各种材料所形成的低密度水泥浆体系来看，它们所能达到的工程性能参数仍无法满足油田对低密度油井水泥提出的要求，因此，只采用一种轻质材料配制出满足油田需要的低密度水泥浆体系几乎不可能。因此常常需要选择多种轻质材料作为复合减轻剂来配制低密度水泥浆体系。显然，如果从降低密度最明显，且能有效保障水泥石强度来讲，应首选漂珠和硅灰，若同时兼顾考虑浆体的沉降稳定性能则应优先考虑粉煤灰的作用。

在配制密度为 $1.35\sim1.50g/cm^3$ 低密度水泥浆时，单一地增大水灰比或增大减轻剂的加量，水泥浆性能均不能满足保证固井质量的要求。为了提高水泥浆的整体性能，将微珠与硅藻土、微珠与微硅粉等不同类型减轻剂复合使用，以最终获得优良的水泥浆性能。微硅粉比硅藻土的颗粒直径更小（微硅粉粒径是硅藻土的 1/10~1/40），根据堆积理论和抗压强度实验，微硅粉和微珠的复合使用，填充效果和抗压强度较高，因此可以获得更佳的水泥浆性能。

掺入漂珠、微硅、膨润土、粉煤灰等低密度材料及其他配伍外加剂的水泥浆体系常用于低压井。利用颗粒级配理论，已研究并使用超低密度水泥浆体系，尽管水泥浆密度低到 $1.05\sim1.09g/cm^3$，但强度依然很高。

2. 漂珠低密度水泥浆体系

漂珠是应用最普遍的水泥减轻材料，其平均密度只有 $0.6\sim0.7g/cm^3$，具有密度低、强度高、性能稳定等特点。漂珠的主要成分是 SiO_2，珠内被封闭的气体为 N_2 和 CO_2，漂珠外壳是由含硅铝的玻璃体组成，具有一定的活性[39]。

漂珠低密度水泥浆是以漂珠为减轻剂的低密度水泥浆体系，其特点是：可调密度范围大，密度随搅拌时间延长和压力增加而变大，水灰比低，配伍性好。采用漂珠配制低密度水泥浆的突出问题主要体现在两方面，一是漂珠易于上浮影响浆体的沉降稳定性，二是珠体在压力的作用下产生破裂或裂碎导致水进入球体，减轻的作用消失达不到降低水泥浆密度的目的。然而，通过合理控制浆体性能及施工参数，保障漂珠在水泥中稳定地发挥作用，对于配制满足特殊工艺技术要求的超低密度水泥浆体系仍然具有一定优势。

（1）影响漂珠低密度水泥浆性能的因素。

①搅拌速度对密度的影响。选用60目（0.25mm）、100目（0.147mm）、200（0.075mm）目等不同细度的漂珠，搅拌速度为 2000~14000r/min，为了能充分打碎漂珠，让水泥浆密度更加均匀，搅拌时间为 120s。实验表明，随着搅拌速度的增大，漂珠低密度水泥浆密度增加。这是由于在搅拌器的高速搅拌下，较大颗粒的漂珠被浆叶打碎，漂珠所

占体积相对减小，水泥颗粒更加密实，漂珠的比表面积增大，从而导致低密度水泥浆密度增大；随搅拌速度的增加，水泥浆流动性变差，这是因为漂珠被打碎后，固相颗粒的比表面积相对增大，使其吸水量增大，从而导致水泥浆逐渐变稠；搅拌速度低于4000r/min时，水泥浆密度受转速影响较小，密度变化在0.02g/cm^{3}以内；搅拌速度在4000～12000r/min时，密度波动较大，达0.33g/cm^3；大于12000r/min时，密度波动较小，在0.025g/cm^{3}以内；在相同的搅拌速度下，漂珠粒径越大，加量越大，水泥浆密度增加量越大，反之水泥浆密度增加幅度就越小。可见，搅拌速度对漂珠低密度水泥浆的密度影响很大，因此，在配浆中应严格控制漂珠低密度水泥浆的搅拌速度，一般搅拌速度控制在4000r/min以内。

②压力对密度的影响。用低于4000r/min的速度搅拌漂珠低密度水泥浆，测量常压下的密度，然后放置高温高压稠化仪内加热，加至预定压力，稳定压力2h，卸压后取出水泥浆测量其密度。实验表明，随着压力增大，漂珠水泥浆密度也相应增大。这是因为随着压力的增加，部分漂珠被压碎，水泥浆固体颗粒更加密集，密度相应增加；且随压力的增大，漂珠壁渗透率增大，水泥浆中的水分进入空心漂珠内部，水灰比降低，从而造成水泥浆密度增大。当压力小于30MPa时，密度变化可控制在0.03g/cm^{3}以内；当压力大于60MPa时，密度增大幅度更加明显；当达到90MPa时，水泥浆密度增幅达0.30g/cm^{3}以上；漂珠加量越大，密度越低，其承压能力越差；漂珠粒度越细，其承压能力越强。在现场施工中，建议使用细度小于100目（0.147mm）的漂珠，以提高漂珠低密度水泥浆的承载能力，确保证浆体的稳定性。

③压力对水泥浆流变性能的影响。通过对60目（0.25mm）和200目（0.075mm）的漂珠低密度水泥浆流变性能实验表明，60目的漂珠低密度水泥浆在45MPa压力下，200目的漂珠浆在60MPa压力下，水泥浆流变性能变化不大，流型指数n值仍能大于0.7，水泥浆具有良好的流变性能，对固井现场施工影响不大，可应用于现场作业；漂珠颗粒越细，其承压能力越大，对水泥浆流变性能影响程度越小；随着压力的增加，加大了漂珠的破碎程度，比表面积增大；压力的增大使漂珠壁的渗透率增大，从而使浆体的需水量增大，导致漂珠低密度水泥浆流变性能明显变差。

④漂珠对水泥石强度的影响。水泥石强度是漂珠低密度水泥浆性能的主要技术指标之一。实验表明，漂珠粒度越细，加量越少，其抗压强度越高（在14MPa以上），能够满足固井施工要求；随着养护时间延长，强度继续发展，可达21MPa，未有衰退现象。

（2）典型的配方。

一种典型的漂珠低密度水泥浆的配方为[40]：30%漂珠+0.2%USZ+1.5%降滤失剂J-2b+4%增强剂TS，水灰比为0.6。

漂珠低密度水泥浆的基本性能见表2-3。从表2-3可看出，在60℃和70℃的条件下，漂珠低密度水泥浆的密度较低，流动度较大，渗透率低，48h抗压强度高于16MPa，可以满足固井施工的基本要求。

表 2-3　漂珠低密度水泥浆体系的基本性能（W/C=0.6）

温度 /℃	密度 /（g/cm³）	流动度 /cm	凝结时间 /min		抗压强度 /MPa		渗透率 / $10^{-3}\mu m^2$
			初凝	终凝	48h × 0.1MPa	48h × 22MPa	
60	1.36	24.8	122	161	16.3	21.0	0.0085
70	1.36	23.6	109	152	18.6	23.9	0.0079

水泥浆体系的综合性能是保障固井施工安全和决定固井质量优劣的关键。如表 2–4 和表 2–5 所示，漂珠低密度水泥浆的滤失量小于 100mL，自由水为 0。与净浆相比，稠化时间长，稠度系数低，流变性能好，能够满足固井施工的要求。

表 2-4　漂珠低密度水泥浆体系的工程性能

温度 /℃	配方	水灰比	自由水 /mL	失水量 /mL	稠化时间 /min
60	J	0.6	6	1821	92
	D	0.6	0	86	128
70	J	0.6	7	1925	84
	D	0.6	0	95	116

注：J 为净浆，D 为漂珠低密度水泥浆。

表 2-5　漂珠低密度水泥浆体系的流变参数

温度 /℃	漂珠 /%	水灰比	$\varphi600$	$\varphi300$	$\varphi200$	$\varphi100$	n	k/Pa · s^n
60	0	0.6	95	64	56	46	0.283	0.119
	30	0.6	63	52	34	18	0.917	0.005
70	0	0.6	105	71	62	54	0.222	0.163
	30	0.6	85	76	50	32	0.644	0.019

（3）应用情况。

国内漂珠低密度水泥浆已有了普遍应用，如江苏油田 S9 等 5 口井用漂珠低密度水泥浆进行固井施工后，累计封固段长度为 1539m，其中优质段占 68.80%，合格段占 25.31%，差段占 5.89%；固井合格率为 100%，其中优质率占 60%。漂珠低密度水泥浆可以解决调整井、长封固井段固井井漏等难题。

安棚区块地层破裂压力低、地层易漏失；碱井矿化度高，矿石易溶蚀，导致井壁存在不同程度的“葫芦串”，井径不规则，固井施工顶替效果差。上部井段采用漂珠低密度水泥浆进行固井施工，下部目的层（碱层段）仍使用常规密度水泥浆。漂珠低密度水泥浆配方为：夹江 G 级水泥 +37.5% 漂珠 +1.8%KJS–1+1.5%KJS–2+0.2%S501。漂珠水泥浆在高温条件下具有足够的稠化时间和良好的流动性，保证了固井施工安全、顺利。现场应用表明，漂珠低密度水泥浆有效地解决了安棚碱井易漏地层长封固井段固井难题，确保了安棚碱井的固井质量。2000 年固井 4 井次，上部漂珠段固井 1 次，合格率为 100%，碱层段固井优质率达到 100%[41]。

为消除漂珠水泥浆体系存在的缺陷和隐患，选用中空玻璃微球（HGS）作为超低密度水泥浆体系的减轻材料，HGS 性能见表 2–6[42]。该材料为一种碱石灰硼硅酸盐，直径为 100~150μm，壁厚为 2~3μm，不溶于水和油，不可压缩，呈低碱性，兼容性好，有降低黏度和改善流动度的功能；耐高温，化学稳定，破碎压力为 14~124MPa，拉伸强度、抗压强度和弹性模量均优于漂珠；HGS 水泥浆体系凝固时的收缩率非常低，具有较好的胶结强度；破碎压力高，将其作为水泥浆减轻剂，不仅水泥浆密度可以降到 $0.85g/cm^3$，而且泵送过程不会破碎，对实际密度没有影响。

表 2-6　中空玻璃微球性能

产品类型	真实密度 / (g/cm^3)	抗压强度 /MPa	产品类型	真实密度 / (g/cm^3)	抗压强度 /MPa
HGS2000	0.32	14	HGS6000	0.46	41
HGS3000	0.35	21	HGS10000	0.60	70
HGS4000	0.38	28	HGS18000	0.60	124
HGS5000	0.38	35			

以中空玻璃微球（HGS）为减轻剂，形成的超低密度水泥浆体系，解决了常规超低密度水泥浆体系存在的诸如水泥石强度发展缓慢、水泥浆稳定性差、失水难以控制等问题。现场应用表明，该体系的沉降稳定性好、抗压强度高、失水小、流变性能好，能有效防止气窜，稠化时间可调且过渡时间短，固井质量良好。

3. 低密度微硅水泥浆体系

在水泥浆中掺加微硅而得到的低密度水泥浆称为低密度微硅水泥浆体系。由于微硅粒度细，比表面积大，氮吸附（BET）测定值为 $15\sim20m^2/g$，是油井水泥的 50~60 倍。微硅的引入使水泥石抗地层水侵蚀的能力有所增大。研究表明，将净水泥石和微硅水泥石在蒸馏水中和地层水中长期浸泡后，净水泥石在地层水中浸泡后的渗透率高于在蒸馏水中浸泡后的渗透率；微硅水泥石则相反，在地层水中浸泡后的渗透率低于在蒸馏水中浸泡后的渗透率。从长期浸泡后的渗透率来看，微硅使水泥石抗地层水侵蚀的能力大为增强。另外，水泥石的抗侵蚀能力随微硅加量增加而提高，因此，用微硅水泥浆固井可以阻止地层水向套管渗透，使套管外表面不受地层水的腐蚀。

微硅水泥浆体系具有很好的稳定性，体系浆柱密度偏差均在 $0.01\sim0.04g/cm^3$ 之间。微硅水泥体系还具有良好的抗气窜性能。微硅水泥石在 130~150℃放置 7d，强度衰退幅度很小，含 25% 微硅的水泥石强度呈发展趋势。微硅水泥石长期浸泡在地层水中（最长达 1 年），渗透率持续下降，强度不变或有所升高，与在蒸馏水中浸泡后的强度之比为 1 左右，随微硅含量增加而略有增大。由于微硅颗粒的粒径很小，加入水泥后其水化产物逐步充填较粗大的水泥颗粒之间的孔隙空间，起到改善水泥石孔隙结构的作用，使凝结水泥的孔喉变得很小，孔径之间连通性减弱，经测定，添加微硅后水泥石渗透率基本为零。

同时，微硅还能够有效地提高水泥浆稳定性，减少游离液含量；但是其降低水泥浆密度的范围较小（1.35～1.68g/cm^3），并且微硅与水泥混合时需要大量的水来润湿，水灰比的增大会影响水泥石强度的发展。一系列的限制使得单独加微硅的水泥浆体系在油田中的实际应用较少。

微硅低密度水泥浆密度主要与微硅加量和水灰比大小有关，若过大地增加水灰比，将影响水泥浆的浆体稳定性以及水泥浆的整体性能；若水灰比过小，同样要影响水泥浆的流动以及其他性能。根据实验测定，微硅加量为20%～60%，水灰比在80%～140%范围内，其浆体密度可在1.35～1.68g/cm^{3}范围内调节，水泥浆体性能稳定，水泥石强度能够满足有关要求。

现场应用表明，在低压漏失层和低压油层套管固井中采用微硅低密度水泥浆，可实现平衡压力固井、提高固井质量，同时可以有效地保护低压油气层。实践表明，微硅低密度水泥浆可以有效提高长裸眼低压漏失层和低压油气层套管固井质量，有效保护低压油气层。例如，在川东天东90井等13井次固井试验和推广，固井质量合格，电测声幅值合格率和优质率明显提高，满足了长裸眼低压漏失层和低压油层钻井及开采需要，并可节约钻井综合成本[43]。

4. 微硅＋漂珠低密度水泥浆

采用微硅、漂珠复合低密度水泥浆体系，一方面可利用微硅稳定性好的优点，来弥补漂珠易漂浮的缺陷，使水泥浆体系均匀稳定；另一方面由于漂珠轻，降低密度时对水依赖性小，减少了微硅对水的敏感性，降低水泥浆体系的水灰比，从而有效地降低水泥浆密度，辅之以相应的胶结剂、降失水剂、分散剂等，可有效地提高水泥浆体系的综合性能[44]。微硅＋漂珠复合低密度水泥浆体系性能有：水泥石的早期抗压强度高；水泥浆失水控制好，有利于保护油气层，防止损害；水泥浆凝结过程中的稳定性好，无析水，浆体不分层，凝结后水泥石的纵向密度分布均匀；水泥浆固相颗粒堆积密实、孔隙率低，凝结水泥石致密，孔隙连通性差，防气窜效果好。

该水泥浆体系应用简便、无毒、无污染，是一种比较环保的低密度油井水泥浆体系，用该水泥浆体系固井能起到保护油气层，延长油井寿命的作用，具有较高的经济效益和社会效益。

根据Furnas颗粒堆积最密实级配原理，即在第一级大颗粒堆积空隙中充填进比第一级大颗粒小得多的第二级粒子，第二级粒子充填满第一级颗粒空隙后，总体积不变；然后用粒径比第二级粒子小得多的第三级粒子充填满第二级颗粒空隙，总体积仍保持不变；依次继续填入更小的粒子，使总体积不变，从而获得混合体堆积孔隙率为最小。

由上述原理，根据水泥、漂珠及硅灰的粒度分布和水泥浆的流变性及水泥石抗压强度等要求，通过大量的实验，得到漂珠和硅灰的最优加量，通过优化早强剂、分散剂、降失水剂等添加剂加量，最终形成一种具有流变性较好、渗透率低、水泥石强度高、稳定性良好的高性能的漂珠＋微硅复合低密度水泥浆体系，可以满足油田低压易漏、浅层气、长封固井段固井作业的需要。

桩西油田采用G级水泥、漂珠、微硅、CA903和G603，以0.85~0.90水灰比配制微硅–漂珠复合低密度水泥浆，其性能为：密度1.40~1.50g/cm^3，游离液量为0，流动度大于20cm，24h抗压强度为10.6~21.2MPa。现场应用表明，该体系有效地解决了桩西油田地层压力低、封固段长和固井质量差的问题，采用微硅–漂珠复合低密度水泥浆固井8次，声幅测井和试采作业结果表明，固井合格率100%，优质率达75%[45]。

松南地区的HK16、HK18、HK23及HK30井4口井油层套管固井应用微硅–漂珠复合低密度水泥浆体系，主要油气层段固井质量优质率达95%，全封段固井质量优质率达88%以上。固井质量综合评定HK16井为良好，其他3口井均为优质井。现场应用表明，微硅–漂珠复合低密度水泥浆体系适合松南地区的地质特点，能够满足该地区固井要求，取得了良好的固井效果，具有较好的社会和经济效益[46]。

5. 粉煤灰低密度水泥浆体系

在水泥浆中掺加粉煤灰得到的低密度水泥浆称为粉煤灰低密度水泥体系，由于粉煤灰具有货源充足、价格低廉等优点，且可以节约水泥用量，在国外使用较普遍，国内从20世纪80年代初曾在部分油田使用，但其早期强度较低，密度只能降低到1.55~1.60g/cm^3，且存在稠化时间长、析水大、水泥石强度低、渗透率高的问题，固井质量也不够理想。目前主要应用于低压易漏井、长封固段、欠平衡井等的固井施工作业。

粉煤灰作为油井水泥减轻剂，依靠它本身具有一定的活性，可以代替部分水泥，同时可以增加配浆时用水量从而达到降低密度的目的。降低密度值还与粉煤灰本身的密度有关。通常配制的粉煤灰低密度水泥浆密度为1.60g/cm^{3}左右。在使用中一般应选用活性成分SiO_2、Al_2O_3含量高、颗粒细、比表面积大及本身密度低的优质粉煤灰作减轻剂。

粉煤灰虽具有一定的活性，但是其取代水泥量仍然是有限的，在设计粉煤灰低密度水泥浆配方时，确定粉煤灰的掺量非常重要。实验表明，使用不同掺量的粉煤灰配制成密度为1.60g/cm^{3}的水泥浆，当粉煤灰掺量较小时，相对需水量较大，水泥石的收缩率也较大；当掺量为1：1时，其强度高且试块收缩率也最小，此时粉煤灰的用水量也接近于其适宜需水量；如继续增大掺量及相应水灰比，不仅水泥浆密度下降很少，且影响强度的发展。因此适宜的掺量一般为1：1。

由于粉煤灰的比表面积大，该体系具有良好的稳定性。此外粉煤灰水泥浆中加入外加剂后稳定性更好。

粉煤灰水泥浆体系具有一定的触变性，可以防止流体侵入地层，也可以阻止浆体中游离水渗入地层而使水泥石收缩，这对提高上部低压易漏井段固井质量十分有利。粉煤灰水泥的比表面积和水灰比较大，因而具有优越的流变性能。所配制的水泥浆临界返速较低，很容易实现紊流顶替。

由于粉煤灰本身就是一种抗硫酸材料，它加入水泥中，可以使得硅酸盐水泥干缩性小，抗裂性好，且能降低水化热，同时有一定的抗硫酸盐腐蚀能力。因而，粉煤灰水泥属于抗硫酸盐水泥系列，可以保护套管免于过早腐蚀穿孔，相应延长了油井的使用寿命。

由于粉煤灰低密度水泥浆的水灰比较大，且粉煤灰较水泥而言活性低，因此与正常密度水泥浆相比，硬化后水泥石的强度较低，渗透率较大，特别是在较低温度下表现更为明显。因此，形成的水泥石不能有效地封隔地层，达不到固井质量的要求。另外，该水泥浆体系可降低的密度范围有限，只能降低到1.55～1.60g/cm^3，这也限制了其在油田上的大面积应用。

粉煤灰低密度水泥浆的各项性能是固井设计、施工安全和保证固井质量的关键指标。为了保证施工顺利和提高固井质量，必须保证粉煤灰低密度水泥浆的各项性能良好，主要包括密度、流变性、失水量、稠化时间、稳定性等。稳定性可以通过控制失水和其他外加剂来调节，影响粉煤灰低密度水泥浆性能的因素如下[47]。

（1）粉煤灰掺加量对低密度水泥浆密度的影响。

粉煤灰水泥浆的密度主要是通过水灰比和粉煤灰的用量决定的，水泥浆密度随着水灰比和粉煤灰加量的降低而增加，水泥石抗压强度随着水灰比的增大而降低。粉煤灰低密度水泥浆的配制必须要精确控制水泥与粉煤灰的配比，并兼顾密度、强度和析水量的关系。

如表2–7所示，当水泥与粉煤灰的配比为1∶1左右，水灰比为0.62时，水泥浆密度为1.61g/cm^3，在93℃条件下养护48h后的抗压强度可以达到7.6MPa，而析水量仅为4.0mL。对于低密度水泥浆而言，在密度较低时，其抗压强度相对较高，析水量低，具有较好的固井施工作业性能。

表2-7　粉煤灰低密度水泥浆配比控制及密度等性能参数

粉煤灰掺量/%	水灰比	密度/（g/cm^3）	93℃ 48h抗压强度/MPa	析水量/mL
67	0.67	1.634	8.5	5.0
82	0.67	1.622	8.2	4.5
100	0.67	1.611	7.6	4.0
120	0.62	1.620	6.2	3.7
150	0.60	1.608	5.6	4.0

注：实验中选用的G级水泥密度为3.15g/cm^3，粉煤灰密度为2.0g/cm^3，淡水密度为1.0g/cm^3。经过调整后水泥浆的密度基本稳定在1.61g/cm^{3}左右。

（2）粉煤灰掺加量及水灰比对低密度水泥浆流变性能的影响。

粉煤灰低密度水泥浆的流变性通常采用塑性黏度、动切力、稠度系数和流性指数表示，考虑到该体系为低密度水泥浆，其中含有大量比表面积较大的粉煤灰，使得自由水含量较低，流变性较差，因此，在室内实验过程中加入特定的减阻剂或分散剂，从而使粉煤灰低密度水泥浆达到良好的流动性能。

当水泥与粉煤灰的配比为1∶1左右，水灰比为0.70左右时，水泥浆密度为1.60g/cm^{3}左右，通过加入的减阻剂或分散剂吸附在水泥颗粒表面正电荷位置上，使得离子表面带同种电荷，于是在电性斥力作用下抑制颗粒聚集，同时使水泥颗粒之间处于相对稳定的悬浮状态。由于分散剂的加入可以使水泥水化初期形成的絮状凝聚体瓦解，使其絮状结构内包裹的水释放出来而改善水泥浆的流动性能，如表2-8所示，在93℃条件下的流变参数相对较好，其流性指数更接近于1，稠度系数较低，具有较好的流变性。

表2-8 粉煤灰掺加量对粉煤灰低密度水泥浆流变性的影响

粉煤灰掺量/%	水灰比	密度/（g/cm³）	93℃流变参数			n	k/Pa·s^n
			$\varphi600/\varphi300$	$\varphi200/\varphi100$	$\varphi6/\varphi3$		
100	0.65	1.65	178/155	96/62	9/7	0.834	0.436
105	0.67	1.63	144/97	67/40	10/8	0.806	0.325
110	0.70	1.60	123/81	57/39	8/6	0.665	0.654
120	0.78	1.57	104/77	52/35	9/6	0.717	0.449

（3）粉煤灰掺加量及水灰比对低密度水泥浆失水量的影响。

当水泥与粉煤灰的配比为1∶1左右，水灰比为0.70左右时，水泥浆密度为1.60g/cm³左右，加入的水溶性降失水剂大分子链在溶液中通过氢键形成胶状聚集，这种稳定的凝胶聚集物楔入水泥滤饼的微空结构，有效地降低了滤饼的渗透率。另外，这些高分子链上的极性基团吸附在水泥颗粒表面，以其吸附、溶剂化作用以及对不同粒度水泥颗粒的级配作用，构成结构致密的水泥滤饼，降低水泥浆的失水量。如表2–9所示，在93℃条件下，其失水量和析水量均相对较低，48h抗压强度较高，水泥石收缩仅为5.5%，均达到固井施工作业的要求。

表2-9 粉煤灰掺加量对粉煤灰低密度水泥浆失水、析水、常压养护强度和试块收缩性的影响

粉煤灰掺量/%	水灰比	密度/（g/cm³）	93℃静失水量/mL	析水量/mL	93℃ 48h养护强度/MPa	试块收缩/%
100	0.65	1.65	49	0.1	12.3	5.5
105	0.67	1.63	45	0.3	11.7	5.5
110	0.70	1.60	51	0.0	10.5	4.5
120	0.78	1.57	55	0.5	12.4	5.5

注：水泥浆中加入适量的降失水剂。

（4）粉煤灰水泥石早期强度。

水泥石性能体现在抗压强度、胶结强度、体积收缩性和渗透率等方面。实验表明，在水泥浆中适当地加入与降失水剂、分散剂配伍性好的早强稳定剂，能够提高水泥石抗压强度，同时，其失水量和析水量也能控制在合理的范围内。

现场应用表明，粉煤灰低密度水泥浆体系具有流动性能好、低失水、稳定性能好、抗腐蚀能力强、强度高等优点，从根本上解决了塔河油田简化井身结构井中一级水泥浆发生漏失和第二级返高不够等固井质量差的问题，并在塔河油田得到推广应用。

6. 膨润土水泥浆体系

在水泥浆中掺加膨润土而得到的低密度水泥浆称膨润土低密度水泥浆体系。膨润土是一种具有层状或链状晶体结构的含水铝硅酸盐，其链状结构是硅氧四面体通过共同氧原子联结而成，而水泥的水化产物的晶体结构是由硅氧四面体的链结构与 CaO 的八面体连接构成的。

由其结构可见膨润土的硅氧四面体的链结构与水泥的水化产物的晶体结构有很好的相容性，能与 CaO 的八面体相连，充实在水化物中间起密实作用。膨润土充填到水泥浆颗粒之间，使水泥浆静止状态下的稠度较大，产生触变性，既降低了水泥浆的滤失性，又增强了水泥浆抗油气水侵蚀的能力。

膨润土水泥浆体系中膨润土的主要作用是：①吸收水泥水化中多余的水，防止其蒸发形成毛细孔道；②吸水水化后体积膨胀，水泥产生向外的扩张力，补偿水泥浆柱失重的压力损失，并减少收缩裂纹的产生；③黏土微粒形成的胶体可增加水泥浆体的黏结力，同时填充在孔隙中起密实作用；④层间的水膜夹层使硅氧链似乎形成了“皂纤维”，在受力时，宏观表现为具有一定的韧性；⑤吸水后形成的胶体或水膜夹层在层间的“润滑”作用，使掺加膨润土后，不影响水泥浆体的流变性与成型性。

但膨润土的膨胀率与吸水率有关，为了使其膨胀率正好补偿水泥石的收缩率，而不造成对水泥石结构的负影响，所以要通过实验优选和控制膨润土的加量。由于膨润土与水泥的化学组成、晶体构造不一致，两者混合后相互影响各自的水化分散性能，且由于黏土粒子的掺杂，造成晶体缺陷，延长固化时间，降低水泥石的强度，增加水泥石的渗透率，进而影响固井质量，故膨润土水泥浆体系未得到大面积的现场推广应用。

美国 API 规范推荐每增加 1g 膨润土，用水量增加 5.3mL；而在实际应用时，由于膨润土的质量不同，考虑到水泥浆的流动性，用水量可作上下调节，在流动性较差的情况下，常用减阻剂来改善。膨润土低密度水泥浆能与大多数外加剂相容，但由于膨润土具有极强的吸附性，有些外加剂可能被吸附，因此外加剂的掺量应根据需要按照有关标准进行实验后确定。由于膨润土具有良好的保水性，添加膨润土的水泥浆的游离水及失水量会有所减少。对于预水化膨润土，由于膨润土已经充分膨胀吸水，因此配出的水泥浆与干混相比，游离水量大、流动性差、稠化时间长、强度低、渗透性高，实际应用时干混为好。

实验结果表明，密度为 1.50~1.60g/cm^3 的膨润土低密度水泥浆，使用范围为 40~100℃，其 24h 抗压强度为 4.5~8.0MPa，膨润土的层状结构在温度高于 100℃时，发生结构错动或扭偏，强度急剧下降。即便是在低温条件下，该种浆体的强度也并不十分高，与一些油田所提出的高强度要求相差很大，使固井质量难以保证。

（三）泡沫水泥浆体系

泡沫水泥浆是一种液－气－固三相流体，属于超低密度水泥浆体系。在普通水泥浆内充入气体（N_2 或空气），并加入表面活性剂以稳定泡沫，达到降低密度的目的。一般常规添加轻质材料的水泥浆地面密度下限为 1.32～1.40g/cm^3，而泡沫水泥的地面密度可控制在 0.7～1.2g/cm^3 之间，最低可达 0.42g/cm^3。泡沫水泥最突出的优点是在较低密度的条件下，仍能保持较高的强度，其密度最低可达到 0.42g/cm^3；当密度为 0.893g/cm^3 左右时，24h 的抗压强度至少为 3.447MPa，渗透率可低于 1×10^{-3}μm^2。泡沫水泥的优良保温隔热性能、较低的滤失量及适当的触变性能，使它的适应范围更广。此外，泡沫水泥还具有对水敏地层的伤害小、低渗透率减小环空气窜、防止固井漏失等优点。因此，自 1979 年首次用于石油固井以来，泡沫水泥的研究与应用得到了快速发展，并取得了显著的效果。

苏联、美国、加拿大等国的油田及一些深水区的海上油田，多次应用泡沫水泥固井，成功率较高。我国新疆地区也成功地应用泡沫水泥固井，获得了较好的效果。实践证明，泡沫水泥不仅能应用于松软地层，封隔漏失地层及浅气层固井，而且在采用蒸气吞吐技术进行稠油开采及在永冻地及浅气层区的开采等条件下，可发挥其优良的保温隔热效能。另外，泡沫水泥浆对水敏性地层的影响也较小，胶结较牢固。因此，泡沫水泥是一种很有发展前途的低密度水泥浆体系。

1. 泡沫水泥浆的配制

配制泡沫水泥的方法主要有两种，即恒密度法和恒气量法。

（1）恒密度法，即在水泥中加入一定量的起泡剂和稳泡剂，用机械方法混入气体，使之形成稳定的泡沫。施工过程中根据井深调节混入气体的量，使水泥浆的密度恒定为设计值。由此可知，水泥浆与气体的混合比一直是变化的。该技术的优点是密度不随井深而变；缺点是专用设备投资大、工艺复杂且需要大量的气源（液氮或 CO_2）和精密的计量仪器。

（2）恒气量法，又叫化学充气法，即在正常水灰比下向水泥中加入一定量的化学发气剂和起泡剂、稳泡剂，将水泥和水混合后，发气剂与水泥中的某些化学成分发生反应产生大量气体，在起泡剂和稳泡剂的作用下形成稳定的泡沫。由于加入化学剂的量是确定的，故水泥浆与气相的比例在化学剂完全反应后是恒定的。将泡沫水泥注入井下后，由于气体的可压缩性，其密度是随着井深而变化的。该方法的优点是施工工艺简单，无须任何专用设备；缺点是在高压下水泥浆的密度会升高，达不到设计要求。

化学充气法又可分为单剂发泡法和双剂发泡法。单剂发泡法即向水泥干灰中掺入一种可发气的化学物质和起泡、稳泡剂。在一定条件下与水泥组分反应放出足够多的气体，并在设计要求的时间内产生稳定的泡沫。该方法的优点是发泡时间可控，可按要求在井内一定位置发泡，施工工艺简单。双剂发气法是先在水泥中掺入一种化学剂 A，将另一种化学剂 B 掺入水中或单置于水泥车的水箱中，施工时将 B 剂带压注入井口，两种化学剂相遇后立即反应产生气体。该方法的缺点是施工时需带压注入 B 剂且不易控制注入速率，两种化学剂的用量必须严格控制，但发泡时间无法控制。

根据国内油田的实际情况，多选用单剂化学发泡法。为克服化学充气法的缺点，采取先调整水泥基浆密度，然后再掺入单剂发泡体系的技术，同时要求水泥浆在进入套管一定深度后再发泡，即发泡时间不早于 15min，不超过 30min。目前，国内外使用泡沫水

泥封固的油气井深度一般都在 1500~2400m 之间。

2. 泡沫水泥浆组成

利用化学反应制备泡沫水泥浆，关键在于发气剂与稳泡剂的选用[48]。根据泡沫稳定理论及水泥的水化历程，泡沫水泥浆体系配方中外加剂的基本组成为发泡剂、稳泡剂、早强剂和激活剂等，并需要对可控发泡水泥浆体系的各种性能，如发泡时间、密度控制、高温高压稠化、失水、抗压强度、析水、流变性以及水泥石的渗透率进行实验考察和评价。

同时，根据现场作业要求，水泥浆配方中还应加入缓凝剂、增强剂等添加剂。因此，通常泡沫水泥浆的体系为：基浆 + 发气剂 + 稳泡剂 + 缓凝剂 + 增强剂[49]。

（1）发气剂。

根据现场施工条件，发气剂需在含有强碱性钙的水泥水相环境中迅速反应生成大量气体。一般在室内条件下，发气剂 FCA 和 FCB 就可以反应生成 N_2，并具有反应迅速、发气量大、反应后残余物对水泥浆无不利影响等特点。

（2）稳泡剂。

为使泡沫水泥浆中的气体保持均匀分散并稳定，不聚集，不上浮，直至水泥浆凝固，需有良好的稳泡剂，稳泡剂能保证泡沫细小均匀，稳定性好。

（3）缓凝剂。

为使泡沫水泥浆适应不同的地层条件，需要加入适量的缓凝剂，以满足施工要求。

（4）增强剂。

为使泡沫水泥浆在同等密度下强度更高，可加入增强剂。加入增强剂后，浆体稳定性好，泡沫变小，强度增加。

典型的泡沫水泥浆配方：100%G 级水泥 +40% 漂珠 +88% 水 +2% 发气剂 SWPM-1+0.7% 发气剂 SWPM-2+2% 稳泡剂 SWPM-3+2% 低温早强剂 SWZ-1。

上述配方的基浆密度为 1.33g/cm^3，发气后常压密度为 0.87g/cm^3，井下真实密度为 1.20g/cm^3。水泥石强度（密度 1.20g/cm^3）：6.6MPa（24h、45℃）、8.5MPa（48h、45℃），稠化时间（45℃、20MPa）135min，自由水 0，稳定性 98%，φ600、φ300、φ200 和 φ100 读数分别为 165、100、65 和 30。

3. 泡沫水泥浆特点

由于泡沫水泥浆中含有气体，与普通水泥浆相比，其性能特点如下：

（1）结构稳定性。

泡沫水泥浆的结构主要是指泡沫的细小均匀性和浆体的稳定性。利用化学反应法制备泡沫水泥浆时，由于发气剂和稳泡剂预先混匀于水泥或水中，泡沫比较均匀。如果配方设计合理，制备方法正确，就可以得到气泡非常细小、均匀的泡沫水泥浆。同一般水泥浆一样，泡沫水泥浆也存在稳定性问题，如自由水、水泥颗粒的沉降现象等。由于泡沫水泥浆的表面黏度较大，以及气泡周围液膜的存在，体系中液体的表面积较大，故自由水为零，水泥颗粒的沉降稳定性也较好。

（2）密度低强度高。

在相同的低密度情况下，泡沫水泥比常规低密度水泥抗压强度高；关键的一点是，在允许的范围内，可通过控制充入水泥浆的气体量，进一步调节水泥浆的密度，使静液压力不超过地层破裂压力。实践表明，泡沫水泥密度最低可达 0.42g/cm^3；因为随着密度的降低，强度也随着降低。一般密度低于 0.72g/cm^3 时，应用就受到很大的限制，但在强度要求不严的情况下，密度为 0.60g/cm^3 的泡沫水泥体系仍然可用。水泥浆密度的下降必然会影响固化后水泥石的抗压强度。与其他低密度水泥浆相比，泡沫水泥浆在较低密度下仍能保持相对较高的强度。

（3）低渗透率。

泡沫水泥的渗透率取决于气泡的独立密闭程度和贯穿的比率。泡沫水泥浆的渗透率受密度影响较大，随着密度的增加渗透率变小，加压养护时的渗透率比常压养护要小。加压养护地面密度为 1.41g/cm^3 的泡沫水泥浆，在 965.3kPa 压力下，9h 无水流出，表现为非渗透性。因此，泡沫水泥浆是一种非渗透性水泥浆，可以有效地防止地层腐蚀性流体对套管的腐蚀。

（4）低失水。

对于泡沫水泥浆来说，控制失水的添加剂与非充气水泥浆一样，随着气体含量的增大，失水量逐渐降低。由于在泡沫水泥浆体系中，失水主要是在气泡周围进行，密度越小，气体越多，气泡的表面积越大，这样液体离开浆体所需走的路径越长，失水就自然降低。

（5）适当的触变性。

如果水泥浆设计得当，就会得到性质介于非充气水泥和特殊触变水泥之间的触变水泥；但是并不像触变水泥那样，顶替过程中短暂的停止就极难再流动（并需要再加大泵压）。泡沫水泥的这一特点适用于间歇挤水泥。泡沫水泥浆中含有大量气泡，会影响采用范氏黏度计测量的流变性，但泡沫水泥浆是假塑性流体，可以泵送，其流变性符合泡沫在管线内的流动规律。

（6）低导热率。

泡沫水泥的导热系数在 0.25～0.70W/m·℃范围内，比普通水泥的 1.1W/m·℃的要低。这主要是由于其中固含量少而气含量大。利用泡沫水泥这一特点可以解决许多现场问题，如在永冻地层、易发生结蜡的地层，过去常用溶剂、刮蜡器、热油处理，但这些只能是暂时的。如果使用泡沫水泥，把套管和低温地层隔离开，结蜡现象就会大大减少；对于低压油气层和深井固井，过去常采用多级注水泥的方法，难以选择分级箍的安放位置。实践表明，低密度高强度泡沫水泥可以代替分级注水泥，井底密度控制为 0.96～1.26g/cm^3 的泡沫水泥浆能够从 3550m 的井下返回地面；即使其密度超过 1.28g/cm^3，压裂了地层，也能够返上来，这样既有利于节省钻井时间，也可以提高经济效益。

（7）良好的防窜性。

泡沫水泥浆在高压下与气体有相同的抗压缩性，水泥浆开始稠化时，泡沫水泥浆可以部分地传递静液压力。随着水泥水化的进行，静液压力随之减小，作用于地层的孔隙压力就会快速下降。此时泡沫水泥浆中的气体可以释放压力从而补偿孔隙压力的下降，压稳气层。即泡沫水泥有弹性，可压缩，可膨胀，能够使水泥在整个凝结硬化过程中保持足够的孔隙压力。

另外，泡沫水泥浆中的稳泡剂，可使侵入的气体通过稳泡剂的乳化作用将生成的微小气泡稳定地存在于泡沫水泥浆中，与泡沫水泥浆形成一体，直至内外压力平衡。

（8）稠化时间。

由于泡沫水泥浆具有可压缩性，稠化时间难以按 API 标准直接测试。研究表明，气泡对稠化时间具有延缓作用，但影响不大。

（9）良好的胶结强度。

由于泡沫水泥浆内发泡剂和稳泡剂的作用，水泥浆内的泡沫使水泥浆体积膨胀，当体积变化受到限制时，则憋压而提高浆体的压力，通常泡沫水泥石的界面胶结强度比常规水泥石提高 8.0% 以上，从而能够大幅度地提高固井质量合格率和优质率。

4. 现场应用

低密度水泥浆体系能够解决长封固段、低压易漏、潜山裂缝等技术难题。这是由于当水泥浆凝固而失去静液压力时，压缩的气体就会产生膨胀而阻止地层水、气进入环空，从而提高了第二界面的胶结质量。现场应用表明，泡沫水泥浆的固井质量明显优于常规水泥浆的固井质量[50]。例如，在胜利油田莱州湾区块共进行了 68 口井的试验和推广，使用效果良好，固井合格率 100%，优质率 80.3%，解决了上述油田低压易漏长封固段的难题。

长庆气田属低压低渗透气田，气层多，含气井段长，压力梯度不等，固井时易发生气侵窜槽，造成水泥石界面胶结不良。针对长庆气田的特点，采用了由氮气发气剂 GFQ–1 和 GFQ–2、稳泡剂 GWP 和缓凝剂 GH–2 组成的防气窜泡沫水泥浆体系，并控制 GFQ–1 和 GFQ–2 与 GWP 之间的最佳比例为 4g∶5mL∶8mL。现场试验表明，GFQ–1 与 GFQ–2 的反应平稳，气体量易控制；泡沫封闭稳定，渗透率低，泡沫细小、均匀，不易破裂，在浆体中均匀分布；浆体稳定性和流动性好，游离液为零；水泥石抗压强度高，水泥浆密度低；水泥浆具有可膨胀性和可压缩性，直角稠化，水泥石胶结强度高，可有效防止油气水窜，且防气窜泡沫水泥浆配方简单，施工方便，成本低。气层井段优质率为 87%，合格率为 100%[51]。

四、盐水水泥浆体系

钻井过程中若钻遇盐层、膏层或盐膏层，多采用欠饱和或半饱和盐水水泥浆体系固井，由于氯离子含量高，水泥浆中要加入抗盐外加剂以保证水泥浆性能良好，从而保证固井质量。抗盐外加剂是解决水泥浆抗盐能力的关键。由于在有盐的情况下，许多外加剂的作用效果明显降低，从而导致水泥浆性能变差，因此在含盐水泥浆或抗盐水泥浆中必须使用抗盐外加剂。目前国内使用的油井水泥降失水剂普遍存在抗盐能力差的缺陷，无法满足盐层固井的需要，如使用较多的 PVA 降失水剂不抗盐，HEC、CMC 等虽然有一定的抗盐能力但增稠明显，且在温度较低时具有很强的缓凝作用，国内 20 世纪 80 年代开发的 P（AM–AA）共聚物等合成聚合物降失水剂具有较好的抗盐能力，但随着温度升高发生强烈的水解作用，造成水泥浆过度缓凝。为了克服常规降失水剂存在的缺陷，近年来，人们研制了 AMPS 多元共聚物抗盐降失水剂和缓凝剂等外加剂，奠定了提高盐水水泥浆体系性能的基础。

按盐含量将含盐水泥浆大致分为低含盐、欠饱和及饱和盐水水泥浆[52]。

（一）盐对水泥浆性能的影响

盐（NaCl）作为油井水泥外加剂，在固井作业中已被广泛应用，其目的大致为：用作早强剂；平衡地层电解质防止水敏性地层垮塌，防止水泥浆对地层的溶蚀，在淡水资源缺乏的地区直接使用海水、苦咸水制取水泥浆。盐对水泥浆性能的影响情况如下：

1. 盐对稠化时间的影响

实验表明，水泥浆中加入盐以后会出现掺量小时稠化时间变短、掺量大时稠化时间变长的现象，随着温度的提高影响有所减弱，但趋势相同；而且初始稠度变大，浆体泡沫增多，稠化实验中易产生闪凝、“鼓包”、曲线变差等现象，这些现象对固井作业和保证固井质量十分不利。

2. 盐对水泥失水量的影响

随着水泥浆中含盐量的增加，水泥浆的失水量也会增加，一般在淡水水泥浆中使用的降失水剂在盐水水泥浆中可能会失去作用，有些甚至会由于引起絮凝而使水泥浆流动性变差，甚至失去流动性。

3. 盐对水泥石力学性能的影响

实验表明，在 60℃、常压和饱和盐水条件下，当盐掺量低于 5% 时，对水泥石有明显的早强作用，而掺量大于 10% 时其强度低于纯水泥的强度。含盐量较高的水泥浆强度发展要比原浆慢得多，但水泥石有明显的膨胀作用。

因此，在井下含有浓度较低的盐水层且压力较低时，可以采用抗盐的淡水水泥浆固井；如果是水敏性的泥页岩、蒙脱石、伊利石、退化的绿泥石等黏土矿物，为了避免其膨胀、分散而造成井壁不稳定，通常使用低含盐的水泥浆（一般低于 10%）固井；如井下有高压盐水层、盐层、碱层、盐膏层等，为防止水泥浆对地层盐溶蚀，则必须使用欠饱和盐水水泥浆或者饱和盐水水泥浆。研究表明随盐的浓度提高，可明显改善水泥环与盐岩的剪切胶结和水力胶结性能，推荐的盐含量一般为 12.5%（BWOC）以上。

（二）典型的盐水水泥浆体系

1. 配方一

一种盐水水泥浆，其核心是抗盐外加剂的选择[53]。

（1）抗盐外加剂。

① BXF–200L 抗盐降失水剂，该抗盐降失水剂分子结构中含有磺酸基、羧酸基和酰胺基等基团，由于分子中的磺酸基大侧基的强水化能力和耐温能力，以及一定的刚性，使得共聚物在高含盐、高温情况下很稳定，不会盐析，且分子链断裂的速度也很慢。分子结构中的羧基、酰胺基等吸附基团，保证了共聚物在盐水中仍然具有优异的降失水性能。此外，通过合理地控制共聚单体的配比、共聚物相对分子质量的大小及分布、共聚物的分子形态等，使得含有 BXF–200L 降失水剂的水泥浆体系具有较好的流变性能和稳定性，且强度发展正常。用海水、欠饱和盐水、饱和盐水配制的 BXF–200L 水泥浆体系，当 BXF–200L 加量适当时，API 失水一般均可控制在 50mL 以下。

② BXR–200L 缓凝剂。由多种低分子有机酸配制而成的缓凝剂 BXR–200L，具有加最小，线性关系好，不破坏水泥石强度等优点，与BXF–200L配伍可用于盐水水泥浆中。

③ BAS–I 促凝剂。BAS–I 促凝剂在盐水水泥浆中不增稠，而且具有较明显的促凝效果。

④ BXD–200S、CF40S 分散剂。由于 BXF–200L 降失水剂具有一定的分散性能，加量增大时不会增加水泥浆的稠度，在正常水灰比情况下通常不需要加入分散剂，但在水灰比较小或是水质中高价离子较多的情况下，需要加入适量的抗盐分散剂。BXD–200S、CF40S 分散剂可用于盐水水泥浆中。

（2）水泥浆配方与性能。

水泥浆基本配方：盐水 + 天山 G 级水泥 +2.5%～3.0%BXF200L+0～1.5%BAS–I 或天山 G 级水泥 +2.5%～3.0%BXF–200L+0～0.2%BXR–200L；密度为 1.90g/cm^3。

在上述配方的基础上，可以采用赤铁矿粉和 BXW–1 超细锰矿加重剂加重，提高水泥的密度，以满足现场对水泥浆的高密度、抗盐和高性能的要求，不同组成的水泥浆配方和性能见表 2–10～表 2–13。

表 2–11 和表 2–13 的结果表明，掺 BXF–200L 的饱和盐水水泥浆具有良好的失水控制能力和流动性，且抗压强度很高，但密度只有 2.05g/cm^3；单独采用赤铁矿粉加重剂，在 2.4g/cm^3 密度时有可接受的水泥浆性能，但用它配制 2.6g/cm^3 密度的水泥浆，则比较困难；与 BXW–1 加重剂复配后，2.6g/cm^3 密度的水泥浆仍可获得高性能，且抗压强度和流动性都有明显的提高和改善。

表 2-10　80℃下高密度水泥浆配方

序号	C	赤铁矿	BXW–1	水	NaCl	BXF–200L	CF40S	BXR201L	G603
1	100	125	22	65.5	11	4.4	2.0	0.4	0.07
2	100	120	22	65.5		4.4	1.5		0.07
3	100	170	28	65.8	11	4.0	2.0	0.64	0.05
4	100	165	28	66.7		3.6	1.5		0.05
5	100			32	11	5		0.2	0.005
6	100	100		51	8.5	5		0.45	0.005

表 2-11　80℃下高密度水泥浆性能

序号	密度 /（g/cm³）	流动度 /cm	API 失水量 /mL	稠化时间 /min	初始稠度 /Bc	24h 抗压强度 /MPa
1	2.4	25	42	228	20	25.0
2	2.4	22	38	264	23	22
3	2.6	22	36	238	24	15.0
4	2.6	21	44	186	25	17.0
5	2.05	24	28	209	21	34.0
6	2.4	20	48	303	26	16.2

表 2-12　120℃下高密度水泥浆配方

序号	C/SiO_2	赤铁矿	BXW-1	水	NaCl	BXF-200L	CF40S	BXR201L	G603
1	100/35	180	27	86.0	14.0	5.9	2.7	1.3	0.07
2	100/35	175	27	86.0		3.7	2.7	1.8	0.07
3	100/35	233	37	87.2	14.0	5.9	2.7	1.5	0.1
4	100/35	230	35	86.0		5.2	2.0	1.8	0.1

表 2-13　120℃下高密度水泥浆性能

序号	密度 /（g/cm³）	流动度 /cm	API 失水量 /mL	稠化时间 /min	初始稠度 /Bc	24h 抗压强度 /MPa
1	2.4	23	70	250	24	22
2	2.4	24	66	340	23	18.0
3	2.6	20	58	240	28	15.0
4	2.6	19	52	228	–	14.3

实验表明，以 BXF-200L 为主得到的抗盐水泥浆体系具有如下特点：BXF-200L 掺量一般为 2%～5%BWOC；适用温度为 30～180℃；适用于矿化水、海水、欠饱和盐水、饱和盐水；API 失水可控制到 50mL 以下；水泥浆流变性能良好，水泥浆稳定，游离液少；强度发展良好，24h 强度一般可达到 18MPa 以下；稠化时间易调，过渡时间短，基本为直角稠化。该水泥浆体系已在冀东、大港、吐哈、辽河等国内大多数油田使用，并在伊朗、哈萨克斯坦、乌兹别克斯坦、印度尼西亚等国应用取得了很好的效果。

2. 配方二

水泥浆基本配方[54]：阿克苏 G 级水泥（密度为 3.15g/cm³，颗粒直径小于 100μm，比面积为 290～310m²/kg）+ 铁矿粉 + 微硅 +D168 降失水剂 +D121 分散剂 +D105 缓凝剂 +D075 稳定剂 +D153 防沉降剂 + 现场盐水，水泥浆密度为 2.32g/cm³。

密度为 2.30～2.35g/cm³ 的高密度水泥浆体系，在浓度为 18% 的盐水条件下，浆体稳定，具有较强的失水控制能力、易于调整的稠化时间和良好的抗压强度。现场应用表明，高密度抗盐水泥浆用于含盐膏层异常高压油气井固井，施工泵压平稳，施工正常，能够满足固井需要。

3. 配方三

针对浅层盐穴储气库井固井中存在的强度发展缓慢、水泥石韧性差等问题，开发了适用于浅层盐穴储气库井固井的低温胶乳盐水水泥浆体系[55]，配方为：G级油井水泥+5%增强剂DRB-3S+7%降滤失剂DRT-100L+1%胶乳稳定剂DRT-100LT+1.5%早强剂DRA-3S+0.5%分散剂DRS-1S+0.4%胶乳抑泡剂DRX-2L+0.3%消泡剂DRX-1L+42.8%盐水（盐水浓度为15%）。

研究表明，该体系具有稳定性好、失水量低、水泥浆稠化时间可调、水泥石力学性能优良等特点，并且胶乳增强了水泥石的弹性形变能力，使水泥石韧性增强，有助于提高水泥石抗冲击破坏的能力。应用表明，胶乳盐水水泥浆体系综合性能良好，能改善第一、二界面胶结，提高浅层盐穴储气库井固井质量。

4. 配方四

采用500g嘉华G级高抗硫型水泥，用铁矿粉加重得到密度为2.4g/cm^{3}的高密度水泥浆体系配方[56]，如表2-14所示，不同组成的高密度水泥浆均有良好的流动性能；在盐水中能使失水量控制在100mL以内，淡水配浆失水量则更加低；水泥的早期强度与胶结强度较高，完全满足工程需要，可以保证封固质量长期有效；稠化时间可以通过缓凝剂用量进行调节，加入防气窜剂后水泥与井壁胶结性好，可以有效防止气体窜入环空；多功能外加剂的加入使水泥具有一定的触变性，触变性还可以通过分散剂和多功能外加剂的加量进行调节，多功能外加剂的加入也提高了水泥的韧性，使水泥石的力学性能有所改善，对抵抗盐层蠕动产生的变形十分有利。

表2-14　密度2.4g/cm^{3}的抗盐水泥浆综合性能

序号	流动度/cm	稠化时间/min		失水量/mL	析水率/%	胶结强度/MPa	抗压强度/MPa	触变性	
		100℃	30℃					n	k
1	21	311	298	45	0	1.13	22	0.80	0.90
2	21	343	329	56	微	1.18	20.8	0.95	0.33
3	21	340	325	56	0	1.29	20.5	0.80	0.90
4	20	336	317	59	微	1.06	17	0.91	0.43
5	19.6	285	266	62	微	1.10	19.8	0.88	0.52

注：①配方：1号铁矿粉600g+30%微硅+1.0%SZ1-2+1.2%SXY+0.07%SN-2A+0.5%KQ-D+淡水；2号铁矿粉600g+30%微硅+1.0%SZ1-2+1.2%SXY+0.07%SN-2A+0.5%KQ-D+2%DGN+淡水；3号铁矿粉600g+30%微硅+1.0%SZ1-2+1.4%SXY+0.1%SN-2A+0.5%KQ-D+2%DGN+淡水；4号铁矿粉600g+25%微硅+1.0%SZ1-2+1.4%SXY+0.1%SN-2A+0.5%KQ-D+1.0%$CaCl_2$+18%盐水；5号铁矿粉600g+25%微硅+1.5%SZ1-2+1.4%SXY+2.0%CST-2+0.5%KQ-D+2%DGN+1.0%$CaCl_2$+18%盐水。②实验条件：温度75℃，压力70MPa，其中胶结强度和抗压强度的测试条件为温度75℃、时间24h。

五、防气窜水泥浆体系

固井后环空气窜是指在注水泥结束后，在水泥浆由液态转化为固态过程中，水泥浆难以保持对气层的压力或由于水泥浆窜槽等原因造成胶结质量不好，或水泥浆凝固后，气层气体窜入水泥石基体，或进入水泥与套管、水泥与井壁之间的间隙中造成层间互窜甚至窜入井口的现象。发生环空气窜的主要危害是：①直接影响水泥石胶结强度；②导致层间窜流，直接影响油气层的测试评价，污染油气层；③降低油气采收率；④对油田开发后续作业，如注水、酸化压裂和分层开采等造成不利影响；⑤严重时可在井口冒油、冒气，甚至造成固井后井喷事故，即使采用挤水泥等补救工艺也很难见效。可见，在固井作业中防气窜非常重要[57]。

（一）产生气窜的原因

归纳起来，产生气窜的原因如下：

（1）水泥浆进入环空后，由于水泥浆不断向地层失水，造成其水灰比急剧下降，改变了水泥浆的原有性能，同时在井壁上形成泥饼，使井径缩小，直至井径完全被堵塞，导致水泥浆静压传递受阻，使作用在地层中的有效液柱压力小于地层孔隙压力而发生气窜。

（2）水泥浆进入环空静止后，水泥浆内部开始形成静胶凝强度。随着胶凝结构逐渐形成，环空静液柱压力逐渐降低，水泥颗粒逐渐形成网架结构，水泥浆稠度增加，气窜阻力（包括水泥浆结构自身阻力及聚合物提供的附加阻力）相应增大，如果此时环空静液柱压力与气窜阻力叠加之和小于地层压力则会发生气窜。

（3）由于界面胶接不好而发生的气窜，主要是由于泥饼的存在和顶替效率低，导致水泥石界面与地层（或套管）胶结不好而引起气窜。

（4）存在微裂缝或微环隙。微裂缝是在水泥环内产生的微小通道，而微环隙是由于水泥环不能很好地与套管或地层胶结造成的。环空或水泥环本体存在微裂缝－微环隙这一窜流通道，是引起气窜的根本原因。

（5）油管、套管或者井下工具的密封性出现问题，发生流体泄露，也会导致环空气窜。

（二）防气窜水泥浆体系类型

围绕防气窜所应达到的要求，目前常用的防气窜水泥浆体系主要有如下一些类型。

1. 触变水泥浆

触变水泥浆，即所谓的具有剪切稀释特性的水泥浆体系。触变水泥浆顶替到位后，能够迅速形成大于 240Pa 的静胶凝强度，有效缩短水泥浆由液态转化为固态的过渡时间，减少发生环空气窜的几率。

2. 直角稠化水泥浆

直角稠化水泥浆是由速凝剂、膨胀剂、减阻剂等添加剂组成的水泥浆体系。直角稠化水泥浆体系中的促凝剂能加速 $Ca(OH)_2$ 和 C—S—H 凝胶的生成速度，生成能够抑制地层流体流出的胶结层，从而有效防止气窜的发生。

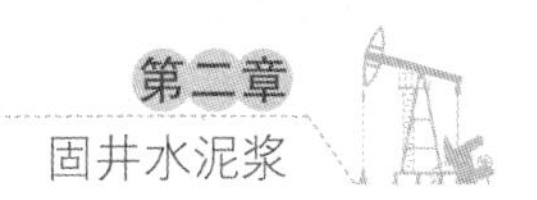

3. 充气水泥浆

充气水泥具有较大的可压缩性。当水泥浆发生水化收缩时，充气水泥浆可以补偿水泥浆体积收缩，弥补水泥浆由此造成的压力损失，保持水泥浆液柱压力大于环空中气层压力，达到防气窜的目的。

4. 延缓胶凝水泥浆

延缓胶凝水泥浆是指在水泥浆顶替到环空初期能够较长时间保持液态，维持静液柱压力。当水泥浆水化后能够迅速形成较高的胶凝强度，尽可能减少水泥浆由液态转化为固态的过渡时间，从而大大降低发生环空气窜或气侵的几率，与直角稠化水泥浆属于同一类型。

5. 非渗透水泥浆

非渗透防气窜水泥浆体系是 20 世纪 80 年代以来开始并得到较快发展的体系。其作用机理是通过添加高分子聚合物或微细材料，利用化学交联剂的交联反应或利用微细材料充填作用形成不渗透膜，增加气体在水泥浆中的侵入和运移阻力。非渗透水泥添加材料大致可分为两类：一是胶乳聚合物、阳离子表面活性剂等；二是微细材料，如微硅、炭黑等。

（三）典型的防气窜水泥浆体系

1. 胶乳水泥浆体系

实践表明，对于超深、高温、气井防窜，采用胶乳体系效果比较好。应用最普遍的是丁苯胶乳水泥浆体系，该体系具有抗高温、低失水、稠化时间可调、直角稠化、稳定性和流变性好，胶结强度高，防窜能力强等特点。现场湿混于水中，配浆时不起泡且易于水化。适宜温度 30~160℃，可应用于 6000m 的超深井固井。

由 G 级水泥、胶乳、降失水剂、缓凝剂、膨胀剂、早强剂、增韧剂、分散剂、消泡剂和水等组成。一般具有如下性能：流动度≥24cm，析水为 0，API 失水≤50mL，24h 抗压强度≥16MPa，稠化时间可调，过渡时间短，直角时间 7~12min；沉降稳定性好；具有较强的触变性及一定的韧性，水泥石与套管和井壁的胶结强度高，有利于地层层间封隔。

（1）作用机理。

胶乳水泥浆体系中，胶乳作为水泥浆中的一个重要组分，它与从水泥中溶出的 Ca^{2+} 或 Al^{3+} 等多价阳离子发生物理化学等作用。国内外文献认为，在胶乳聚合物与水泥混合过程中，首先水泥水化产物和胶乳聚合物通过胶乳颗粒相互结合，在已水化的水泥相与未水化的水泥间形成网状结构。其形成过程如下[58]：

①当聚合物胶乳与水泥混合形成水泥浆时，聚合物胶乳颗粒均匀地分散于水泥浆中。水泥水化产生的水化物与饱和 $Ca(OH)_2$ 可能在水化硅酸盐表面发生反应，形成一层硅酸钙涂层。

②水泥凝胶体单元结构与聚合物胶乳颗粒间的自由水，通常被限制在毛细管孔隙

中。但是，只要水泥水化作用继续进行，毛细管孔隙中水将减少。这样，聚合物胶乳颗粒将在水泥凝胶体－未水化水泥颗粒混合物表面形成一层连续的单元封闭式聚合物胶乳颗粒涂层，并与硅酸盐混合物涂层表面相黏接。在此情况下，由于水泥浆中的孔隙尺寸是100nm至几百nm，所以混合物中大孔隙所吸附或自动进入的聚合物胶乳颗粒中的基团（如含有聚丙烯酸类胶乳的－COOH和－COO^-）将与水泥水化中产生的Ca^{2+}，在$Ca(OH)_2$固体颗粒或硅酸盐表面发生反应，从而改变了胶乳水泥浆性能。

③聚合物胶乳颗粒从水中分离出来，在水泥水化物表面形成一层连续薄膜。这层薄膜将水泥水化物的单元网络结构相互“铰”结，牢固地黏结成为一个坚固的整体。这些聚合物丝状膜层横跨水泥浆硬化体的缺陷和微裂缝，穿梭连接，既分散了水泥浆的应力集中，又增加了变形性，从而提高了聚合物胶乳水泥石的抗裂、抗渗、耐酸碱及耐腐蚀等性能。

（2）胶乳水泥浆的特点。

胶乳与水泥浆中的离子和颗粒的特殊作用，能显著地改善水泥浆和水泥石的性能，归纳起来胶乳水泥浆具有如下特点：

①有效控制水泥浆的滤失性能。对于胶乳本身，在水泥水化期间，胶乳在水泥基质中絮凝，这些絮凝物在水泥基质中聚结起来，形成抑制渗透的胶乳膜，防止气体或液体侵入水泥浆柱。胶乳是由粒径为0.05～0.5μm的微小聚合物粒子在乳液中形成的悬浮体系，多数胶乳体系含有约50%固相。由于胶粒比水泥颗粒小得多（胶粒粒径为0.05～0.5μm，水泥粒径为20～50μm），一部分胶粒与水泥形成良好级配而堵塞充填于水泥颗粒和水化物的孔隙，降低滤饼的渗透率；另一部分胶粒在压差的作用下，在水泥颗粒之间聚集成膜覆盖在滤饼上，进一步降低滤饼的渗透率。丁苯胶乳加入水泥中，形成胶乳水泥体系，胶乳粒子在高温下易聚结，加入乳化剂，乳化剂与胶乳粒子产生胶链键，交联密度高，耐温性提高，胶乳粒子各自处于激烈的布朗运动中使得稳定性增强，胶乳粒子间，胶乳粒子与乳化剂之间，形成立体空间网架结构，水泥颗粒充填其中，在一定的压差下，网架结构聚结形成较致密的硬泥饼，降低水泥浆失水量。

②增强水泥浆防气窜能力。胶乳水泥浆中胶乳的存在可以增加气窜阻力。胶乳加入水泥中，形成胶乳水泥体系，胶乳水泥水化期间，由于相对的稀释以及在温度、压力、高矿化度和水泥浆中钙、镁阳离子及硅酸盐阴离子的作用下，胶乳粒子（10～120μm）与胶乳中的稳定成分作用，使胶乳在水泥基质中絮凝，这些絮凝物与稳定的胶乳颗粒在水泥基质中聚结起来，在水泥浆体系中形成立体填充，并在井眼壁面形成致密封隔层和抑制渗透的胶乳膜，防止气体或液体侵入水泥浆柱。

③改善水泥石防腐蚀性能。胶乳与水泥石整体致密结构的形成及胶乳的成膜作用，使得胶乳水泥石的抗酸溶性及抗腐蚀性得以改善，因而可以提高酸化效果，延长油井生产寿命。不同水泥在氢氟酸中的溶解程度不同，其中低滤失水泥、LXT水泥、SBR胶乳水泥体系的酸溶重量损失分别为32%～35%、12%～27%、4%～8%。胶乳水泥具有成膜特性和不渗透性，有利于防止地层流体进入水泥浆柱，并可改善水泥环与套管、地层之

间的胶结性能。

④改善水泥石力学性能。由于胶乳水泥石弹性大，减少了射孔或钻井过程中水泥环的破坏几率，有利于提高小间隙井的固井质量。胶乳水泥能赋予水泥环以韧性，使水泥石的动态力学性能得到明显改善，提高水泥环抗射孔（压裂等）动态冲击能力，减少射孔或钻井过程中水泥环的破坏几率。据报道，水泥石的动态弹性模量可降低 20%，动态断裂韧性可提高 300%，破碎吸收能可提高 90%。

另外，胶乳还可以通过胶粒挤塞、充填于水泥颗粒间，使滤饼渗透率降低来改善水泥浆的滤失；还有一部分胶粒在压差作用下在水泥颗粒间聚集成膜，进一步使滤饼的渗透率降低，充分保证了水泥浆的泵注流动性和顶替效率。

（3）配方与性能。

配方一：高密度胶乳水泥浆体系。

基本配方：嘉华 G 级水泥 +35% 硅粉 +0.3% 消泡剂 +2.5% 稳定剂 AD-AIR3000L+1.2% 分散剂 CF342S+0.8% 发气剂 A+1.6% 稳定剂 B+16% 胶乳 PCRl002L+1.4% 缓凝剂 CH312S+ 钻井水 +0.4% 缓凝剂 H25L+50% 加重剂 MICROMAX。

其性能：密度为 2.2g/cm^3，API 失水 40mL，自由水 0，稠化时间 6.3h，24h 抗压强度 17.3MPa，*PV*为0.045Pa·s，*YP*为6.132Pa，795L/min 泵速可紊流，与隔离液、泥浆相容；其防气窜能力明显。

配方二：低密度胶乳水泥浆体系[59]。

基本配方：水泥 +20%~50% 漂珠 WZ+8%~12% 微硅 WG+3%~6% 早强剂 MCR+ 2%~6% 膨胀剂 MCK+10%~20% 胶乳 DLM+1.5%~3% 稳定剂 DLC+0.5%~1.5% 分散剂 DLB+0.2%~1% 消泡剂 D175+0.1%~4% 缓凝剂 DLK

按照上述配方所配制的水泥浆体系，沉降稳定性好，没有分层现象，流动性好，水泥石抗压强度满足 API 低密度水泥浆 24h 大于 3.5MPa 的要求，稠化时间具有可调性，初稠度值小于 20BC。且该水泥浆可以在 1.30~1.70g/cm^3 之间任意调节，水泥浆性能稳定。该体系主要性能见表 2-15。

表 2-15 低密度胶乳水泥浆的基本性能

密度 /（g/cm^3）	φ300	φ200	φ100	φ6	φ3	失水量 / mL	*Gel*/ Pa/Pa	稠化时间 / min	24h 抗压强度 /MPa	自由水 / mL	稳定性
1.30	106	80	54	23	20	12	10/15	145	7.20	0.5	好
1.50	131	104	70	70	27	20	14/25	197	9.01	0	好
1.70	140	105	72	72	27	18	16/21	205	12.45	0.5	好

2. 膨胀水泥浆体系

水泥石在凝固过程中体积收缩是造成气窜的重要原因，水泥在凝固过程中的体积收缩，可分为塑性体收缩和硬化体收缩。研究表明，在养护 120h 后体积收缩超过 5%，其中塑性体最大收缩量小于体积收缩量的 0.15%，硬化体收缩量大于 99.85%，体积收缩量的 90% 发生在终凝之后。水泥石的收缩使胶结界面产生间隙，发生水窜和气窜，此外套管在固井过程弹性变形也会造成水泥石与套管产生间隙导致气窜[60]。为克服水泥浆的体积收缩和解决油水气侵，在水泥中加入膨胀剂配成的水泥浆体系也可以达到防气窜的目的。膨胀剂有氢气、氮气和晶格膨胀剂。

（1）发气膨胀剂。

在水泥浆中加入发气膨胀剂使水泥浆在凝固过程中发生膨胀，从而提高水泥浆柱对气层的压力，典型的水泥浆配方：嘉华 D 级水泥 +0.3% 膨胀剂 G502 ＋ 0.4% 分散剂 USZ+5.0% 非渗透添加剂 M89L+1.0%M53S+1.0% 稳定剂 +1.5% 促凝剂 $CaCl_2$。

最为常见的发气膨胀剂是含铝粉的膨胀剂，即产生 H_2 的膨胀剂，膨胀剂中的铝粉在缓蚀剂、掩蔽剂作用下使铝粉表面形成了一层致密的保护膜。通过保护膜在水泥浆碱性介质中的溶解速度来控制初始发气时间和持续发气时间。金属铝的化学性质很活泼，与酸、碱作用产生氢气。水泥浆 pH 值一般在 12 左右，属强碱性，在井下高温和高压条件下，发生的化学反应加速，产生的氢气将均匀地分布在水泥浆中，并借助浆柱的部分重量、孔隙压力或桥塞对地层产生附加压力，弥补水泥浆失重造成的压力降低，达到控制地下流体窜流的目的。

该体系保持了非渗透体系高气阻（18~22kPa）的基本特性，又增加了微膨胀功能，显著增加了水泥石的抗压强度，具有防止地层流体从固井水泥浆基体和微环空间隙窜流的双作用防窜功能。

氮气膨胀剂由含氮有机物、稳定剂和惰性材料组成，注入井下后，在一定的温度和水泥浆的碱性条件下开始发气。由于稳定剂的作用，氮气形成微小气泡并稳定地存在水泥浆中，形成气体膨胀水泥浆体系。室内评价氮气膨胀剂的常规性能结果表明，氮气膨胀剂的膨胀性能好，与其他水泥添加剂配伍性好，对水泥石抗压强度没有影响。氮气膨胀水泥浆在华北油田、长庆气田和冀东油田等应用表明，防窜效果明显[61]。

氮气膨胀剂外观为浅黄色粉末，能够均匀分布在水中，可以和油井水泥湿混或干混。该膨胀剂由氮气发气材料、稳气材料和特种表面活性剂组成。氮气膨胀剂在 38℃以上的温度养护下能够释放出氮气，氮气在表面活性剂作用下均匀分布在水泥浆体内，使水泥石在常压下也具有很高的抗压强度。

（2）晶格膨胀剂。

晶格膨胀剂系非发气、非钙矾石类膨胀材料[62]，它以特选的多种非金属矿物及有机单体做原料，经过特殊的物理化学方法活化激活，从而实现水泥石的物理膨胀。对油井水泥来说，如果膨胀材料的水化速率太快，在浆体处于液态时就发挥作用，则产生的膨胀大部分被浆体吸收，其结果：一是膨胀材料很快被消耗，在水泥浆硬化早期不会产生膨胀；二是即使处于塑性状态下膨胀，其膨胀值也很小。理想的膨胀材料的水化速度应该和水泥浆体结构的形成速度同步，即在水泥浆体结构开始形成时膨胀材料的水化反应启动，当水泥浆体具有较低胶凝强度时（即受限时），膨胀反应速率达到最大，随后反应速率逐渐减小，只有这样才能既产生足够的塑性膨胀又有一定的后期膨胀，达到双

膨胀的效果。

使用晶格膨胀剂调配水泥浆体系，主要是从补偿水泥（石）的体积收缩入手，在水泥浆水化早期和后期均能补偿收缩，并产生一定的体积膨胀，进而提高水泥环胶结质量。选用新型晶格膨胀材料，并辅以其他水泥外加剂，在温度50~180℃、压力0~60MPa下均能产生一定的膨胀，同时，膨胀水泥浆体系具有失水低、强度高、流动性好、稠化时间可调、零析水，且具有改善水泥浆力学性能、降低渗透率的特性，可有效提高水泥浆体防窜能力，对环境无不利影响。

F17A膨胀剂（以硫酸铝盐、氧化镁为主）属双晶体膨胀材料，加入膨胀剂F17A的水泥，其水泥浆体积的膨胀起因于膨胀剂中的高性能晶体材料硫铝酸盐、方镁石和方钙石水化产物的生成和生长，这些晶体在局部生成和生长促使水泥浆体产生膨胀，在浆体处于受限状态时，膨胀将会使水泥石结构致密化，并产生预应力（膨胀应力），增加了水泥石气侵阻力，同时膨胀也消除了水泥浆凝固过程中的轻度收缩，防止环空微间隙的产生，有利于提高水泥环两个界面的胶结强度，防止窜流通道的产生，从而达到防窜的目的。晶体膨胀源重结晶或晶型转变产生体积增长，主要在水泥浆塑性状态后期和硬化状态前期发生，补充这个阶段水泥浆的体积收缩，防窜性能稳定。

六、塑性水泥浆体系

塑性水泥浆体系也称韧性水泥浆体系，是为了满足特殊作业需要而开发的一种水泥浆体系，随着对固井质量的要求越来越高，尤其是随着我国页岩气开发、储气库大规模建设及天然气的快速发展，对水泥环的密封完整性要求越来越高。在注采过程中井筒内温度及压力周期性的变化，页岩气及致密油气后期储层改造，要经受大型体积压裂，高压天然气井钻井及生产过程中井筒内温度及压力大幅变化等，容易导致水泥环密封完整性受到破坏，塑性（韧性）水泥浆技术是有效提高水泥环密封完整性的关键技术之一。

国外斯伦贝谢公司为防止井下热应力、机械应力等导致产生微环隙，开发了一种柔性水泥浆体系。该体系根据固相颗粒级配原理，并配合柔性颗粒及膨胀剂等，杨氏模量可降低至1.38GPa，线性膨胀率可达2%，适用温度范围为40~150℃，密度范围为1.2~2.2g/cm^3；该体系在国外地下储气库、多层次射孔及压裂增产井、蒸汽驱稠油热采井应用效果良好。BJ公司开发的柔性水泥浆体系，是一个涵盖多种抗应力变化的水泥浆体系系列，其目的是提高水泥环的机械性能和抗拉强度，从而提高水泥石柔性，可适用于高抗拉强度固井。该体系在美国德州东部高温高压固井进行了应用，应用前的155井次中58口井出现套管变形，失败率为37.4%；使用该体系后的100井次，17井次出现套管变形，失败率为17%，变形率降低了54%。哈里伯顿公司开发的弹性水泥浆体系，含有特殊的弹性材料和纤维，降低了脆性，提高了水泥石韧性，不会在作业过程中失效。

国内近年来在增韧机理、增韧材料、韧性水泥浆体系等方面均开展了大量研究工作，如利用4种水泥石增韧材料DRT-100L、DRE-100S、DRE-200S、DRE-300S，形成的中温（30～100℃）及高温（100～200℃）两套韧性膨胀水泥浆体系，水泥石在具有相对较高抗压强度的同时，杨氏模量可以降低30%以上，水泥浆密度适用范围为1.30～2.60g/cm^3；该体系已在储气库、页岩气水平井、高压天然气井等应用50多井次，效果良好，有效提高了水泥环承受交变应力条件下的密封完整性。利用通过颗粒级配得到BCE-310S增韧剂开发的BCE-310S弹性水泥浆体系，对控制水泥浆失水具有辅助作用，并且水泥浆稠化时间易调，水泥石具有低杨氏模量、高泊松比的特点，水泥石变形能力强，在围压条件下水泥石表现出理想弹塑性，受套管膨胀挤压时不易破裂，有利于保持水泥环长期密封性能，用其配制的水泥浆体系密度为1.7～1.8g/cm^{3}时，7d抗压强度为22～30MPa，抗拉强度为1.8～2.2MPa，杨氏模量为5.0～6.0GPa，泊松比为0.18～0.20。针对储气库固井开发了一种由SD77柔性防窜材料、SD66纤维材料及多种常规外加剂组成的柔性自应力水泥浆体系，适用温度为50～150℃，密度为1.20～1.95g/cm^3，在90℃养护条件下常规密度柔性自应力水泥石7d杨氏模量较净浆水泥石降低20%左右，抗压强度降低20%左右，且界面胶结强度能得到显著提高；该体系在相国寺储气库的应用效果良好，后期已推广至页岩气水平井及高压天然气井固井。研究表明，SFP弹韧性水泥浆体系具有良好的流变性、较高的抗压强度、较低的失水量、良好的体系稳定性、良好的稠化线型，同时，SFP弹韧性水泥石与水泥基浆形成的水泥石相比，抗折强度可提高40%以上，弯曲韧性提高90%以上；该体系目前已在涪陵页岩气水平井现场应用100多口井，效果良好[63]。

（一）塑性水泥浆增韧机理

塑性水泥浆可以采用纤维和胶粉等材料作为增韧剂，其增韧机理如下：

1. 纤维增韧机理

研究表明，适当的纤维长度和加量不但能很好地改善水泥石的韧性和抗冲击性能，还可以提高水泥浆的流变性，降低失水量并延长稠化时间[64]。

目前各大油田采用纤维增韧水泥增加水泥石韧性，其作用机理是当应力作用于纤维水泥石上时，纤维像小预应力杆将荷载均匀分布给整个水泥环，以尖端应力屏蔽作用减少裂缝发展，起到混凝土钢筋的作用，能在水力射孔和震击条件下增加水泥石的抗冲击和抗破碎性能。纤维材料用于油井水泥中最大的缺点在于混拌和泵送，要发挥纤维材料在油井水泥中的拉筋搭桥作用就必须保证纤维的长径比，长度过短难以达到增韧的目的，过长又难以混合均匀，下灰时容易堵死灰口，泵送也较为困难。另外，虽然纤维增韧水泥不降低水泥石抗压强度，但增韧提高效果不太明显。

2. 胶粉增韧机理

胶粉等弹性颗粒材料用于油井水泥中可以降低水泥石弹性模量。其作用机理在于：水泥浆凝固后的水泥石可视为无数晶体颗粒和凝胶体相互堆积，形成微观上的骨架结

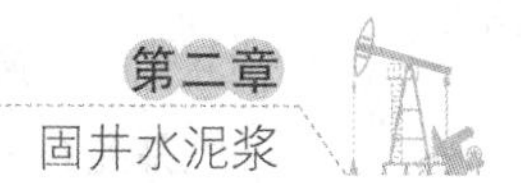

构。胶粉填充于水泥骨架之间，形成一种具有一定强度，能约束微裂缝产生和发展、吸收应变能的结构变形中心，降低水泥石的刚性。当水泥石受到冲击作用时，该结构变形中心能吸收振动能。弹性胶粉颗粒成为冲击力的传递介质，冲击力传递到弹性体胶粉颗粒上产生缓冲作用，并吸收部分能量，从而提高水泥石的抗冲击性能。普通胶粉改性水泥石力学性能的缺点在于降低水泥石弹性模量的同时要降低水泥石的抗压强度[65]。

（二）纤维增韧水泥浆体系

研究表明，纤维水泥浆的静胶凝强度提高速率比无纤维水泥快，而且静胶凝强度达到一定值之后其抗压强度会迅速增大，有利于固井作业完成后水泥浆的快速凝结，防止气窜的发生；纤维水泥浆与无纤维水泥浆的稠化时间相差较小，且直角化性能理想；纤维长度为350~1400μm、掺量为0.12%~0.3%的纤维水泥浆体系具有较低的水泥浆防窜性能系数，可以有效地提高水泥浆的防窜性能。

1. 增韧剂

目前水泥浆中加入的纤维分类体系较多，划分方法也比较多，按照弹性模量将用于水泥浆的纤维分为三类[66]。

（1）高弹性模量纤维。

高弹性模量纤维的优点是能够有效地提升水泥石的韧性，在水泥石受到冲击力的同时，抑制裂缝的产生，从而能够有效地保证水泥环完整性，提高固井质量。缺点是价格比较高，不利于大面积推广使用。

高弹模纤维主要分为以下几类：

①钢纤维。基本未被用于油井固井。

②玻璃纤维。玻璃纤维与水泥浆胶凝情况良好，结构稳定。通过对水泥石的力学分析，发现玻璃纤维能有效地提高水泥石的抗拉、抗折强度等。

③碳纤维。碳纤维能够有效改善水泥石的抗弯、抗折强度（抗弯强度提升25%左右）。当加入量为0.12%~0.16%时，能够减小水泥石的弹性模量。

④高弹性模量的PVA纤维。加入PVA纤维的水泥石的抗拉强度可提高21%~42%，并且韧性显著提高。当形成了微小的裂缝时，水泥环不会破裂，并且胶结性能良好。

（2）低弹性模量纤维。

低弹性模量纤维能够有效地降低水泥浆的弹性模量，提高其形变能力；同时具有价格低，配制简单的优点，主要有：

①聚丙烯纤维，其物化性能如表2-16所示。聚丙烯纤维能显著提高水泥石抗折、抗冲击强度，水泥石的韧性提高量在28d后超过30%，弹性模量下降量超过25%。目前已经在一些油田投入使用，效果显著。

②聚酯纤维。如表2-17所示，纤维长度较长，断裂伸长率高，能够有效地抑制裂缝的形成，提高固井质量。纤维抗拉强度高，能提高水泥浆的抗拉强度，目前已在油田推广使用。

表 2-16　聚丙烯纤维的物化性能

项目	指标	项目	指标
密度 /（g/cm^3）	0.91	弹性模量 /MPa	>3500
导热性 /（W/m·K）	<0.24	当量直径 /mm	<0.1
产品现状	束网状	断裂延伸率 /%	10~50
耐酸碱性	>94.4%	吸水性 /（g/cm^3）	<0.0001
抗拉强度	>560	熔点 /℃	160~170

表 2-17　聚酯纤维的相关参数

项目	指标	项目	指标
长度 /mm	11.5~12.5	抗拉强度 /MPa	540
密度 /（g/cm^3）	0.0135~0.0145	断裂延伸率 /%	42
直径 /mm	1.36		

③聚乙烯醇纤维。该纤维具有抗拉强度大的特点，与水泥石混合后能有效提高水泥石的抗拉强度，从而提高水泥石的韧性；同时长度和直径的比值较小，抑制应变软化和单点开裂。

④聚酰胺类纤维。该纤维与水泥石能够有效地混合，充分提高水泥石的力学特性，达到增韧的目的，但目前国内外使用较少，具有广阔的应用前景。

（3）无机纤维。

对于纤维材料的研究发现，有机纤维普遍存在价格偏高、容易成团，难以和水泥石充分混合的缺点，国内学者又开始对无机纤维进行研究，以找出一些既能有效改善水泥石力学性能，又具有价格低廉等优点的纤维材料。

①奥米纤维。奥米纤维在对水泥石裂缝降低系数以及抗冲击性能方面有很大优势。

②水镁石纤维。水镁石纤维能有效地提高水泥石的力学性能，同时降低水泥石的弹性模量。

③碳酸钙晶须。研究表明在水泥浆体系中加入 10% 的碳酸钙晶须时，水泥石在第 28d 时抗压强度比基体水泥石提高了 32.34%，抗折强度提高了 43.65%，抗拉强度提高了 36.28%。从实验数据中发现少量的碳酸钙晶须掺杂在水泥浆中，对水泥浆的性能提高非常大。

2. 纤维对水泥石常规性能影响

纤维对水泥石性能的影响主要体现在对水泥石抗压强度和渗透率方面[67]。

（1）纤维对水泥石抗压强度的影响。

在固井过程中，水泥石的抗压强度是衡量水泥石强度能否满足要求的重要指标之一，而且行业标准对水泥石的强度具有明确的要求。

①纤维长度对水泥石抗压强度的影响。为了解纤维对水泥石抗压强度的影响，同时尽量避免其他因素的交互影响，进行了无添加剂、常规添加剂、常规添加剂 + 膨胀剂

条件下的定掺量改变长度的单项实验研究，实验的基本配方为：G级水泥＋水（水灰比0.44）+0.6%~1.0%降失水剂+0.4%~0.5%减阻剂。

实验表明，在纤维掺量0.19%的条件下，随着纤维长度的增加，纤维水泥石的抗压强度呈现出一种先增加后逐渐降低的趋势，这说明对于水泥石的抗压强度来说，同样存在一个最佳长度。实验条件下纤维最佳长度范围为350~1400μm，这是由于纤维本身对水泥石裂缝的一种桥接作用形成的。纤维长度过短，无法连接所形成的裂缝，起不到应有的作用，纤维长度过长，不容易均匀分散在水泥中，容易卷曲成团，使得纤维不能发挥正常长度的作用。同时，加入膨胀剂后水泥石的抗压强度下降幅度很大，这是由于膨胀剂在纤维水泥凝结过程中，影响了水泥的致密程度。此外，加入了其他添加剂后，其强度也有所下降，主要原因也是由于各种添加剂在水泥内部的反应，形成各种凝结物，影响到水泥本身的凝结，从而影响了水泥石的强度。

②纤维掺量对水泥石抗压强度的影响。对长度为1050μm、1400μm的纤维，随着纤维掺量的增加，水泥石抗压强度先增大后降低，这说明对于一定长度纤维水泥石来说，存在最佳纤维掺量，一般最佳掺量范围为0.12%~0.25%；而不加入纤维的水泥石其抗压强度是最小的，这充分说明了纤维对水泥抗压强度的增强作用，纤维提高水泥石的抗压强度最大可以达到30%。

由于碳纤维加入水泥浆中时，经过高速搅拌器的搅拌，纤维长度很小时基本上不会缠绕，但其有效长度太小，不能有效地起到“筋骨”作用来加强水泥；随着纤维长度的增加，其有效长度增大，对水泥的加强作用也增加；当纤维长度较大但掺量却较小时，由于纤维分散，相互缠绕的几率较小，此时可以使水泥石的抗压强度提高；当纤维长度较大且掺量也较大时，使得部分纤维相互缠绕，造成其分布不均衡，同时在缠绕处水泥较少，起不到有效的连接作用，使得水泥石强度不均衡，水泥石试块在受到压力作用时，强度低的部位首先破裂，水泥石的抗压强度反而有所降低。

对于无添加剂的水泥强度数值最大，其次是无膨胀剂时的数值，最小的是加入膨胀剂后的数值；而且加入0.6%的膨胀剂后水泥石的抗压强度下降了41%，这是由于加入添加剂后，所发生的化学反应影响了水泥本身的致密程度，影响到了水泥本身的凝结。

膨胀剂的加入使得形成的水泥石体积增大，水泥石中的孔隙体积就会大于无膨胀剂时的水泥石，致使其抗压强度大幅度降低，在直观上则表现为水泥石的强度降低。

（2）纤维对水泥石渗透率的影响。

水泥石渗透率的大小决定了它对地层的封固能力、耐腐蚀性能以及防窜性能。针对水泥石渗透率低的特点，采用气体测定法测定渗透率，以考察纤维对水泥石渗透率的影响。

①碳纤维对无添加剂水泥石渗透率的影响。对于水泥的渗透率来说，在无添加剂水泥石中纤维掺量为0.19%时，其最佳长度范围为350~1400μm。无添加剂水泥石在纤维长度为2800μm时，水泥石的渗透率则随着纤维掺量的增加表现为先下降后上升的趋势。这说明对于水泥石的渗透率来说，纤维的掺量存在一个最佳值，最佳掺量为

0.12%~0.35%。

②碳纤维对常规添加剂水泥石渗透率的影响。在水泥中加入了常规添加剂后，随着纤维长度或纤维掺量的增加，水泥石的渗透率呈现先下降后上升的趋势，对于水泥石的渗透率来说，纤维存在最佳长度和掺量。给定的实验条件下最佳长度范围为1050~2100μm，最佳掺量范围为0.12%~0.25%。

纤维的掺量及纤维长度较小时，由于碳纤维的直径比水泥颗粒小且在水泥中能相对充分分散，碳纤维可以分布在水泥颗粒间的空隙中，减少了水泥颗粒之间的空隙，因而加入碳纤维以后，水泥石的渗透率降低。纤维的掺量超过某一数值时，如同长度的增加一样，此时纤维会缠绕成团，无法均匀分散，由于水泥无法充分填充团状纤维的中间空间，造成此处的空隙增大，渗透率增加。

3. 典型的塑性水泥浆及应用

（1）ZRF防漏增韧水泥浆体系[68]。

该体系组成为：哈尔滨A级水泥+2.8%ZRF防漏增韧剂+1.5%降失水剂+0.45%分散剂+11%微珠。该水泥浆水固比为0.52，平均密度为1.59~1.62g/cm^3，流动度为251mm，API失水量为68mL（30min、6.9MPa），24h抗压强度为10.5MPa（38℃、常压），稠化时间为126min（45℃、30MPa），游离水为零。现场固井应用表明，防漏增韧水泥浆体系能够满足固井施工要求，水泥石不仅具有良好的韧性，而且具有防漏功能，同时解决了固井过程中的水泥浆漏失和水泥石韧性低的问题，有利于提高固井质量，延长油气井寿命。

（2）韧性水泥浆体系。

以增韧材料DRE-100S和乳胶粉DRT-100S两种增韧主剂，形成了一套适用于储气库固井的韧性水泥浆体系。当DRE-100S和DRT-100S加量分别为4%和6%时，韧性水泥石的弹性模量较普通水泥石降低30%以上，24h抗压强度大于20MPa，7d强度高于30MPa，实现了水泥石"低弹性模量、高强度"的韧性改造，综合性能良好，提高了水泥环在循环注采过程中的层间封隔能力及结构完整性。该韧性水泥浆体系在长庆储气库固井中应用表明，固井质量优质，可以满足储气库固井需要[69]。以增韧材料DRE-100S和乳胶粉DRT-100S为基础，结合配套的固井外加剂，开发的综合性能良好的、具有高强度低弹性模量的韧性水泥浆体系，在长庆致密油水平井合平4井Φ139.7mm套管固井中成功应用，固井质量优质，后期压裂施工顺利[70]。

（3）SFP弹韧性水泥浆体系。

由于页岩气藏因其储层物性差、孔隙度和渗透率低，且开采难度较大，大都采用大型压裂技术才能获得产能，这就要求水泥环不仅要有很好的强度，还要有较好的弹塑性和韧性。为此，采用弹塑性材料SFP-1及增韧性材料SFP-2得到了SFP弹韧性水泥浆体系，其配方为[71]：嘉华G级水泥+0.10%DZH+6.00%FSAM+44.0%H_2O+5.00%SFP-1+1.50%DZS+0.20%SFP-2。实验结果表明，该水泥浆具有较好的抗冲击性和较高的柔韧性，在黄页1井Φ139.7mm生产套管固井中应用表明，固井施工顺利，48h变密度测井

检测结果显示，页岩气目的层固井质量优质。

（4）弹塑性水泥浆体系[72]。

鄂南油田生产层属于低孔隙度、低渗透率致密砂岩储层，为提高水泥环承受大型压裂对其冲击和水泥环的完整性，水泥石不仅要有很好的强度，还要有较好的弹塑性。为此，采用弹塑性材料 MFR 开发了一种弹塑性水泥浆体系，其配方为：嘉华 G 级 +1%MFR+2.0%SCFL-1+2%DZP+0.5%SCDS+2.0%DZC+44%H_2O。实验表明，形成的水泥石弹性模量适当，抗折强度高（断裂韧性可增加 44.8%），综合性能可以满足水平井固井要求。在鄂南 HH73P92 井 Φ139.7mm 生产套管固井中应用，固井质量良好。

（5）热采井固井用塑性水泥浆体系。根据辽河油田热采侧钻井的井况条件，优选出适用于不同条件的水泥浆配方，即 40℃时采用的水泥浆配方为：G 级高抗硫油井水泥 +1.5% 降失水剂 LT-200+5.0% 塑性材料 Elas-100+3.0% 促凝剂 ZQJ+10% 弹性胶乳 BXL-100L+3.0% 稳定剂 BXP-201L+0.4% 稳定剂 BXW-202L+0.8%BXD-300L（分散剂）+0.2% 消泡剂 BXX-400L；60℃时采用的水泥浆配方为：G 级高抗硫油井水泥 +1.5%LT-200+5.0%Elas-100+0.05% 缓凝剂 G64+10%BXL-100L+1.6%BXP-201L+4.0%BXW-202L+0.3% 分散剂 CF40S+0.4%BXX-400L。实验表明，塑性水泥浆的流动性好，失水量可控制在 50mL 以下，稠化时间在 2～3h 之间，在辽河油田热采侧钻井中现场应用，取得了理想的效果[73]。

由高温增塑剂 JS005、高温稳定剂 JS14、降失水剂 JS17、分散剂 JS18 和缓凝剂 JS009，以及漂珠等组成的塑性低密度水泥浆体系，API 失水量低，防漏性能好，抗压强度发展快（24h，7MPa 以上），水泥石致密不收缩，高温下强度不衰退，稠化时间达到固井施工的要求。在叙利亚热采井中应用表明，全井封固质量优质，尤其是低密度封固段，水泥石强度满足射孔及采油要求[74]。

实践表明，塑性水泥具有优良的综合性能和抗外力冲击能力。施工方便，能提高深井复杂井的固井质量。

七、触变水泥浆体系

触变性水泥浆体系是在水泥中加入触变剂（无机或可交联的聚合物）形成的搅拌后水泥浆变稀、静止后变稠特性的水泥浆体系，适用于松散地层、漏失地层，一定条件下可以防止气窜。加入无机触变剂的触变水泥浆体系有膨润土体系、硫酸钙体系、硫酸铝 - 硫酸亚铁体系等。

触变性水泥浆体系具有剪切作用下胶凝结构被破坏以及静止后胶凝结构快速恢复的特性，它在注入顶替过程中是稀的流体，泵送停止后则迅速形成具有刚性、能自身支持的凝胶结构，从而可以有效解决漏失问题，是解决油气井固井漏失和流体窜流难题的有效手段。触变性水泥浆体系还适用于薄弱地层固井、补救挤水泥以及修补破裂或被腐蚀套管等方面，同时也是解决恶性井漏问题的一项重要技术手段，具有广阔的应用前景[75, 76]。

（一）触变性及其作用机理

触变性是流变学的重要研究内容之一，认识触变性本质和触变作用机理是研究触变水泥浆体系的基础。触变性是指体系受到剪切时稠度变小、停止剪切时稠度又增加，或受到剪切时稠度变大、停止剪切时稠度又变小的性质。从广义来讲，触变性包括正触变性（剪切变稀）、负触变性（剪切变稠）和复合触变性（先后呈现剪切变稀和剪切变稠）。考虑到固井现场施工水泥浆的可泵性，通常所说的触变水泥浆为具有正触变性的体系。

目前关于各种触变性的机理尚无统一的解释。对正触变性的研究较多，通常认为微粒之间依靠某种作用力形成网络结构，在外力作用下结构逐渐被破坏，宏观上表现为剪切变稀，外力去除后微粒之间重新形成网络结构，但形成过程需要一定的弛豫时间。负触变性机理则存在多种解释，包括聚集作用、结晶作用、网络结构、屏蔽效应以及层状胶团等多种理论，但这些理论存在一定的局限性，不能解释所有体系的触变性。从体系粒子存在的状态看，当以较强的聚集状态存在时，易呈现负触变性；以较弱的聚集状态存在时易呈现复合触变性；以空间连续网络结构状态存在时，易表现为正触变性。

具有正触变性的水泥浆体系形成触变结构的方式如下：

（1）材料微粒之间电荷的相互作用。微粒不同部位相反电荷相互作用，形成一定的结构，此结构受到外力作用后被破坏，外力停止后又重新形成，触变结构强度取决于电荷相互作用形成的吸引键的数量。

（2）分子间作用力。微粒在静止状态下通过分子间的作用力发生聚集，形成一定的胶凝结构，在外力作用下结构被破坏，表现出触变性能。

（3）氢键。多种触变材料由于含有某些特殊基团而形成氢键，从而产生立体网络结构，使体系具有一定的胶凝强度，受外力作用后氢键断裂，网络结构被破坏，从而使体系具有良好的流动性。

（4）疏水缔合。在水溶液中，疏水缔合物的疏水基团相互缔合，大分子链产生分子内或分子间的缔合作用，形成“动态物理交联网络结构”，在外力作用下，疏水聚合物缔合形成的“交联网络”被破坏，溶液黏度下降，外力去除后，大分子间的交联网络又重新形成，从而表现出触变特性。

（5）材料自身的结构。某些交联的聚合物与具有特殊层状、网状结构的物质或通过反应生成的此类物质，在水泥浆中形成立体网络结构，受到剪切力时网络结构被破坏，表现出剪切变稀，静止后网络结构可很快恢复。

在触变体系中，其触变结构可能由上述某种方式单独形成，也可能由几种方式共同作用而形成，但详细的作用机理还有待于进一步研究。

（二）触变水泥浆体系的类型

触变性水泥浆体系主要由水泥和触变剂组成，制备触变水泥浆的关键是触变剂的选

择及合理使用。国外使用的油井水泥触变剂性能较好，相关专利及应用较多，国内尚无完整的油井水泥触变剂体系的报道。目前研究的油井水泥触变剂可分为无机材料和有机材料两大类。

1. 无机类触变剂及触变水泥浆

触变水泥浆体系中常见的无机类触变剂有黏土矿物类、硫酸盐类、金属碳酸盐或混合金属氢氧化物等。

（1）黏土矿物类触变水泥浆。

黏土矿物类水泥浆含有吸水膨胀黏土（如膨润土），水化吸水膨胀后可产生一定的胶凝强度，表现出一定的触变性，在某些环境下能够控制油气井气窜问题。黏土矿物类触变材料应用前通常要经过预水化，直接干混往往起不到作用。黏土矿物类触变水泥浆体系常存在触变性较弱的问题，不能很好地满足固井防止漏失等需求，且预水化后可能会造成水泥浆混拌困难，影响现场施工。

为改善此类触变水泥浆的性能，可对触变剂进行改性。膨润土独特的片层结构使其具有良好的膨胀性、吸附性和阳离子交换性，为客体物质进行层间复合或嵌入反应提供较有利的条件，通过改性可以得到钠化改性膨润土、活化膨润土、有机改性膨润土和纳米复合膨润土等不同类型的膨润土改性材料。国外学者利用一种合成的黏土类型的触变剂，开发了一种触变水泥浆体系。该合成的黏土类触变剂具有特殊层状结构，可快速提高水泥浆的胶凝强度，且与其他外加剂配伍性良好。该触变水泥浆体系在静止 60s 内胶凝强度可达到最大值，最大值高达 100~300Pa，且此水泥浆搅拌时较稀，稠度小于 30Bc，具有优良的触变性能；但是由于胶凝强度迅速发展到较大值，注水泥时存在较高的施工风险。

（2）硫酸盐类触变水泥浆。

常见硫酸盐类触变水泥浆主要包括硫酸钙水泥浆、硫酸铝与硫酸亚铁水泥浆。硫酸钙与硫酸铝均能反应生成钙铝矾，促进水泥颗粒之间的自然结合，从而形成网状或凝胶结构；当受到剪切作用时，形成的结构易被破坏，从而表现出良好的流动性。配制触变水泥浆使用较多的硫酸盐是硫酸钙半水化合物，含有硫酸钙半水化合物的水泥浆具有一定的触变性以及很好的抗硫酸盐性，但与大多数降失水剂配伍性差，水泥浆失水量很难得到有效控制。硫酸铝具有很强的促凝作用，如果将其单独加入水泥浆中，会形成一种很强的、不能转变的胶凝结构，且在某些水泥浆体系中其触变性易受温度影响；硫酸亚铁是一种较弱的缓凝剂，它可抑制硫酸铝并在整个泵送期间保持水泥浆的触变性。硫酸铝与硫酸亚铁对非波特兰水泥也是有效的，还可用于湿混便于海上施工。硫酸铝与硫酸亚铁水泥浆的触变性相对较弱，不能很好地满足防窜、防漏等方面的需求。

（3）碱金属碳酸盐类触变水泥浆。

该体系是由水泥、适量的水（淡水或盐水）和可水溶的触变剂等组成的一种触变水泥浆，其中触变剂的主要成分为碱金属碳酸盐，它会和水泥水化产生的 Ca^{2+} 发生反应，生成细小的胶体颗粒，从而使水泥浆获得触变性，当水化释放出足够的 Ca^{2+} 参与反应后，水泥浆体系才表现出触变性能，因此该体系被称作延迟触变性水泥浆。

碱金属碳酸盐触变剂主要包括碳酸钠、碳酸钾、碳酸锂等，其中碳酸钠的应用效果较好。触变剂加量（以水泥质量计）通常为0.5%~4.0%，它可溶于水，不用与其他干灰预混，比较适合海上固井作业。该水泥浆体系在混拌一定时间后才表现出较好的触变性，有利于保持前期注水泥良好的可泵性，但延迟触变时间可控性不强，不能很好地避免不同井深注水泥作业时由触变性带来的施工安全问题。此外，该水泥浆体系胶凝强度发展的快慢和大小还需进一步完善。

（4）混合金属氢氧化物类触变水泥浆。

该体系是一种以混合金属氢氧化物为触变剂的触变水泥，此触变剂能使水泥组合物与水混合后变稠并显示触变特性，且在较短时间内即具有一定的胶凝强度。当施加剪切力时，试样变稀，撤除剪切力后试样的黏度在1s内即可恢复至原来的较高值，触变性能良好，且体系不发生析水和沉降。该混合金属氢氧化物属单层物质，一个单元只有一层氢氧化物，每个单元同时含有二价和三价金属离子，其中二价金属离子可选自 Mg^{2+}、Ca^{2+}、Cu^{2+}、Zn^{2+} 和 Mn^{2+} 等，三价金属离子可选自 Al^{3+}、Fe^{3+} 和 Cr^{3+} 等。此触变剂可用于油井、建筑等方面，使体系表现出良好的触变性能。

2. 有机类触变剂及触变水泥浆

通过加入有机类触变剂而形成的触变水泥浆体系具有较强的触变性，国外对此类触变剂的研究较多，主要包括交联聚合物类和合成聚合物类。

（1）交联聚合物类触变水泥浆。

交联聚合物类触变水泥浆主要指在体系中加入具有交联网络结构的聚合物或通过在体系中发生交联反应生成具有立体网络结构的聚合物触变剂而制备的水泥浆。体系中的交联立体网络结构在剪切力作用时受到破坏，剪切力去除后网络结构逐渐恢复，从而表现出一定的触变特性。

目前交联聚合物类触变剂中常用的交联剂包括锆、钇、铁等高价过渡金属离子和间戊二酮、乳酸、三乙醇胺等钛螯合物。其中，锆、钇、铁等高价过渡金属离子可与羧甲基纤维素、羟乙基纤维素或羧甲基羟乙基纤维素等水溶性纤维素醚在水泥浆体系中反应生成交联聚合物类触变剂，使水泥浆具有触变特性。此类触变性水泥浆体系已在油气井挤水泥作业中得到成功应用，但该体系触变性有限，尤其在高温和低密度水泥浆中不易获得触变性，且其胶凝强度不易控制。用钛螯合物作为交联剂，可与水溶性纤维素衍生物或聚乙烯醇发生交联，从而得到性能较好的触变剂，可使水泥浆在短时间内获得高胶凝强度和高触变性，且此类物质对稠化时间影响小，易在低密度水泥浆中获得触变性，以其为主剂制备的触变性水泥浆可用于防漏失、防气窜等方面；但是此类触变水泥浆体系对温度较敏感，且易引起施工安全问题。

（2）合成聚合物类触变水泥浆。

LXT 胶乳膨胀触变水泥浆属于典型的合成聚合物类触变水泥浆，该水泥浆触变能力强，且凝结过程中体积膨胀，有助于充满环空和控制井漏，能改善层间封隔效果。该水泥浆体系在美国得克萨斯 Permian 盆地的油井固井作业中取得了成功应用，解决了此区块极易发生气窜和层间串通的难题。多口井的测井结果显示，该水泥浆体系不仅改善了水泥环的胶结质量，而且减少了射孔作业中的气窜问题。

国内学者将丙烯酰胺单体作为主触变剂、有机交联剂与引发剂作为触变副剂引入水泥浆中，在一定条件下进行自由基聚合反应生成聚合物，并在交联剂作用下迅速高效地发生交联，使聚合物从线型结构转变成立体网状结构，从而表现出触变性。该水泥浆体系触变性较强，静止后其胶凝强度迅速增加，且流动性较好，失水、强度等性能均能满足固井质量要求。

此外，合成疏水缔合物和自组装的表面活性剂体系也可作为触变剂应用于水泥浆中，此类触变体系的触变性能有待进一步的研究。在水溶液中，疏水缔合物疏水基团的相互缔合会形成不稳定的可逆空间网络结构，其溶液流变行为强烈地依赖于剪切时间和剪切应力，使溶液呈现触变性，在水基涂料流变控制剂方面已有相关应用研究。表面活性剂分子结构具有两亲性，其一端为亲水基团，另一端为疏水基团，这样的双重性质使得表面活性剂具有特殊的溶液和界面特性。

表面活性剂在水溶液中会发生自组装现象，即分子与分子在适当条件下，依赖非共价键分子间作用力自发连接成具有一定结构的分子聚集体。表面活性剂与疏水缔合物复合使用时性能更佳。此类材料具有很多优良的特性，已在多个行业得到应用，有望将其作为油井水泥触变剂。

（三）触变水泥浆体系存在的问题

目前触变水泥浆体系已有应用，并见到了一定的效果，但对触变水泥浆体系的研究还不够成熟，结合实践，触变性水泥浆存在以下问题：

（1）触变水泥浆触变性的影响因素及其内在作用机理还不够明确。

（2）水泥浆的触变性不够强。触变水泥浆要起到堵漏、防气窜的作用，应该有较强的触变性，剪切力停止后水泥浆的胶凝强度应该在较短的时间内增至较大值，施加剪切力后又可以快速恢复到流动状态。但目前多数触变水泥浆在剪切力停止后形成的胶凝强度较弱，且达到最大胶凝强度所需时间较长，固井时不能有效发挥作用。

（3）水泥浆触变效应对温度较敏感。很多触变水泥浆体系的触变性会随着温度发生明显变化，虽然在较低温度下具有较好的触变性，但随着温度升高触变性会变得很差甚至丧失，在高温井中注水泥顶替到位后不能起到防漏、防气窜等作用。

（4）触变剂常会影响水泥浆的失水、强度等性能。

（5）存在施工风险。采用触变水泥浆固井时，如遇施工过程停泵，水泥浆胶凝强度增加较快，再次开泵顶替时可能会导致憋泵等施工安全问题。

（6）缺乏针对现场应用的有效评价水泥浆触变性的方法。

（四）触变性水泥浆体系的应用

目前，触变性水泥浆主要用于以下条件的固井作业中：漏层的注水泥作业和处理钻井过程中的井漏；在一定条件下可以防止气窜的发生；在渗透地层进行补救挤水泥时，可以采用触变性水泥浆作为先导浆，以达到增加挤注压力和提高挤水泥成功率的目的；薄弱地层的固井作业；修补破裂或被腐蚀的套管。下面是一些典型的应用。

1. 采用触变性水泥浆进行堵漏作业

1994~1995 年，长庆油田使用微硅低密度触变性水泥浆解决了陇东地区固井中洛河层漏失的问题。181 口井的固井应用表明，触变性水泥浆使地层承压能力提高了 0.07~0.18g/cm^3；水泥浆返高的合格井为 179 口；洛河层的声幅测井总合格率由 44.0% 提高至 76.2%。2001 年，胜利油田某 3 口井分别在 876.6~885.9m、1100.0~1240.0m、1142.0~1152.0m 处发生了严重套管漏失，采用触变性水泥进行套管堵漏后，对 3 口井试压 15MPa，稳定 10min 不降，达到生产要求，完全恢复产能。

针对重庆涪陵焦石坝区块页岩气开发过程中，从钻表层至完钻频繁发生溶洞、裂缝性恶性漏失且堵漏成功率低的难题。通过对堵漏胶凝材料、触变剂、纤维增韧剂、膨胀剂、微胶囊及表面调节剂等材料的研究，研制出一种可控胶凝堵漏剂。应用表明，可控胶凝堵漏剂对渗透性、大孔道、裂缝性和溶洞性漏失地层具有很好的堵漏效果。该堵剂适应温度为 30~80℃，凝结时间可调，固化体强度常压 4h 可达到 5.0MPa，8h 强度达到 10MPa 以上，承压强度大于 14MPa，并具有抗水侵能力和强驻留能力。现场应用的 45 口井，堵漏成功率达到 80% 以上[77]。

2. 利用触变性水泥浆改善挤水泥作业

挤水泥作业中常遇到的问题是设法封固一些低压产层的射孔孔眼。Purdy 油田的产油层主要集中在 Hart 和 Springer 两个砂岩层。过去采用双油管完井，两层间用封隔器隔开。针对 Hart 层产能逐渐降低，故决定挤入触变性水泥浆封堵其射孔孔眼而集中开采 Springer 层。5 口井的作业结果表明，利用触变性水泥浆进行挤水泥作业切实可行，减少了用其他水泥进行同样施工所带来的注水泥塞的麻烦，节约了时间和施工费用。

3. 应用触变性水泥浆防止气窜

Arco 公司应用触变性水泥浆在得克萨斯 Permian 盆地的油井防窜中取得了极大的成功。该地区过去用低失水水泥浆固井，曾多次发生气窜和层间串通，此外由于胶结不良导致酸化作业时挤入的酸液进入射开的下部井段后，沿水泥环内部的沟槽窜入环空，大大限制了油井产量。为解决上述问题，采用了具有“短过渡时间”和“强触变能力”的 LXT 水泥浆，在连续 8 口井的施工中获得成功。水泥胶结测井曲线表明，该水泥浆改善了气层上、下水泥环的胶结状态，且减少了射孔作业中的气窜问题，提高了酸化增产措施的成效及油井产量。

由此可知，触变水泥对于解决油气井固井作业中普遍存在的水泥浆上返和环空气窜等问题有较好的应用前景。

八、高温水泥浆体系

高温水泥浆体系是通过外加活性 SiO_2（质量为水泥的 35%），阻止常规水泥浆高温（110℃以上）体积收缩、抗压强度下降、渗透率提高的一类水泥浆体系。

随着钻井技术的发展和油田勘探开发的不断深入，井深不断增深，将面临产层埋藏深、显示层位多、裸眼段长、井底温度压力高等难点，对钻井工程及固井作业均提出了更高的要求，因此，高温水泥浆体系的需求将会越来越多。

从水泥浆的角度来讲，高温深井固井施工的难点主要体现在：①高温条件下水泥浆失水量大、稠化时间难调节；②普通水泥浆不能满足高温高压的需要，其性能达不到设计要求；③高温高压条件下固井工具安全可靠性降低。因此，高温深井固井对水泥浆及固井工具都提出了更高的要求，水泥浆体系除满足一般固井的要求外，还应着重考虑高温对水泥浆性能的影响和窄环空、长封固段、水泥石顶部强度发展等因素，以保证高温下固井施工顺利和固井质量。国外的一些钻井技术服务公司，如斯伦贝谢、哈里伯顿等都有抗温能力超过 200℃的水泥浆体系，而国内还不成熟，重点高温深井固井大都采用国外的抗高温水泥浆体系，目前国内正在通过研制抗高温降失水剂和与之配伍性好的其他抗高温水泥浆外加剂，逐步完善抗高温水泥浆体系的研究与应用[78]。

（一）抗高温水泥浆外加剂

抗高温水泥浆体系要求水泥浆在高温下具有稠化时间易调、失水量低、稳定性好、强度高等性能，并且降水剂、缓凝剂等外加剂的配伍性好，因此，抗高温水泥浆体系的设计关键是水泥外加剂的选择及水泥浆性能调整。现有抗高温水泥浆体系存在的主要问题是降失水剂抗温能力差、水泥浆体系稳定性差等，要达到抗高温水泥浆体系设计的性能指标，需选用抗温能力强的降失水剂、缓凝剂等外加剂。

1. 降失水剂

典型的抗温降滤失剂主要是 AMPS 与乙烯基乙酰胺、丙烯酰胺、烷基丙烯酰胺、乙烯基吡咯烷酮等单体的共聚物。国内开发的降失水剂 DRF-120L 是以 AMPS 为主单体的聚合物。AMPS 上的磺酸基具有良好的热稳定性和耐盐性能，同时具有很强的水化能力，这会使以其为原料的共聚物具有良好的抗高温、抗盐能力。

DRF-120L 分子主链上引入了双羧基基团，提高了降失水剂分子在高温下对水泥粒子的吸附能力，从而提高了降失水剂在高温条件下对水泥浆失水的控制能力。同时，DRF-120L 分子主链引入了不易水解的链刚性基团单体，使降失水剂分子在高温条件下的热运动变慢，同时也提高了 DRF-120L 的抗温能力。DRF-120L 分子主链上的官能团在高温下协同作用，能够使水泥浆失水量降低、稳定性增强。

2. 缓凝剂

国内学者针对不同温度段开发了 4 种与 AMPS 聚合物降失水剂 DRF-120L 配伍性好

的缓凝剂，分别为缓凝剂 DRH-100L、DRH-200L、DRH-100S 和 DRH-200S。

缓凝剂 DRH-100L 的主要成分为有机磷酸盐，具有加量低，线性关系好，不破坏水泥石强度等优点，与降失水剂复配可用于淡水及盐水水泥浆中，最高使用温度为 130℃。缓凝剂 DRH-200L 为合成聚合物类缓凝剂，与降失水剂 DRF-120L 复配可用于淡水及盐水水泥浆中，水泥浆稠化时间易调，最高使用温度为 200℃。

缓凝剂 DRH-100S 与 DRH-200S 为高温缓凝剂，两者复配合后的使用温度范围为 120～190℃。

降失水剂 DRF-120L 与 4 种缓凝剂及高温稳定剂 DRY-S2 配合使用，可以保证水泥浆在高温条件下具有失水量低、稳定性好、强度高、稠化时间易调等特点，使水泥浆的性能达到高温深井固井要求。

（二）抗高温水泥浆体系及性能

1. 失水性能

调整水泥浆中降失水剂 DRF-120L 的加量，测定水泥浆在不同温度下的失水量，水泥浆配方为：山东胜潍 G 级油井水泥 +30% 硅粉 +5% 微硅 + 降失水剂 DRF-120L+ 缓凝剂 DRH-200L+ 水，水泥浆密度为 1.88kg/L。实验表明，水泥浆的失水量随温度的升高逐渐增大；此时增加 DRF-120L 的量可以降低水泥浆在高温下的失水量，当 DRF-120 加量为 6% 时，在 180℃条件下，水泥浆的 API 失水量可以控制在 100mL 以内，说明 DRF-120L 具有良好的抗高温性能，能够满足配制高温水泥浆体系的需要。

2. 抗盐性能

盐水水泥浆主要用于封固盐层、盐膏层和高压盐水层等，防止盐侵入水泥浆中，改变水泥环与地层的胶结状态。测试半饱和盐水水泥浆和饱和盐水水泥浆在不同温度下的失水量，水泥浆配方为：山东胜潍 G 级油井水泥 +30% 硅粉 +5% 微硅 + 降失水剂 DRF-120L+ 缓凝剂 DRH-200L+ 盐水，半饱和盐水水泥浆中降失水剂 DRF-120L 的加量为 4%，饱和盐水水泥浆中的加量为 6%。

实验表明，随着温度的升高，盐水水泥浆的失水量逐渐增大，但半饱和盐水水泥浆和饱和盐水水泥浆的 API 失水量都在 100mL 以内，说明 DRF-120L 具有良好的抗盐性能。

3. 高温稳定性能

实验表明，抗高温水泥浆具有良好的高温稳定性，当循环温度超过 120℃时，为了进一步保证水泥浆的抗温能力，可在水泥浆中加入高温悬浮稳定剂来提高水泥浆的稳定性。

4. 加重剂和减轻剂对水泥浆性能的影响

采用高密度水泥浆体系的目的在于保证固井过程中环空固井流体的液柱压力与地层压力相同或略大于地层压力，以及水泥浆与钻井液之间有一定密度差，能够提高固井时的顶替效率。实验表明，采用铁矿粉作为加重剂，加重后的抗高温水泥浆的 API 失水量低于 100mL，流动性能好，水泥石抗压强度可高达 20MPa 以上，能够满足固井施工的各项要求。

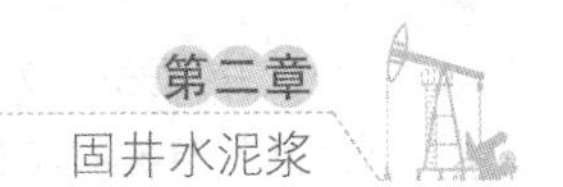

长裸眼低压漏失层及低压油气层固井时为防止固井过程中发生漏失需要采用低密度水泥浆固井。采用玻璃微珠作为减轻材料，设计低密度抗高温水泥浆。实验表明，抗高温水泥浆加入减轻剂后流动性能好，API 失水量低于 100mL，水泥石抗压强度高，稠化时间可以满足固井施工要求。

5. 综合性能评价

在不同温度下，对以 DRF-120L 为主剂的抗温水泥浆综合性能进行了评价，如表 2-18 所示，以 DRF-120L 为主剂的抗温水泥浆的流动性好，API 失水量小于 100mL，稠化时间可调，过渡时间短，基本上呈“直角”稠化，24h 抗压强度均高于 22MPa，能够满足固井施工要求。

表 2-18　抗高温水泥浆的性能

水泥浆配方	密度 /（g/cm^3）	温度 /℃	流动度 /cm	失水量 /mL	稠化时间 /min	过渡时间 /min	24h 抗压强度 /MPa
1	1.88	120	22	65	185	13	
2	1.88	120	22		252	12	
3	1.88	120		76	305	14	22.1
4	1.88	150	21	82	272	10	24.3
5	1.88	180	22	83	304	9	25.8
6	1.88	200	21	72	355	10	31.0

注：配方 1 为：山东胜潍 G 级油井水泥 +35.0% 石英砂 +5.0% 微硅 +0.2% 分散剂 DRS-1S+3.0% 降失水剂 DRF-120L+1.5% 缓凝剂 DRH-200L+ 水；配方 2 为：山东胜潍 G 级油井水泥 +35.0% 石英砂 +5.0% 微硅 +0.2% 分散剂 DRS-1S+3.0% 降失水剂 DRF-120L+2.0% 缓凝剂 DRH-200L+ 水；配方 3 为：山东胜潍 G 级油井水泥 +35.0% 石英砂 +5.0% 微硅 +0.2% 分散剂 DRS-1S+3.0% 降失水剂 DRF-120L+2.2% 缓凝剂 DRH-200L+ 水；配方 4 为：山东胜潍 G 级油井水泥 +35.0% 石英砂 +5.0% 微硅 +0.2% 分散剂 DRS-1S+5.0% 降失水剂 DRH-120L+2.5% 缓凝剂 DRH-200L+ 水；配方 5 为：山东胜潍 G 级油井水泥 +35.0% 石英砂 +5.0% 微硅 +0.2% 分散剂 DRS-1S+6.0% 降失水剂 DRF-120L+4.0% 缓凝剂 DRH-200L+ 水；配方 6 为：G 级水泥 +35.0% 石英砂 +5.0% 微硅 +0.2% 分散剂 +7.0% 降失水剂 DRF-120L+6.0% 缓凝剂 DRH-200L+ 水。

（三）现场应用

辽河油田古潜山、塔里木油田塔北深井、华北油田牛东地区固井均面临高温问题，为保证固井质量，这 3 个油田在 7 口高温深井固井作业试验中应用了以 DRF-120L 为主剂的抗高温水泥浆体系，其中辽河油田 3 口，分别为沈 308 井、陈古 1-3 井及马古 -H209 井；塔里木油田两口，分别为英买 2-16 井及哈 10-1X 井；华北油田两口，分别为牛东 101 井及牛东 102 井。这 7 口井的固井质量全部达到合格以上，同时，与国外抗高温水泥浆相比，成本也大幅度降低。

近年来，针对土库曼斯坦南约洛坦气田膏盐层固井对高温抗盐水泥浆性能的要求，采用有机膦酸钠盐和有机酸组成高温缓凝剂 GHN 和丙烯酸钠、丙烯酰胺、N- 乙烯吡咯烷酮与 2- 丙烯酰胺基 -2- 甲基丙基磺酸钠的共聚物高温抗盐降失水剂 GFL-GHN 作为主外加剂，与硅粉、稳定剂及微膨胀剂等形成抗温欠饱和盐水水泥浆，高温下水泥浆性能优越，应用温度范围为100~180℃，失水量在100mL以内。在土库曼7口井中的应用表明，现场施工顺利，固井质量合格率为100%，解决了该气田高温盐膏层固井技术难题及高压、多气层固井过程中井漏与气侵并存的问题[79]。

针对中国大陆科学钻探松科2井超高温固井难点，用四元共聚型抗高温降失水剂和三元共聚复合膦酸盐类缓凝剂，以提高水泥浆的耐温稳定性；同时，根据颗粒级配及紧密堆积原理，对硅砂的粒径和加量进行优化，使硅钙比接近1，防止超高温下水泥石后期强度的衰退；另外，优选了由颗粒和纤维共同组成的弹韧性材料，提高水泥石的弹韧性。通过合理配比设计的抗260℃超高温的水泥浆体系，浆体稳定性好，水泥浆上、下密度差不大于0.03g/cm^3，稠化时间为200~420min，失水量小于100mL，48h抗压强度大于20MPa，后期强度不衰退，7d抗压强度大于38MPa。在优化尾管悬挂固井工艺、严格控制水泥浆密度、确保不压漏地层、采用耐高温高效冲洗隔离液，提高顶替效率的情况下，该体系在井底静止温度为260℃，循环温度为210℃的松科2井四开尾管固井中应用，现场施工顺利，保证了固井质量[80]。抗温水泥浆还可以用于稠油热采井的固井[81]。

九、其他体系

除上述介绍的水泥浆体系外，还有如下一些水泥浆体系[63]。

（一）长封固段大温差固井水泥浆体系

国外斯伦贝谢公司开发了AccuSET*缓凝剂，形成了大温差水泥浆体系，其对温度变化的敏感性低，降低了井底循环温度不确定性带来的风险，适用于淡水或半饱和盐水，温度适用范围为49~121℃，可满足水泥底部与顶部温差50℃以上时的固井，低温下水泥顶面强度发展快。该缓凝剂配制的水泥浆在中东2口井的Φ177.8mm生产套管固井中进行了应用。这两口井测深分别为3007m和3225m，水泥封固段长为1000m和1300m，井底静止温度分别为122℃和130℃，温差分别为32℃和46℃。通过采用该大温差水泥浆体系固井，两口井固井质量优质，且水泥浆顶面胶结显示良好。

国内近年来开始加强大温差缓凝剂及水泥浆体系的研究工作，如通过分子结构优化设计，开发出了适用于中温大温差及高温大温差的缓凝剂DRH-200L等，解决了缓凝剂适应温差范围窄、高温条件下浆体稳定性差等难题；并通过紧密堆积理论优化设计，形成了3套适用于不同循环温度段（30~120℃、70~180℃、90~190℃）的大温差水泥浆体系。研发的大温差水泥浆体系适用中温温差超过100℃，高温温差超过80℃，体系适用温度范围宽，适用温差范围广，水泥浆柱顶部强度发展快，有利于保证深井长封固段大温差固井质量，目前已成功应用50多口井，应用效果良好。适用于高温大温差的缓凝剂BCR-260L，适用循环温度为70~180℃，并形成了高温大温差水泥浆体系，在50℃、高温大温差条件下水泥顶面48h抗压强度大于3.5MPa，现场应用效果良好。新型宽温带

缓凝剂 SD210L，适用温度范围为 90~160℃，抗盐可达半饱和盐水，适用高温温差超过 50℃，现场应用效果良好。

长封固段大温差固井水泥浆体系对于简化井身结构、降低固井成本、解决大温差条件下水泥浆超缓凝难题、保证水泥环密封完整性等均具有重要意义。近年来中国石油推广应用大温差水泥浆体系超过 1000 口井，最长一次水泥封固段长超过 7000m，最大温差超过 100℃。

（二）防 CO_2 腐蚀水泥浆体系

井下酸性气体在潮湿环境下会对水泥环产生腐蚀，使水泥石抗压强度降低，渗透率增加，从而缩短天然气井的生产寿命。针对高含 CO_2 气田的固井问题，国内外围绕抗 CO_2 腐蚀水泥浆体系开展了一系列研究与应用。例如，斯伦贝谢公司开发的 EverCRETE* 抗 CO_2 腐蚀水泥浆，采用优化的颗粒级配技术降低水泥石孔隙率及渗透率，减少常规波特兰水泥用量，并且不含氢氧化钙，与常规水泥浆相比，在 CO_2 环境下，能够提供更长久的层间封隔，适用温度为 40~110℃，密度为 1.50~1.92g/cm^3，与常规水泥兼容性好。BJ 公司开发的 PermaSetTM 抗酸防气窜水泥浆体系，适用于 CO_2 环境，同时对 H_2S 等其他腐蚀性气体具有很好的防腐蚀性能，在腐蚀环境下水泥石渗透率低，提高了水泥石的抗压强度及抗拉强度，适用温度为 4~232℃，密度为 1.65~2.16g/cm^3。天津中油渤星开发的 BCE-750S 抗 CO_2 腐蚀水泥浆体系，是以抗腐蚀材料 BCE-750S 为主的硅酸盐水泥体系，在 150℃、压力为 5MPa 条件下，60d 的腐蚀深度可以控制在 1mm 以内；因此，该体系完全可用于含 CO_2 井的固井施工。吉林油田开发的 F11F 抗 CO_2 腐蚀水泥浆体系，具有微膨胀、低失水、低渗透、短过渡、高强度等特点，在温度为 150℃、压力为 4MPa 条件下，F11F 抗 CO_2 腐蚀水泥浆体系 28d 水泥石抗压强度为 27.6MPa，渗透率为 $0.83\times10^{-3}\mu m^2$，90d 抗压强度为 50.2MPa，渗透率为 $0.12\times10^{-3}\mu m^2$，其综合性能满足富含 CO_2 气井固井防窜技术要求。中国石化石油工程技术研究院研制了抗酸性气体腐蚀外加剂 DC206，形成的胶乳防气窜防腐水泥浆体系，在伊朗雅达油田 50 多口井固井中取得了良好的效果。

（三）自修复（自愈合）水泥浆体系

为解决气井固井后的窜气或环空带压问题，近年来国内外均开展了自修复（自愈合）水泥浆体系研究。例如，斯伦贝谢公司针对固井结束及水泥硬化后出现微裂缝及微环隙而导致发生油气窜的问题，开发了 FUTUR 自愈合水泥，其温度适用范围为 20~138℃，密度为 1.44~1.92g/cm^3，能够与油类及浓度低于 95% 的甲烷反应，修复微裂缝及微环隙，达到阻止油气上窜的目的。哈里伯顿公司开发的 LifeCemTM 水泥浆体系中含有烃类激活成分，能够与地层中的碳氢化合物流体进行反应，自身具有 1%~2% 的自膨胀能力，能够修复 100~250μm 的微裂缝及微环隙。哈里伯顿公司开发的 LifeSeal 自密封水泥浆体系，当水泥环胶结失效时，在没有地面干预的情况下，水泥环能自动封闭窜流通道，水泥环的这种自动密封特性，是通过在水泥浆中加入特种外加剂来实现的，当存在烃类窜流时，水泥环能进行膨胀，修复窜流通道。针对油类物质可自行修复微裂缝的修复剂，形成了自愈合水泥浆体系。修复剂在正己烷及二甲苯等油类溶剂中有明显的膨胀现象，在原油中可以明显修复微裂缝，掺有5%修复剂的水泥石中裂缝在12min内封闭，阻止原油继续渗流，且修复剂对水泥浆失水量具有一定的控制作用；随着修复剂加量增加，水泥石抗压强度逐渐降低，水泥石韧性得到提升，该体系适用温度为30~150℃。一种新型自愈合乳液水泥浆体系，其水泥石静态渗流修复评价2h内速度下降明显，27h后渗流量为0，裂缝愈合效果明显，且能够提高水泥浆的防窜性能，降低水泥石的弹性模量与渗透率，自愈合水泥石的渗透率为$0.01 \times 10^{-3}\mu m^2$，弹性模量小于6GPa。

（四）深水固井水泥浆体系

海洋深水固井难点主要表现为表层低温、安全密度窗口窄，地层易压漏，存在潜在的浅层水窜或气窜问题，对环空的短期及长期封固质量要求高。

低温深水固井水泥浆体系需满足密度低、过渡时间短、抗压强度发展快，泥线环境下固井低水化热等要求。海洋油气资源丰富，近年来国内外均加强了对深水固井水泥浆体系的研究工作。

斯伦贝谢公司DeepCRETE水泥浆的水化热低，对存在气层的固井是一个很好的选择。水泥一旦凝固，和常规水泥浆相比，水泥石渗透率低，能保护套管免受盐水的腐蚀。DeepCRETE水泥浆密度为$1.50g/cm^3$，温度为4℃时，水泥石24h抗压强度达到5.6MPa，满足开钻要求。该体系在西非、南非、墨西哥湾等深水固井中应用效果良好。

BJ公司开发的DeepSet System深水固井水泥浆体系，具有在深水固井环境中用于控制浅层水流/气流、低温下较快凝固、低失水、零自由水等特点。哈里伯顿公司的FlowStop™水泥浆为预防深水固井浅层水窜的泡沫水泥浆体系，该体系在深水低温下胶凝强度及水泥石抗压强度均可以快速发展。

中油渤星针对海洋深水固井开发出了低温低水化热固井材料BXLC-A，该材料水化热低，低温条件下早期强度高，绝热温升小，并依托该低水化热固井材料，设计出了密度为$1.25 \sim 1.70g/cm^3$的低温低水化热水泥浆配方；在4~25℃下，密度为$1.25 \sim 1.70g/cm^3$的水泥浆综合性能良好，体系稠化时间可调，失水控制良好，强度发展较快，水化热低，可以满足海洋深水固井需求。中海油服开发出了适用于深水固井的PC-LoCEM防漏防浅层流水泥浆体系及PC-LoLET低温防漏防窜水泥浆体系。PC-LoLET低密度低水化热水泥浆用于封固水合物层、传递静液柱压力。PC-LoCEM水泥浆体系是针对深水浅层水（气）流的特点以及结合深水低温、压力窗口窄的特点研发的。该体系主要由两种低温早强添加剂组成，在保证稠化时间的条件下，10℃低温情况下14h形成支撑套管强度为3.5MPa，24h达到6.9MPa，72h水泥石抗压强度达到19.6MPa，甚至在低温3℃时也表现出较好的早强效果。

参考文献

[1] 张德润，张旭．固井液设计及应用（上、下）[M]．北京：石油工业出版社，2002.
[2] 王中华．油田化学品 [M]．北京：中国石化出版社，2001.
[3] 严瑞暄．水溶性高分子 [M]．北京：化学工业出版社，1998.
[4] 王中华．油田化学品实用手册 [M]．北京：中国石化出版社，2004.
[5] 王中华．钻井液处理剂实用手册 [M]．北京：中国石化出版社，2016.
[6] 李旭．SDH 油井水泥缓凝剂的评价及应用 [D]．山东青岛：中国石油大学（华东），2007.
[7] 严思明，裴贵彬，张晓雷，等．磺化淀粉的合成及其缓凝性能的研究 [J]．钻井液与完井液，2011，28（5）：47–49，53.
[8] 沈伟，李邦和．油井水泥高温缓凝剂 CH20L 的实验研究 [J]．石油钻探技术，2000，28（1）：37–39.
[9] 齐志刚，王瑞和，步玉环，等．衣康酸 /2– 丙烯酰胺基 –2– 甲基丙磺酸二元共聚物油井水泥缓凝剂制备及性能 [J]．精细石油化工，2009，26（2）：44–47.
[10] 杨波勇，张金生，李丽华，等．MAM 共聚物作为油井水泥缓凝剂的评价 [J]．能源化工，2012，33（5）：19–23.
[11] 卢娅，李明，杨燕，等．油井水泥缓凝剂 AID 的合成与性能评价 [J]．石油钻探技术，2015，43（6）：40–45.
[12] 王红科，王野，靳剑霞，等．一种中高温四元共聚物缓凝剂的合成及性能 [J]．钻井液与完井液，2016，33（3）：89–92.
[13] 严思明，李省吾，高金，等．AA/SSS/APO 三元共聚物缓凝剂的合成及性能研究 [J]．钻井液与完井液，2015，32（1）：81–83.
[14] 严思明，杨圣月，张红丹，等．抗高温油井水泥缓凝剂 HL–1 的合成与性能 [J]．油田化学，2015，32（3）：317–321.
[15] 陆屹，郭小阳，黄志宇，等．聚乙烯醇作为油井水泥降失水剂的研究 [J]．天然气工业，2005，25（10）：61–63.
[16] 陈涓，彭朴，汪燮卿，等．化学交联聚乙烯醇的交联度和降失水性能的关系 [J]．钻井液与完井液，2002，19（5）：22–24.
[17] 刘景丽，郝惠军，李秀妹，等．油井水泥降失水剂接枝改性聚乙烯醇的研究 [J]．钻井液与完井液，2014，31（5）：78–80.
[18] 刘学鹏，张明昌，丁士东，等．接枝改性聚乙烯醇的合成及性能评价 [J]．石油钻探技术，2012，40（3）：58–61.
[19] 马喜平．MA 油井水泥降失水剂的合成研究 [J]．钻采工艺，1996，19（2）：76–80.
[20] 马喜平，王家宇．SPAM 水泥降失水剂的室内研究 [J]．钻采工艺，1999，22（3）：78–80.
[21] 张竞，姚晓．FF–1 型油井水泥降滤失剂的合成与性能评价 [J]．南京工业大学学报（自然科学

版），2006，28（3）：24–27.
［22］卢甲晗，袁永涛，李国旗，等.油井水泥抗高温抗盐降失水剂的室内研究［J］.钻井液与完井液，2005，22（5）：67–68，124.
［23］刘学鹏，张明昌，方春飞.耐高温油井水泥降失水剂的合成和性能［J］.钻井液与完井液，2015，32（6）：61–64.
［24］国安平，李晓岚，孙举，等.耐高温油井水泥降失水剂FAN的性能研究［J］.精细石油化工进展，2013，14（2）：5–7，16.
［25］王中华.油田用聚合物［M］.北京：中国石化出版社，2018.
［26］王中华.合成条件对磺化丙酮–甲醛缩聚物性能的影响［J］.油田化学，1992，9（1）：59–61.
［27］王绍先，彭志刚，印兴耀.新型油井水泥分散剂AS的研制及其应用［J］.济南大学学报（自然科学版），2008，22（4）：334–337.
［28］温虹，王伟山，郑柏存.AMPS/NNDMA共聚物和聚羧酸系分散剂在油井水泥中的性能研究［J］.混凝土与水泥制品，2016（4）：17–20.
［29］张浩，符军放，冯克满，等.新型油井水泥分散剂PC–F42L的研制与应用［J］.钻井液与完井液，2012，29（4）：55–58.
［30］张光华，屈倩倩，朱军峰，等.SAS/MAA/MPEGMAA聚羧酸盐分散剂的制备与性能［J］.化工学报，2014，65（8）：3290–3297.
［31］姜蔚蔚，张金生，李丽华，等.油井水泥聚醚酯消泡剂的研究［J］.应用化工，2013，42（6）：1118–1120.
［32］何英，徐依吉，熊生春，等.丁苯胶乳的研制及其水泥浆性能评价［J］.中国石油大学学报：自然科学版，2008，32（5）：121–125.
［33］邹建龙，徐鹏，赵宝辉，等.微交联AMPS共聚物油井水泥防气窜剂的室内研究［J］.钻井液与完井液，2014，31（3）：61–64.
［34］齐奉中，袁进平，刘爱平.高密度水泥浆固井技术研究与应用［C］// 全国流变学学术会议，2002.
［35］柳健，许树谦，张艳红，等.超高密度水泥浆固井技术［C］// 中国石油学会石油工程专业委员会钻井工作部2005年学术研讨会暨石油钻井院所长会议，2005.
［36］李光辉.超高密度水泥浆体系实验研究与应用［J］.科学技术与工程，2016，16（11）：147–151.
［37］周仕明，李根生，王其春.超高密度水泥浆研制［J］.石油勘探与开发，2013，40（1）：107–110.
［38］张庆军.低密度水泥浆体系设计及应用［D］.黑龙江大庆：大庆石油学院，2007.
［39］桑来玉，张红卫.漂珠低密度水泥浆性能的影响因素分析研究［J］.西部探矿工程，2008，20（9）：91–94.
［40］黄永洪.江苏油田漂珠低密度水泥浆体系的研究与应用［J］.西部探矿工程，2008，20（7）：103–105.
［41］文湘杰，袁建强，宋艳霞，等.漂珠低密度水泥浆在安棚碱井的应用［J］.钻井液与完井液，2003，20（2）：58–59.
［42］张宏军.中空玻璃微球超低密度水泥浆体系评价与应用［J］.石油钻采工艺，2011，33（6）：41–44.

[43] 刘德平，钟策，王群，等．微硅低密度水泥固井技术研究［J］．天然气工业，2001，21（6）：65-66.

[44] 于海平．漂珠 + 微硅低密度水泥浆配方的实验研究［D］．山东青岛：中国石油大学，2007.

[45] 崔军，张树坤，牟忠信．微硅 – 漂珠复合低密度高强度水泥浆体系的研究与应用［J］．石油钻探技术，2004，32（3）：47-49.

[46] 张克坚，周仕明，张学平．微硅 – 漂珠复合低密度水泥浆体系在松南地区的应用研究［J］．石油钻探技术，2004，32（2）：33-35.

[47] 庄成宏，王良才．粉煤灰低密度水泥浆在塔河油田简化井身结构井中的应用［J］．天然气勘探与开发，2011，34（3）：76-79.

[48] 田红．泡沫水泥浆固井技术在吐哈油田的研究与应用［J］．断块油气田，2002，9（1）：58-61.

[49] 应建成．新型泡沫水泥浆体系在胜利油田莱州湾区块的应用［J］．钻采工艺，2009，32（6）：113-115.

[50] 蔡涛，李玉海，孙玲，等．泡沫水泥浆在营 13 区块的应用［J］．石油钻采工艺，2004，26（2）：38-39.

[51] 温雪丽，马海忠，周兵，等．防气窜泡沫水泥浆的研究与应用［J］．钻井液与完井液，2003，20（4）：7-9.

[52] 吴达华，谭文礼，邹建龙，等．高密度抗盐水泥浆体系［C］// 固井技术研讨会 .2004.

[53] 邹建龙，朱海金，谭文礼，等．新型抗盐水泥浆体系的研究及应用［J］．天然气工业，2006，26（1）：56-59.

[54] 徐孝光．高密度抗盐水泥浆在秋南 1 井的应用［J］．钻井液与完井液，2008，25（3）：66-67.

[55] 张弛，刘硕琼，徐明，等．低温胶乳盐水水泥浆体系研究与应用［J］．钻井液与完井液，2013，30（2）：63-65，68.

[56] 李勇，陈大钧．高密度抗盐水泥浆体系研究［J］．精细石油化工进展，2008，9（1）：11-13.

[57] 李勇，徐代才，丁西坤，等．国内外防气窜技术现状及研究方向建议［J］．西部探矿工程，2013，25（7）：48-51.

[58] 彭雷．非渗透性聚合物胶乳水泥浆技术研究［D］．山东青岛：中国石油大学（华东），2009.

[59] 赵林，周大林，马超，等．低密度非渗透胶乳水泥浆防窜性能研究［J］．天然气勘探与开发，2009，32（2）：40-42，48.

[60] 周兴春，冯文革，邢鹏举，等 .F17A 膨胀水泥浆体系在苏里格气田的推广与应用［C］// 中国石油学会 2010 年固井技术研讨会 . 2010.

[61] 王野，杨振杰，赵秋羽，等．氮气膨胀水泥浆防窜固井技术的研究与应用［J］．钻井液与完井液，2007，24（2）：73-76.

[62] 杨海，冷军，郭泉，等．晶格膨胀剂水泥浆体系在胜利油田的研究与应用［J］．西部探矿工程，2010，22（5）：55-56.

[63] 于永金，靳建洲，齐奉忠．功能性固井工作液研究进展［J］．钻井液与完井液，2016，33（4）：1-7.

[64] 何树山，步玉环，王瑞和 . 纤维水泥浆体系防窜性能研究［J］. 中国石油大学学报（自然科学版），2006，30（5）：46–49.

[65] 付洪琼，卢成辉，史芳芳，等 . 一种新型弹塑性水泥浆体系研究［C］// 中国石油学会 2012 年固井技术研讨会 . 2012.

[66] 李鹤，黄志强，黄鹏 . 纤维材料对提高水泥石增韧性能研究进展［J］. 当代化工，2018，47(1)：163–166.

[67] 黄河福，步玉环，王瑞和 . 纤维对水泥石常规性能影响规律的实验研究［J］. 西部探矿工程，2007，19（4）：47–49.

[68] 罗云，樊德友，姜昌勇 . 纤维防漏增韧水泥浆应用研究［J］. 钻井液与完井液，2006，23（4）：4–6.

[69] 罗长斌，李治，胡富源，等 . 韧性水泥浆在长庆储气库固井中的研究与应用［J］. 西部探矿工程，2016，28（1）：72–76.

[70] 高云文，刘子帅，胡富源，等 . 合平 4 致密油水平井韧性水泥浆固井技术［J］. 钻井液与完井液，2014，31（4）：61–63.

[71] 谭春勤，刘伟，丁士东，等 .SFP 弹韧性水泥浆体系在页岩气井中的应用［J］. 石油钻探技术，2011，39（3）：53–56.

[72] 杨大足，刘永胜 . 鄂南致密砂岩储层弹塑性水泥浆体系研究与应用［J］. 天然气勘探与开发，2016，39（4）：68–71.

[73] 李壮，牛朝伟，高玮，等 . 热采侧钻井塑性水泥浆研究与应用［J］. 钻井液与完井液，2009，26（4）：40–42.

[74] 郑舟，华苏东，姚晓，等 . 高强塑性低密度水泥浆体系在叙利亚热采井中应用［J］. 西部探矿工程，2014，26（10）：22–24.

[75] 步玉环，尤军，姜林林 . 触变性水泥浆体系研究与应用进展［J］. 石油钻探技术，2009，37(4)：110–114.

[76] 卢海川，张伟，熊超，等 . 触变水泥浆体系研究综述［J］. 精细石油化工进展，2016，17（3）：21–26.

[77] 李韶利，李韶利，郭子文 . 可控胶凝堵漏剂的研究与应用［J］. 钻井液与完井液，2016，33(3)：7–14.

[78] 于永金，靳建洲，刘硕琼，等 . 抗高温水泥浆体系研究与应用［J］. 石油钻探技术，2012，40（5）：35–39.

[79] 温雪丽，魏周胜，李波，等 . 高温水泥浆体系研究与应用［J］. 钻井液与完井液，2011，28(5)：50–53.

[80] 李韶利，宋韶光 . 松科 2 井超高温水泥浆固井技术［J］. 钻井液与完井液，2018，35（2）：92–97.

[81] 李鹏晓，孙富全，曾建国 . 稠油热采井固井技术的研究进展［J］. 天津科技，2010，37（5）：11–13.

第三章　酸化液

酸化液是酸化作业中所用的作业流体。所谓酸化（作业）就是通过酸液溶解地层基质中的颗粒堵塞物，恢复或提高油气井产量的一种有效措施。酸化作业是碳酸盐岩和砂岩油气藏增产措施之一。早在 1895 年，Standard oil 公司就在 Ohio 油田首次采用酸处理技术，并取得了较大的成功。J R Wilson 等于 1933 年对氢氟酸（HF）处理砂岩地层提出专利申请。1933 年 Halliburton 公司首次将氢氟酸和盐酸组成的混合液土酸试注入井中，但受当时技术条件的限制此举并未取得成功。直到 20 世纪 50 年代中期，经过人们的反复实践，土酸在工业上才终于得以成功应用。土酸的成功应用极大地推动了酸化技术的发展。经历了 120 多年的发展历程，到目前，酸化处理技术已成为油气井增产、注水井增注的主要措施之一。当前国内外酸化作业的技术进步，主要反映在施工设计、施工技术和酸化工作液质量 3 个方面。酸化工作液的质量大致分为酸化反应、残酸返排和设备防腐等方面，原则上它们都可以通过使用各种化学添加剂得以改善[1]。

本章所述的酸化主要是指常规酸化，其目的是清除井筒孔眼中酸溶性颗粒和钻屑及结垢，并疏通射孔孔眼，恢复或提高井筒附近较大范围内油层的渗透性，从而达到增产、增注的目的。通过优化酸液体系的缓速性能，增长酸化渗透距离、实现深部酸化，进一步降低对地层的伤害，达到增产的目的，是目前酸化的重点研究的方向，同时低毒、易生物降解、环保型酸液也是酸液研究人员关注的重点。

本章重点介绍基本的酸化剂、酸化液添加剂和酸化液体系的组成、性能和应用[2]。

第一节　酸化剂及酸化液添加剂

酸化剂也称酸化用酸，它是组成酸化液的最基本材料。酸化液添加剂是为了保证酸化液性能，提高酸化质量而加到酸液中除酸化剂之外的化学剂，例如缓蚀剂、缓速剂、防乳化剂、互溶剂、铁离子稳定剂、黏土稳定剂、助排剂等。

一、酸化剂

酸化剂是油田酸化液中最基本的材料，包括无机酸、有机酸、复合酸和自生酸等。

（一）无机酸化剂

无机酸化剂主要包括盐酸、氢氟酸和磷酸。

盐酸，是氯化氢的水溶液；分子式 HCl，相对分子质量 36.46。纯盐酸为无色有刺激性臭的液体，工业盐酸因含有铁、氯等杂质，略带黄色。工业盐酸一般是质量分数为 31% 的氯化氢水溶液；密度 1.187g/cm^3，熔点 –114.8℃，沸点 –84.9℃。盐酸对皮肤或纤维有灼伤腐蚀性，主要用作油气井酸化处理的酸化剂、以脂肪酸皂为主剂的乳状压裂液破乳剂和结垢管线的清洗液中的主要酸性成分。投加 0.1%～1.0% 的盐酸可使脂肪酸的钠、钾、钙、镁和铝皂产生的乳状液破乳。

氢氟酸，是氟化氢的水溶液，清澈、无色、发烟的腐蚀性液体，有剧烈刺激性气味；分子式 HF，相对分子质量 20.01；熔点 –83.3℃，沸点 19.54℃，闪点 112.2℃，密度 1.15g/cm^3；易溶于水、乙醇，微溶于乙醚。氟化氢质量分数为≤60% 的水溶液，极易挥发，置空气中即发烟；与金属盐类、氧化物和氢氧化物作用生成氟化物；腐蚀性极强，有剧毒，触及皮肤则溃烂。氢氟酸在石油天然气行业主要用作油气井酸化处理的酸化剂。

磷酸，分子式 H_3PO_4，相对分子质量 97.99。85% 的磷酸是无色透明糖浆状稠厚液体，无臭、味酸，密度 1.70g/cm^3。纯品磷酸为无色斜方晶体；密度 1.834g/cm^3（18℃），熔点 42.35℃，沸点 213℃；易潮解，溶于水和乙醇；具有无机酸的通性，酸性次于硫酸、盐酸和硝酸，强于醋酸、硼酸；能刺激皮肤引起皮炎，能破坏肌体组织；主要用作油、气井酸化处理的酸化剂。

（二）有机酸化剂

有机酸化剂主要有有机羧酸和有机磺酸。

1. 有机羧酸

有机羧酸包括甲酸、乙酸、氯乙酸、丁二酸、戊二酸、乙二胺四乙酸等。

甲酸，分子式 HCOOH，相对分子质量 46.02，为无色有刺激臭味发烟易燃液体；密度 1.2201g/cm^3，熔点 8.6℃，沸点 100.8℃，闪点 68.9℃（开杯），自燃温度 601.1℃；酸性强有腐蚀性；在常温下能与水、乙醇、乙醚和丙三醇等混溶，也易溶于丙酮、苯和甲苯中，有还原性；作为有机酸化剂，主要用作油、气井酸化处理。

乙酸，分子式 CH_3COOH，相对分子质量 60.05，为无色澄清液体，有刺激气味；密度 1.0492g/cm^3，熔点 16.63℃，沸点 118℃；具有腐蚀性、可燃性；极易溶于水，与水可以任意比例混溶，水溶液呈酸性反应；溶于乙醇、丙三醇和乙醚；用作水基压裂液的 pH

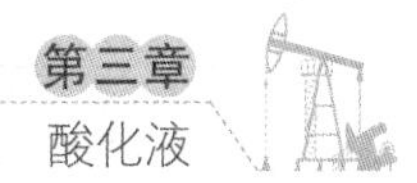

值调整剂，酸化液中用于酸化剂。

氯乙酸，又名一氯乙酸，分子式 $ClCH_2COOH$，相对分子质量 94.5；无色或淡黄色结晶，有三种结晶体（α 型、β 型和 γ 型）；熔点分别为：α 型 63℃，β 型 56.2℃，γ 型 52.5℃；沸点 187.85℃，相对密度 1.4043（40℃），折射率 1.4330（60℃）；溶于水和乙醇、乙醚等大多数有机溶剂；用于油井酸化的固体酸化剂，水基压裂液的 pH 值调整剂。

丁二酸，也称琥珀酸，分子式 $C_4H_6O_4$，相对分子质量 118.09；无色结晶体，有二种晶形，味酸，可燃；相对密度 1.572（25/4℃），熔点 185℃，沸点 235℃（分解）；溶解特性：1g 溶于 13mL 冷水、1mL 沸水、18.5mL 乙醇、6.3mL 甲醇、36mL 丙酮、20mL 甘油和 11mL 乙醚，几乎不溶于苯、二硫化碳、四氯化碳和石油醚等；用于油井酸化的固体酸化剂，用作水基压裂液的 pH 值调整剂。

戊二酸，别名胶酸，α，γ－丙烷二羧酸，分子式 $C_5H_8O_4$，相对分子质量 132.11；无色针状结晶固体，熔点 95～98℃，沸点 302℃，闪点 151.2℃，相对密度（水 =1）：1.424（25℃）、1.429（15℃）；易溶于水、无水乙醇、乙醚和氯仿，微溶于石油醚，有毒；遇明火、高热可燃，受高热分解，放出刺激性烟气；主要用于油井酸化的固体酸化剂和水基压裂液的 pH 值调整剂。

乙二胺四乙酸，分子式 $C_{10}H_{16}N_2O_8$，相对分子质量 292.2；白色结晶粉末；熔点 240℃（分解），水中溶解度为 0.5g/L（25℃），不溶于一般有机溶剂，能溶于 160 份沸水，溶于氢氧化钠等碱性溶液；在 150℃便表现出脱掉羧基的倾向；可用作酸化剂，具有一定的铁离子络合和暂堵作用。

2. 有机磺酸

有机磺酸的主要成分是氨基磺酸，其分子式 H_2NSO_2OH，相对分子质量 97.09；不挥发、不吸湿、无气味、无毒、不着火和不冒烟的白色斜方晶体；干燥的产品物理性质稳定，熔点 205℃（分解温度），相对密度 2.216，具有较强的酸性，仅次于硝酸、硫酸和盐酸，1% 水溶液 25℃时的 pH 值为 1.18。氨基磺酸在水中的溶解度随温度升高而增加，水溶液在常温下稳定，逐渐水解为硫酸氢铵；随温度升高水解度随之增加，在硫酸中溶解度随酸浓度的提高而减小；微溶于丙酮，难溶于乙醇和甲醇；可用作酸化剂，也可以用作水基压裂液的 pH 值调整剂，其可调整的 pH 值为 1.5～3.5。由于氨基磺酸溶解很慢，可用作延缓作用的 pH 值调整剂。

（三）复合酸化剂

1. 有机酸－潜伏酸复合固体酸

有机酸－潜伏酸复合固体酸主要是由固体有机酸－混合脂肪酸和芳香酸、固体潜伏酸及多种复合添加剂、助溶剂、烃类溶剂、反应抑制剂和反应时间调节剂按一定比例混拌组成，能有效溶解地层中的无机和有机堵塞物，与原油的配伍性好，不破坏地层骨架，解除油井井底、近井地带及油层较深部的堵塞，恢复并扩大油流通道，恢复并提高油层的渗透能力，从而实现深部酸化。有机酸－潜伏酸为白色或淡黄色粉末状固体，

10% 的水溶液室温表面张力 <40.0mN/m，与原油间界面张力 <1.0mN/m，对 N80 钢试片的腐蚀速率 $<3.0g/m^2 \cdot h$，与原油混合不生成酸渣，其主要用作酸化解堵剂。

2. SA–F 固体酸水井解堵剂

SA–F 固体酸是一种含有表面活性剂的复合物，由多种表面活性剂和有机酸等复配而成。在水井增注中，其主要成分有机酸易溶于水，能与碳酸盐、硫化亚铁、氢氧化铁等沉积物发生化学反应，解除长期注水形成的堵塞，恢复地层渗透率，提高注水，实现深部酸化。而且不破坏地层骨架，无污染。SA–F 固体酸也具有防乳化和破乳作用，其外观为白色或淡黄色粉末状固体，可加工成球状或棒状，pH 值（1% 水溶液）为 0.5~2.5，水不溶物≤0.2%，对 N80 钢试片的腐蚀速率 $<3.0g/m^2 \cdot h$，与原油混合不生成酸渣；主要用在油田水井增注措施中，能解除长期注水形成的堵塞，恢复地层渗透率，提高注水效率。

（四）自生酸

1. 卤化铵

铵盐在加入引发剂（醛、酸）的情况下，缓慢释放的醛与铵盐反应，从而生成活性酸，如甲醛、氟化铵、有机羧酸盐的组成体系；该体系在地层条件下反应生成缓速土酸，其中的甲醛与氟化铵在一定条件下经多级反应形成 HF 和六次甲基四胺。

HF 在地层中消耗后促使该多级反应正方向进行，从而不断提供 HF 以保持酸液的活性，达到深部酸化目的。酸液中的有机羧酸盐在水中离解为二元羧酸根离子，与 HF 相遇生成二元羧酸，使体系的酸性减弱。这种具有较强络合能力的二元羧酸与地层中的 Ca^{2+}、Ba^{2+}、Fe^{3+}、Fe^{2+} 等能够形成有机羧酸盐，仅可以提供 H^+ 形成与黏土及其他硅物质反应的 HF，达到溶蚀地层和缓速的目的，而且能抑制 CaF_2 和 $Fe(OH)_3$ 沉淀的形成。

氟化氢铵最典型，其为白色的正交晶系结晶，分子式 NH_4HF_2，相对分子质量 57.04；密度 1.203，熔点 124.6℃；能浸蚀玻璃，在空气中易潮解，能溶于水，对皮肤有腐蚀性；工业品氟化氢铵（以 NH_4HF_2 计）含量≥96%，硫酸盐（以 SO_4 计）含量 <0.1%，氟硅酸盐［$(NH_4)_2SiF_2$］含量 <3%，灼烧残渣 <0.2%。本品主要用作油、气井延缓酸化的添加剂。

2. 单一酸或盐

在砂岩地层采用氟硼酸、氟磺酸及其盐等，可与水发生水解反应产生 HF，反应式为：

$$HBF_4+3H_2O = 4HF+H_3BO_3 \qquad (3-1)$$

在碳酸盐地层注入硝酸脲可水解产生硝酸对碳酸盐进行溶蚀。这类酸由于大多为固体粉末，有利于施工，因此在一些油田广为使用。

3. 卤代烃和金属卤化物

卤代烃主要是 CCl_4、氯仿、四氯乙烷等，它们在 121~371℃的地层温度下水解产生卤酸。金属卤化物主要是 $AlCl_3$、$MgCl_2$ 等。

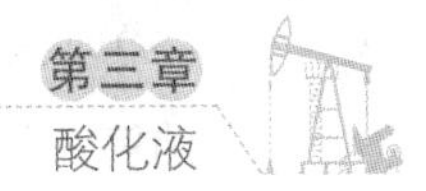

4. 含氯羧酸盐

常用的是氯乙酸铵，化学式 $C_2H_6ClNO_2$，相对分子质量 111.52754，在地层中缓速水解产生酸，水解反应式为：

$$ClCH_2COO^- + H_2O = HOCH_2COOH + Cl^- \quad (3\text{–}2)$$

$$HOCH_2COOH \rightarrow HOCH_2COO^- + H^+ \quad (3\text{–}3)$$

二、缓蚀剂

缓蚀剂是指能够防止或减缓酸化过程中酸化液对金属材料腐蚀的化学剂，也称为腐蚀抑制剂；它的用量很小（0.1%~1%），但效果显著。这种保护金属的方法称为缓蚀剂保护。缓蚀剂包括基本化学剂及其缩聚物或复合物等。

（一）基本化学剂

用于缓蚀剂的基本有机化学剂主要有炔醇类、多醛或酮类、吡啶、多胺和碘化物等。

1. 炔醇类

用作酸化缓蚀剂炔醇类主要包括丙炔醇和甲基戊炔醇。

丙炔醇，分子式 $CH_3C\equiv COH$，相对分子质量 56.10；为无色透明且具有刺激性气味的液体；熔点 –58℃，沸点 115℃，闪点 33℃，相对密度 0.9485（20℃），黏度 1.68mPa·s（20℃）；可溶于水、苯、氯仿、二氯乙烷、乙醇、乙醚、丙酮、四氢呋喃、吡啶，略溶于四氯化碳，不溶于脂肪烃；能与水形成共沸混合物，沸点为 97.5℃；对热及碱稳定性差；可在酸液中通过加氢作用形成丙烯醇，再经脱水反应形成共轭烯烃，聚合后可在钢铁表面产生中间相，以阻止酸液对钢铁的腐蚀。另外丙炔醇的羟基和叁键都可以在金属表面通过吸附作用，形成一层丙炔醇保护膜而达到保护钢铁的目的。

甲基戊炔醇，也叫 3– 甲基 –1– 戊炔 –3– 醇，为无色透明液体，分子式 $CH_3CH_2C(OH)(CH_3)C\equiv C$，相对分子质量 97.10；熔点 –30.6℃，沸点 121.4℃，相对密度 0.8721（20℃），折射率 1.429~1.431（20℃），黏度 1.68mPa·s（20℃）；溶于四氯化碳、脂肪烃和甲苯、二甲苯及其混合物；可在酸液中通过加氢作用形成甲基戊烯醇，再经脱水反应形成共轭烯烃，聚合后可在钢铁表面产生中间相，以阻止酸液对钢铁的腐蚀。另外甲基戊炔醇的羟基和叁键都可以在金属表面通过吸附作用，形成一层甲基戊炔醇保护膜而达到保护钢铁的目的。产品有效物含量≥50.0%，溶剂含量≤50.0%。

2. 多醛或酮类

用作酸化缓蚀剂的多醛或酮类主要有乙二醛和 2，4– 戊二酮。其中，乙二醛为无色或淡黄色结晶或液体，分子式 OHC–CHO，相对分子质量 58.04；熔点 15℃，沸点 50.4℃，相对密度（20℃）1.14；易溶于水，溶于醇和乙醚；放置遇水或溶于含水溶剂时发生聚合，通常以各种聚合物形式存在；加热时无水聚合物可转变成单体；用作缓蚀剂能在金属表面吸附，阻碍酸液对金属的腐蚀。酸化施工前，可将工业品乙二醛按

0.2%~0.3% 的浓度加入酸液中混匀即可。

2，4-戊二酮为无色易流动液体，有酯类物质的气味，分子式 $CH_3COCH_2COCH_3$，相对分子质量 100.11；熔点 -23.2℃，沸点 140.5℃，闪点 40.56℃，自燃点 340℃，相对密度（20℃）0.9753；难溶于中性水，易溶于酸性水、乙醇、氯仿、乙醚、苯、丙酮和冰醋酸等溶剂。本品能在钢铁表面形成吸附膜，阻碍酸液对金属的腐蚀。

3. 吡啶和多胺类

用作酸化缓蚀剂的吡啶和多胺类主要有 2-甲基吡啶和多乙烯多胺。其中，2-甲基吡啶为无色油状液体，有吡啶臭味，分子式 C_6H_7N，相对分子质量 93.23；熔点 -69℃，沸点 129~130℃，相对密度（20℃）0.944，闪点 29.8℃，自燃点 537.8℃；可溶于丙酮、乙醚，与水或乙醇可相互混溶；属吸附成膜型缓蚀剂，可吸附在金属表面产生屏蔽效应，阻碍酸液中的氢离子对金属表面的腐蚀；液体及蒸气刺激皮肤和黏膜，能使神经中枢麻醉；当皮肤接触时发生独特的皮炎，使皮肤脱脂并致皮裂和伴有剧烈的灼痛。

多乙烯多胺为橘红色至棕褐色黏稠液体，有氨的气味，分子式 $H_2N(CH_2CH_2NH)_nCH_2CH_2NH_2$；能溶于水和乙醇，不溶于乙醚，易吸收空气中的水分和二氧化碳，与酸反应可生成相应的盐；能在钢铁表面形成吸附膜，阻碍酸液对金属的腐蚀。本品为强碱性腐蚀性液体，能刺激皮肤、黏膜、眼睛和呼吸道，应避免与人体直接接触，皮肤粘染时应立即用硼酸水溶液清洗。

4. 碘化物

碘化物包括碘化钠和碘化钾，主要用作酸基压裂液的缓蚀剂。其中，碘化钠为白色结晶粉末，分子式 NaI，相对分子质量 149.89；相对密度 3.667，熔点 661℃，沸点 1304℃；易溶于水，可溶于甲醇、乙醇、甘油，也溶于液氨和液体二氧化硫；水溶液呈碱性；无臭，微咸，微苦；有吸湿性。

碘化钾为无色或白色立方晶体，分子式 KI，相对分子质量 166.01；无臭，有浓苦咸味；相对密度 3.13，熔点 681℃，沸点 1330℃；遇光及空气能析出游离碘而呈黄色，在酸性水溶液中更易显黄；易溶于水，溶解时显著吸收热量，亦溶于甲醇、乙醇、丙酮、甘油和液氨，微溶于乙醚，水溶液呈中性或微碱性；在湿空气中易潮解。

（二）缩聚物或复合缓蚀剂

1. BH961 酸化缓蚀剂

BH961 酸化缓蚀剂的化学成分为曼尼希碱和醛胺缩合物的复合物，其酸溶性和稳定性好，凝固点低，高温缓蚀效果显著，使用时不需再复配甲醛和碘化物等助剂，配制方便，无臭味。它是以多个极性基团强烈地吸附在金属表面并发生络合反应，形成致密的多分子络合体吸附膜，主要通过对阴极过程的抑制，在一定程度上也通过对阳极过程的控制起缓蚀作用。它在酸液中具有较高的缓蚀速率，耐温可达 150~180℃，在质量分数为 15% 的盐酸溶液中加入 4% 的 BH961 酸化缓蚀剂可使腐蚀速率≤100g/m^2·h。本产品为红棕色透明液体，pH 值 5.0~7.0，腐蚀速率（120℃，16MPa）≤15.0g/m^2·h，腐蚀速

率（90℃）≤3.0g/m²·h；主要用于含硫化氢的油气井，以及120~180℃的高温油、气井酸化处理。

2. 季铵盐型酸化缓蚀剂

季铵盐型酸化缓蚀剂化学成分为二甲基吡啶和氯化苄的反应物，以二甲基吡啶和氯化苄为原料，通过季铵化反应而制得。季铵盐型酸化缓蚀剂为棕色至棕黑色均匀油状液体，有刺激气味，溶于水，溶液呈酸性，低温流动性好；其密度（20℃）为（0.97±0.05）g/cm³，腐蚀速率≤ 6.0g/cm²·h。本品主要用作油、气井酸化压裂工艺中盐酸、土酸及其他工业酸洗缓蚀剂。

3. CT1-2 型缓蚀剂

CT1-2 型缓蚀剂是以醛、酮、胺缩合物为基础成分，复配多种增效剂、表面活性剂和溶剂而得到。CT1-2 型缓蚀剂的酸溶性和稳定性良好，凝固点低，高温缓蚀效果显著，使用时不需再复配甲醛和碘化物等助剂，无臭味。本品为棕红色液体，密度（20℃）1.03~1.07g/cm³，运动黏度（20℃）<20m²/s，凝固点 -10℃，酸溶性合格，腐蚀速率（20% 盐酸，120℃）≤75g/m²·h；主要用作 120~200℃高温含硫化氢油、气井的酸化处理。

4. CT1-3 型缓蚀剂

CT1-3 型缓蚀剂为多种有机化合物的复配物，为红棕色透明液体，无臭味，流动性好、凝固点低、酸溶性好，在酸中稳定，缓蚀效果好，不需复配甲醛助剂。CT1-3 缓蚀剂为红棕色液体，密度（20℃）1.01~1.05g/cm³，运动黏度（20℃）30~40m²/s，凝固点 -9℃，闪点 >30℃，酸溶性合格，腐蚀速率（20% 盐酸，120℃）≤40g/m²·h；主要用作井温低于 130℃的油气井的酸化作业，可用于含硫化氢的油气井。

5. V-1 型土酸酸化缓蚀剂

V-1 型土酸酸化缓蚀剂化学成分为有机胺盐和 Dodigen-95 反应物。本品室温下为棕色透明液体，在酸液中有良好的分散性，与其他土酸酸化添加剂配伍性好，缓蚀性能强；产品密度（20℃）1.10g/cm³，凝固点 -10℃，闪点 >30℃；主要用作土酸酸化缓蚀剂，用在油田酸化工艺中防止土酸腐蚀，既适用于井温低于 130℃的油气井酸化作业，也可用于含硫化氢的油气井。

6. CIDS-1 油田酸化缓蚀剂

CIDS-1 油田酸化缓蚀剂化学成分为氯化 2- 烷基 -1-（N- 聚氧乙烯 -2- 胺乙基）咪唑啉 -1- 苄基铵脂肪酸盐。本品以高级脂肪酸脂与二乙烯三胺、环氧乙烷、氯化苄、RCOOH 为原料，通过酰胺化、闭环成咪唑啉环、乙氧基化、季铵化和成盐而制得，为棕黑或墨绿色液体，微杏仁味；具有水溶性和酸溶性，无毒，凝固点低，配伍性好，不伤害地层；凝固点 -10~-20℃，密度（20℃）为 1.020~1.090g/cm³，黏度（30℃）为 20~100mPa·s，50% 水溶液 pH 值为 5~6；主要用作油田酸化缓蚀剂，适用于盐酸、氢氟酸、土酸、甲酸、柠檬酸和胶束酸等多种有机酸和无机酸，对于处在酸性介质中的金属设备具有良好的防腐保护性能，适用于 150℃以下的油层酸化缓蚀。

7. IS–129 盐酸缓蚀剂

IS–129 盐酸缓蚀剂由混合型咪唑啉季铵盐表面活性剂及其他助剂复配而成，外观为棕色透明液体，属混合型咪唑啉季铵盐系列，具有高效、低毒、低剂量，无特殊气味，分散性好等特点。产品有芳香气味，腐蚀速率：（N–80 钢片，50℃，5%HCl+0.3% 本品）≤0.8g/（m^2·h），［N–80 钢片，70℃，15%HCl（或 12%HCl+3%HF）+1% 本品］≤5g/（m^2·h）；主要用于油田浅井酸化（温度≤70℃）的缓蚀剂。

8. IS–156 盐酸缓蚀剂

IS–156 盐酸缓蚀剂系咪唑啉季铵盐混配物，由咪唑啉表面活性剂及助剂经复配而成，为棕黄色悬浊液，缓蚀效率高，无毒，具有优异的缓蚀性能，能使金属保持原有的光泽。产品有芳香气味，腐蚀速率：（N–80 钢片，50℃，15%HCl+0.3% 本品）≤0.8g/（m^2·h），（N–80g 钢片，70℃，15% HCl）≤5g/（m^2·h），（N–80g 钢片，70℃，12%HCl+3%HF+1% 本品）≤5g/（m^2·h）；主要用于油田浅井酸化（温度≤70℃）缓蚀剂。

9. 高温酸化缓蚀剂 HTCI–2

高温酸化缓蚀剂 HTCI–2 以 3- 甲基吡啶，氯化苄为主要原料，合成的吡啶类季铵盐中复配一定比例的增效剂和表面活性剂得到[3]。HTCI–2 在 180℃、16MPa，20%HCl 或者土酸中，4.5% 加量条件下，N80 试片的腐蚀速率为 38.1g/(m^2·h）和 39.6g/(m^2·h)，它属于以抑制阳极反应过程为主的混合型缓蚀剂，能在 N80 钢片表面形成一层致密的保护膜，有效地阻止酸液和钢铁表面的接触。HTCI–2 不含有毒的炔类化合物，与常用的酸化添加剂配伍性良好，适用于高温高压井酸化施工。

10. 多曼尼希碱型酸化缓蚀剂 M–4A

多曼尼希碱型酸化缓蚀剂 M–4A 以肉桂醛、苯乙酮、多胺和甲醛为原料，通过曼尼希反应得到[4]。在 90℃下的 20%（w）HCl 和土酸［HF 3%（w）+HCl 12%（w）］中，M–4A 最佳加入量（w）分别为 0.5% 和 0.7%，A3 钢的腐蚀速率分别为 3.95g/（m^2·h）和 3.05g/（m^2·h），缓蚀率高达 99.92% 和 99.90%。M–4A 分别与 KI 和 CuBr 增效剂复配后缓蚀性能提高，在 20%（w）的 HCl 中，当 KI 和 CuBr 与 M–4A 的质量比为 1∶3 复配后，A3 钢的腐蚀速率最小为 0.96g/（m^2·h）和 2.67g/（m^2·h）。

11. 含羟基双季铵盐酸化缓蚀剂

含羟基双季铵盐酸化缓蚀剂是以喹啉和 1，3- 二氯 -2- 丙醇反应得到[5]。该缓蚀剂是一种同时抑制阳极反应和阴极反应的混合型缓蚀剂。在摩尔浓度为 5mmol/L，盐酸含量 15%，溶液温度 90℃，腐蚀时间 4h 时，对 N80 钢片的缓蚀率达 96%，在酸性介质中具有优良的缓蚀性能。在 N80 钢片表面的吸附作用符合 Langmuir 等温吸附规律，缓蚀剂分子在 N80 钢片表面形成一层保护膜。

12. 季铵盐型酸化缓蚀剂 YT101

酸化缓蚀剂 YT101 是以阴极抑制为主的混合抑制性缓蚀剂[6]，主要组成为乌洛托品和氯化苄的反应产物以及氯化苄以及含氮芳香族化合物的反应产物，两种组分联合作

用于金属表面形成多层致密的有机保护膜，有效地抑制了盐酸对 N80 钢的腐蚀；同时，YT101 与炔醇类缓蚀剂（PA）有很好的配伍性，少量炔醇的加入，可以大幅提高其缓蚀效果；此外，YT101 还具有酸溶性好、毒性低、合成工艺简单（一步反应）等优点。

13. 盐酸酸化缓蚀剂

盐酸酸化缓蚀剂是以环己胺、甲醛、丙炔醇以及氯化苄反应而成[7]，为一种曼尼希碱季铵盐，它能够有效抑制盐酸对 N80 钢腐蚀；在 90℃条件下，20%HCl 溶液中缓蚀腐蚀速率为 0.88g/(m^2·h)，且随着缓蚀剂浓度的增大，缓蚀效率增加。电化学测试表明，该缓蚀剂在 20%HC1 溶液中是一种混合型缓蚀剂，其在 N80 钢片表面的吸附行为符合 Langmuir 吸附等温式。

三、缓速剂

缓速剂是指加在酸中能延缓酸与地层反应速度的化学剂。缓速剂包括两类，即表面活性剂（乳化剂）和降胶凝剂（聚合物）。聚合物通过稠化机理起到缓速作用，表面活性剂通过吸附作用机理起到缓速作用，下面介绍一些重要的缓速剂。

（一）胶凝剂

1. 黄原胶

黄原胶，又名黄胞胶、汉生胶、黄单胞多糖等，代号 XG，是一种由假黄单孢菌属发酵产生的单孢多糖，相对分子质量可高达 500×10^4；其水溶液呈透明胶状，是一种水溶性的生物聚合物，具有控制液体流变性质的能力，在热水和冷水中均可溶解，并形成高黏度溶液，具有高度的假塑性、乳化稳定性、颗粒悬浮性、耐酸性、耐温、抗盐、抗钙，与多种物质在同一溶液中有良好的兼容性。黄原胶产品为微黄色粉末，有效物含量≥85.0%，水不溶物≤2.0%，水分≤12.0%，0.5% 水溶液黏度≥500.0mPa·s。交联的黄原胶可以用作酸液胶凝剂，延缓酸与地层岩石的反应，起到酸的缓释作用。

2. 羧甲基羟丙基瓜胶

羧甲基羟丙基瓜胶（CMHPG）同时联结了羧甲基和羟丙基两种取代基团的阴离子型瓜胶衍生物，为淡黄色粉末，无臭，易吸潮；不溶于大多数有机溶剂，可溶于水，水溶液度 196~243mPa·s。工业羧甲基羟丙基瓜胶为淡黄色粉末状固体，含水≤10.0%，1.0% 水溶液黏度≥220mPa·s，水不溶物≤3.0%，pH 值为 6.0~8.0，羧甲基取代度≥0.5，羟丙基取代度≥0.25。交联的羧甲基羟丙基瓜胶可以用作酸液胶凝剂，延缓酸与地层岩石的反应，起到酸的缓释作用。

3. 聚丙烯酰胺（PAM）

PAM 固体在室温下为坚硬的玻璃状聚合物，其固体外观因制造方法而异。完全干燥的 PAM 是脆性的白色固体，由于 PAM 分子链上含有酰胺基，有些还有离子基团，显著特点是亲水性强，使其干燥时具有强烈的水分保留性，干燥的 PAM 又具有强烈的吸水性，且吸水率随衍生物的离子性增加而增强。PAM 可以通过用甲醇、乙醇或丙酮从水溶液沉析出来的方法而纯化。商品 PAM 干粉通常是在适度的条件下干燥的，一般含水 5%~15%。PAM 最普通的是粉粒产品，不溶于大多数有机溶剂，只溶于一般有机酸，多元醇和含氮化合物等。水是其最好的溶剂，PAM 能溶于水，配成各种质量分数的溶液或胶体；提高溶解温度可促进溶解，但为防止降解或发生其他反应，一般不宜超过 50℃。聚丙烯酰胺在酸溶液中可以起到增稠作用，延缓酸与地层反应速度。

4. AMPS 共聚物

（1）丙烯酰胺 /2– 丙烯酰胺基 –2– 甲基丙磺酸共聚物。

实践表明，由于 2– 丙烯酰胺基 –2– 甲基丙磺酸（AMPS）单体的特殊结构，采用 AMPS 与其他单体共聚可以制备出性能良好并满足现场需要的稠化剂。用水溶液聚合制备共聚物时，可以采用氧化还原引发剂，也可以采用偶氮引发剂引发聚合；但作为酸液稠化剂时，重点是如何保证产物在酸液中的溶解性[8]。P（AMPS–AM）共聚物易溶于水，水溶液为黏稠透明液体，在盐水和酸液中具有较强的增稠能力，用作缓速剂热稳定性好。本品用钛、锆交联剂交联后可用作酸液胶凝剂，它在 37% 的盐酸中能保持良好的性能，适用于 77℃以上的地层。工业品特性黏数 9.0~12.0dL/g，有效物≥90.0%，水分≤7.0%，水不溶物≤1.0%。

（2）P（AM/AMPS–MAPDMDHPAS）共聚物。

由丙烯酰胺、2– 丙烯酰胺基 –2– 甲基丙磺酸和甲基丙烯酰基二甲基二羟丙基磺酸（MAPDMDHPAS）共聚得到的 P（AM/AMPS–MAPDMDHPAS）共聚物，易溶于水，水溶液为黏稠透明液体，在酸液中具有较强的增稠能力，用作缓速剂热稳定性好；其外观为白色颗粒，特性黏数 3.0~8.0dL/g，有效物≥85.0%，水分≤10.0%，水不溶物≤1.0%。本品用钛、锆交联剂交联后可用作酸液胶凝剂，也可以用于 204℃温度条件下压裂作业。

5. NVP/AM 共聚物

由 N– 乙烯基吡咯烷酮和丙烯酰胺共聚得到的一种非离子型二元共聚物，易溶于水，水溶液为黏稠透明液体，在酸液中具有较强的增稠能力，用作缓速剂热稳定性好；其外观为白色颗粒，特性黏数 3.0~6.0dL/g，有效物≥85.0%，水分≤10.0%，水不溶物≤0.5%。本品用钛、锆交联剂交联后可用作酸液胶凝剂。

6. 聚二甲基二烯丙基氯化铵

由二甲基二烯丙基氯化铵均聚得到的一种阳离子型聚合物，易溶于水，水溶液为黏稠透明液体。工业品为白色颗粒，特性黏数 1.0~3.0dL/g，有效物≥85.0%，水分≤10.0%，水不溶物≤0.5%；用作酸液胶凝剂，在酸液中具有较强的增稠能力；用作缓速剂热稳定性好，有较好的缓速作用；也可以用作黏土稳定剂。

此外，聚乙烯吡咯烷酮在酸溶液中可以起到增稠作用，延缓酸与地层的反应速度，可用于较高的温度，具有较好的稳定性，详见第二章第一节。

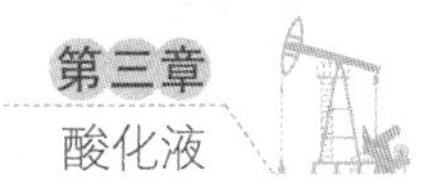

（二）乳化剂

可用于酸化作业时乳化酸缓速剂的乳化剂有烷基磺酸钠、烷基苯磺酸钠以及乳化剂OP-10、Span-80和木质素磺酸钠等。

烷基磺酸钠（AS），化学成分为R·SO_3Na，R主要为C_{14}~C_{18}烷基。外观为白色或淡黄色固体，有臭味，相对密度1.09；溶于水而成半透明液体，对酸碱和硬水都比较稳定，无毒，耐热性好，温度在270℃以上才分解；具有优良的润湿性、表面活性、去污性及泡沫性，对皮肤刺激性低，生物降解性好。工业品无油味，活性物含量27%~29%，盐分≤6.0%，不皂化物（以100%活性计）≤6.0%，pH值7.0~9.0。

烷基苯磺酸钠，属于烷基芳基磺酸钠类，化学成分为R·$C_6H_4SO_3Na$，R主要为C_{10}~C_{18}烷基。外观为白色或浅黄色粉末或片状固体，溶于水呈半透明溶液。本品对碱、稀酸和硬水都比较稳定，为具有去污、湿润、发泡、乳化、分散作用的表面活性，是优良的洗涤剂和泡沫剂。工业品活性物含量29%~31%，盐分≤8.0%，不皂化物（以100%活性计）≤8.0%，pH值7.0~8.0。

乳化剂OP-10，别名壬基酚聚氧乙烯醚-10，乳化剂TX-10，辛基苯酚聚氧乙烯（10）醚，聚乙二醇辛基苯基醚等，化学式$C_9H_{19}C_6H_4O(C_2H_4O)_nH$；无色至淡黄色透明稠液体；凝固点-3℃。*HLB*值14.5；易溶于水、乙醇、乙二醇，可溶于苯、甲苯、二甲苯等，不溶于石油醚；化学性质稳定；浊点61~67℃。

斯盘-80，是失水山梨醇单油酸酯，化学式$C_{24}H_{44}O_6$，相对分子质量428.6。外观为黄色油状液体；密度（20℃）0.994g/cm^3，折射率1.48，闪点>110℃；不溶于水，能分散于温水和乙醇中，溶于丙二醇、液体石蜡、乙醇、甲醇或醋酸乙酯等有机溶剂中，*HLB*为4.3。

此外木质素磺酸钠也可以用作乳化酸缓速剂。作为一种价廉的酸化液缓速剂，适用于处理碳酸盐非均质地层，明显延缓酸和岩石的反应。详见第二章第一节。

（三）其他缓速剂

其他缓速剂主要是一些长链烷基胺，如十六胺和十八（烷）胺；其中，十六胺又名鲸蜡胺、十六烷胺、1-氨基十六烷，分子式[$CH_3(CH_2)_{14}CH_2NH_2$]，相对分子质量241.46为白色片状结晶；熔点46.77℃，沸点332.5℃，相对密度0.8129（20℃），折射率1.4496，闪点140℃；不溶于水，溶于丙酮、乙醚、乙醇、氯仿和苯；能吸收二氧化碳。工业品为白色固体或片状物，熔点46~47℃，水分≤0.5%；主要用作酸化作业时乳化酸的缓速剂。

十八（烷）胺为白色蜡状固体结晶，分子式$CH_3(CH_2)_{16}CH_2NH_2$，相对分子质量269.0；具有碱性，易溶于氯仿，溶于乙醇、乙醚和苯，微溶于丙酮，不溶于水；相对密度为0.86，凝固点52.9℃，沸点348.8℃，折射率为1.4522。本品能在金属表面形成极密的单分子层吸附膜，阻碍水和溶解氧向金属表面扩散，也阻止了金属腐蚀产物向水中扩散，从而起到抑制腐蚀的作用。本品在水中的溶解度很低，通过使其变成有机铵盐或通入环氧乙烷生成聚环氧乙烷十八胺，又称“尼凡丁 -18”来改进它在水中的溶解度，它们可溶于水中，对防止 H_2S 的腐蚀有一定的效果；其对铁和铜有良好的缓蚀效果，主要用作酸化作业时乳化酸的缓速剂，同时具有一定的缓蚀作用。

三、防乳化剂

原油中的天然表面活性剂，加入酸中的表面活性剂以及酸化产生的岩石微粒（粒径小于 1μm），都有一定的乳化作用，它们可使原油与酸形成乳状液，影响乏酸的排出。

防乳化剂是防止乳状液生成的化学剂。防乳化剂应用范围较广，在酸化作业中用来防止油酸乳化，避免乳化堵塞；降低流体表面张力，利于酸化后排液；保持和改善地层水润湿，进一步提高酸化效果。防乳化剂包括表面活性剂和互溶剂。表面活性剂的防乳化机理是易于在界面上吸附，但不能稳定乳状液；互溶剂的机理是减少表面活性剂在原油和酸界面上吸附，使酸化过程形成的液珠易于聚并。

对砂岩油气层酸化不宜采用阳离子表面活性剂，因为它会使地层造成油润湿，降低油的相对渗透率。对高矿化度地层水与油同出的油井酸化时，一般不采用阴离子表面活性剂，这是由于两者会发生反应，造成地层孔喉堵塞。常用的防乳化剂为具有分支结构的表面活性剂，如聚氧乙烯聚氧丙烯丙二醇醚、聚氧乙烯聚氧丙烯五乙烯六胺类乳化剂，如 AE169-21、HD3、9901、DSB、AEO-9 等。

防乳、破乳剂是通过破乳作用达到促进返排的目的，其主要作用是降低水溶液的表面张力，降低井筒周围水饱和度以防水锁；溶解地层孔隙表面的油组分；可保持岩石水润湿性，提高油相相渗；减少酸液中表面活性剂在储层固相颗粒的吸附损失；增强酸中各种添加剂的配伍性，防止不溶颗粒油湿而稳定乳化液。

下面是几种常用的防乳化剂：

（1）聚氧乙烯聚氧丙烯丙二醇醚。它是最早应用的原油破乳剂，也可以用于水基钻井液和油井水泥浆消泡剂。以丙二醇（或乙二醇）等为起始剂的聚氧乙烯聚氧丙烯丙二醇醚破乳剂，如 BP-2040、BZW-11、AC420-1 破乳剂等，广泛用于油田原油破乳及炼油厂原油脱水脱盐，是常用的破乳剂品种之一。工业品为黄色至棕红色黏稠液体，有效物含量≥60%，pH 值为 7.0~8.0，倾点≤-30℃，相对脱水率≥93%；主要用于高含水稠油的破乳脱水，对稠油具有脱水速度快和脱水效率高等特点，在酸化液中用于防乳化剂。

（2）多乙烯多胺聚氧乙烯聚氧丙烯聚醚。以多乙烯多胺为起始剂的聚氧乙烯聚氧丙烯聚醚是破乳剂的主要成分，是一种多枝型的非离子型表面活性剂。以多亚乙基多胺为起始剂的水溶性破乳剂，常温下为淡黄色软膏，适用于原油破乳脱水、脱盐；本系列产品常温下为浅黄色或棕黄色透明黏稠液体，易溶于水；产品色度≤300 号，羟值 40~60mgKOH/g，pH 值为 8~10，浊点（1% 水溶液）20~25℃。本系列产品为水溶性破乳剂，适用于油包水型原油乳状液的脱水，其特点为脱水速度快，低温脱水性能好，冬

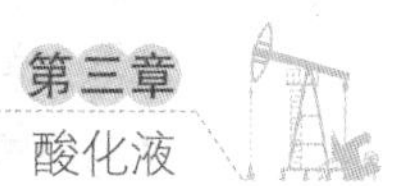

季流动性能好；其中五乙烯六胺聚氧乙烯聚氧丙烯适用于酸化液防乳化剂。

（3）AEO-9，属于脂肪醇聚氧乙烯醚，别名平平加（n=9），分子式 R–O–(CH_2CH_2O)$_n$H（R=C12～18，n=9），是天然脂肪醇与环氧乙烷加成物；相对密度 0.925～0.940（25℃）；易溶于水、乙醇、乙二醇等；10% 水溶液在 25℃时澄清透明；10% 氯化钙溶液的浊度为 75 度，对酸、碱溶液和硬水都较稳定；具有良好的乳化、分散性能。工业品为无色透明液体或白色膏状（25℃）体，活性物含量≥99%，pH 值 6～7，*HLB* 值 12.5，浊点 75～81℃，水分≤1.0%，色号≤50。

四、互溶剂

酸化互溶剂是为满足油田酸化施工工艺要求而在酸化液中添加的一种酸化液添加剂。它可以减少表面活性剂的吸附损失，使酸化过程形成的液珠易于合并，能防止油水的乳化，加速返排，保持岩石的水润湿性，恢复或提高油相渗透率；此外还具有清洗储层、去除有机物堵塞物、改善酸处理效果的作用。它具有良好的配伍性，使各种酸化助剂发挥协同功效，提高酸化液效能，以达到增产目的。典型的酸化互溶剂的技术要求如表 3–1 所示。

表 3-1　酸化互溶剂的技术要求

项目	指标
外观	无色至黄色液体
密度（20℃）/（g/cm^3）	0.86～0.92（20℃）
表面张力 /（mN/m）	≤35
互溶性	在水（酸）、油中能互溶
配伍性	与其他添加剂加入水（酸）、油中，无分层，无絮状沉淀和漂浮物
润湿性	水润湿吸附性通岩心后，前后表面张力变化比值不超过 5mN/m

常用的酸化互溶剂是乙二醇单丁乙醚、双乙二醇单丁醚等或它们的混合物，下面分别进行介绍。

（1）乙二醇单乙醚，别名乙基溶纤剂、乙二醇一乙醚，分子式 $C_2H_5OCH_2CH_2OH$，相对分子质量 90.12；无色几乎无臭液体；沸点 135℃，熔点 –70℃，密度（相对水 =1）0.9311，折射率 1.4060，闪点 43～44℃，自燃温度 235℃，爆炸极限为空气中（在 93℃）1.7%～15.6%（体积）；与水、乙醇、丙酮、乙醚和液体酯类混溶，可溶解多种油类、蜡和树脂等；有毒，可经皮肤吸收；能生成爆炸性过氧化物，与强氧化剂反应，有着火和爆炸的危险；浸蚀许多塑料和橡胶。

（2）乙二醇单丁醚，化学式 $C_3H_7CH_2OCH_2CH_2OH$，相对分子质量 118.17；无色易燃液体，具有中等程度醚味；密度 0.901g/cm^3，折射率 1.4198，蒸汽压 97.33Pa，熔点 –70℃，沸点 171℃，闪点 60℃（闭式）、73.89℃（开杯），自燃温度 472℃；吸入本蒸汽后，导致呼吸道刺激及肝肾损害；其蒸汽对眼有刺激性，皮肤接触可致皮炎。本品可燃，有毒，具刺激性。

（3）二乙二醇乙醚，也称二甘醇二乙醚、二乙基卡必醇，分子式 $C_6H_{14}O_3$，相对分子质量 134.17，相对密度 0.985（20℃ /4℃）；无色，为吸水性稳定的液体，可燃；有中等程度令人愉快的气味，微黏。熔点 −78℃（成玻璃体），沸点 202.7℃，折射率 1.4273（1.4300），摩尔汽化热 47.10kJ/mol，闪点（开杯）96.1℃，蒸汽压（20℃）<130Pa，黏度（20℃）3.85mPa·s；溶于水和烃类，能与丙酮、苯、氯仿、乙醇、乙醚、吡啶等混溶。

（4）二乙二醇丁醚，分子式 $C_8H_{18}O_3$，相对分子质量 162.2，为稍有丁醇气味的无色液体；相对密度 0.9536（20℃ /20℃），熔点 −68.1℃，沸点 230.4℃（101.3kPa），闪点（闭杯）78℃、（开杯）93℃，燃点 227℃，黏度（20℃）6.49mPa·s，表面张力 33.6mN/m（25℃），折射率 1.4316；能与水以任何比例混溶，溶于乙醇、乙醚、油类和许多其他有机溶剂；大鼠经口 LD_{50} 6560mg/kg，属微毒类；对眼睛角膜有刺激，但不造成永久损害；对皮肤刺激甚微。

（5）DS−1 酸化互溶剂，主要是由表面活性剂、溶剂醇、环氧乙烷、正丁醇、支链醇等经过化学反应合成：在高压反应釜中加入 10g 的十二醇和 0.2g 氢氧化钠作为催化剂，升温，高速搅拌 30min，当反应器内的温度为 100℃时，抽真空 20min；继续升温至反应温度 120～140℃，保持恒温，利用氮气吹扫加入 33.4g 环氧乙烷，继续搅拌反应，抽真空，反应 30min，停止加热，冷却至 80℃以下，取出即为产物[9]。实验表明，DS−1 互溶剂经 90℃、120℃、150℃、201℃高温处理 6h 后，其性质变化很小，具有良好的耐温性能。经高温处理后的 DS−1 互溶剂，其互溶能力呈增大趋势，但变化较小，互溶区面积分数最低为 7.77%，最高为 9.05%；在水溶液和酸溶液中进行润湿性实验，均为水润湿，高温处理后的润湿性未发生变化；并且 DS−1 互溶剂没有改变试验砂的润湿性，均为水润湿。DS−1 与不同类型缓蚀剂的配伍性较好，且能减少缓蚀剂在岩心中的吸附。

五、铁离子稳定剂

酸化液中的铁离子主要来源于管壁面的腐蚀产物、轧制铁鳞、含铁矿物。Fe^{3+} 和 Fe^{2+} 在酸液中是否沉淀，取决于酸液的 pH 值与铁盐 $FeCl_2$、$FeCl_3$ 的含量。当 $FeCl_3$ 的含量大于 0.6% 及 pH 值大于 1.86 时，Fe^{3+} 会水解生成 $Fe(OH)_3$ 凝胶状沉淀；当 $FeCl_2$ 的含量大于 0.6% 及 pH 值大于 6.84 时，Fe^{2+} 会水解生成 $Fe(OH)_2$ 凝胶状沉淀。酸化施工中，有 Fe^{2+}，也有 Fe^{3+}，但由于金属铁的存在，在盐酸和金属铁构成的强还原性环境中，酸化液中的 Fe^{3+} 能很快被还原成为 Fe^{2+}，因此从设备及管道中进入酸液的铁离子主要是 Fe^{2+} 离子。

如果储层中存在 Fe^{3+}，由于没有金属铁的存在，不能发生转变为 Fe^{2+} 的反应；当 pH 值上升到 3.3～3.5 及以上时，就会产生 $Fe(OH)_3$ 沉淀堵塞储层，所以来源于施工设备和

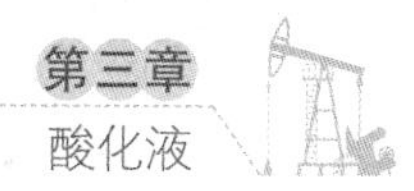

井下管柱的铁并不危险，而真正有危害的是储层的 Fe^{3+}。

铁离子稳定剂包括 pH 值控制剂、螯合剂和还原剂。pH 值控制剂，加入弱酸，控制 pH 值；螯合剂，如醋酸、柠檬酸、EDTA、NTA 等，能与酸化液中的铁离子结合生成溶于水的络合物，从而减少了氢氧化铁沉淀的机会，如醋酸能与酸液中的铁离子结合生成能够溶于水的六乙酸铁络离子 $[Fe(CH_3COO)_6]^{3-}$；还原剂，如异抗坏血酸。

如表 3–2 所示，乙二胺四乙酸钠（EDTA），氮川三乙酸（NTA），柠檬酸在高温和低温下稳定 Fe^{3+} 的效果均比较好，而醋酸和乳酸在低温下效果好。由于EDTA价格昂贵，应用受到限制。柠檬酸的价格较低，但用量过度易产生沉淀，NTA 的效果优于柠檬酸，仅次于 EDTA，而价格也介于二者之间。

表 3-2　不同铁离子稳定剂的效果

名称	参考用量 /（kg/m^3）	稳定效果	使用温度 /℃	备注
醋酸	10～30	用量为 $12kg/m^3$ 酸可稳定 $2.1kg/m^3$ 酸的 Fe^{3+}（38℃）	<66	价廉，过量使用不会沉淀
柠檬酸	<15	低温效果较差，93℃以上效果增加较快	<204	过量使用会沉淀钙盐，如 DOWELL 公司的 L1
醋酸 – 柠檬酸混合物	醋酸 22 柠檬酸 12（L/m^3）	<65℃可稳定 $10kg/m^3$ 酸的 Fe^{3+}，65℃以上效果下降	<171	酸中 Fe^{3+} 量 <kg/m^3 会沉淀钙盐
乙二胺四乙酸钠盐（EDTA）	2	同剂量较柠檬酸稍差	<204	过量使用不会沉淀
氮川三乙酸（NTA）	<12	用量为 $2.4kg/m^3$ 酸可稳定 $6kg/m^3$ 酸的 Fe^{3+}（93℃以上）	<204	过量使用不会沉淀
异 VC 及其钠盐	0.6～2.4	用量为 $12kg/m^3$ 酸可稳定 $4.2kg/m^3$ 酸的 Fe^{3+}（93℃以上）		过量使用不会沉淀

下面是一些常用的铁离子稳定剂。

（1）乙二胺四乙酸二钠为白色结晶状粉末，分子式 $C_{10}H_{14}N_2Na_2O_8 \cdot 2H_2O$，相对分子质量 372.24；低毒，难溶于醇，可溶于水，水溶液呈弱酸性，能与多种金属离子发生螯合作用生成易溶于水的螯合物。本品低毒、在人体内不分解，能络合体内微量金属元素引起缺钙、低血压和肾功能障碍等。接触本品应采取防护措施，穿戴防护用具。工业品中 EDTA 二钠盐含量≥99.0%，干燥失重≤10.0%，氯化物（以 Cl^- 计）≤0.005%，铁（以 Fe^{3+} 计）≤0.005%，重金属（以 Pb 计）≤0.001%；主要用作酸化作业中酸化液的缓蚀剂；施工前，按 0.1%～0.3% 的浓度将产品加入酸液中使之溶解并混匀即可。

（2）氮三乙酸为白色结晶粉末，分子式 $N(CH_2COOH)_3$，相对分子质量 191.08；易燃、低毒；熔点 240℃（分解）；易溶于氨水、碱溶液，微溶于热水，不溶于水和多数有机溶剂，溶于热的乙醇中生成水溶性的一、二、三碱性盐；70% 的溶液可生物降解；在油田酸化工艺中使用温度可达 200℃以上；能螯合溶液中钙、镁、铁等多价金属离子，生成具有良好稳定性和易溶于水的螯合物；具有良好的缓冲、反絮凝和去污作用，是用途广泛的铁离子稳定剂之一。工业氮三乙酸产品中氮三乙酸含量≥98.5%，灼烧残渣≤0.1%，氯化物（以 Cl^- 计）含量≤0.002%，硫酸盐（以 SO_4^{2-} 计）含量≤0.002%，铁（以 Fe 计）含量≤0.002%，铜（以 Cu 计）含量≤0.0005%；用作酸化作业中酸化液的铁离子稳定剂，施工前将氮三乙酸按 0.1%~0.3% 的浓度加入酸液中使之溶解并混合均匀。

（3）异抗坏血酸，为白色至浅黄色结晶体粉末分子式 $C_6H_8O_6$，相对分子质量 176.13。它是维生素 C 的一种立体异构体，因而在化学性质上与维生素 C 相似。本品无臭，有酸味，熔点 166~172℃（分解），遇光逐渐变黑；干燥状态下，在空气中相当稳定，而在溶液中暴露于大气时则迅速变质，几乎无抗坏血酸的生理活性作用，其抗氧化性能优于抗坏血酸，但耐热性差，还原性强，重金属离子能促进其分解；易溶于水溶性，常温下溶解度 40g/100mL，溶于乙醇，溶解度 5g/100mL，难溶于甘油，不溶于苯，1% 水溶液的 pH 值为 2.8。

此外，柠檬酸也用于酸化液铁离子稳定剂，详细介绍见第二章第一节。

六、黏土稳定剂

为防止酸化过程中酸液引起储层中黏土膨胀、分散、运移造成的污染，在酸液中常常需要加入一定量的黏土稳定剂。常用黏土稳定剂主要有无机阳离子、无机阳离子聚合物和聚季铵盐等。

无机阳离子，即简单阳离子类黏土稳定剂，主要是 K^+、Na^+、NH_4^+ 等氯化物，如 KCl、NH_4Cl 等，添加在酸液中依靠离子交换作用稳定黏土；由于效果不佳，一般已不在处理液中使用，而用在前置液或后置液中。

无机聚阳离子类黏土稳定剂，如羟基铝及锆盐。氢氧化锆可加在酸液中使用，羟基铝在酸处理后的后置液中，能起较好地防止黏土分散、膨胀作用。

聚季铵盐，兼有使酸稠化和缓速作用，或用于酸液的前置液或后置液中。该类黏土稳定剂可用于温度高达 200℃的井中，稳定效果好。

同时还有一些其他类型的黏土稳定剂，如聚胺类黏土稳定剂、季铵盐类，但因其可使岩石油润湿，导致酸后产水量上升，已较少使用。下面是一些有机季铵盐类黏土稳定剂。

（1）环氧氯丙烷—二甲胺缩聚物，也叫聚季铵、聚 2- 羟丙基 -1、1-N- 二甲基氯化铵，是一种阳离子型聚电解质。该产品主要以水溶液形式出售，外观为微黄色至橘红色黏稠液体，不分层，无凝聚物，密度 1.18~1.20g/cm³；分子中含有羟基、叔胺基和季铵基，在黏土颗粒表面具有强的吸附作用，抑制性好，絮凝能力强，同时具有长效性。工业品为浅黄色粉稠液体，不分层；固含量≥60.0%，黏度（20℃）500~2000mPa·s，pH 值为（质量分数 10% 水溶液）7~8，防膨率≥60%。本品在油田化学中主要用作酸化、压裂和采油、注水中的黏土防膨剂，在酸、碱、高温条件下稳定，可适用于各种接触产层的油水井作业，将其与 NH_4Cl、$CaCl_2$ 配合使用，对黏土矿物会产生更好的稳定效果。

（2）环氧氯丙烷－多乙烯多胺缩合物，是多乙烯多胺与环氧氯丙烷经缩聚而得的一种网状多羟基阳离子有机聚合物（代号 DTE），为淡黄色或红棕色黏稠液体，溶于水。本品用作酸化液黏土稳定剂，能够非常有效而永久地稳定地层黏土矿物，提高酸化等增产措施的效果，并延长措施有效期；与酸液及添加剂的配伍性好，耐温高，稳定作用强。矿场应用情况表明，DTE 酸化黏土稳定剂施工简便，有效率高，可明显提高酸化效果，经济效益和社会效益显著[10]。工业产品为浅黄色或棕红色黏稠液体，固含量≥50%，胺值≥2.0mmol/g，pH 值为 7～8，防膨率≥70%。本品主要用作采油、注水中的黏土防膨剂，在酸、碱、高温条件下稳定，可适用于各种接触产层的油水井作业，将其与 NH_4Cl、$CaCl_2$ 配合使用，对黏土矿物会获得更好的稳定效果。

（3）2，3－环氧丙基三甲基氯化铵（GTA），别名氯化缩水甘油三甲基铵，分子式 $C_6H_{14}ONCl$，相对分子质量 151.63，是一种阳离型有机化合物，固体产品含量大于 95%，熔点 140℃。油田化学领域称其为小阳离子，产品通常为 40%～50% 的水溶液。工业品为浅黄色或棕红色黏稠液体，固含量≥50.0%，pH 值为 7～8，防膨率≥70%；用作酸化、压裂和采油、注水中的黏土防膨剂，在酸、碱、高温条件下稳定，可适用于各种接触产层的油水井作业流体；在压裂酸化中与无机物配伍具有很好的黏土稳定效果。

（4）3－氯－2－羟基丙基三甲基氯化铵（CHPTAC），是一种有机阳离子化合物，为白色或浅黄色结晶，分子式 $C_6H_{15}ONCl_2$，相对分子质量 188.10；熔点 193～196℃；极易吸潮，可溶于水，水溶液呈弱酸性。本品既可以用作钻井液和采油注水、酸化压裂的黏土稳定剂或防膨剂，也可以作为阳离子淀粉或纤维素生产的醚化剂，其性能与 2，3－环氧丙基三甲基氯化铵相近；用作酸化、压裂和采油、注水中的黏土防膨剂，在酸、碱、高温条件下稳定，可适用于各种接触产层的油水井作业流体。

七、助排剂

酸化作业不仅可以降低近井地带的地层伤害，还可降低表皮效应，提高地层渗透率。在酸化施工中，乏酸返排量的多少是影响施工效果的一个重要因素，尤其是在地层能量较低、渗透性较差的情况下处理就更加困难。乏酸返排是否及时彻底，是影响酸化施工效果和油气增产的一个重要因素。乏酸滞留地层会增加地层的含水饱和度，降低油、气有效渗透率，使酸化处理效果降低；在酸化过程中随着酸岩反应的进行，酸不断被消耗，pH 值升高，当乏酸的 pH 值大于 2.2 时，酸溶产物中的 Fe^{3+} 将水解产生 $Fe(OH)_3$ 沉淀，造成二次沉淀，损害油层，降低油气产量。为提高残酸的返排效率，最有效的方法是向体系中添加助排剂，它能产生很低的表面张力，增大接触角，使乏酸容易从地层排出，从而清除地层伤害。

助排剂是一种能帮助酸化、压裂等作业过程中的工作残液从地层返排的化学品。作为助排剂，本身应具有很低的界面张力，一般需 8mN/m 以下，对地层的吸附力尽可能低，对其他工作液不发生作用，同时对地层不产生伤害。

酸液助排剂应满足在浓酸和高含盐条件下能有效地降低界面张力，减少Jamin效应，与酸液及酸液添加剂配伍。

助排剂的早期应用可追溯到20世纪60年代，当时研究者就提出了使用表面活性剂降低酸液表面张力，来提高酸液返排能力的方法。在注酸前注入氮气或二氧化碳，防止可能出现的排酸问题，加大酸液的返排速度。在低渗透的泥质储层酸化中，在酸液中加入醇类可以降低乏酸与地层液体间的界面张力并增加乏酸的闪蒸压力，促进乏酸返排。

20世纪70年代早期，水溶性含氟表面活性剂因能降低表面张力而在水基处理液中用作助排剂。从80年代开始助排剂发展迅速，出现了许多新型的助排剂产品。

1981年，有学者提出用有机硅烷的丙酮溶液处理近井地带，有机硅烷的活性基可与砂岩表面的羟基反应并形成羟基朝外的稳定吸附膜，使岩石憎水而促进排液。

1982年有学者通过对水溶性阳离子、非离子、阴离子和两性离子含氟表面活性剂的表面张力、热稳定性、在地层中的吸附性、返排特性、吸附对渗透率的影响等研究表明，氟碳表面活性剂的热稳定性很高，降低水和盐酸表面张力的能力远大于常用的烃类表面活性剂，在人造岩心上进行的排出实验中，氟表面活性剂水溶液的排出量最多。

1984年有学者通过岩心实验，对比处理液流量与油流量，发现了一种非离子型烃类表面活性剂。该剂虽然降低表面张力的能力不十分强，但却能提高亲水地层的处理液流量，在现场试验中使用该剂使工作液返排率平均达到80%（以往只能排出20%~40%），油井产量比以往高0.75~6倍。

1990年，有学者建议在土酸中加入少量氮烷基三烷基硅，认为该物质酸解后生成硅醇，硅醇中的羟基与硅质上的羟基反应形成醚键，将微粒与微粒或微粒与砂粒连接起来使之稳定；此外，由于有机硅与硅质之间的反应削弱了氢氟酸对硅质的反应，防止硅质被氢氟酸过度溶蚀，因此这是一种使用安全和廉价的有机硅助排剂。

20世纪90年代以来，由于单一的酸化助排剂或多或少都有局限性，助排剂的研究集中在表面活性剂的复配，并加强了苛刻条件下多功能助排剂产品的开发。针对目前油藏地质条件日益复杂、油层埋藏深度不断增加、地层温度越来越高、高温高盐地层越来越多等问题，对助排剂性能要求也越来越高。常用的氟碳表面活性剂具有良好的热稳定性，且表面活性高、耐酸性强，但价格昂贵；含非离子和阴离子的两性表面活性剂具有良好的抗盐和耐温能力；而有机硅作为助排剂可与砂岩表面形成一层吸附膜，不但抗温、抗盐效果良好，还有优异的表面活性。将上述表面活性剂用作助排剂可以降低油水界面张力，增大相对岩石表面的润湿角，使毛细管压力减小[11, 12]。

目前，针对国内外在进行酸化施工时助排剂产品使用情况，开展了复配助排剂研究，如用氟碳表面活性剂与烃类表面活性剂复配，氟碳表面活性剂与阴离子、非离子两性表面活性剂复配，复合离子单体与盐类的助排剂、有机硅助排剂等产品解决乏酸反排问题，不但能有效降低界面张力，减小Jamin效应，还能有效改善地层渗透率。下面就一些助排剂的组成及应用情况简要介绍。

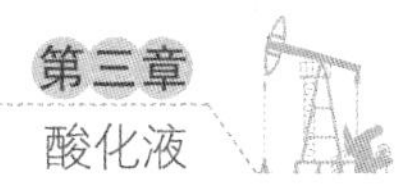

1. 氟碳表面活性剂

由于氟碳表面活性剂能降低表面张力，早在20世纪70年代就将其作为助排剂应用在酸化处理液中。研究表明，氟碳表面活性剂的热稳定性最高，酸化液的排出量最多，且降低水和盐酸表面张力的能力远大于常用的烃类表面活性剂。如通过比较不同助排剂加入酸液中的表面张力变化，筛选出的氟碳表面活性剂SH–1，能明显降低油、酸液的表面张力，最大降低率达82%，且能使酸化液返排彻底，显著提高酸化效果；针对塔河油田油藏埋藏深、厚度大、地温高、低渗透等特征，通过对助排剂的筛选，确定氟碳表面活性剂CF25B作为复配体系中的助排剂。它具有耐高温的特性，在塔河油田酸化工艺中起着重要的作用。向NWS–I型黏稳酸体系中加入含氟碳表面活性剂CF–5B，能有效地提高酸化液返排到地面的效率，现场5口井施工表明，产能提高了1.54倍，施工成功率100%，有效解决了高泥质油藏开采中存在的堵塞问题。

2. CT5–4助排剂

氟碳表面活性剂与烃类表面活性剂复配使用，可以显著提高酸化增产效果。针对酸化液不能迅速返排至地面而造成的堵塞问题，采用氟碳表面活性剂与烃类表面活性剂在溶剂中混合，得到一种CT5–4助排剂，它具有良好的热稳定性，将其用于压裂酸化液中，能够有效地提高助排效果，工作液返排率均在95%以上，返排量增长64.8%；另外，该助排剂与植物胶、盐酸等配伍性良好、岩心伤害小，且贮存有效期长，适用于低渗透油气井酸化施工作业中。用氟碳表面活性剂与烃类表面活性剂复配，在压裂酸化体系中助排剂加量0.3%时，表面张力小于29mN/m，接触角大于45°。研究表明，在酸化液中加入CT5–4助排剂，能产生极低的表面张力和增大接触角，从而降低了毛细管阻力，促使残液彻底返排，现场应用17井次表明，酸液返排率达100%，且增产天然气的产量490000m^3/d。

3. 氟碳表面活性剂与含阴离子、非离子表面活性剂复配助排剂

实验发现，一种非离子型表面活性剂能有效提高亲水地层的处理液流量，与氟碳表面活性剂复配可降低表面张力，在现场施工中，油井产量比以往高出2~3倍。如通过对表面活性剂的筛选，选定氟碳表面活性剂和兼具阴离子、非离子型表面活性剂复配得到的高温助排剂HC2–1，不仅能减弱地层的亲水性，且具有高表面活性，使残酸的返排率显著提高。另外，HC2–1具有良好的抗温性能，适用于180℃以下高温地层酸化作业残酸返排，使返排率由46%提高到97%，而在促进酸液返排的同时与原油不发生乳化反应；美国Doweu公司学者用氟碳表面活性剂、非离子表面活性剂和有机溶剂复配，得到的助排剂Fv75N表面张力不大于30mN/m，酸液返排率超过80%；针对低压、低渗透层油气井，用阴离子和非离子表面活性剂复配，可以使处理液的表面张力降到23mN/m以下，且润湿性好、助排能力强、用量少。由阴离子表面活性剂、非离子表面活性剂、低分子助剂等组成的破乳助排剂D–6，具有助排、破乳、洗油等多种功能，在胜利、吐哈、辽河、吉林等油田油层深度1800~5910m、油层温度75~153℃的28口井的酸化压裂施工中应用表明，成功率100%，增产效果良好。

4. 复合离子单体和盐类助排剂

使用复合离子表面活性剂会降低酸液表面张力，且可以提高酸液的返排效果。用阳离子单体、相对分子质量 150×10^4 的高分子化合物及阴离子表面活性剂复配得到 JZ-4 型助排剂，具有良好的降低表面张力和界面张力的特性，当使用浓度 0.5% 时，助排效果良好。针对萨尔图区南部油田地层压力低、原油含蜡量高等特点，由表面活性剂、发泡剂、无机盐、清防蜡剂等成分组成的高效发泡助排剂 JX-YL，在萨尔图区南部油田 16 口井的应用中表明，返排率提高 25% 左右，平均单井增油 19.9t，有效减小了压裂液对地层的伤害。

在低渗透的泥质储层酸化中，加入醇类溶剂可以降低酸与地层液体间的界面张力，并增加酸液的闪蒸压力，从而促进酸液的返排。如以表面活性剂 OBP-15、破乳剂 PR-1、PR-2 为主组分，加入异丙醇溶剂，得到的助排剂 NC-1；浓度 0.5% 助排剂溶液的界面张力为 1.2mN/m，显著降低了工作液界面张力，助排效果良好。以含氟聚醚季铵盐、烷基聚氧乙烯醚为主组分，加入甲醇溶剂，制备的 EN288 助排剂，表面张力小于 30mN/m，酸液返排率超过 80%。

5. 有机硅助排剂

有机硅烷可作为助排剂以促进排液效果，其原理是有机硅烷中的活性基团 Si—C 键可与砂岩表面的羟基反应形成稳定的吸附膜。由于链端含有羟基，因此可以使岩石憎水而促进酸液的返排。研究表明，用氮烷基取代的三烷基硅作为助排剂，它与酸反应生成硅醇，醇羟基与砂粒表面连接起来更加稳定，同时削弱了氢氟酸对有机硅的腐蚀。有机硅是 20 世纪 80、90 年代应用的一种安全和廉价的压裂酸化助排剂。

6. 高温酸化助排剂 HC2-1

HC2-1 助排剂组成为[13]：20% 氟碳表面活性剂 FX-2+70% 聚氧乙烯烷基酚醚磷酸酯盐 AP-4+5% 烷基苄基二甲基氯化铵 BCDMACl+5% 助表面活性剂 + 其他组分。HC2-1 具有使用浓度低、表面活性高的特点，在 20% 的 HCl 溶液中，当其浓度为 50mg/L 时，表面张力为 20.7mN/m；具有良好的耐温性能，在 180℃下恒温 48h，HC2-1 仍保持较高的表面活性；具有良好的耐盐能力，加有 HC2-1 的 20%HCl 溶液和 $CaCO_3$ 反应至 HCl 完全消耗，整个反应过程体系无新相生成且表面张力基本不变；可增大酸液体系的润湿角，进一步降低毛细管阻力，使酸液返排率由 46% 提高到 97%，在促进酸液返排的同时与原油不发生乳化反应；适用于高温油藏和深井酸化作业残酸返排。

八、其他添加剂

（一）暂堵剂

暂堵剂是指能暂时封堵高渗透层，而使酸转向低渗透层，以提高酸化效果的添加剂，也叫分流剂或转向剂。

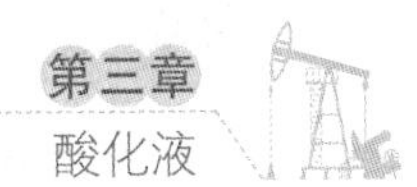

暂堵剂包括固体添加剂，如遇酸膨胀固体、硅粉、有机聚合物等；油溶性材料，如油溶性树脂、苯甲酸薄片、苯甲酸颗粒等；胶质添加剂，如瓜胶、刺梧桐树胶、纤维素、聚丙烯酰胺和聚乙烯醇等。

转向剂包括颗粒转向剂、冻胶转向剂和泡沫转向剂等。其中：①颗粒转向剂，如苯甲酸、硼酸等、油溶性树脂等，它们通过水溶或油溶的方法解堵；②冻胶转向剂，如铬冻胶、硼冻胶等，通过加在其中的破胶剂解堵；③泡沫转向剂则是通过气泡在高渗透层叠加的 Jamin 效应封堵高渗透层，地层中的油可解除泡沫产生的堵塞。泡沫转向剂包括黏弹性表面活性剂和助表面活性剂。黏弹性表面活性剂转向剂有长链的阳离子 - 阴离子型表面活性剂，如烷基二甲铵基丙酸内盐；助表面活性剂，如烷基磺酸盐。

黏弹性表面活性剂和助表面活性剂可以与高价金属离子反应形成一种结构，将乏酸稠化，迫使酸液进入未酸化地层，酸化后该结构溶于地层油或为地层水稀释所破坏。

（二）防淤渣剂

作为增产措施，酸化及酸化压裂目前得到了人们的重视。它是砂岩和碳酸盐岩油气层增产改造最有效的工艺措施。影响酸化效果的因素较多，当配方设计不当时，酸化过程中一些原油和酸液接触后可能生成一些以沥青质、胶质为主要成分的沉淀，即所谓的淤渣，它们会堵塞地层，使残酸返排困难，影响酸化效果。淤渣的形成与否对油井酸化的成败起着至关重要的作用[14]。

以原油的胶体体系模型为基础，酸过程中 H^+ 和 Fe^{3+} 破坏了原油胶体分散体系的空间稳定性、电力稳定性和动力稳定性，导致胶质沥青质从原油中析出。关于淤渣的形成的机理，一般认为原油中的沥青物质以胶态分散相形式存在，它以高相对分子质量的聚芳烃分子为核心，此核心被低相对分子质量的中性树脂和石蜡烃包围，形成直径为 3.0~6.0nm 的球状体，核周围靠吸附着较轻的芳香族组分所稳定。这种胶态分散相相当稳定，但当与酸接触时，沥青质就会凝结并形成不溶解的淤渣。这种淤渣是一种黏性乳状液，被富含沥青的有机体所稳定，原油中的沥青成分中的含氧基团是形成酸渣的原因。影响淤渣形成的原因除原油本身性质外，酸液中溶有一定量的 Fe^{2+} 和 Fe^{3+}，大大促进了淤渣的形成，尤其是 Fe^{3+} 对淤渣的生成特别明显。

当酸在输送、储存或经过地面设备、井下套管、油管或工具时，能从机械铁屑、铁锈和金属表面溶蚀铁。一旦淤渣形成，酸化井的产量就可能下降，采用溶剂或化学药剂进行补救比再实施一次酸化更有利于提高产量。

下面是一些常用的防淤渣剂及其作用机理。

（1）油溶性表面活性剂。

油溶性表面活性剂，如脂肪酸、烷基苯磺酸等，可按极性相近规则与胶质、沥青质中的含硫部分、含氮部分结合，减少胶质、沥青质与酸反应及与铁离子络合，起防淤渣作用。

（2）铁稳定剂。

铁稳定剂能够通过螯合酸中的 Fe^{2+}、Fe^{3+} 或将 Fe^{3+} 还原为 Fe^{2+}，减少淤渣的生成。

（3）芳香烃溶剂。

芳香烃溶剂作为酸与原油的缓冲段塞，避免接触。

选用适当的防渣剂将会大大减少酸渣的生成。实验表明，对于缓速酸和常规土酸，采用 0.1%DTPA（乙烯三胺羧酸）+1.0%RS 互溶剂 +0.8%ASP（基苯硫酸盐和非离子表面活性剂等质量混合物）组成的缓速土酸的防渣剂，可使酸渣量降低 80% 以上。

（三）润湿反转剂

润湿反转是指由于表面活性剂的吸附，而造成岩石润湿性改变的现象。液体对固体的润湿能力有时会因为第三种物质的加入而发生改变。例如，一个亲水性的固体表面由于表面活性物质的吸附，可以改变成一个亲油性表面；或者相反，一个亲油性的表面由于表面活性物质的吸附改变成一个亲水性表面。固体表面的亲水性和亲油性都可在一定条件下发生相互转化，因此把固体表面的亲水性和亲油性的相互转化叫作润湿反转。

润湿反转剂是指能改变地层表面润湿性的化学剂，在酸化中它主要用于油井。由于酸液中的缓蚀剂在油井近井地带吸附，可将地层的亲水表面反转为亲油表面，减小了地层对油的相对渗透率，影响酸化效果。如将油井近井地带的润湿性由亲油反转为亲水，则将大大提高地层对油的渗透率，改善酸化效果。

润湿反转剂有两类，一类是表面活性剂，它可将地层表面按极性相近规则吸附第二吸附层而起润湿反转作用，例如聚氧乙烯聚氧丙烯烷基醇醚、磷酸酯盐化的聚氧乙烯聚氧丙烯烷基醇醚或它们的混合物；另一类润湿反转剂是互溶剂，它可将吸附在地层表面的缓蚀剂脱吸下来，恢复地层表面的亲水性。

（四）消泡剂

由于酸液中加有表面活性剂类添加剂，若产生泡沫，将造成配酸液时泡沫从罐车顶端入口溢出。一方面腐蚀设备，另一方面配不够施工用的体积，施工时也会造成抽空，排量不够，这都将会影响酸化效果，为此在酸液中需要加入消泡剂。

消泡剂是用来抑制、消除泡沫的生成，原理是由于消泡剂在酸液表面铺展、吸附，其分子取代了起泡剂分子，形成了强度较差的膜；同时，在铺展过程中带走邻近表面层的部分溶液，使泡沫液膜变薄，降低了泡沫的稳定性，使之易于破坏，从而起到了抑制和破坏泡沫的作用。常用的消泡剂有异戊醇、烷基硅油、甘油聚醚、环氧乙烷与环氧丙烷的共聚物、磷酸三丁酯、二硬酯酰乙二胺、斯盘-85[15]。

（五）酸液悬浮剂

由于岩石并不全是碳酸盐，酸液溶解不掉的黏土、淤泥等杂质颗粒会从原来的位置松散下来，形成絮凝团，这些团块移动并可能聚集，以致堵塞油气层孔隙。因此应设法

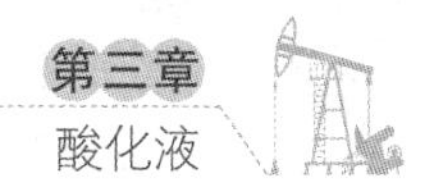

使杂质颗粒悬浮在酸液中，随残酸返排出油气层。

在酸液中加入表面活性剂后，由于表面活性剂可以被杂质颗粒表面所吸附，从而使杂质保持分散状态而不易聚集，用于此目的的表面活性剂称为悬浮剂。常用的悬浮剂是阴离子型表面活性剂，如烷基磺酸盐等。

第二节　酸化液体系

油井酸化处理是一种使油井增产的有效方法，它是通过井眼向地层注入工作酸液，利用酸与地层中可反应的矿物的化学反应，溶蚀储层中的连通孔隙或天然（水力）裂缝壁面岩石，增加孔隙、裂缝的流动能力，从而使油井增产的一种工艺措施。油井酸化处理中通常针对地层情况选择对应的酸化液体系，本节重点介绍一些常用酸液体系的组成、性能和应用[16]。

一、土酸酸液体系

（一）常规土酸体系

1. 盐酸

盐酸是最常用的也是最简单的酸液体系，它适用于碳酸盐岩类油气层的酸压和解堵酸化。典型配方：15%～28%HCl+1%～3% 缓蚀剂 +1%～3% 表面活性剂 +1%～3% 铁离子稳定剂。

由于酸岩反应速度相对变慢，有效作用范围大；单位体积盐酸可产生较多的二氧化碳，有利于残酸的排出；单位体积盐酸可产生较多的氯化钙、氯化镁，提高残酸的黏度，控制了酸岩反应速度，并有利于悬浮、携带固体颗粒从地层中排出。故高浓度盐酸对碳酸盐岩类油气层的处理效果显著。

盐酸的优点是成本低，对地层的溶蚀力强，反应生成物（氯化钙、氯化镁及二氧化碳）可溶，不产生沉淀，酸压时对裂缝壁面的不均匀刻蚀程度高。盐酸的缺点是与石灰岩反应速度太快，特别是对于高温深井，由于地层温度高，盐酸与地层岩石反应速度太快，因而处理范围有限；盐酸对井中管柱具有很强的腐蚀性，温度高时腐蚀性更强，容易损坏泵内镀铝或镀铬的金属部件，防腐费用很大。

2. 土酸 +HF

由盐酸和 HF 组成的混合酸化液，也是常用的酸化液体系，它适用于砂岩储层的解堵酸化施工作业，其特点与盐酸相近。

典型配方：6%～15%HCl+0.5%～3%HF+2%～3% 缓蚀剂 +2%～3% 表面活性剂 +1%～3% 铁离子稳定剂 +1%～3% 黏土稳定剂。

3. 醇土酸

醇土酸是将土酸（盐酸）和 5%~20% 的异丙醇或甲醇（可达 50%）混合得到，主要应用于低渗的干气层。

用醇稀释后不仅降低了酸与矿物的反应速度，并具有缓速作用，同时还降低了酸的表面张力，提高了混合物的蒸汽压力，从而通过减少水的饱和度改善了气体的渗透性，可以加速排液并提高排液质量；不足之处是防腐问题增多，且可能发生盐沉淀。

应用表明，在蜀南地区须家河组采用醇基酸酸化优于普通酸，但由于砂岩储层酸化改造规模及效果远不如加砂压裂，加上可能存在酸敏，因此醇基酸在蜀南地区须家河组砂岩储层改造中最好作为加砂压裂的辅助和补充手段[17]。

醇基盐酸用于解除固井水泥污染。例如，蜀南地区须家河组砂岩中碳酸盐岩含量较低，最高 10%，一般为 1%~3%，盐酸酸化对基质储层改造效果差，醇基盐酸主要用途有两个：一是用于碳酸盐相对含量高的井；二是用于气水不清的井，作为加砂压裂前的预处理，如果酸化解除固井产生的水泥污染及射孔压实带污染后，测试产水，则不进行昂贵的加砂压裂。醇基盐酸用量不宜过大，一般 $20m^3$ 左右即可。

醇基土酸（或氟硼酸）可以用于裂缝较发育，或本身有一定产量，不需加砂就可获得较高产量的井；气层和水层相隔很近时，不能加砂压裂，只能解堵酸化的井。由于醇基酸用量一般不大，配酸时建议采用乙醇，乙醇虽然较甲醇贵，但无毒；此种酸化醇用量小，费用小，且用乙醇可以降低安全及环保投资。

对于强水敏储层来说，酸化的难点在于常规酸液会使黏土矿物膨胀、运移，从而造成岩石骨架的坍塌，导致酸化施工失败。实践表明，采用醇基酸化液具有较好的溶蚀、低破碎、破乳、助排、抑制二次沉淀等性能，现场应用中取得了较好的效果[18]。

4. 有机土酸

将盐酸、氢氟酸、甲酸或乙酸等有机酸按一定比例及配伍性添加剂混合可得到有机土酸体系。有机土酸适用于砂岩酸化。

当盐酸足量时有机酸几乎不参与反应；当盐酸与储层矿物发生反应，有效浓度低时，有机酸才与储层矿物发生缓慢反应，延缓了氢氟酸的消耗，保持了较低的 pH 值，增加了酸液穿透半径。

一般乙酸或甲酸的浓度为0~9%，盐酸的浓度为5%~15%，氢氟酸的浓度为0~4%。

（二）非常规土酸体系

砂岩储层酸化技术是实现油井解堵和增产的一项重要技术，土酸体系是砂岩基质酸化最常用的酸液体系，它是盐酸和氢氟酸以不同的比例组成的混合酸。由于氢氟酸是溶解含硅矿物的普通酸之一，因此几乎所有用于砂岩基质酸化的酸液均含有氢氟酸或者其原始化合物。

砂岩油层用常规土酸处理，由于部分解除了地层伤害，提高了近井地带的渗透率，长期以来作为一项油田增产措施是有一定效果的。然而，由于 HF 与黏土矿物反应非常

迅速，酸液大部分消耗在井筒附近，造成酸液作用时间短，穿透距离短，增产效果并不理想。在胶结疏松的砂岩储层，可能造成 HF 对作为胶结物的黏土矿物过度溶蚀，从而造成地层更加疏松甚至造成地层垮塌。同时，HF 与砂岩储层的硅铝酸盐矿物反应生成的二次沉淀也将影响地层的渗透率以及最终的增产效果。因此，利用常规土酸酸化的井一般都是初期增产而后期迅速递减，这在很大程度上限制了酸化效果[19]。

由于常规土酸酸化存在上述储多缺点，研制了一系列砂岩非常规土酸酸液体系。这些体系基本原理大部分是注入本身不含 HF 的化学剂进入地层后发生化学反应，缓慢生成 HF，从而稳定岩石骨架，增加活性酸的穿透深度。但是，由于其缓慢生成的 HF 对地层的溶蚀能力有限，这些砂岩酸液体系有时需要与土酸联合使用。

这些非常规砂岩酸液体系包括：氟硼酸、磷酸、硝酸、氟硅酸、顺序注盐酸—氟化铵、缓冲调节土酸、有机酸 - 土酸、铝盐缓速酸等酸化体系。

1. 氟硼酸体系

氟硼酸是一种强酸，其酸性与盐酸相当，当 HBF_4 注入地层后，发生水解，生成氢氟酸 HF。

氟硼酸酸化是利用氟硼酸进入地层后，水解生成氢氟酸溶解硅质矿物，解除较深部地层的堵塞，恢复并提高渗透率，增加油井产量和注水井的注入量。

氟硼酸在水中的水解是分步进行的，水解产物包括 HBF_3OH、$HBF_2(OH)_2$、$HBF(OH)_3$、H_3BO_3 和 HF，水解反应式如下：

$$HBF_4+H_2O=HBF_3OH+HF \quad \text{（反应慢）} \quad (3-4)$$

$$HBF_3OH+H_2O=HBF_2(OH)_2+HF \quad \text{（反应快）} \quad (3-5)$$

$$HBF_2(OH)_2+H_2O=HBF(OH)_3+HF \quad \text{（反应快）} \quad (3-6)$$

$$HBF(OH)_3=H_3BO_3+HF \quad \text{（反应快）} \quad (3-7)$$

氟硼酸第一级水解慢，限制了酸液中 HF 的生成速度。当氢氟酸消耗时，它通过水解能产生更多的氢氟酸。而氟硼酸水解生成的氢氟酸（HF）浓度很低，通常小于 0.2%，但它总的溶解能力相当于 2% 的土酸的溶解能力。在清除近井地层表皮伤害时，氟硼酸处理效果不如土酸，因而其通常与土酸联合使用。联合使用时，土酸的作用是解除近井地带的堵塞，氟硼酸的作用是解除地层深部的伤害物，稳定储层深部的黏土。稳定黏土的原理是：通过在地层中水解生成的氢氟酸溶解黏土矿物及颗粒后，被溶蚀的黏土会覆盖在其表面，封锁了黏土表面离子交换点，降低黏土阳离子交换能力，使潜在的黏土颗粒原地胶结，从而达到清除堵塞、固结黏土、防止微粒运移的目的。

氟硼酸与岩石反应的速度比常规土酸慢，对岩石的破坏程度比土酸小，酸化作用距离较远。据资料介绍，在 83.3℃时氟硼酸与玻片的反应速度是具同样氢氟酸数量的土酸的 1/9，岩石抗压强度比土酸高 30%~50%。

氟硼酸水解速度随温度升高而加快，因此该工艺不适用高温地层的酸化；与土酸相比其价格也较昂贵，而且与储层岩石反应速度慢，一般需关井反应一段时间。

氟硼酸酸化工艺已经较为成熟，在世界各大油田均有所应用。美国东海湾地区，我国的胜利油田、华北油田、江汉油田、渤海油田等都进行过氟硼酸酸化，增产增注效果比较明显。

2. 磷酸酸化液体系

磷酸酸液一般由 12%H_3PO_4+3%HF 再加上活性剂、黏土稳定剂、互溶剂、缓蚀剂和磷酸盐结晶改良剂配制而成。其中 H_3PO_4 是中强酸，又是三元酸，在水中发生三级电离，电离平衡式可表示如下：

$$H_3PO_4 \rightarrow H^+ + H_2PO_4^- \text{（慢）} \quad (3\text{-}8)$$

$$H_2PO_4^- \rightarrow H^+ + HPO_4^{2-} \quad (3\text{-}9)$$

$$HPO_4^{2-} \rightarrow H^+ + PO_4^{3-} \quad (3\text{-}10)$$

在25℃条件下它的三级电离常数 K_1、K_2、K_3 分别为 7.5×10^{-3}、6.3×10^{-8}、3.6×10^{-13}，可见酸性强弱由第一级电离所决定，H_3PO_4 的 K_1 通常比 HCl 的电离常数（约为 10）低得多，从而磷酸酸化可延缓反应，达到深穿透目的。

磷酸可解除硫化物、腐蚀产物及碳酸盐类等堵塞物，在地层条件下，反应产物主要是 CO_2 和易溶于水的磷酸二氢盐，其反应式如下：

$$MCO_3 + 2H_3PO_4 = M(H_2PO_4)_2 + CO_2\uparrow + H_2O \quad (3\text{-}11)$$

$$MS + 2H_3PO_4 = M(H_2PO_4)_2 + H_2S\uparrow \quad (3\text{-}12)$$

$$FeO + 2H_3PO_4 = Fe(H_2PO_4)_2 + H_2O \quad (3\text{-}13)$$

$$Fe_2O_3 + 6H_3PO_4 = 3Fe(H_2PO_4)_2 + H_2O \quad (3\text{-}14)$$

其中，M 表示两价金属离子。由于磷酸/氢氟酸与碳酸盐岩反应生成氟代碳酸钙——磷石灰，很快在碳酸盐岩石表面形成一层覆盖膜，阻止碳酸盐继续溶解，减少 CaF_2 沉淀。在地层条件下，磷酸与碳酸盐岩反应的产物 CO_2 存在于地层中，使反应平衡向左移动，大大降低了磷酸的消耗速率。产物磷酸二氢盐与磷酸可形成缓冲溶液，pH 值始终处于较低状态（小于 2）。Creig Clark 等指出，在地层条件下磷酸便成为一种“自生缓速”的酸，即使与地层接触时间较长，其 pH 值也很少增加到 3 以上。室内常压下的实验表明，在碳酸盐岩过量的情况下，24h 后 pH 值仍在 3 以下，有效防止了 AlF_3、CaF_2、$Al(OH)_3$、$Si(OH)_4$、$Fe(OH)_3$ 等许多不利产物的沉淀。

对于油藏中碳酸盐含量高，泥质含量高，含有水敏及酸敏性黏土矿物（绿泥石、黄铁矿等），污染较重又不易用土酸处理的地层，可用磷酸/HF 处理。尤其对含有 15%~20% 钙质的砂岩储层采用磷酸酸化特别有效。

国内临商油田采用该工艺进行油井解堵，胜利油田利用该工艺进行水井解堵，均取得了明显效果。据介绍胜利油田 5 口水井试验井经磷酸液酸化后，平均酸化半径为 1.52~1.85m，初期平均日增注水量 97.5m^3，4 个月后平均日增注入量 65.2m^3，有效期大于 4 个月。

3. 硝酸酸化液体系

硝酸酸化最早由乌克兰石油工业科学研究院的研究人员提出，该工艺是将特殊工艺生产的固体硝酸粉末用不含水的柴油作为携带液打入地层，在地层内遇水或后续的酸液

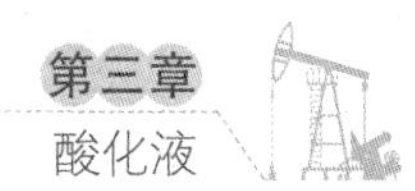

后释放出活性硝酸，配合使用其他无机酸和必要的添加剂，形成多组分强酸体系，与地层中的有机堵塞物和无机堵塞物发生可溶性硝酸盐反应，疏通油流通道，从而达到增产增注的目的。反应方程式为：

$$MCO_3+2HNO_3 = M(NO_3)_2+CO_2\uparrow +H_2O \tag{3-15}$$

$$Fe_2O_3+6HNO_3 = 2Fe(NO_3)_3+3H_2O \tag{3-16}$$

式中，M 表示两价金属离子。

硝酸粉末外观为白色粉末，平均粒度 <100μm，熔点 140℃(分解)；溶于水、乙醇，不溶于油。其粉末在水中的溶解度随温度的升高而升高。正常状态下硝酸粉末呈非活性，溶于水后可分解出具有强氧化性的 HNO_3。

对于低温地层（60℃以下），硝酸粉末在地层孔隙中逐渐溶解，使地层在较长的时间里维持低 pH 值，防止地层二次污染。释放出的活性硝酸与地层岩石反应速度较慢，实验证明其反应速度比盐酸慢 9 倍，比液体硝酸慢 4.5～5.5 倍（该结果与实验条件有关，如岩心矿物成分、酸浓度、温度），但该酸液体系对含油岩心浸泡的溶蚀量比单纯采用盐酸、土酸的岩心溶蚀量却大得多。

硝酸粉末在用油做载体时可被挤入较大的径向深度。当较深的地层流体通道中存在堵塞物时，硝酸粉末先在堵塞物周围富集，然后溶解、反应，从而使堵塞物周围有较高的酸浓度，对堵塞物的溶解能力得以提高。硝酸粉末被挤入地层后先进入低阻力通道并堆积，使该通道阻力增大，从而使后续注入的酸能够较为均匀地向四周渗透，起到类似于酸化暂堵剂或降滤失剂的作用，以获得较大的波及范围。对裂缝性地层，作用尤为明显。非活性硝酸粉末在后续注入的酸溶液及水中可逐渐溶解，故不会堵塞原来那些低阻力地层通道。

硝酸酸化工艺自从 1994 年从国外引入后，在玉门、中原、胜利、青海、辽河、克拉玛依及大庆等油田均有所应用，成功率大于 80%。

4. 氟硅酸酸化液体系

在 Bryant 的最新砂岩基质酸化模型基础上，提出了用于解除砂岩储层深部黏土堵塞的氟硅酸液体系。该体系不与石英反应而选择性地与黏土反应，酸 / 岩反应主要在氟硅酸与黏土之间进行，石英不参与反应，因而不会被溶蚀，岩石骨架不会被破坏。实验表明，利用氟硅酸，即使注入再多的酸液，岩石结构也不会被破坏，这一点对易出砂且胶结疏松的砂岩地层非常重要。H_2SiF_6 与黏土之间的反应速度随温度的升高而加快，较高温度的油藏更适合于 H_2SiF_6 处理。不同浓度的 H_2SiF_6 与高黏土含量砂岩储层岩心的反应速度不同，浓度过低不足以解除储层伤害。

与常规土酸酸化一样，氟硅酸也与 HCl 或 HAc 联合使用以避免硅胶及氟硅酸盐沉淀，而且也需要 HCl 或 HAc 作为前置液溶解碳酸盐岩，该酸液体系最适合于解除砂岩储层深部黏土堵塞。

5. 顺序注盐酸－氟化铵酸化液体系

该工艺利用黏土的天然离子交换性能，在黏土表面生成 HF 而就地溶解黏土。向地

层注入 HCl 和 NH_4F，这两种物质本身不含 HF，但注入地层的两种液混合后，便缓慢生成 HF。

先把 HCl 注入地层，HCl 和黏土接触，H^+ 离子和黏土表面的阳离子（Na^+、Ca^{2+}、Mg^{2+} 等）进行离子交换，由于黏土表面有了 H^+ 离子，黏土变成酸性土（氢基黏土）；接着注入 NH_4F，溶液中的 F^- 离子与黏土表面上的 H^+ 离子在黏土表面相遇结合成 HF，就地溶解黏土，同时黏土又可进行阴离子交换；当和 NH_4F 接触时，F^- 又可取代黏土表面的阴离子，再次注入 HCl 时，同样有 HF 在黏土表面形成，这样交替注入 HCl 和 NH_4F，便可达到一定的处理深度，实现对地层的深部酸化。

研究表明，该方法只对含黏土的岩心起作用，不易和砂子反应，对不含黏土的岩心无作用，在提高岩心的渗透率和穿透深度方面都优于常规土酸，而且交替次数越多，效果越好。然而，由于研究人员对此工艺产生 HF 的能力提出了质疑，因而 20 世纪 90 年后很少再有该技术的现场应用报道，胜利油田在 20 世纪 80 年代初期曾大规模应用。

6. 缓冲调节土酸液体系

该体系由有机酸及其铵盐和氟化铵按一定比例组成，通过弱酸与弱酸盐间的缓冲作用，控制在地层中生成的 HF 浓度，使处理液始终保持较高的 pH 值，从而达到缓速的目的。所用弱酸不同，pH 值范围也不同，如甲酸 / 甲酸铵（称 BR–F 系列），pH 值为 3.1～4.4；乙酸 / 乙酸铵（称 BR–A 系列），pH 值为 4.2～5；柠檬酸 / 柠檬酸铵（称 BR–C 系列），pH 值为 5～5.9。

该工艺可用于储层温度较高的油井酸化，在温度高达 185℃的含硫气井进行 BR–A 系列实验，效果良好。处理高温井不用担心腐蚀问题，可不加缓蚀剂，避免了缓蚀剂对渗透率的伤害；但是，用该体系仅在井底温度不超过 54℃时进行了成功的酸化，由于近井筒地区酸性相对较弱，采用这一体系易产生许多堵塞沉淀（如氟化铝）。

针对河南油田注水井酸化使用的常规酸液溶蚀黏土多、溶蚀石英少、基质改造效果差的缺点，研制出一种新型有机酸化液 PS，主要由有机酸、含氟盐、添加剂组成。有机酸化液 PS 的主体浓度为：4%～6% 有机酸 +4%～7% 含氟盐。注入地层后通过有机酸液对黏土的包裹作用，减少 HF 对黏土胶结物的溶蚀，从而确保有足够的 HF 对石英基质的溶蚀，起到了基质改造的作用。该技术经现场 15 井次试验，截至 2005 年初累计增注 188048m^3，措施注水井对应油井累计增油 10345t，平均有效期 282d，应用效果显著[20]。

7. 有机酸 – 土酸酸化液体系

它是一种或几种有机酸（如甲酸、乙酸等）与盐酸或氢氟酸的混合酸液。有机酸是弱酸，电离常数比盐酸小得多。在盐酸足量的情况下，有机酸几乎不参与反应；当盐酸与储层矿物反应，有效浓度变低时，有机酸才进一步电离与储层矿物缓慢反应，使氢氟酸的反应活性延长，保持溶液的低 pH 值，增加了酸液的穿透距离。

这种体系特别适合高温井（95～150℃），因为其缓速缓腐蚀效果明显。如在塔里木东河油田（储层温度高达 140℃）注水井增注作业就利用了该体系。在 3 口

井的酸化设计和施工中，采用了酸化前先用稀酸循环洗油管、预冲洗液降温、前置有机酸－盐酸溶解碳酸盐岩（5%～10%HCl+5%HAc+ 添加剂）、有机酸－土酸酸化（5%～10%HCl+1%～1.5%HF+5%HAc+ 添加剂）、有机酸－土酸作为后冲洗液、不返排残酸和及时注水等工艺措施，作业后均获得了预期效果。

8. 铝盐缓速酸化液体系

铝盐缓速酸（简称 AlHF）[21]，由土酸加入某种铝盐（$AlCl_3$）组成，酸液中可形成 AlF_n^{3-n}（$n \leqslant 6$）络离子，络离子的价数为 3–*n*。此酸液进入地层后，与泥质胶结物反应，其中的 HF 逐渐消耗，但酸液中的 AlF_n^{3-n} 络离子可逐级离解出 F^-，并形成 HF 加以补充。这种离解反应速度很慢，随着 HF 的消耗而逐级进行，因此，可以延缓酸液的反应速度，达到深部酸化的目的。理论上，F^- 与 Al^{3+} 的离子浓度比值超过 6 时，超过部分不会形成络离子，故不存在延迟作用，酸液的延迟效应要在活性 HF 消耗到使离子浓度比值降为 6 时才显示出来；当离子浓度比值小于 1 时，F^- 难以脱离络离子并形成 HF；因此，所需的离子浓度比值应在 1～6 之间。反应过程如下：

$$Al^{3+}+nHF \rightleftharpoons AlF_n^{(3-n)}+nH^+ \tag{3-17}$$

$$AlF_n^{(3-n)}+H^+ \rightleftharpoons AlF_{(n-1)}^{(4-n)}+HF \tag{3-18}$$

……

$$AlF_2^+ + H^+ \rightleftharpoons AlF^{2+}+HF \tag{3-19}$$

从式（3–17）～式（3–19）可以看出，若 *n*=4，则 HF 的利用率为 75%，*n* 越大，HF 的利用率越高。典型的铝盐缓速酸由 15% 的 HCl 和 1.5% 的 HF 再加 15%$AlCl_3 \cdot 6H_2O$ 组成。酸液进入地层后，与硅质物反应，HF 逐渐消耗时，络离子可逐级离解出 F^-，与酸液中 H^- 生成 HF 加以补充，络离子离解速度随 F^- 消耗而逐级减慢，使酸化达到较深部位。理论上虽然其将延缓反应速度，但是黏土的延缓反应没有被实验证明。在反应前使用含铝离子的酸使堵塞产物产生早期沉积。流动实验表明它比土酸的有效作用距离更小。另外，实践表明，酸体系中加入铝增加了发生无晶形的铝硅酸盐沉淀，从而堵塞射孔孔眼与砾石充填。现在很多学者反对利用铝盐来缓速，国内只有 20 世纪 80 年代中后期有些油田采用过该技术。

在土酸体系应用的基础上，为了克服土酸酸化存在的不足，减缓酸岩反应速度或降低酸液滤失，增加酸液有效作用距离而发展起来一系列不同类型的缓速酸液体系。它们是通过对酸的稠化、乳化、改变酸液与岩石的亲油性等得到，主要包括胶凝酸（稠化酸）、交联酸、乳化酸、化学缓速酸、泡沫酸、自生酸和多氢酸体系等。

二、胶凝酸（稠化酸）

常规酸液在酸化施工中，由于酸岩反应速度快，有效作用距离短，穿透深度有限，而导致酸液不能沟通远井地带，因此增产措施效果变差。为了提高酸化效果，最有效的方法之一是在酸液中加入胶凝剂，控制氢离子的扩散速度，逐渐溶解岩石及其黏土矿物，增强酸液在地层中的渗透能力，从而实现地层的深部酸化。早在20世纪60年代初，人们就发现用瓜胶可作为胶凝剂，到了70年代，工业上才正式应用，但由于在高温（>90℃）和高剪切速率下，胶凝酸液保持所需黏度非常困难，因此使用并不普遍。直到80年代初期，美国Halliburton公司研制出SGA-HT胶凝剂，Phillips公司研制出DSGA胶凝剂，胶凝酸才进入实际推广应用阶段。90年代，胶凝剂仍以瓜胶及其衍生物、纤维素及其衍生物为主，且瓜胶类应用最多。

（一）胶凝酸组成及特点

胶凝酸体系由稠化剂、酸液和各种添加剂等组成，其特点是低残渣，对地层的伤害小，缓速能力较强，穿透距离长等。胶凝酸（稠化酸）适用于高温储层酸压（酸化）缓速、降滤失，深部穿透改造。

由于稠化剂分子的网状结构，能够束缚氢离子的活动，从而起到缓速作用，因此在盐酸中加入胶凝剂（或稠化剂），使酸液黏度增加，可以降低氢离子向岩石壁面的传递速度。典型配方：15%~28%HCl+2%~8%酸液增稠剂+2%~3%缓蚀剂+2%~3%表面活性剂+2%~3%铁离子稳定剂。

稠化酸处理的优点是缓速效果好，黏度高、滤失小，携带酸化后不溶性岩石颗粒及淤泥的能力强；缺点是稠化剂增加了酸液的黏度，破胶不好时不利反排。温度较高时，大部分稠化剂在酸液中迅速降解，热稳定性差，因此只限于中、低温地层使用。残酸液中杂质及反应产物较常规酸对储层伤害较大。

胶凝酸处理工艺一般为：挤预处理液（10%盐酸+0.5%缓蚀剂+0.5%铁离子稳定剂），挤前置液（1%OP-10+2%KCl+4%过硫酸铵），挤主处理液（5%稠化剂+12%HCl+10%HAc+各种添加剂），挤由活性水配制的顶替液。

（二）酸化液胶凝剂及特点

酸化液的胶凝剂主要包括瓜胶、刺梧桐树胶等含有半乳苷露聚糖的天然高分子聚合物，聚丙烯酰胺，纤维素衍生物等工业合成或天然材料改性的高分子聚合物等。

目前国内外应用较多的酸液胶凝剂主要有丙烯酰胺类聚合物、多糖类聚合物、生物聚合物和乙烯类聚合物等几类，其中，丙烯酰胺类聚合物产品开发和应用最多[22]。

1. 丙烯酰胺类聚合物

聚丙烯酰胺是油田开发中应用最早且最广泛的聚合物之一，其相对分子质量通常为100×10^4~3000×10^4，约为瓜胶和纤维素时10~100倍。

聚丙烯酰胺作为胶凝胶的特点是：①增黏性。它是一种非离子线性聚合物，大分子链在溶液中呈无规则团状，溶液黏度较高，且黏度随相对分子质量增大而增加、随温度的升高而降低、随剪切速率的增加而降低，部分水解聚丙烯酰胺溶液黏度随水解度的增加而增加。②耐盐性。当加入无机盐时，由于电解质的屏蔽作用使溶液黏度降低，此时应减小胶凝剂分子中易水解的基团比例，在聚丙烯酰胺分子链中引入对盐不敏感的水化

基团、化学稳定性好的耐水解基团等，提高分子抗盐性能。③耐温、耐水解性。当胶凝剂的主链结构是高碳链、刚性链结构时，可以提高耐温和耐水解性能，在聚丙烯酰胺主链或侧链中引入强极性基团，使得分子热运动阻力增加，阻碍了分子链的运动，也增加了胶凝剂的耐温性能，同时提高其耐水解性。

当介质环境温度低于 70℃时，聚丙烯酰胺可作为胶凝剂单独使用，但介质温度高于 70℃，在酸液中长时间使用会产生絮凝沉淀，因此必须对其进行改性。耐酸、耐高温改性途径有两种：一是使高分子链阳离子化；二是将丙烯酰胺与其他阳离子单体共聚。具有抗温、抗盐性质的阴离子型单体，一般较阳离子单体价格贵，且地层中的高价阳离子容易与阴离子型胶凝剂结合，形成不溶性沉淀物，还会堵塞流通通道，造成储层伤害，因此考虑到经济成本、现场施工等问题，利用阳离子单体通过聚合反应来制备阳离子型胶凝剂。经过改性后的阳离子型聚丙烯酰胺具有良好的增黏、耐高温、耐酸、抗盐、抗剪切和降低摩阻等性能。例如，由丙烯酰胺和二甲基二烯丙基氯化铵（DMDAAC）通过反相乳液聚合制备的阳离子型稠化剂 GD-1，可用于高温油藏深部解堵的稠化剂，在 60℃和 90℃条件下热稳定性均大于 80%；随着温度的升高，其黏度下降幅度明显小于 PAM；浓度为 1.5% 的 GD-1 酸液体系，在 90℃下表观黏度大于 20mPa · s。对比实验表明，稠化剂 GD-1 与油田使用的阳离子型酸液添加剂有较好的配伍性，剪切稳定性好于同类产品，在高温下对岩屑的溶蚀率仅为常规土酸的 1/3，并且缓速性能优良，有效作用时间长达 12h，适用于高温砂岩地层的深部解堵[23]。

此外，丙烯酰胺与含磺酸基团的单体 AMPS 进行共聚得到的胶凝剂，具有较高的相对分子质量，耐温、耐盐、抗剪切，缓速性能良好，适用于 120～180℃高温储层的酸化作业。

2. 多糖类聚合物

多糖类聚合物包括瓜胶及其衍生物、纤维素及其衍生物等，其优点是对于水基流体是非常有效的增黏剂、残渣含量小，但高温稳定性差，在强酸体系里自身不稳定，易生物降解。例如，在浓度为 15% 或更高的盐酸中，以及 38～65℃温度范围内，多数多糖类聚合物在 1800s 内失去效果。

（1）瓜胶及其衍生物。

瓜胶是一种非离子型聚多糖类支链聚合物，主要化学成分是半乳甘露聚糖。由于瓜胶粉含有大量的水不溶解物，水合增黏速度慢，因此瓜胶一般是改性后使用。目前常用的瓜胶衍生物有两种：一种是羟丙基瓜胶（HPG），另一种改性产物为羧甲基羟丙基瓜胶（MHPG）。瓜胶的衍生物黏度和瓜胶相似或稍高，能在较低温度下进行水合作用生成水合物，含有较少的水不溶物，具有较高的热稳定性，且可生物降解性低。

（2）田菁胶。

田菁及羧甲基田菁亦属半乳甘露糖天然植物胶，由于聚糖中含有较多的半乳糖侧链，因此在常温下易溶于水。田菁冻胶的黏度高、摩阻小，但由于滤失性、热稳定性和残渣含量均不理想，因此用化学方法改性制备出羧甲基田菁冻胶。它是一种聚电解质，能与多价金属离子交联形成空间网络结构的水基冻胶。

（3）纤维素及其衍生物。

纤维素衍生物主要是羧甲基纤维素（CMC）、羟乙基纤维素（HEC）等。

3. 生物类聚合物

黄胞胶为黄单胞杆菌分泌的胞外多糖生物聚合胶，是一种支链型高分子聚合物。水溶液中大分子链呈螺旋状，其相对分子质量为 $200\times10^4\sim500\times10^4$，具有良好的耐盐、耐剪切性能，增黏效果好，且在岩石表面吸附损失小。它的缺点是易发生生物降解。黄胞胶可与乙烯类单体进行自由基接枝共聚，如与丙烯酰胺共聚生成接枝共聚物，克服了聚丙烯酰胺和黄胞胶的缺点，提高了产品的使用性能。

4. 乙烯类聚合物

用聚乙烯吡咯烷酮、聚乙烯吗啉、丙烯酰胺与乙烯基苯甲基磺酸盐或乙烯基苯磺酸盐单体的共聚物作胶凝剂，并采用偶氮类破胶剂，破胶效果良好。采用的交联剂为多价金属离子，其优点是酸稳定性好，可以与各种酸液复配，与酸混合后，其中聚乙烯吡咯烷酮、聚乙烯吗啉等分子链节可变为阳离子链节，可抑制黏土膨胀和运移；缺点是成本高，增黏效果不好。

（三）典型的胶凝酸

1. 高黏度胶凝酸酸液体系

配方[24]：20% HCl+2.0% HS–6 高温缓蚀剂 +2.5% JN–2 胶凝剂 +1.0% LH–5 铁离子稳定剂 +1.0% FB–1 助排剂 +1.0% PR–7 破乳剂 +0.5% JM–4 黏土稳定剂。

酸液黏度为28～36mPa · s，密度1.1g/cm^3，溶蚀率≥95.0%，残酸表面张力≤27mN/m，腐蚀速率为 3～5g/（m^2 · h）（90℃）、25.4g/（m^2 · h）（120℃），防乳破乳率 100%，酸液铁离子稳定能力≥3000mg/L，摩阻相当于清水的 60%，配伍性好（即不分层、不交联、无沉淀）。

2. 抗高温胶凝酸体系

配方[25]：20%HCl+0.8% 胶凝剂（AM–DAC 共聚物）+4% 酸化用缓蚀剂 +2% 酸化用破乳助排剂 +2% 酸化用铁稳定剂。

胶凝酸体系性能见表 3–3。从表 3–3 可以看出，胶凝酸体系在 180℃、170s^{-1} 下剪切 60min 后酸液黏度仍能保持在 20mPa · s 以上。并具有较好的缓蚀性、铁离子稳定性等特点，能够满足超高温深井酸压施工要求。

该体系现场施工最高井温 168℃，施工成功率 100%，有效降低了酸岩反应速度，增大酸液作用距离，增产效果显著，具有广阔的发展前景。

3. 高温碳酸盐岩酸化用胶凝酸体系

配方：20%HCl+0.6% 胶凝剂（AM、DMC 共聚物）+4%BZGCY–S–HS 缓蚀剂 +2% BZGCY–S–03 助排剂 +2% BZGCY–S–04 铁离子稳定剂（配方中百分数为质量分数）[26]。

表 3-3　胶凝酸体系的性能

项目	指标	检测结果
配伍性（室温、90℃）	无分层、沉淀及絮状物生成	无分层、沉淀及絮状物生成
缓蚀性能（180℃、4h），一级品 /g·m^{-2}·h^{-1}	70~80	65.4
流变性（180℃、170s^{-1}、60min）/mPa·s	≥20	23
鲜酸表面张力 /（mN/m）	≤30	27.8
残酸表面张力 /（mN/m）	≤30	28.5
破乳率 /%	≥80	92
铁离子稳定能力 /（mg/L）	≥40	118

评价表明，该体系 150℃下平均动态腐蚀速率为 30.5g/（m^2·h），酸岩缓速率 90%，残酸表面张力为 23mN/m，耐温性能好（室温黏度≥40mPa·s，150℃黏度可以达到 20mPa·s 以上），减阻率 74.3%。具有良好的抗温、耐盐、缓速、减阻等性能，能明显减小酸化过程中聚合物残渣对储层造成的伤害，达到了高温碳酸盐岩储层的酸压施工要求。

4. 可回收速溶稠化酸

针对长庆气田使用的稠化酸存在酸化后残酸液不能回收再利用、配液增稠时间长等问题，开发了一种可回收速溶稠化酸配方，该体系由 20% 盐酸 +2.0%~4.0% 稠化剂 XYS-101 配制而成，性能与现用稠化酸相当，且具有无残渣、温控破胶、溶解增黏速度快、可实现边配边注、可回收再利用（3 次以上）等特点，现场应用效果良好，在满足提高低渗气井的酸化增产效果的同时能够达到节能减排的目的[27]。

除前面所述的胶凝酸外，也可以采用特殊性能的表面活性剂制备稠化酸或溶胶酸体系[27]。该体系的缓速机理是：一方面通过表面活性剂分子在碳酸盐岩表面的吸附，在岩层表面形成吸附膜，减低了 H^+ 与岩面的反应速度；另一方面因酸岩反应物的产生，酸液体系在岩层与酸液的界面上形成弹性胶团膜，进一步阻隔 H^+ 向岩层扩散，降低了酸岩反应速度。其优点是：①酸液体系中不含高聚物，无残渣，酸液对储层的伤害低。②酸液黏度高，根据不同需求酸液黏度在 30~65mPa·s 范围内可调。③反应速度低，酸液的缓速性能好。同等条件下，其反应速度相当于乳化酸的 1/2~1/3，相当于胶凝酸的 1/4~1/5，可实现地层深部酸化处理。④酸液摩阻低，易于实现高排量，高泵压作业。通过大型酸液流动回路实验系统测试，5m^3/min 排量下，其摩阻只相当于清水的 15%，同等条件下，胶凝酸的摩阻相当于清水的 60%，低摩阻乳化酸摩阻相当于清水的 300%。⑤酸液易破胶，残酸黏度低、易返排。由于该表面活性剂本身就是一种极好的起泡剂，返排过程中会产生大量的泡沫，极大地降低了液柱压力，使酸液容易返排出地层；同时由于泡沫具有一定的黏度，易于将一些酸不溶物带出地层，极大地减少了地层伤害。

典型的表面活性剂稠化酸配方：20%HCl+1.0%DN-1 活性剂 +3.0%HX 活性剂 +2.0%HS-6 缓蚀剂 +1.0%LT-5 铁离子稳定剂 +1.0%TE 增效剂。

以阳离子表面活性剂 FL4-22、助表面活性剂 FL4-22A 和缓蚀剂 FL4-22B 等配制出一种高黏度、低腐蚀性的稠化酸，其组成为：4%FL4-22+2%FL4-22A+20% 盐酸溶液+2% 缓蚀剂。该酸液与地层岩石的反应速度小，黏度随温度的升高降低，在 90℃的黏度可达 25mPa·s；在与地层岩石的反应过程中，具有黏度先升后降的特征；反应完全后残酸黏度低，易于返排，可用于碳酸盐地层深部酸化作业[28]。

三、交联酸

交联酸主要是指稠化剂高分子和交联剂小分子在酸性条件下发生化学交联并形成高强度冻胶的酸液体系，交联酸体系具有高黏度和耐高温的双重优势，并在压裂酸化和基质酸化中得到广泛的应用[29]。

稠化剂高分子、交联剂以及酸性基液是交联酸体系的三大主要组分，酸液类型及浓度、交联剂分子结构以及温度是影响交联效果的主要因素，根据交联条件的不同，主要可以分为地下交联酸和地面交联酸两类。

地下交联酸体系又称为变黏酸。该体系在初始酸液（盐酸浓度一般低于 15%）中聚合物和交联剂不发生交联，黏度较低；在进入地层后，随着酸液和岩石反应，当 pH 值升高至特定值时，聚合物与交联剂产生化学交联，冻胶结构形成，从而起到转向和暂堵的作用；随着反应的进行，酸性减弱，液体又恢复到原来的线性流体状况，黏度减小，实现自动解堵。

地下交联酸体系主要应用于基质酸化和转向酸化，国外对地下交联酸体系的交联条件、破胶条件、酸盐反应以及酸液分布都进行了深入研究，国内对交联酸体系的研究只要集中在地面交联酸体系。稠化剂和交联剂在常温条件下即发生明显交联，沿着井筒管柱注入地层的过程中，随着地层温度的升高，交联强度不断增强，直至达到最大强度，从而具有延迟交联的特性及较低的注入摩阻。

交联酸可以在酸化改造的基础上，通过与加砂压裂联作，发挥酸蚀通道与支撑裂缝的双重作用，具有工作距离长和裂缝导流能力强的多重优势，并在青海油田狮 31 井，新疆石西油田 SH1132 井、玛东 3 井，长庆靖边气田 G06-11B 井、G05-16 井，胜利油田 S402 井、滨 10X1 井进行现场试用且增产效果明显；但是国内对地面交联酸的反应特征、影响因素的研究还不够深入，对其流变、反应、滤失特性以及酸蚀裂缝导流能力的评价还不够全面，尚需要进一步开展研究。

（一）酸性基液体系

酸液与岩石反应生成不均匀的酸蚀裂缝是交联酸体系提高储层导流能力的重要手段，强化酸液的溶蚀能力一直是交联酸体系研究的重点，盐酸是碳酸盐储层改造最常用的无机酸；但是盐酸存在着酸岩反应速度快，有效作用距离短，对管道和设备的腐蚀性强，而且对砂岩溶蚀能力有限等缺点，因此逐步开发了溶蚀能力更强，腐蚀性更小的多

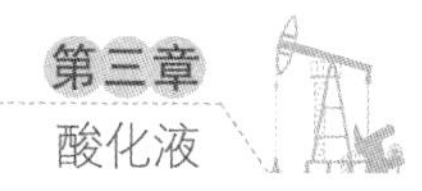

元酸复合体系。

1. 无机酸复合体系

在固体酸酸化技术中经常用到盐酸和硝酸复合体系（王水）。固体酸工艺技术综合了王水的强腐蚀性、便于注入等特点，使硝酸、盐酸复合体系在酸化中得到了具体应用。盐酸和硝酸复合体系在油井增产措施中发挥了巨大作用，在玉门、中原、胜利、青海等油田使用中表明，成功率 80% 以上，并且增产效果明显。

2. 有机酸复合体系

在交联酸体系中，有机酸的加入可以有效提高基液黏度，降低交联强度，起到降低酸液滤失和减小储层伤害的双重作用。对高温储层进行酸化压裂时，有机酸复合体系有其独特优势，国外学者提出用盐酸和甲酸的复合体系来替代单纯盐酸体系，该冻胶酸体系可用于高温储层的酸压改造，并且具有低腐蚀、高黏度、耐高温和稳定性好等优点。乳酸和葡萄糖酸复合体系是环境友好的有机酸复合体系，该体系具有溶蚀能力强、溶解度高、环境友好、腐蚀小等优点。此外，甲酸、醋酸、乳酸、葡萄糖酸、柠檬酸等也是酸化压裂常用的有机酸。溶蚀能力低、溶解度小、稳定性差、成本高是有机酸复合体系的主要缺点，可见高溶蚀、高溶解、低成本的有机酸复合体系是重要的研发方向。

（二）稠化剂

目前常用的酸液稠化剂主要是合成聚合物，如丙烯酰胺类聚合物、乙烯类聚合物等。这类线型高分子以碳—碳为主链，在溶液中呈无规线团流动，分子内和分子间有不同程度的缠结和内摩擦，具有良好的增黏效果，而且无生物残渣，因此在品种数量和应用范围上占绝对优势，其中丙烯酰胺类聚合物应用最为广泛。

1. 聚丙烯酰胺及其衍生物类稠化剂

聚丙烯酰胺水溶性好、溶解度高、增稠能力强、价格低廉，而且含有酰胺基、羧基等可交联基团，在酸液中交联性能优异，但是在高温和酸性条件下，分子间容易发生亚胺化作用，进而导致溶解度降低，热稳定性较差，现在主要通过引入相应共聚单体提高其耐温耐盐性能。研究表明，AM 和 AMPS 共聚而成的二元共聚物，具有良好的耐酸、耐温性能。由 AM、AMPS 或其钠盐、甲基丙烯酰胺基二甲基二羟丙基硫酸铵共聚而成的两性离子三元共聚物，形成的锆冻胶在 204.4℃时能保持足够高的黏度，且具有耐酸、抗盐的特点，完全满足高温井酸化压裂的作业要求。国外一些公司将一系列由丙烯酰胺与其他单体共聚而成的二元或者三元、四元共聚物用于稠化剂，均具备良好的耐酸、耐盐和热稳定性。

2. 乙烯类聚合物稠化剂

相对分子质量为 3×10^6 ~ 15×10^6 的聚 N- 乙烯酰胺与相对分子质量为 50×10^4 ~ 100×10^4 的聚乙烯胺也都是可交联的耐高温酸液稠化剂；聚乙烯甲基醚、聚乙烯吡咯烷酮可作为各种酸性基液的增稠剂；非离子水溶性乙烯基不饱和单体与含阴离子或阳离子基团的水溶性乙烯基不饱和单体共聚亦可制得酸液增稠剂；由 N- 乙烯己内酰胺，α，β－不饱和酰胺，乙烯磺酸钠或苯乙烯磺酸钠制得的共聚物是性能优良的酸液稠化剂，不仅耐高温、抗剪切而且抗盐能力强，可以用海水或者现场卤水配制。相对于丙烯酰胺类聚合物，乙烯类聚合物主链中还有吡咯烷环，侧链中含有强极性基团，因此耐温性和抗盐性能都更优异。乙烯类聚合物稠化剂的难点在于性能优异的交联剂的研发，显然，开发与乙烯类聚合物稠化剂形成高强度冻胶的交联剂是实现乙烯类聚合物现场应用的关键。

（三）交联剂

在酸液稠化剂中，可交联的基团有酰胺基、羧基等。交联剂的类型也有多种，在交联酸体系中，主要有有机锆交联剂、其他金属交联剂与酚醛树脂交联剂。有机锆等金属交联剂主要是与羧基形成配位键交联，醛类、酚醛树脂主要是与酰胺基形成共价键交联。

1. 有机锆交联剂

有机锆交联剂是目前交联酸体系研究最多、应用最广的一类交联剂，既可用于地面交联酸也可作为地下交联酸体系。有机锆交联剂通过配位键与稠化剂交联，生成三维网状结构，形成的冻胶酸体系具有优异的缓速性能，可满足常规高温储层酸化压裂的需要。但是在对超高温储层进行改造时，往往需要有机锆交联剂和无机锆交联剂复配以满足高温储层的施工要求，超高温有机锆交联剂依然是研究的热点。

2. 其他金属交联剂

有机钛可以快速和稠化酸交联，但由于价格过高，在现场应用较少；铁离子、铝离子是地下交联酸体系常用的交联离子，两者的交联条件也有所不同，铝离子交联时的 pH 值要高于铁离子，两者使用的最佳酸液浓度也存在差异。三价铁离子由于价格低廉、性能稳定，最早在地下交联酸体系得到应用，但其在残酸中容易生成沉淀，降低储层渗透率。铝离子具有耐高温、与缓蚀剂等添加剂配伍性好、无残渣等优点，可满足 150℃储层基质酸化施工的需要。

3. 酚醛树脂交联剂

低分子醛类在酸性条件下可以和稠化剂快速交联，而且形成的交联酸体系具有高黏度、低滤失、低摩阻的特点；但是低分子醛类形成的交联点较短，抗剪切能力较差，在高温下的强度和稳定性也不理想，不能满足施工要求。低聚合度的酚醛树脂由于可以提供一定长度的含有苯环结构的交联节点，既可增强体系的抗剪切能力，又可避免冻胶的收缩作用对交联体系造成的破坏，耐温性能优异；而且该体系不含金属元素，是替代重金属类交联剂的理想选择。此外，还需要加入高锰酸钾、过硫酸铵等破胶剂。

使用交联酸酸化无论缓速效果还是热稳定性，都较稠化酸好，同时具有抑制黏土分散，控制酸液滤失，酸化可排出不溶解的微粒及淤泥等优点，而存在的主要问题是酸化后残酸返排困难。

交联酸适用于具有较强返排能力的低渗碳酸盐岩的酸化压裂或天然裂缝发育但地层被损害的深穿透酸化处理。

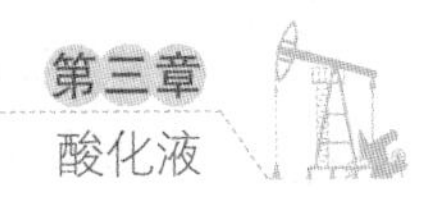

（四）交联酸化液体系

1. 耐高温有机锆交联酸液体系

基本配方[30]：20%HCl+0.8% 稠化剂 FS3802+1.5% 交联剂 JLJ-11。

按照上述组成的交联酸体系，耐温耐剪切性能良好，150℃、$170s^{-1}$ 持续剪切 1h 后，表观黏度仍保持在 50mPa·s 以上；体系中加入 0.2% 的过硫酸铵，95℃静置 2h 后，黏度降至 2.15mPa·s，破胶水化彻底；同时，该体系滤失小，缓蚀作用明显，具有良好的携砂性，能够满足高温储层酸化压裂现场施工要求。

2. 耐高温可携砂的交联酸液体系

基本配方[31]：20.0%HCl+0.8%AMPS 聚合物稠化剂 +2.0% 缓蚀剂 +1.0% 助排剂 +1.0% 铁稳剂 +2.0% 有机锆交联剂。

按照上述配方所组成的交联酸液体系为褐色半透明黏稠液体，其常规性能见表 3-4。交联酸体系在 120℃，$170s^{-1}$ 条件下，剪切 60min 后其黏度仍保持在 70.9mPa·s，具有较好的耐温、抗剪切能力。与胶凝酸相比，交联酸腐蚀速率更小，携砂性能更好，更有利于降低酸液滤失，增加酸蚀有效作用距离，能够满足现场携砂酸压的具体要求。

表 3-4　交联酸常规性能

项目	实验条件	结果	项目	实验条件	结果
密度 /（g/m^3）	25℃	1.102	缓速率 /%	90℃，10min	94.4
基液黏度 /mPa·s	25℃，$170s^{-1}$	24.0	缓蚀速度 /$g·m^{-2}·h^{-1}$	90℃，静置	0.852
交联酸液黏度 /mPa·s	120℃，$170s^{-1}$，0.5h	150	铁离子稳定能力 /（mg/L）	25℃	1300
破胶液黏度 /mPa·s	90℃，$170s^{-1}$	3	单剂表面张力 /（mN/m）	25℃	27.08

3. 酸化压裂用交联酸体系

基本配方[32]：20%HCl+0.8%～1.2% 稠化剂 EVA-180+3.0%～5.0% 有机锆交联剂 ECA-1+0.03% 破胶剂 EBA。

按照上述配方所组成的交联酸体系耐温抗剪切性能良好，成胶强度 >0.06MPa，140℃、$170s^{-1}$ 条件下剪切 1h 后的黏度在 100mPa·s 左右；与大理石反应 10h 后溶蚀率为 60%，具有良好的缓速性能，可实现深部酸化。此外，该交联酸体系破胶彻底，无残渣，破胶液黏度为 3mPa·s，易于返排。微观结构分析表明，有机锆的加入使稠化酸形成了具有错综致密网状结构的交联酸，从而提高了交联酸体系的耐温抗剪切性能和缓速性能。

4. 高温延迟交联冻胶酸体系

基本配方[33]：20%HCl+1.0%AMPS-AM 共聚物稠化剂 +5%DM-HS 高温缓蚀剂 +2%DM-ZS-3 高温破乳助排剂 +2%DM-TS-04 高温铁离子稳定剂 +0.8% 无机锆交联剂 +0.17% 交联延迟剂。

按照上述配方组成的延迟交联冻胶酸体系在 150℃下，以 $170s^{-1}$ 剪切速率连续剪切

60min 以上，液体最终黏度为 100mPa·s 左右，可以满足现场酸压对交联冻胶酸体系黏度的要求。现场应用表明，酸压改造后的储层渗流能力得到了明显改善，同时沟通了储层远处的天然裂缝，取得了较好的改造效果。

5. 变黏酸体系

变黏酸也称地下交联酸体系，主要包括聚合物 pH 值控制变黏酸和聚合物温控变黏酸[34]。

（1）聚合物 pH 值控制变黏酸。

聚合物 pH 值控制变黏酸又称降滤失酸（LCA），是 20 世纪 90 年代中期国外公司以胶凝酸为基础开发的一种酸液体系，在保持了稠化酸低摩阻、缓速等优点的基础上，强化了酸液的滤失控制。20 世纪 90 年代末，四川石油管理局引进了该技术，天然气研究院开发了 CT 系列降滤失酸，较为成功地解决了长期以来严重影响酸压效果的酸液滤失问题。该技术的在川渝、塔里木等地区的储层改造中获得良好的增产效果。

LCA 酸液具有较低的初始黏度（30~50mPa·s），当 pH 值升至 2~4 时，高价金属离子交联剂与稠化剂发生交联反应，使酸液交联增黏至 1000mPa·s 以上；当 pH 值再进一步升高，破胶剂将金属交联剂还原或螯合形成稳定的化合物，破坏聚合物与金属阳离子交联剂形成的交联体系，使体系破胶、黏度降低。对于 LCA 酸液所加的助剂，除交联剂与破胶剂外，均可采用常规的酸化添加剂。其中，聚合物多为聚丙烯酰胺类；交联剂可为锆盐和铁盐，如三氯化铁等；解聚剂可为树脂包覆的氟化钙或是氯化肼等。

酸液是反应性流体，滤失控制相对困难。传统工艺用固体降滤失剂或前置液对裂缝壁面和蚓孔进行一次性封堵，效果不太理想。LCA 则是利用酸液 pH 值变化产生的短暂的高黏状态对裂缝壁和蚓孔进行封堵。由于此高黏态是酸岩反应过程中的一个环节，因此这种封堵是连续的，其效果较传统的一次性封堵更好。据研究，CT 降滤失酸的滤失系数比胶凝酸低 50% 以上。

降滤失酸的缺点是聚合物回收率仅有 30%~45%，残留在裂缝中的聚合物残渣易对储层造成二次伤害；pH 值为 2~4 时酸液体系黏度才大幅度升高，而这个阶段酸已经消耗殆尽，不能在高温环境使用；高温环境下酸岩反应过快，可能导致酸液还未交联就消耗完；在高硫环境中，使用金属离子作为交联剂会产生沉淀。

（2）聚合物温控变黏酸。

聚合物温控变黏酸（TCA），是以聚合物为稠化剂的温度变化来控制酸液体系黏度的变黏酸，主要用于碳酸盐岩压裂酸化，能够在酸压过程中有效地降低酸液滤失。与 pH 值控制变黏酸不同，温控变黏酸主要是通过酸液体系的温度变化来调控酸液体系的黏度。其主要原理是常温条件下酸液黏度较低（低于 50mPa·s）；泵入地层后，随着体系温度升高，酸液中的稠化剂和交联剂在高温环境下发生交联反应，使酸液体系黏度上升（可达 1000mPa·s）；随着温度的继续升高，稠化剂分子发生降解反应，分子链断裂变成小分子物质；破胶后宏观上表现为交联作用消失，黏度大幅度降低（低于 10mPa·s），使残酸易返排、对储层伤害较小。

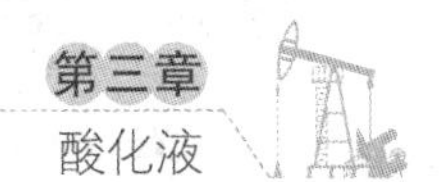

显然，温控变黏酸实现其温控变黏特性的关键因素是稠化剂和温控交联剂，所选用的稠化剂和交联剂在低温下不发生交联反应，当酸液体系温度升高到某个值后迅速发生交联反应。因此，在稠化剂选择上应该保证稠化剂有足够多的易交联基团，交联剂则需要选择在一定的温度条件下才能发生反应的类型。

与 pH 值控制变黏酸相比，温控变黏酸有明显的优势。首先，温控变黏酸液体系是对鲜酸增黏，而 pH 值控制变黏酸则是对残酸增黏，显然温控变黏酸的缓速性更好；其次，温控变黏酸破胶则是依靠高温条件下热氧化反应降解稠化剂分子链，所以不需要额外加入破胶剂。

聚合物温控变黏酸同样存在一些缺点，主要是聚合物难以彻底返排，残渣滞留易对地层造成二次伤害。由于主要是针对高温地层设计，温控变黏酸在低温环境下破胶效果不太理想。

四、乳化酸

乳化酸的研究应用始于 20 世纪 70 年代中期，乳化酸常用于低渗碳酸盐岩油藏的酸化改造和酸化增产等作业，是一种将油相与酸相混合而形成的油包酸型乳状液，具有黏度高、缓速性能好、常规滤失量小等特点，破乳性及与地层配伍性良好。当乳化酸进入到地层中后，油包酸型液滴与地层岩石被油膜隔绝，能够进入地层深部，增大常规酸压的作用半径，故适合于地层的深度改造。施工作业过程中，在高温地层的作用下，乳化酸会逐渐发生破乳，与岩石开始发生反应，生成 $CaCl_2$ 的同时加速了乳化酸的破乳，酸岩反应形成不均匀的溶蚀，能够有效地提高裂缝的导流能力。此外，乳化酸的缓速性可以产生较长的酸蚀裂缝或更大的孔洞；同时乳化酸比纯酸有更高的黏度，可以有效地降低酸液滤失量，在对基岩处理时能够使酸液在非均质地层中分布更均匀[35]。

（一）乳化酸的组成及性能要求

乳化酸体系是以盐酸、氢氟酸、甲酸、乙酸、乳化剂为主剂，配以乙酸甲酯、黏稳剂、杀菌剂、缓蚀剂、助排剂等各类添加剂组成。在地层条件下，该体系的破乳化率达到 90% 以上，对于解除由于乳化堵塞的油井具有良好的效果。

乳化酸也称油包酸型乳状液，一般用原油作外相，其内相一般为 15%～31% 浓度的盐酸。

配制过程是在酸（盐酸或有机酸）中加入乳化剂（表面活性剂）、油和其他添加剂，然后搅拌乳化得到。

典型配方：15%～25%HCl+1%～3% 缓蚀剂 +2%～3% 铁离子稳定剂 +1%～3% 乳化剂 +30% 原油或成品油。

使用不同种类的乳化剂，可获得油包水或水包油乳化液。乳化剂种类及用量的选择是形成稳定、耐高温乳化酸的关键，所选的乳化剂应与被乳化物间在化学结构上（*HLB*

值）尽可能接近，这样它们之间的亲和力就更大，乳化效果就更好。大量的实践证明，使用单一的乳化剂很难形成稳定、耐高温的乳化酸液，只有采用复合乳化剂，利用其间的协同效应，可使乳化缓速酸的热稳定性和缓速效果等性能改善。

一般需选用 *HLB* 值为 3~6 的表面活性剂作为 W/O 型乳化剂，即配制酸 / 油型乳化酸，如十二烷基苯磺酸乙胺盐或丙胺盐，或 C_8~C_{18} 伯胺与烷基酰胺的复配物以及失水山梨醇油酸酯，如 Span–80 等。采用阳离子型乳化剂脂肪族伯胺与非离子型油包水型乳化剂（聚氧乙烯烷基醇醚系列、聚氧乙烯烷基苯酚醚系列、酯型活性剂系列等）复配使用可配制成理想的耐高温乳化酸体系。由于脂肪族伯胺 RNH_2 分子中的氮原子对于碳酸盐固体表面（或金属表面）有强烈地吸附作用，并形成微弱的化学键，伯胺分子中的碳链将覆盖碳酸盐表面（或金属表面），形成强黏性的油膜，使亲水性的碳酸盐表面改变为亲油性表面，改善了乳化缓速酸的稳定性、缓速效果，并降低了对金属的腐蚀；伯胺与非离子的复配使用，在液珠界面膜上生成复合物，增加了界面膜的强度，液珠不易聚结，乳状液更稳定。

乳化酸性能要求见表 3–5。

表 3-5 乳化酸性能要求

项目	要求	项目	要求
外观	黄色透明黏稠液体	缓速率	相当于普通酸的 6~8 倍
密度 / （g/cm^3）	1.10	摩阻	相当于清水的 15%
黏度（$170s^{-1}$）/mPa · s	35~60	酸液稳铁能力 / （mg/L）	≥3000
腐蚀速度（90℃）/ [g/（m^2 · h）]	5~10	防乳破乳率 /%	100
表面张力 / （mN/m）	≤26	配伍性	不分层、不交联、无沉淀
残酸界面张力 / （mN/m）	≥2.5		

需要注意的是采用乳化酸酸化时，整个酸化作业过程需连续注液。在高流速和地层高温情况下，吸附作用将受到限制，部分表面活性剂可能会失去作用。具体的处理工艺为：①挤预处理液（由稀盐酸加各种添加剂配制）；②挤解堵液，其由 HF、甲酸、乙酸、柠檬酸及各种添加剂配制，根据解堵半径确定液体用量，一般为 1.5~3m^3/m；③挤乳化液，其由乳化剂、原油或柴油、甲酸、乙酸及添加剂配制；④挤顶替液，一般由活性水配制。

（二）乳化酸酸化机理及作用特点

1. 乳化酸酸化机理

如前所述，乳化酸一般用酸液（盐酸、氢氟酸或土酸）和油相（原油或原油馏分）以及相应的乳化剂和助剂按一定比例配制而成，形成油包酸型乳状液，能够有效地阻挡 H^+ 的扩散和运移作用，减缓酸岩的反应速度，达到深度穿透作用的目的；与普通酸液对

比，乳化酸具有反应速率较慢、有效作用距离大、腐蚀速率低、作用时间长等优点；同时可以实施选择性酸化。

渠道流态理论是油包酸型乳化酸能够对地层进行选择性酸化的理论依据。正常情况下的油井地下油水两相的渗流状态应当是油水沿各自的通道流向井筒，并不是在同一条通道内以多级段塞的形式向前推进。根据岩石表面润湿理论，孔隙通道表面岩石润湿性不同，由于长期通过油相的孔道岩石表面在相当长的时间内能够吸附一定的原油活性组分，往往会表现出亲油憎水性；同时，在地层水的长期作用下水相长期通过的孔道岩石表面容易发生羟基化而显负电性，往往会表现出亲水憎油性，以上油水两相孔道表面对油水亲和性的不同，不利于常规的水基酸化。土酸溶液优先润湿地层中的亲水孔道表面，容易直接与岩石发生反应，使亲水孔道进一步扩大，进而会促进涌入更多的土酸溶液，大大增加亲水孔道的渗透率；同时，由于出油孔道的岩石表面的亲油憎水性，使得土酸溶液的进入量减少，往往会导致油井含水的大幅度升高；若改用油包酸型乳化酸进行上述酸化作业，酸液优先进入亲油孔道，较少或不进入亲水孔道，即实现选择性酸化。

2. 乳化酸的特点

归纳起来乳化酸具有以下特点：

（1）乳化酸在与地层岩石发生反应时，反应速率较低，酸液能够穿透较深的地层距离，故乳化酸能够较大范围地改善油层的渗透率，从而提高油井产能。

（2）乳化酸具有一定的亲油性能，乳化酸的油外相能够部分溶解地层中的重质原油、石蜡、胶质和沥青质等成分，故可以对近井地带的油气通道进行解堵降压，改善油层油水的渗流状况。

（3）乳化酸与岩石反应完成后的残酸液仍有一定的黏度，可以有助于携带和返排出地层中的胶质和沥青质等不溶固体颗粒，故乳化酸还具有一定的降滤失、防沉淀的功能，可以有效地恢复地层能量。

（4）能够实现选择性酸化（润湿性、黏性），造成的二次伤害较小，对管线的腐蚀较小。

综上所述，乳化酸适用于低渗、低孔隙度、致密碳酸盐岩类地层油气井的深度酸化改造或酸化增产等作业，也可用于油井投产初期的酸化解堵，改善油气通道，提高油气产量。乳化酸缺点是摩阻较大，排量受到限制。

（三）乳化酸酸液体系

我国早在20世纪60年代初期就已研制了原油或柴油为外相的乳化酸，70年代又进一步采用高浓度酸液为内相的乳化酸在60～80℃井温条件下进行实验。比较成功的乳化酸配方有：① 70% 酸液（28%HCl，2.0%HOAC 和 1% 的乌洛托品）+0.5%Span-80+0.3% 十二胺 +29.2% 煤油；② 70% 酸液（28%HCl，2%HOAC，1% 乌洛托品）+0.5%Span-80+0.3% 十二胺 +0.8% 乳化剂 +28.2%～28.4% 煤油；③ 50% 盐酸 +5% 石油馏分 +1.5% 甲醛 +1.5% 苯及其衍生物 +1.5% 脂肪族胺 +10% 盐水。下面介绍一些典型的乳化酸及其应用情况：

1. 高浓度乳化酸体系

2003年在塔河油田应用的一种高浓度乳化酸体系，其配方为：30% 0号柴油+61.3%盐酸（浓度31%的工业盐酸）+2.0%乳化剂NT18+2.0%HS-6缓蚀剂+1.0%FB-2助排剂+1.0%LT-5铁离子稳定剂。在塔河油田储层实施高浓度乳化酸酸压作业5井次，累计增产原油16.9×10^4t，效果显著。

2. 低渗透油藏酸化乳化酸体系

随着HF浓度的增大，溶蚀率增大，但考虑到HF浓度过高易产生二次沉淀，选用10%HCl+5%HF为酸相，采用乳化剂WF-1直接将原油与土酸进行乳化，主体酸配方为：10%HCl+5%HF+1%QG-1缓蚀剂+1%AB-O含氟助排剂。

应用表明，乳化酸能够满足低渗透油藏酸化的需要，用于油井的重复酸化，有效期较长，不容易产生二次伤害，同时乳化酸对水敏性地层伤害较小，并具有一定的黏土稳定性能。在濮城低渗透油藏8口井进行了乳化酸酸化，有效率达87.5%，平均单井增油784t，取得了较好效果。

3. 砂岩油藏基质酸化乳化酸体系

采用阴离子型或非离子型表面活性剂作乳化剂，形成的砂岩油藏基质酸化乳化酸体系，其配方为：91%土酸+8.63% 0号柴油+0.12%原油+复配乳化剂（0.2%Span80+0.05%戊醇）。

该基质酸化用乳化酸的表面张力较小，在亲油岩石的界面上容易铺展，有利于酸岩反应的均匀进行；同时其黏度较大，大大增加了酸内相H^+的穿透阻力，能够有效降低酸岩反应速率。2000年在大庆油田砂岩油藏进行14口的应用表明，该乳化酸对于含水油井的基质酸化效果较好、增油降水效果明显、有效期长，并且施工安全方便。

4. 碳酸盐岩储层酸化乳化酸体系

针对塔河油田奥陶系碳酸盐岩储层油井酸化时酸岩反应速度过快，酸液有效作用距离过短等问题，开发了适用于碳酸盐岩储层的乳化酸酸液体系，该酸液体系具有缓速、缓蚀、遇水增黏、遇油降黏、抗水敏等优点，具有一定的选择性，可用于油井的深部酸化。现场酸压用酸采用浓度20%的盐酸即可达到有效的溶蚀。筛选出的油溶性RH-1乳化剂和N-1助乳剂，能够较好地乳化原油与盐酸或土酸。乳化酸油相选用塔河油田三号构造沙47井的原油，当乳化酸油酸比为35：65时，乳化酸最为稳定。

酸液综合性能：密度1.10g/cm^3，溶蚀率92.7%，残酸表面张力≤25mN/m，残酸界面张力≥2.0mN/m，腐蚀速度≤25g/（m^2·h），酸液透明稳定，与地层水配伍性良好，与原油配伍性好，120℃条件下2h破乳率达95%，残酸液与岩石无异常反应，与压裂液无不良反应。

5. 抗高温乳化酸体系

结合辽河油田的地质特点开发的油包酸型抗高温乳化酸，配方为：62%土酸+30% 0号柴油+2.0%RH-1+2.0%N-1主乳剂+2.0%HS-6缓蚀剂+1.0%LT-5铁离子稳定剂+

1.0%FB-2 助排剂。该乳化酸的缓蚀性能较好，对钢片具有一定的缓蚀作用，热稳定性能较好，能抗 90℃高温，且具有较好的抗酸敏性，可满足现场深井酸化的需要。

一种油包酸型抗高温乳化酸，配方为：缓蚀剂 0.5%、黏土稳定剂 1.0%、铁离子稳定剂 0.5%、油相与酸相体积比例为 3∶7；非离子乳化剂与有机胺的质量比为 6∶1，乳化剂总浓度为 1.6%，酸相总浓度为 15%。该乳化酸具有良好的缓蚀性、热稳定性和较强的抗酸敏能力。在辽河油田碳酸盐岩油藏储层酸化改造中应用抗高温乳化酸，获得了较好的增产效果，酸化作业后，应用井平均日产增油 51t，酸化增产的效果较为显著。

6. 低黏度乳化酸体系

分别以加有有机溶剂的有机酸铵盐和脂肪胺盐为乳化剂和助乳化剂，将加有 2% 缓蚀剂和 1% 铁离子稳定剂的浓度为 20% 的盐酸乳化在柴油中，可以制得低黏度乳化酸。酸油体积比 70∶30 的乳化酸在温度 30~70℃下显示假塑性流体特性，在 120℃、170s^{-1} 剪切 60min，黏度由约 26mPa·s 逐渐下降到约 15mPa·s。酸油体积比 70∶30 和 80∶20 的乳化酸在室温放置 48h 或在 90℃放置 4h 均无酸析出，在 90℃下与大理石反应 1h 后才开始析出酸，表现出良好的稳定性。

7. 低摩阻乳化酸体系

通过在油包酸型乳化酸中加入降阻剂，可以得到一种低摩阻乳化酸体系，低摩阻乳化酸配方：酸相（28% 盐酸 +2.0%HS-6 缓蚀剂 +1.0%LT-5 铁离子稳定剂）+ 油相（30% 柴油）+2.0%FR-1 乳化剂 +2.0%NT-19 降阻剂 +0.5%NT-20 助乳化剂。

现场应用表明，低摩阻乳化酸体系在相同泵注排量下，摩阻能够降低 15MPa 或者更高，从而可使乳化酸用于深井碳酸盐岩油藏。

8. 其他乳化酸体系

结合长庆油田砂岩油藏的储层性质，得到了乳化酸酸化体系。该乳化酸的配方为：酸相［12% 盐酸 +3% 氢氟酸 +8% 有机酸（缓速剂 NF-3）+1.5% 铁稳定剂 ZGH-2+0.5% 缓蚀剂 ZGH-1+2% 防膨剂 NF-2+0.2% 互溶剂 NF-1］+ 油相（20% 0 号柴油 +5% 乳化剂 ZW-1）+ 助排剂（5%~8% 助排剂 NF-4）。该乳化酸具有较低的酸岩反应速率，能够大范围地提高油层的渗透率，从而改善油井的产能。在长庆油田采油三厂 20 口井实施了酸化施工作业，平均单井日增油 3.3t，累计增油 10227.5t，有效期达 6 个月以上，增油效果十分显著。

结合塔河油田的地质特点，筛选了 4 种乳化酸液配方：①原油 + 盐酸（含添加剂）；②轻质原油 + 盐酸 + 乳化剂；③柴油 + 盐酸 + 乳化剂；④煤油 + 盐酸 + 乳化剂。

采用旋转岩盘或排水取气实验装置，通过计量酸岩反应生成的二氧化碳量和分析剩余的残酸含量，来定量测定酸岩的反应速度。最终筛选出的乳化酸配方为：30% 0 号柴油 +61.3%HCl（31% 工业盐酸）+2.0%NT18 乳化剂 +2.0%CI-1 高温缓蚀剂 +1.0% 铁离子稳定剂 +1.0%FCB 助排剂 +2.7% 洁净水。在塔河油田进行 5 口井酸压全部成功，有效率 80%，酸压后 5 口井增油 102t/d。现场应用表明，乳化酸在碳酸盐岩储层酸压施工中具有良好的缓速性能，滤失量低，能够有效进入地层深部。

五、泡沫酸

泡沫酸是用起泡剂稳定的气体在酸液中的分散体系，是在常规酸液体系中加入起泡剂和稳泡剂，通过泡沫发生器与气体（一般多为氮气或二氧化碳气体）混合，形成以酸为连续相、气体为分散相的泡沫体系，使得配制的酸化体系兼有泡沫流体性质和酸化能力，然后注入地层进行酸化[36]。其中，气相为压风机供给的氮气，液相是根据油井情况，采用各种不同的酸液，将起泡液泵入渗透率较高的含水层，使流体流动阻力逐渐提高，进而在吼道中产生气阻效应；在叠加的气阻效应下，再使用起泡酸液进入低渗透地层与岩石反应，形成更多的溶蚀通道，以解除低渗层污染、堵塞，改善油井产液剖面；最后，注入泡沫排酸液，助排诱喷，排出残酸[37，38]。

（一）泡沫酸的特点

与常规酸相比，泡沫酸具有液柱压力低、返排能力强、黏度高、滤失小、对地层损害小、酸液有效作用距离长、施工简便等特点。

（1）泡沫酸液视黏度高，携沙性和悬浮能力好。摩阻损失小，在一定程度上弥补了泡沫酸液静水压力低、施工压力高的缺陷。泡沫酸液滤失系数低，酸液滤失量小，特别对黏土含量高的水敏性地层可减轻黏土膨胀。缓速性能好，能进入地层深部进行解堵，增产效果好。

（2）泡沫酸在地层中具有分流特性，首先进入高渗层，在气阻叠加效应下形成贾敏效应，对高渗透层进行暂时封堵，提高低渗透层酸化效果，即泡沫酸液能够起到良好调剖作用，对于非均质比较严重的储层，不需要下封隔器进行调剖，在多孔介质中渗流会优先进入高渗带，叠加的气阻效应形成比较高的渗流阻力，使后续泡沫酸液转向进入需要处理的低渗层段，起到酸化调剖的作用。

（3）泡沫酸液返排迅速彻底，特别对于地层压力低的油井，由于静液柱压力低和卸压后气体膨胀，在井底形成相对的地层负压力区，所以可大大提高排液速度和排出程度，同时携带出施工中产生的一些残渣、不溶物、微细颗粒，达到了酸化解堵的目的，提高了导流能力。

（4）对管柱设备腐蚀低；施工简单、安全可靠。

（二）泡沫酸缓速机理

泡沫酸之所以有缓速作用与泡沫的结构有关。其一，表面活性剂在泡沫结构中具有降低气泡排液速度的作用，所以泡沫膜中的酸液运动受到了一定的“束缚”，从而降低了 H^+ 的传质速度；其二，泡沫结构中的酸液是以连续不断的“弯弯曲曲”的通道，互相连通，其中 H^+ 的扩散与对流受到大量密集气泡的“阻碍”，只能走弯曲的路线，而不能直接到达岩石表面，这也是延缓酸－岩反应的一个因素；其三，泡沫酸的黏度远大于普

通酸液的黏度，这也是 H^+ 传质速度减缓的又一个原因。泡沫酸基质酸化通常先用泡沫对需要施工的层位进行预处理，因为泡沫首先进入高渗透层，并在喉道中产生气阻效应，通过叠加的气阻效应使流体流动阻力逐渐提高，然后注入泡沫酸对低渗透层进行酸化。泡沫酸对灰岩的酸化可得到长而均匀、分支较小的溶蚀孔道，这就是泡沫封堵和泡沫酸酸化的综合分层酸化技术。泡沫酸可采用 10%~15% 的盐酸作液相，也可采用高于 25% 的高浓度酸酸压，增加酸液的作用距离和处理效果。用氨基磺酸等有机酸作为液相，则更具缓速、缓蚀的特点。采用 HCl/HF/HAc 混酸体系能获得高稳定性泡沫。

（三）泡沫酸的类型

按照泡沫特征值（即泡沫体系中气相体积所占泡沫总体积的分数）将泡沫酸体系分为以下 3 类。

1. 增能型

泡沫特征值小于 52% 的泡沫酸称为“增能型”，其主要是通过氮气压缩的弹性能量，使处理液在施工后从地层返排，同时又因泡沫酸含气体成分高，液柱压力低，有助于减少返排的能量需要。因此“增能型”体系主要用来提高酸化后的返排能力。

2. 泡沫型

泡沫特征值在 52%~90% 的泡沫酸叫作“泡沫型”。这种类型的泡沫酸黏度高、滤失量小、缓速和分流效果好，主要用来增加酸液处理范围和改善高低渗透层之间的吸酸量矛盾，提高酸化效果，尤其适用于酸压增产。

3. 雾化型

泡沫特征值大于 90% 的泡沫酸称为“雾化酸”，此时气相或气中夹液作为连续相，而酸液则作为分散相。雾化酸像气体一样具有很低的密度、黏度和表面张力，具有较高的流动能力，因而易于进入岩石的孔隙间，使注入压力比常规注酸压力低得多。

通常所用泡沫酸的泡沫特征值为 60%~80%。与常规酸化相比，泡沫酸酸化具有选择性、缓蚀效果好、容易返排、对产层伤害小等优点。

泡沫酸由以下几部分组成：

（1）酸液。可以是盐酸、氢氟酸、乙酸及混合酸。

（2）气体。氮气、空气、天然气或二氧化碳等。

（3）起泡剂。非离子型和磺酸盐等表面活性剂。

（4）稳泡剂。水溶性聚合物，如 CMC、XC 等。

（5）其他添加剂。缓蚀剂、铁离子稳定剂等。

（四）泡沫酸酸化现场施工工艺

泡沫酸酸化工艺是将配制好的酸液与氮气在地面通过泡沫发生器形成稳定泡沫随即注入井内，达到改造储层的目的。操作施工顺序为：起出井下生产管柱→下光油管至油层底界→挤入前置泡沫段→正挤主体泡沫酸→正挤后置泡沫顶替液，关井反应 1~2h，低密度泡沫返洗井排酸液，放喷，排出乏酸。

1. 泡沫酸酸化的选井原则

一般情况下，符合下述条件的油井，均可采用泡沫酸酸化：①井段长，厚度大，层间矛盾突出，非均质严重；②滤失难以控制的储集层，低压、低渗或水敏地层；③作业、洗井造成污染堵塞的开；④储层含油性能好，低压低产液井，低渗透层有潜力挖掘的开采井；⑤井况恶化，无法卡封分层酸化的井；⑥储层含油饱和度较高的储层；⑦单层开采或相隔较近的多小层开采的油井。

2. 酸液段塞的组成

（1）前置泡沫段：1%～1.5% 起泡剂 +0.2% 稳泡剂，用清水配制。

（2）主体泡沫酸：15%～25% 硝酸缓速酸 + 起泡剂 + 稳泡剂 + 缓蚀剂 + 铁离子稳定剂 + 其他液体添加剂 +N_2，用清水配制。

（3）后置顶替液：1% 起泡剂，用清水配制。

（4）气化排酸液：1% 起泡剂，用热污水配制。

3. 酸液用量

泡沫酸液的体积用量 V 由选定的酸化半径 R、井筒半径 r、油层孔隙度 ϕ、油层厚度 h 计算，计算公式为：$V=\pi\left(R^2-r^2\right)\phi h$，并根据油井污染情况进行调整。

泡沫酸酸化工艺实现了分层酸化，具有工艺简单、排酸彻底、处理半径大的特点，利用泡沫流体在地层的气阻叠加效应，改善酸化剖面，是一项适合于低渗油藏开发的新技术。

4. 泡沫酸的配制

由酸液（一般为盐酸）、气体（一般用氮气或二氧化碳）、起泡剂和稳定剂混合制成。典型泡沫酸配方包括以下几个部分：土酸酸液（3%～5%HF+15%～18%HCl）、铁离子稳定剂、黏土稳定剂、起泡剂、稳泡剂、缓蚀剂和 N_2。由于泡沫酸的特殊性质（如选择性和返排迅速等），泡沫酸体系中不必添加酸化前暂堵剂和助排剂等添加剂。酸液为连续相，气体为非连续相，它是一种类似于宾汉流体的酸包气流体。

由于气泡的存在减小了酸与岩石接触的面积，限制了酸液中 H^+ 的传质，因而能延缓酸岩反应速度。配制成的泡沫酸液中气体的体积（泡沫干度）约占 65%～85%，酸液量为 15%～35%。表面活性剂的含量为 0.5%～1%。

由于泡沫酸体系中液体含量低（20%～40%），对地层污染小，处理水敏性地层尤为有效；酸液漏失量小，酸穿距离长；黏度高，酸压时可获得较宽的裂缝；泡沫酸中的高压气体有助于排液，悬浮力强，可带出固体颗粒，一般无须抽吸排液；该体系尤其适用于低压、低渗、水敏性强的地层的酸化施工。

实践表明，泡沫酸体系也存在一些问题，主要体现在：成本高，深井使用受到限制；地层压力高时，不能用泡沫酸处理；泡沫酸在高度发育的天然裂缝性地层中滤失大；泡沫酸的静压力太低，不足以克服深井的井筒摩擦力和破裂压力，地面施工压力高。

（五）影响泡沫酸性能的因素

1. 泡沫质量

泡沫质量是表征泡沫酸性能的重要参数，它与泡沫的稳定性密切相关。泡沫质量太低和太高，都会使泡沫易于破裂而不稳定。泡沫液黏度、滤失性、液体返排和摩阻都与泡沫质量有关。

2. 泡沫稳定性

泡沫稳定性通常用半衰期来衡量，即从泡沫液中分离出一半液体所需要的时间。泡沫半衰期一方面取决于泡沫液的结构，另一方面取决于液相的黏度，而且黏稠的液体比非黏滞流体的稳定性要好得多。为提高泡沫稳定性，要选择发泡能力和稳定性好的发泡剂；为提高泡沫液的基液黏度，同时还需要加入稠化剂。

研究表明，对于水基泡沫，泡沫质量为 50%~80% 时，半衰期为 30~45min；当泡沫质量小于 50% 时，稳定性较差。对未交联泡沫，当泡沫质量大于 50% 时，半衰期 1.5h；当泡沫质量小于 50% 时，稳定性变差。对于交联冻胶泡沫，稳定性最好，半衰期可达 50h，泡沫质量小于 20% 时，泡沫较稳定；随着泡沫质量的提高，半衰期也延长，泡沫稳定性也越好。

3. 泡沫的屈服应力、流变性和黏度

实验表明，泡沫流体在常温、低剪切条件下，屈服值很小，基本接近于零。当剪切速率为 $10 \sim 700s^{-1}$ 时，用假塑性流体更合适。温度变化后，泡沫流体的流变行为发生变化，当泡沫质量达到 65%~80% 时，泡沫液具有较小的屈服值，呈宾汉塑性流体特征。随着泡沫质量的增加，稠度系数值呈增加趋势，泡沫增黏能力提高，流态指数值变化小。在泡沫质量一定的条件下，温度升高，稠度系数下降，增黏能力下降。

4. 压力对泡沫的影响

在泡沫压裂施工中，当有一定压力存在时，能保持液体外部和泡沫曲率半径变化形成的压力差的平衡。压力对泡沫起到一定的稳定作用，但压力过高会造成气泡破裂。

5. 泡沫液的摩阻

由于交联泡沫液的黏度很高，流动时常形成气流与管壁的滑移层，且泡沫液在管线中常常处于层流状态；因此，其摩阻要比常规水基压裂液低。现场试验证明，泡沫压裂液的降阻率一般为清水的 30%~40%。

（六）泡沫酸体系应用实例

1. 实例一

泡沫酸配方[39]：18%~28%HCl+0.3%~1% 缓蚀剂 +0.8%~1.5% 稳泡剂 +20% 起泡剂 +0.1%~2% 铁稳定剂。所配制泡沫基液反应速度为 $0.12mg \cdot cm^{-2} \cdot s^{-1}$，表面张力为 $3.6 \times 10^{-2}N/m$，滤失系数为 $2.35 \times 10^{-5}m/min$。

泡沫酸体系应用于川东石炭系气藏 4 口井的酸化解堵施工，酸化后，累计增加井口

气产能 $16.84\times10^4m^3/d$，残液返排率平均达 90% 以上，成功地解决了残液返排这一突出矛盾，取得显著的经济效益。

2. 实例二

配方如下[40]：

前置泡沫段：1%～1.5%ABS+0.2%PAM，用清水配制。

前置泡沫酸：12%～15%HCl+1.5%ZX-01（缓蚀剂）+1.0%OP-10，用清水配制。

主体泡沫酸：10%～12%HCl+1%～3%HF+2%HAC+1.2%～1.5%ZX-01（缓蚀剂）+0.5%～0.7%NTS（螯合剂）+1.0%OP-10+10%BSC-851（黏土稳定剂），用清水配制。

后置顶替液：1%ABS，用热清水配制。

气化排酸液：1%ABS+0.3%Na_2CO_3，用热清水配制。

针对文明寨油田井段长、渗透率高、层间矛盾突出、井况恶化、油井负压等特点，采用泡沫酸酸化工艺在文明寨油田酸化油井 22 口、26 井次，共挤入酸液 $816m^3$，处理地层 754m/338 层，平均处理半径 1.3m，工艺成功率 100%；有 22 口井见到了增油效果，有效率 85%，平均单井日增液 $24.7m^3$，日增油 3.7t；有效地解除了油层污染，实现了泡沫暂堵高渗层，泡沫负压排酸，恢复油井产能和改善水驱开发效果。

3. 实例三

以盐酸和小苏打为主的自生气体系，浓度 1.0% 的 SDS/OP-10 复配起泡剂和浓度 0.2% 的胍尔胶稳泡剂，常温下泡沫量为 310mL，半衰期达到 200min。岩心物模实验表明，在渗透率级差为 3.2 时，含水岩心分流量比由 3.54 降至 0.91，含油岩心由 4.32 降至 2.03，暂堵分流能力较强；并联含油含水岩心实验表明，该体系具有优良的油水选择性，适用于非均质储层的改造。该自生气体系在大北油田应用 4 井次，平均日增油 2.6t，截至 2016 年初累增油达 2024t，效果显著[41]。

4. 实例四

基本配方[42]：盐酸体系为 15%HCl+2%CH_3COOH+2% 缓蚀剂 +1% 防膨剂 +2% 铁稳定剂 +0.5% 助排剂 +5% 防水锁剂等；土酸体系为 12%HCl+2%CH_3COOH+1.5%HF+2% 缓蚀剂 +1% 防膨剂 +0.5% 助排剂 +2% 铁稳定剂 +5% 防水锁剂等。

针对川东南区块页岩储层地层压力系数低、黏土矿物含量高、井筒污染严重等井况，在 PY3 井采用了氮气泡沫酸化技术进行解堵。前置酸采用盐酸体系，溶解地层灰质组分，主体酸采用土酸体系有效解除近井筒污染堵塞，同时加快残酸液的返排效率，酸液体系中加入起泡剂。经泡沫酸化作业后，该井产能由 $6000m^3/d$ 上升至 $16800m^3/d$，从电潜泵排采转为自喷生产，对川东南区块污染的页岩储层改造效果明显。

5. 实例五

泡沫酸配方[43]：1% 起泡剂 +0.3% 稳泡剂（阳离子单体与丙烯酰胺的共聚物）+ 12%HCl+3%HF+0.5% 酮醛胺缩合物 +0.3% 异抗坏血酸钠。

泡沫酸气相介质为氮气，泡沫特征值为 60%～80%，地面表观黏度为 35～45mPa·s，密度为 0.3～$0.4g/cm^3$，滤失系数为 $2.35\times10^{-5}m/min$。该配方具有液柱压力低、返排能力强、黏度高、滤失小、对地层损害小、酸液有效作用距离长等优点。

在姬塬长8现场5口井应用表明，施工后注水压力从施工前的18～19MPa下降到16MPa左右，平均下降了2～3MPa，取得了较好的增产效果。

六、自生酸

自生酸是指在地面无明显的强酸特征，但在地层中混合后在温度或诱导剂的催化作用下缓慢反应形成盐酸或土酸的体系；其缓速酸化原理是利用其慢反应的特点，实现活性 H^+ 的缓慢释放，在较长时间内保持酸液的低pH值，从而确保体系中活性酸分子与岩石具有较长的反应时间，穿透距离大，实现深部解堵[44, 45]。自生酸体系特别适用高温地层，不仅可避免酸液在高温下快速失活的问题，还可以防止管材及设备腐蚀。不同的自生酸可以产生HCl或氢氟酸或两者的混合物。

对于自生酸体系的选择需要考虑以下因素：①在水或盐水中溶解性好；②释酸速度缓慢使之能够安全进入目的层；③酸母体具有高浓度的释酸能力；④酸母体具有尽可能低的相对分子质量，以便单位产酸浓度高。

（一）自生酸的类型

1. 卤化盐

金属卤化物，如 $AlCl_3$，与HF发生反应生成HCl，同时 Al^{3+} 与 F^- 生成稳定的络离子，随着HF的消耗，络离子逐渐释放 F^-，从而降低了 F^- 的浓度，减缓了酸岩反应速度。对于非金属卤化物，按照不同种类，可以生成HCl或HF。反应物一边生成 H^+，一边与岩石反应，与其他酸液直接通过HCl或HF电离产生的 H^+ 相比，自生酸提供 H^+ 的过程更为复杂，可以减缓酸岩反应速度；且卤盐的生酸过程属于吸热反应，降低了局部温度，不利于生酸反应的正向进行，这正好有利于减缓酸岩反应速度。此外，随着酸液体系的泵入，H^+ 逐步产生，逐渐消耗，推进到地层深部，使得有效作用距离增加，并且使地层溶蚀均匀。

铵盐在加入引发剂（醛、酸）的情况下，缓慢释放的醛同铵盐反应生成活性酸，如甲醛、氟化铵、有机羧酸盐等组成的体系。该体系在地层条件下反应生成缓速土酸。其中，甲醛与氟化铵在一定条件下经多级反应形成HF和六次甲基四胺。HF在地层中消耗后促使该多级反应正方向进行，从而不断提供HF以保持酸液的活性，达到深部酸化目的。酸液中的有机羧酸盐在水中离解为二元羧酸根离子，与HF相遇时生成二元羧酸，使体系的酸性减弱，这种具有较强络合能力的二元羧酸与地层中的 Ca^{2+}、Ba^{2+}、Fe^{3+}、Fe^{2+} 等能够形成有机羧酸盐，仅可以提供 H^+ 形成与黏土及其他硅物质反应的HF，达到溶蚀地层和缓速的目的，而且能抑制 CaF_2 和 $Fe(OH)_3$ 沉淀的形成。

2. 含氟酸或盐

含氟酸的水解为多级水解，有利于深度酸化。含氟酸盐是强酸弱碱盐，可以水解生成 HF。该类自生酸反应生成 HF，仅适用于砂岩地层。含氟酸第一级水解速度最慢，为整个水解反应的控制步骤。含氟酸的水解度决定了生成的 HF 的浓度，而 HF 的浓度进而影响到酸岩反应速度。水解度受温度和含氟酸浓度的影响，当温度升高时，含氟酸的水解速度变快，但与温度相比，其水解度受含氟酸浓度的影响更大；在 80℃下，氟硼酸生成的 HF 浓度远小于土酸中 HF 的浓度。

含氟酸及盐主要有氟硼酸（HBF_4）、氟磷酸、氟磺酸等，以及氟硼酸、六氟磷酸、二氟磷酸和氟磺酸的水溶性碱金属盐和铵盐等，在砂岩地层采用氟硼酸、氟磺酸及其盐等，可与水发生水解反应产生氢氟酸：

$$HBF_4+3H_2O=4HF+H_3BO_3 \tag{3-20}$$

3. 卤代烃

卤代烃也是水解生酸，如卤代烷烃、卤代烯烃和卤代芳烃，常用的是 CCl_4、氯仿、四氯乙烷等，它们在 121～371℃的地层温度下水解产生卤酸，可以用于砂岩、碳酸盐岩地层。由于卤代烃的种类不同，水解所需温度不同。选择不同的卤代烃，可以生成对应的酸，如氯代烃水解可以生成 HCl，氟代烃水解可以生成 HF。此外，通过加入表面活性剂，可以得到氯代烃和水的乳液，从而减慢 HCl 的生成速度。

4. 含氯羧酸盐

氯羧酸盐可用于砂岩、碳酸盐地层，也属于水解生酸。常用的氯羧酸盐是氯乙酸铵，在地层中缓速水解产生酸，水解反应式为：

$$ClCH_2COO^-+H_2O \rightarrow HOCH_2COOH+Cl^- \tag{3-21}$$

$$HOCH_2COOH \rightarrow HOCH_2COO^-+H^+ \tag{3-22}$$

氯乙酸铵也可以和稠化剂羟乙基纤维素配合使用，以改善酸化处理效果。由于氯乙酸铵与碳酸钙可以生成沉淀物（$HOCH_2COO$）$_2$Ca，该沉淀物在高温下溶解度较高，但低温下会析出沉淀，因此氯羧酸盐具有对水质要求高，而且易产生沉淀的缺点。

除此之外，还有有机酯类（甲酸甲酯或甲酸乙酯）、酸酐和酰氯类，它们在地层中也可水解产生相应的羧酸，然后羧酸再与氟化铵生成氢氟酸。生成酸酸度较低，因此对管柱材料腐蚀小，缓慢的 HF 生成速度可使酸化处理获得较长的穿透距离。在碳酸盐岩地层注入硝酸脲可水解产生 HCl 并对碳酸盐岩进行溶蚀。这类酸由于大多为固体粉末，利于施工，因此在一些油田广为使用。

（二）自生酸体系

利用自生酸可对其他酸化工艺无法处理的高温层进行酸化。用地下生成酸的卤代盐释放游离酸。由于加入化学添加剂，因此生成酸的速率很小，从而使酸化岩石的速率减慢，增加酸耗时间，穿透距离大大增加，同时也能缓和泵入过程中对金属设备的腐蚀，不易引入铁离子，避免铁离子引起沉淀产生，损害地层。

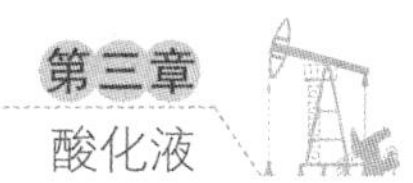

采用有机酸和微生物自生酸酸液体系，其特点是反应时间可依据工艺条件调节，可在工程允许的条件下将药剂注入储层预计位置，药剂在储层温度条件下自身反应生成盐酸，生成盐酸的时间在5~48h内可控可调，适宜储层温度为50~180℃。

以滴定的方法优选酸液，如果滴定过程中pH值缓慢上升，表明H^+释放是一个缓慢过程。通过实验优选出了由铵盐（AM或FM）、醛类物质（DH）组成的自生酸RAA体系及多元酸HP。比较HCl、自生酸RAA体系、多元酸HP的H^+释放过程，RAA体系反应速度慢而均匀，说明自生酸RAA可以比较稳定地维持反应速度。反应组分接触后反应产生的酸浓度较低，pH值接近2，另外含N的多元酸HP也有较好的缓速作用，其产酸释放H^+是一个逐渐消耗逐渐产生的过程。

岩心酸化效果评价实验表明，自生土酸RAA-1处理反应8h后，渗透率提高了92%，白生土酸RAA-2酸化后渗透率提高了215.7%。RAA-2自生酸体系更有利于低渗透地层深部解堵。对宝浪油田的3口注水井进行现场应用，实施后增注效果明显，累计增注3912m^3。

一种稠化自生酸体系配方为：20%自生盐酸（卤盐+羰基化合物）+0.4%稠化剂+3.0%缓蚀剂+1.0%铁稳剂+0.5%助排剂。室内评价表明，稠化自生酸高温动态腐蚀速率为55.37g/（m^2·h），降阻率约为50%，在高温剪切条件下黏度仍保持在50mPa·s，残酸表面张力仅为28.52mN/m。与胶凝酸相比，稠化自生酸与其降滤失能力相近，对岩心基质渗透率改善效果相当；但是稠化自生酸具有更好的缓速性能，较强的酸蚀裂缝导流能力。稠化自生酸的缓速性能较好，较自生酸更具缓速效应，并且不会像胶凝酸一样在岩样表面形成明显黏附物，从而对地层的伤害程度较低。

一种适合砂岩地层深部酸化的以“酯+氟盐”自生得到的氢氟酸为主体酸的缓速酸液体系。在甲酸甲酯与氟盐物质的量比为2∶1的条件下，通过调配盐酸的浓度配制出一种水解酯潜在缓速土酸：3%自生HF+10%盐酸。该潜在酸对选取的5号岩粉的溶蚀率由70℃时的20%增加到100℃时的33%，对7号岩粉的初始反应速率仅为常规土酸的一半，具有较好的温控溶蚀能力及缓速性能；对3种不同钻井液体系的溶蚀率均大于33%，对黏土矿物的溶蚀率均高于20%，具有解除钻井液及黏土矿物堵塞地层的能力；经潜在酸酸化后的岩心Ⅱ的渗透率恢复为之前的4.01倍，达到常规土酸效果的两倍，具有良好的深部穿透的能力[46]。

一种甲酸甲酯/氯化铵自生酸体系，当甲酸甲酯与氯化铵质量比为2∶1时，能在120min后将溶液pH值降到1以下，对碳酸钙的溶蚀能力达到11.14%。通过对比甲酸甲酯/氯化铵缓速酸与盐酸溶蚀性能及碳酸岩动态溶蚀性能评价表明，在70℃条件下与盐酸等量的甲酸甲酯/氯化铵缓速酸体系溶蚀速度远慢于盐酸的溶蚀速度，60min后潜在酸中的溶蚀率才开始明显的增加，最终溶蚀能力可达到21.51%；改造的模拟岩心主要为第二段和第三段岩心，渗透率分别提高2.95倍和1.44倍，具有良好的深部改造效果[47]。

七、多氢酸体系

1996 年，国外学者提出一种新的应用于砂岩油藏的酸液体系，这种酸液体系称为多氢酸体系，比较好地解决了以上酸化处理过程中的诸多问题。这种新型的多氢酸体系是用一种复合膦酸与氟盐反应生成 HF，这种新型复合膦酸含有多个氢离子，因此被称为“多氢酸”（Multi — Hydrogen Acid）。多氢酸的多个氢离子，可以在不同化学计量条件下分解。多氢酸的结构通式如下：

```
R1          R—R4
  \        /
R2—C—P=O
  /        \
R3          O—R5
```

其中，R1、R2、R3 可能是氢、烷基、芳基、膦酸脂、磷酸脂、酰基、胺、羧基、羧基基团等，R4、R5 可能由氢、钠、钾、铵或有机基团组成。

多氢酸酸液体系是由多氢酸和氟盐反应生成 HF，实质上与砂岩储层反应的物质仍然是 HF。首先，多氢酸可以逐步电离出氢离子与氟盐反应，缓慢生成 HF 和膦酸盐，电离过程如下：

$$H_5R \rightarrow H^+ + H_4R^- \qquad pK_1=1 \tag{3-23}$$

$$H_4R^- \rightarrow H^+ + H_3R^{2-} \qquad pK_2=2.5 \tag{3-24}$$

$$H_3R^{2-} \rightarrow H^+ + H_2R^{3-} \qquad pK_3=7 \tag{3-25}$$

$$H_2R^{3-} \rightarrow H^+ + HR^{4-} \qquad pK_4=11.4 \tag{3-26}$$

$$HR^{4-} \rightarrow H^+ + R^{5-} \qquad pK_5=12 \tag{3-27}$$

其中，H_5R 表示多氢酸，R 表示膦酸根基团。从电离方程式（3-23）~ 式（3-27）可知，多氢酸有三个氢离子容易被电离出来，而最后的两个氢离子较难电离。多氢酸与氟盐反应的实质就是电离出的氢离子与氟盐发生氢化反应，生成 HF。反应方程式如下：

$$H_5R + NH_4HF_2 \rightarrow 2HF + NH_4RH_4 \tag{3-28}$$

其中，NH_4RH_4 表示膦酸盐。氟盐为溶液提供足够的氟离子，HF 的生成需要氢离子和氟离子的结合。由于多氢酸可以逐渐电离出氢离子，因此控制了与氟盐反应生成 HF 的速度。在低 pH 值环境下，多氢酸电离出的氢离子的浓度将保持较低的水平，因此，HF 的浓度也保持较低的水平；并且，多氢酸和氟盐形成了一个缓冲调节体系。当 HF 与岩石矿物反应消耗掉一部分时，方程的平衡被打破，反应将朝正方向进行，溶液中的氢离子浓度降低，多氢酸也就将电离方程平衡打破，多氢酸将释放出部分氢离子，一直到溶液重新建立新的平衡。因此，只要溶液的浓度足够大，酸液中 HF 的浓度基本保持恒定，酸液与岩石矿物的反应速度是常数。

多氢酸为一种新型的 HF 酸液体系，由一种特殊复合物代替 HCl 与氟盐发生氢化反应。多氢酸为一中强酸，本身存在电离平衡，该酸液体系可以在不同化学计量条件

下通过多级电离分解释放出多个氢离子，该酸液体系主要由主剂 SA601 和副剂 SA701 组成[48]。

1. 多氢酸体系的优越性

（1）多氢酸具有很好的缓速性。多氢酸与地层开始反应时，由于化学吸附作用，在黏土表面形成硅酸－铝膜的隔层，这个薄层将阻止黏土与 HF 酸的反应，减小黏土溶解度，并且防止了地层基质被肢解，特别是在反应初期，其反应速度约是其他酸液的 30% 左右。

（2）多氢酸具有极强的吸附能力，能催化 HF 酸与石英的反应。尽管反应速度比土酸慢，但随着时间的增加，石英的溶解度将增大，比土酸的溶解度要高 50% 左右。

（3）多氢酸具有较好的分散性和防垢性能，并且具有亚化学计量螯合特性，能较好地延缓 / 抑制近井地带沉淀物的生成，有利于提高注水井酸化有效期和油井产能。酸岩反应环境中，其对硅酸盐沉淀的控制能力明显优于常规土酸、缓速土酸等。

（4）多氢酸能保持或恢复地层的水湿性。

2. 多氢酸体系的应用

典型的多氢酸酸液体系配方为：8%HCl+2%PA–MF+6%PA–MH5+3%PA–C021（缓蚀剂）+2.0%PA–ISI（铁稳定剂）+2%PA–CH22（防膨剂）+1%PA–EH2（破乳剂）+1%PA–CLl2（助排剂）+2%PA–MU2（互溶剂）[49]。

针对可能存在有机堵塞和滤液浸入问题，体系中使用有机溶剂和添加剂溶解有机物质，恢复地层的水润湿性，降低油水之间的界面张力，彻底消除滤液可能对油层带来的伤害。同时，该体系能对堵塞固体颗粒的微粒进行有效溶蚀，消除固相颗粒对地层的伤害。

应用多氢酸酸液体系在 BZ34–3–P1 井和 BZ34–3–2D 井进行了酸化作业，取得了明显的效果。使用氮气返排，仅用 4h 就完成了残酸的返排。酸化作业后，P1 井日产油量达 300m^3，超过配产的 160%；2D 井日产油量为 160m^3，超过配产的 50%。具有反应速度低、腐蚀率低、无二次污染等优点的新型多氢酸酸液体系，能有效延长酸液作用距离，在渤中 34–3 油田的应用表明，酸化作业具有良好的效果，油井产量超过配产的 50%～160%。

参考文献

［1］吴志鹏，苟利鹏．油井酸化用酸液的研究与进展［J］．化学工程与装备，2010（9）：178–180.

［2］王中华，何焕杰，杨小华．油田化学品实用手册［M］．北京：中国石化出版社，2004.

［3］张朔，吕选鹏，刘德正，等．一种新型高温酸化缓蚀剂的制备及其应用［J］．钻井液与完井液，2017，34（5）：100–105.

［4］全红平，鲁雪梅，鲜菊．多曼尼希碱型酸化缓蚀剂的研制及性能评价［J］．石油化工，2016，45（5）：601–606.

[5] 郑云香，王向鹏，燕玉峰，等. 酸化缓蚀剂含羟基双季铵盐的合成及性能评价 [J]. 腐蚀与防护，2015，36（2）：128-131.

[6] 高翔，祁丽娟，崔振东，等. 一种季铵盐型酸化缓蚀剂的合成及性能评价 [J]. 应用化工，2013，42（5）：863-865.

[7] 王远，张娟涛，吕依依. 一种盐酸酸化缓蚀剂的合成及性能 [J]. 石油管材与仪器，2016，2(4)：22-24.

[8] 赵晓珂，葛际江，张贵才，等. 用作酸液稠化剂的阴离子聚合物的合成 [J]. 钻井液与完井液，2007，24（1）：51-54.

[9] 董雯. DS-1 酸化互溶剂的合成及性能评价 [J]. 精细石油化工进展，2016，17（3）：6-8.

[10] 杨同玉，李维忠，张福仁，等.DTE 酸化黏土稳定剂的研制与应用 [J]. 断块油气田，2001，8（6）：57-59.

[11] 刘音，袁青，徐杏娟，等. 油田酸化用助排剂研究进展 [J]. 石油化工应用，2014，33(2)：5-7，17.

[12] 陈兰，张贵才. 酸化助排研究现状与应用进展 [J]. 油田化学，2007，24（4）：375-378.

[13] 孙铭勤，张贵才，葛际江，等. 高温酸化助排剂 HC2-1 的研究 [J]. 油气地质与采收率，2006，13（2）：93-96.

[14] 郑延成，佘跃惠，程红晓. 提高酸化效果的防渣剂 [J]. 石油天然气学报，2005，27（5）：658-660.

[15] 王宝峰，许志赫，曾斌，等. 表面活性剂在酸化中的开发与应用 [C] // 全国工业表面活性剂发展研讨会.2001.

[16] 酸化酸液体系和添加剂及其选择. [DB/OL] https：//wenku.baidu.com/view/94dbf208ba68a98271fe910ef12d2af90242a87b.html，2016.10.22/2018.12.02.

[17] 李学康，司马立强，宋华清，等. 醇基酸醇基压裂液在蜀南地区须家河组的应用前景 [J]. 钻采工艺，2006，29（4）：70-72.

[18] 马英卓，单永卓，王鑫，等. 醇基酸化液在海拉尔盆地敏感性储层中的应用 [J]. 大庆石油地质与开发，2005，24（6）：63-65.

[19] 杨永华，胡丹，林立世. 砂岩酸化非常规土酸酸液综述 [J]. 海洋石油，2006，26（3）：61-65.

[20] 鲁来宾，姚奕明，邢德钢，等. 新型有机酸化液 PS 的研究及应用 [J]. 石油天然气学报，2005，27（2）：233-235.

[21] 江明朗，高翠玲. 砂岩地层的铝盐缓速酸化技术 [J]. 油田化学，1990，7（1）：8-12.

[22] 徐杏娟，刘音，付月永，等. 国内油田酸化用胶凝剂研究进展 [J]. 石油化工应用，2014，33（7）：1-3.

[23] 潘敏，陈大钧. 一种阳离子型稠化酸体系的研制 [J]. 钻井液与完井液，2007，24（5）：50-52.

[24] 满江红，张玉梅. 深井碳酸盐岩储层深度酸压工艺技术探讨 [J]. 新疆石油天然气，2003，15（1）：77-80.

[25] 徐杏娟，付月永，杨金玲，等.180℃酸化用胶凝酸体系研究与现场应用 [J]. 石油化工应用，

2018，37（7）：11-15.
［26］徐杏娟，刘音，付月永，等．高温碳酸盐岩酸化用胶凝酸体系研究［J］．石油天然气学报，2014，36（11）：197-200.
［27］高燕，张冕，邵秀丽．可回收速溶稠化酸体系的研发与应用［J］．钻采工艺，2017，40（4）：94-97.
［28］王奕，张熙，代华，等．新型增稠酸的配方及性能研究［J］．天然气工业，2007，27（5）：85-87.
［29］徐中良，戴彩丽，赵明伟，等．酸压用交联酸的研究进展［J］．应用化工，2017，46（12）：2424-2427.
［30］郭烨，罗明良，王思中，等．耐高温有机锆交联酸体系性能研究［J］．应用化工，2014，43(8)：1412-1415.
［31］唐清，杨方政，李春月．可携砂交联酸酸液体系室内实验及现场应用［J］．精细石油化工进展，2014，15（1）：1-4.
［32］王增宝，付敏杰，宋奇，等．高温深部碳酸盐岩储层酸化压裂用交联酸体系制备及性能［J］．油田化学，2016，33（4）：601-606.
［33］李军，贾红战，姬智，等．高温延迟交联冻胶酸体系研究与应用［C］// 三省一市环渤海浅（滩）海油气勘探开发技术研讨会论文集 .2013：179-185.
［34］许航天，于毅，许帅，等．变黏酸的基本原理及发展概况［J］．精细与专用化学品，2014，22（1）：38-41.
［35］张杰．乳化酸酸液体系配方研究进展［J］．应用化工，2012，41（4）：685-688，696.
［36］李宾飞，李兆敏，徐永辉，等．泡沫酸酸化技术及其在气井酸化中的应用［J］．天然气工业，2006，26（12）：130-132.
［37］关富佳，姚光庆，刘建民．泡沫酸性能影响因素及其应用［J］．西南石油大学学报（自然科学版），2016，26（1）：65-67.
［38］吴文瑞，李怀杰，孙支林，等．泡沫酸酸化工艺技术研究与应用［J］．石油化工应用，2011，30（10）：24-26，33.
［39］王素兵，罗炽臻．泡沫酸酸化在川东老井挖潜中的应用及效果［J］．钻采工艺，2003，26（5）：85-85，100.
［40］张学锋，李川梅．泡沫酸酸化在文明寨油田的应用［J］．油田化学，1999，16（2）：116-117.
［41］李文轩，秦延才，毛源，等．一种新型地下自生泡沫酸化技术的研究与应用［J］．钻采工艺，2016，39（4）：35-37.
［42］胡圆圆，周成香，王玉海．泡沫酸化工艺技术在页岩井中的应用［J］．油气藏评价与开发，2015，5（5）：76-80.
［43］闫永萍，马兵，杨晓刚，等．姬塬长 8 油藏泡沫酸酸化技术研究及应用［J］．科学技术与工程，2014，14（9）：175-179.
［44］彭建文，张喜玲，张婷，等．地层自生酸解堵降压增注技术研究［J］．石油天然气学报，2014，

36（12）：227–229.

［45］杨荣．高温碳酸盐岩储层酸化稠化自生酸液体系研究［D］．四川成都：西南石油大学，2015.

［46］刘丙晓，周姿潼，车航，等．一种水解酯潜在缓速土酸的实验评价［J］．石油钻采工艺，2015，37（6）98–101，129.

［47］杨琦．碳酸岩储层深部改造的潜在酸室内研究［J］．科学技术与工程，2012，12（36）：9824–9827.

［48］李年银，赵立强，刘平礼，等．多氢酸酸化技术及其应用［J］．西南石油大学学报（自然科学版），2009，31（6）：131–134.

［49］张海，李立冬，陈翔宇，等．新型多氢酸酸液体系研究与应用［J］．中国海上油气，2008，20（1）：48–50.

第四章　压裂液

压裂就是用压力将地层压开，形成裂缝并用支撑剂将它支撑起来，以减小流体流动阻力、增加导流面积，是低渗透油藏、碳酸盐油藏主要的增产、增注措施。压裂液是压裂过程中所用的作业流体。压裂液提供了水力压裂施工作业的手段，但在影响压裂成败的诸多因素中，压裂液及其性能极为重要。对大型压裂而言，这个因素就更为突出。使用压裂液的目的主要体现在两方面：一是提供足够的黏度，使用水力尖劈作用形成裂缝使之延伸，并在裂缝沿程输送及铺设压裂支撑剂；二是在压裂完成后，压裂液迅速化学分解破胶到低黏度，保证大部分压裂液返排到地面以净化裂缝。

20 世纪 50 年代初到 60 年代初是以油基压裂液为主，60 年代初，以瓜胶为代表的稠化剂的问世，标志着现代压裂液的诞生。70 年代，成功实施了瓜胶化学改性以及交联体系的完善，使水基压裂液迅速发展，瓜胶压裂液在水基压裂液中占有主导作用。80 年代泡沫压裂技术在现场的大规模应用，取代了部分水基压裂液。

纵观国内外，目前压裂液体系仍是以水基压裂液为主，约占 65%，泡沫压裂液约占 30%，油基压裂液、乳化压裂液约占 5%。其中，在水基压裂液中，以无机或有机硼为交联剂的硼交联压裂液占 40%，而以无机或有机钛、锆为交联剂的钛、锆交联压裂液占 10%，未交联线性胶占 15%，此外还有一些其他类型的压裂液。

本章从压裂液添加剂和压裂液体系方面对压裂液的有关知识进行介绍。

第一节　压裂液添加剂

在压裂作业过程中，为了保证压裂液的性能符合施工工艺要求，需要在压裂液中添加适当的化学剂，这些化学剂就是压裂液添加剂。压裂液添加剂主要有稠化剂（增稠剂）、交联剂、pH 值控制剂、破胶剂、黏土稳定剂、杀菌剂、助排剂、乳化剂、消泡剂、降阻剂、降滤失剂、破乳剂和支撑剂等[1~6]。

一、稠化剂

稠化剂是用以提高水溶液黏度、降低液体滤失、悬浮和携带支撑的化学剂，是水基压裂液的主要成分。稠化剂多为各种天然或天然改性和合成的水溶性高分子聚合物。用于水溶液的稠化剂通常也用于含水的酸溶液、醇溶液、乳状液及水泡沫液的增稠剂。

（一）瓜胶及改性产物

1. 瓜胶

瓜胶，也叫瓜胶、瓜尔豆胶，来自一年生草本植物瓜尔豆的内胚乳，胚乳约占种子质量的 42%。瓜胶为白色略呈褐黄色粉末，不溶于烃类、醇类和酯类及脂肪等有机溶剂中，可被水分散、水合、溶胀，形成胶液；黏度为 187~351mPa·s；水不溶物含量 19%~25%；其结构如图 4-1 所示。瓜胶水溶液部分主要是以 β-1，4 甙键联结的 D- 甘露吡喃糖为主链，以 α-1，6 甙键联结的 D- 半乳吡喃糖为支链组成的长链中性非离子型多邻位顺式羟基的聚糖，半乳糖与甘露糖之比为 1∶（1.6~1.8），总糖含量 84.3%，重均相对分子质量为 20×10^4~40×10^4。在一定的 pH 值条件下，瓜胶水溶液易于与某些两性金属（或两性非金属）组成的含氧酸阴离子盐，如硼酸盐、钛酸盐交联成水冻胶；不易受离子型盐的影响；可进行物理、化学改性。

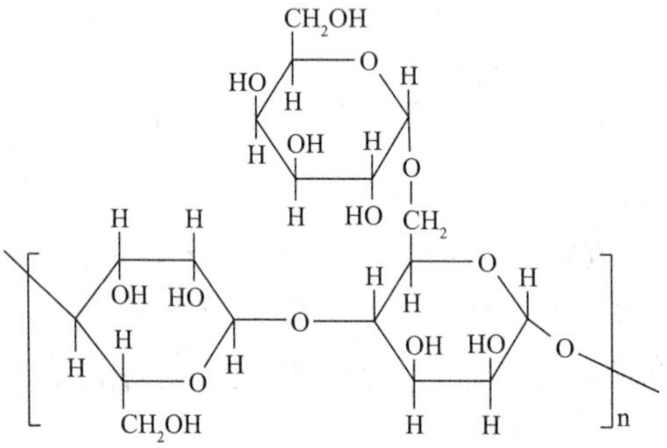

图 4-1　瓜胶的化学结构

瓜胶具有很强的耐酸碱性，pH 值在 3.5~10 范围内变化对其影响不明显。pH 值大于 10 后，黏度显著下降，这可能与 OH^- 离子的逐渐增多，瓜胶与溶剂间氢键结合减少有关。温度在 25~75℃范围内，瓜胶的黏度随温度升高而降低，温度回降时，黏度比升高时的同温度值稍低。

将胚乳从种子中分离出来粉碎，便得到瓜胶粉，其为淡黄色粉末状固体，水分≤10.0%，1.0% 水溶液黏度≥220mPa·s，水不溶物≤18.0%，残渣≤4.0%，过筛率（通过 0.15mm 分样筛）≥90.0%，pH 值为 6.0~8.0，交联性能为 2min 可以挑挂。

本品主要用作水基压裂液增稠剂，其水溶液和水冻胶可用于渗透率较高、地层压力较大的油气层压裂。本品使用前，应根据地层特点与施工要求配成浓度为 0.4%~0.7%（质

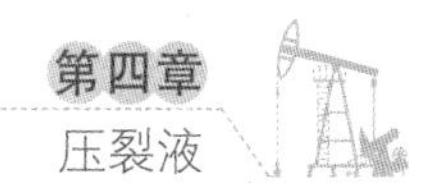

量分数）的原胶液，并溶胀、溶解 1h。

2. 羟丙基瓜胶

羟丙基瓜胶（HPG）是瓜胶的羟丙基化产物，为白色至浅黄色固体粉末，无味，不溶于醇、醚和酮等有机溶剂，易溶于水；其水溶液在常温和 pH 值为 2.0~12.0 时比较稳定，加热到 70℃以上溶解度急剧降低，遇到氧化剂可发生降解。由于羟丙基瓜胶分子中含有顺式邻位羟基，因而可与硼、钛和锆等多种非金属和金属元素化合物进行络合形成凝胶体。通过调节反应条件和合理地选择交联剂，可使凝胶满足不同温度下的要求。与瓜胶原粉相比，羟丙基瓜胶残渣含量低，溶胀溶解速度快，胶液放置稳定性好，耐盐能力强，是一种性能优异的压裂液稠化剂。工业品为淡黄色粉末状固体，水分≤10.0%，1.0% 水溶液黏度≥220mPa·s，取代度≥0.25，水不溶物≤8.0%，过筛率（通过 0.15mm 分样筛）≥90.0%，pH 值为 6.0~8.0，交联性能为 2min 可以挑挂。

本品用作水基液稠化剂，其水溶液和水冻胶可用于不同改造规模、不同井深井温的低渗透油气层压裂，特别适用于高温深井压裂。本品使用前，应根据地层特点与施工要求配成浓度为 0.3%~0.7%（质量分数）的原胶液，并溶胀、溶解 1h。

3. 羧甲基羟丙基瓜胶

羧甲基羟丙基瓜胶（CMHPG）以氯乙酸为主醚化剂，环氧丙烷为副醚化剂，在碱性条件下经过醚化反应而得。本品为淡黄色粉末；无臭，易吸潮；不溶于大多数有机溶剂，可溶于水，水溶液黏度为 196~243mPa·s。用于压裂液稠化剂时，其水溶液在弱酸条件下易与高价金属阳离子交联成胶，如易与硫酸铝、氧氯化锆交联；在碱性条件下，也能与硼酸盐、钛酸盐等交联成水冻胶。盐对羧甲基羟丙基瓜胶水溶液的黏度和交联性能稍有影响。

CMHPG 水溶液表现出非牛顿流体流变性质，溶液表观黏度在不同剪切速率下均随着温度的升高而降低，质量分数 0.5%CMHPG 溶液对酸的敏感程度远远大于它对碱的敏感程度，水溶液的黏度（剪切速率 $20.4s^{-1}$ 条件下测定）随溶液 pH 值的降低迅速降低，随溶液 pH 值的升高变化不大。

本品主要用作水基压裂液液稠化剂，其水溶液和水冻胶可用于不同改造规模、不同井深井温的低渗透油气层压裂。

由于水溶液黏度低、价格高，一般不用作稠化水压裂液；使用不同的交联剂，可配制成耐高、中、低温的水冻胶；由于其水不溶物和残渣量低，低温下破胶彻底，宜用于低温井。

（二）田菁胶及改性产物

1. 田菁胶

田菁胶（sesbania gum）是由豆科植物田菁的种子胚乳中提取的一种天然多糖类高分子物质，田菁胶聚糖是由甘露糖单元构成主链，半乳糖单元形成支链。半乳糖与甘露糖单元之比为 1：2.0。甘露糖单元通过 α-（1→4）甙链连接，半乳糖单元通过 β-

（1→6）甙键接在甘露糖主链上，结构如图 4–2 所示，相对分子质量 20×10^4 左右。田菁胶溶于水中形成水溶性亲水胶，可使增稠性、稳定性和乳化性明显增高。

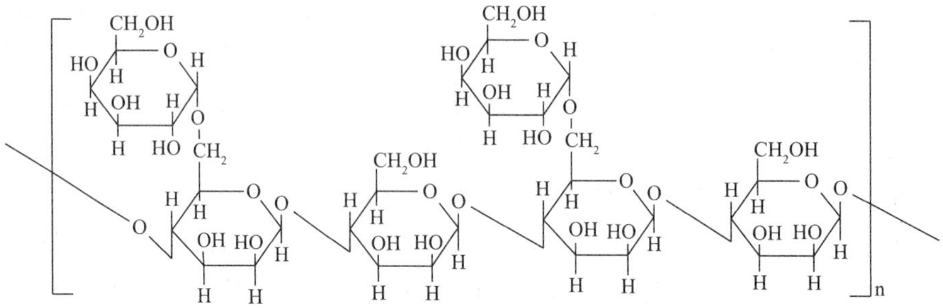

图 4–2　田菁胶的化学结构

田菁胶为白色至微黄色粉末，无臭，溶于水，不溶于醇、酮、醚等有机溶剂。田菁胶大分子结构中含有丰富的羟基及有规则的半乳糖侧链，故对水有很大的亲和力，常温下，它能分散于冷水中，形成黏度很高的水溶胶溶液，其黏度一般比其他天然植物胶、海藻酸钠、淀粉高 5~10 倍。pH 值在 6~11 范围内稳定，pH 值为 7.0 时黏度最高，pH 值为 3.5 时黏度最低。田菁胶溶液属于假塑性非牛顿流体，其黏度随剪切率的增加而明显降低，显示出良好剪切稀释性能，其能与络合物中的过渡金属离子形成具有三维网状结构的高度弹性胶冻，其黏度比原胶液高 10~50 倍，具良好的抗盐性能。

一般商品田菁胶是一种白色或淡黄色粉状物，易溶于水，不溶于有机溶剂，含水率 9% 左右，水不溶物含量为 22%~26%，1% 水溶液黏度为 180mPa·s。

表 4–1 列出田菁胶、香豆胶、增皂仁胶、瓜胶四种植物胶的化学组成及用不同方法测定的残渣含量数据[7]。

表 4-1　4 种植物胶的化学组成及残渣含量数据

植物胶	水分 /%	含 N 量 /%	Pr/%	植物胶含量 /%	残渣含量 /%		
					氧化法	酶处理法	酸处理法
田菁胶	11.5	1.05	4.82	82.72	3.27	4.18	3.57
香豆胶	7.00	0.32	2.38	87.03	3.18	4.62	3.60
增皂仁胶	11.80	0.50	3.13	81.15	8.33	10.10	3.93
瓜胶	7.80	0.75	4.74	84.31	4.31	9.65	3.15

田菁胶的黏度是衡量产品质量的主要指标之一，其黏度的高低对田菁胶的溶解、配液等操作有很大的影响。田菁胶的黏度随浓度的增加而增加，在田菁胶的质量分数低于 0.3% 时，其黏度的增加比较缓慢；当质量分数超过 0.3%，黏度呈现明显上升的趋势；当浓度高于 0.5% 时，其黏度急剧增加，曲线的斜率很大。此外，在实验的过程中发现，当田菁胶的质量分数高于 0.5% 时，容易出现机械不溶现象，形成的溶胀物要完全溶解则会大大延长搅拌时间。因此，在溶解田菁胶时，合理控制胶液的浓度是十分必要的，其溶

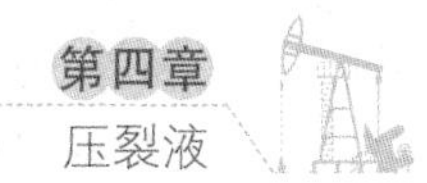

解浓度一般控制在 0.2% 左右为宜[8]。

田菁胶通常是将豆科植物田菁（S.cannabina Pers）种子的胚乳经粉碎过筛而成。田菁胶在石油开采中具有大量的应用，因其结构和性能近似瓜胶，其技术指标可以参考瓜胶技术要求，即干燥失重 <12%，黏度（1% 水溶液）为 200~500mPa・s 及 600~1000mPa・s，pH 值为（1% 水溶液，25℃）4~5，总灰分≤4.0%。用于压裂液添加剂时，由于其残渣高，需要通过化学改性以降低残渣。

田菁胶是良好的水基压裂液稠化剂，其水溶液和水冻胶广泛用于不同地层的低渗透油气层压裂。

2. 羧甲基田菁胶

羧甲基田菁胶是一种阴离子型的高分子化合物，外观为淡黄色粉末，易溶于水。与田菁胶原粉相比，其水不溶物含量大幅度降低，为原粉 1/10 左右，具有更高的活性、水溶性和稳定性，甚至在冷水中就有很好的分散性和溶解性，中和至弱碱性的胶液保存半年也几乎没有明显变化，因此它是最重要的一种改性田菁胶产品。羧甲基田菁胶能为氧、酸和酶所降解，能用高价金属（如铝、铬、锆等）的多核羟桥络离子所交联，在采油中可用作增黏剂、降阻剂、水处理剂，交联后可用作调剖剂、堵水剂和压裂液等。

本品是良好的水基压裂液稠化剂，其水溶液和水冻胶广泛用于不同地层的低渗透油气层压裂。

3. 羟丙基田菁胶

羟丙基田菁胶为淡黄褐色或灰白色固体粉末，无臭、无味，不溶于醇、醚、酮等有机溶剂，易吸潮，遇水首先溶胀，然后缓慢溶解于水中，形成黏度很高的胶液。胶液 pH 值为 2.0~10.0 时比较稳定，pH 值大于 12.0 时，黏度下降比较明显，在 60℃时黏度降低率为 15.0%~20.0%（相对于 20℃时的黏度值），继续升高温度，黏度下降幅度较大；但在降温时黏度发生可逆变化，其原胶液与凝胶在一定温度下遇过硫酸盐或过氧化物等强氧化剂发生降解反应。羟丙基田菁胶与羟丙基瓜胶分子化学结构基本相同，但其聚合度小于羟丙基瓜胶，用离心法测得重均相对分子质量为 20×10^4。羟丙基田菁胶与羟丙基瓜胶交联机理与使用条件相似，但交联冻胶弹性优于瓜胶压裂液，相同地层温度下的使用浓度比羟丙基瓜胶高 20%~40%。与普通田菁胶相比，羟丙基田菁胶具有残渣含量低、溶解速度快、胶液放置稳定性好，耐温高等特点。

羟丙基田菁胶的溶液性质决定着其在油田化学中的应用[9]。羟丙基田菁胶粉的溶解速度大于田菁胶粉，搅拌 2h 后羟丙基田菁胶水溶液黏度达到最大值，溶解过程结束，而在同样条件下搅拌 4h 后田菁胶水溶液才能达到最大黏度。羟丙基田菁胶水溶液的黏度随溶液浓度的增加而急剧增加，在高浓度时溶液中的大分子相互穿插、缠结，形成网络结构，使溶液黏度加速上升。

羟丙基田菁胶水溶液的黏度在较宽的 pH 值范围内大体稳定，在 pH 值为 6~8 时黏度最大。pH 值大于 10 时分子水化度降低，导致黏度下降。pH 值 <4 时黏度不变。将 pH 值由 6 以下或 8 以上调至 7 时，黏度也回复到原值。

工业品为淡黄色粉末状固体，水分≤8.0%，1.0% 水溶液黏度≥100mPa·s，水不溶物≤8.0%，过筛率（通过 0.15mm 分样筛）≥95.0%，pH 值为 6.5~7.5，交联性能：2min 可以挑挂。

本品是良好的水基压裂液稠化剂，其水溶液和水冻胶广泛应用于不同地层的低渗透油气层压裂。

此外，参考有关羧甲基和羟丙基化反应工艺，在羟丙基或羧甲基田菁胶的基础上进一步羧甲基或羟丙基化，可以制备羧甲基羟丙基田菁胶。研究表明，与羟丙基田菁胶和羧甲基田菁胶相比较，羧甲基羟丙基田菁胶的黏度热稳定性和裂解热稳定性高于羟丙基田菁胶和羧甲基田菁胶，具有更好的应用性能。以异丙醇为分散介质，3- 氯 -2- 羟丙基三甲基氯化铵（CHPAC）为醚化剂，经过醚化反应可以得到阳离子田菁胶，阳离子田菁胶用于压裂液稠化剂，具有更好的抗高价离子的能力，且表现出一定的黏土稳定能力。

（三）香豆胶（FG）及改性产物

1. 香豆胶

香豆子又名胡芦巴、香草、苦巴，系豆科胡芦巴属植。根茎可以做绿肥，种子含多种成分，可以入药。香豆种子由种皮、胚乳和子叶三部分组成，种皮占 10%~15%，胚乳占 36%~39%，其余为子叶，胚乳粉碎即为胶粉；种子各部分组成见表 4-2。胚乳主要成分是半乳甘露聚糖，白色无定形粉状物，分解点温度为 307~311℃，能溶于水，不溶于其他有机溶剂。胚乳元素分析得出：C 含量为 36.66%、H 含量为 6.37%、无氮，组成符合化学式（$C_6H_{10}O_5$）·nH_2O，其黏均相对分子质量接近 250000，为一中性的黏多糖。聚糖中半乳糖与甘露糖之比为 1∶1.2。因此，其化学结构应是甘露糖单元构成主链，半乳糖单元为侧基，主链上每 6 个甘露糖单元有 5 个半乳糖侧基。甘露糖单元通过 α-1，4 键连接，半乳糖单元则通过键连接在甘露糖主链上，结构如图 4-3 所示。

表 4-2 香豆种子各部分的化学组成

项目	总糖 /%	粗纤维 /%	粗脂肪 /%	蛋白质 /%	灰分 /%
全种子粉	46.00	7.90	6.12	22.16	2.78
胚乳	82.87	0.50	0.15	6.14	1.00
子叶	–	7.47	8.67	38.65	3.29

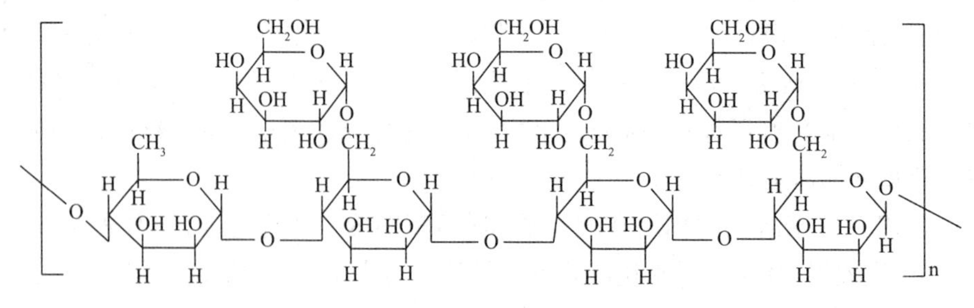

图 4-3 香豆胶的分子结构

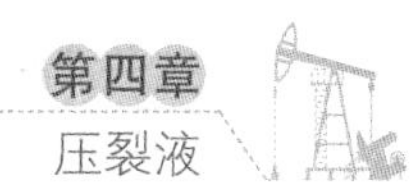

香豆胶与瓜胶的半乳甘露聚糖无论是在化学结构上还是理化性能上均类似，只是在半乳糖和甘露糖的比例上稍有区别，理论上香豆胶完全可以替代瓜胶在各个领域的应用。由于香豆胶具有水不溶物低、黏度高等优点，在石油行业越来越受到青睐；因为作为压裂液稠化剂，水不溶物的高低直接影响对地层的伤害程度。目前，石油压裂行业应用较多的稠化剂品种是瓜胶，但是瓜胶完全依赖进口，而香豆胶各项指标与瓜胶相近，因此在石油压裂行业具有广泛应用前景[10]。

工业产品的香豆胶与瓜胶特性比较见表 4-3[11]。

表 4-3　香豆胶与瓜胶性能比较

项目	指标		项目	指标	
	香豆胶	瓜胶		香豆胶	瓜胶
外观	淡黄色粉末	乳白色粉末	冻胶黏度（0.6% 胶液）	5.94×10^6	2.198×10^6
含水率 /%	8～10	8～10	总糖 /%	90.4	91.6
水不溶物 /%	6～12	20～25	聚糖含量 /%	74.6	74.7
1% 胶液黏度①/mPa·s	160～220	200～300	蛋白质含量 /%	5.5	4.5
pH 值（30℃）	6.5～7.5	6.5～7.5	半乳糖与甘露糖配比	1∶1.2	1∶2.0

注：① 30℃，$170s^{-1}$ 下测定。

香豆胶（FG），羟丙基香豆胶（HPFG），阳离子香豆胶（CFG）等不同类型的产品的数均相对分子质量 M_n 和重均相对分子质量 M_w 及溶液黏度见表 4-4[12]。

表 4-4　不同产品的数均和重均相对分子质量

样品	M_n	M_w	M_w/M_n	黏度 /mPa·s	DS
FG	119303	335611	2.813	1300	
CFG	93268	286685	3.074	610	5.6
HPFG	85157	285265	3.349	705	0.12

注：黏度的测定条件为 1% 溶液、25℃、$7.3s^{-1}$；FG 的黏度测定中使用的是未经处理的商业级样品。

从表 4-7 中所列 FG、HPFG、CFG 的黏度与相对分子质量可以看出，FG 改性前后的黏度变化很大，1% 溶液的黏度随着相对分子质量的增加而增大。在制备 CFG 和 HPFG 的醚化反应过程中，香豆胶大分子在碱性条件下发生氧化降解，主链部分严重降解，使改性后的香豆胶水溶液黏度降低。

香豆胶有良好的水溶性，在冷水（20℃）和热水（90℃）中溶解度差别很小，水不溶物为 6.5%～8.0%，即水溶部分在 92% 以上。由于高分子特性，香豆胶水溶液有较高的黏度。香豆胶在搅拌 1min 后即达到最高黏度 88%，溶解十分迅速，而且增黏能力强，溶液黏度的稳定性好[13]。50℃在 0.4%～1.0% 的浓度范围内，香豆胶的增黏能力与其浓度成直线关系。随着温度的升高，香豆胶溶液黏度降低。香豆胶在水溶液中会因微生物作用而降解、腐败，丧失黏度，长时间放置时应加入杀菌剂。

香豆胶水溶液的流变性与一般高分子水溶液相似，属于非牛顿流体，显示假塑性，流型指数 n=0.3296（<1）；表观黏度随剪切速率增加而降低，即表现出剪切变稀特性。

香豆胶分子中含有更丰富的可交联的邻位羟基，提高了其交联密度，使香豆胶压裂液具有良好的耐温耐剪切、快速彻底破胶、低滤失与地层流体相配伍的综合性能，可适用于各种油藏地层特点和满足压裂工艺的需要。

尽管具有更好的耐温耐剪切性能，但改性植物胶由于引入了活性基团，增加了其破胶难度。从破胶实验中发现，香豆胶压裂液比目前国内使用的改性瓜胶压裂液破胶水化彻底，在较短时间内实现了破胶水化；同时由于香豆胶稠化剂水不溶物含量较少，进一步降低了压裂液中残渣的含量。香豆胶水溶液的流变性与一般高分子水溶液相似。高分子化合物在水溶液中可抑制旋涡的生成和发展，因而具有减阻作用。浓度很低的香豆胶水溶液在管路中的摩阻低于清水，显示了降阻作用。

2. 羧甲基香豆胶

由香豆胶经羧甲基化反应得到，如按照香豆胶浓度 0.40mol/L，一氯乙酸钠浓度 0.25mol/L，n（氢氧化钠）：n（一氯乙酸钠）=1：1，称取 40mL 水加入配有搅拌和回流冷凝装置的三口烧瓶中，搅拌下缓慢加入 5g 香豆胶原粉，60℃下碱化 30min 后加入计量的一氯乙酸钠，于 60℃下醚化反应 5h，反应时间达到后用盐酸中和反应液至中性。产物用乙醇多次洗涤、沉淀，50℃下于真空干燥箱中干燥至恒重，得羧甲基化香豆胶，取代度可达 0.75[14]。

羧甲基香豆胶压裂液具有耐高温耐剪切、良好的携砂性能和防膨效果、低表面张力和界面张力的特点。该压裂液在乾安油田油井压裂现场应用，压裂施工取得成功，压后获得较好的增产效果。

3. 羟丙基香豆胶

羟丙基香豆胶可以采用异丙醇为介质，将香豆胶与环氧丙烷在碱催化下醚化反应得到，当反应温度 50℃，反应时间 3h，m（香豆胶）：m（环氧丙烷）：m（异丙醇）：m（NaOH）=1：0.5：1.7：0.04 时，合成的羟丙基香豆胶能够满足油田需要[15]。羟丙基香豆胶具有弱表面活性，水溶液浓度由 0.1% 增至 0.6% 时，表面张力和界面张力略为降低，分别由 65.31mN/m 和 24.79mN/m 降至 58.22mN/m 和 18.35mN/m，形成的羟丙基香豆胶 / 锆冻胶黏度高（≥300mPa·s），有弹性，热剪切稳定性好。交联比为 100：0.4 的 0.7% 羟丙基香豆胶 / 锆冻胶在 130~160℃下均为假塑性流体，n 值为 0.396~0.425。在 150℃和 160℃高温下，该冻胶 $170s^{-1}$ 下连续剪切 120min，仍保有较高黏度（95~125mPa·s），滤失量和滤失速率较小，控制液体滤失能力较好，且该冻胶抗盐钙性能好[16]。

此外，在羧甲基香豆胶的基础上，进一步磺化可以得到磺化羧甲基香豆胶，以 3–氯 –2– 羟丙基三甲基氯化铵（CHPAC）为阳离子醚化剂，天然香豆胶为原料，异丙醇为分散剂可以制得季铵盐型阳离子香豆胶 CFG。由于磺酸基团或阳离子基团的引入可以提高稠化剂的抗温和抗盐能力。

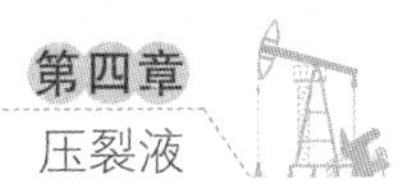

（四）槐豆胶

槐豆胶也称刺槐豆胶，角豆胶，洋槐豆胶，赤槐豆胶，国槐种子胚乳提取物；是由产于地中海一带的刺槐树种子加工而成的植物胶。槐豆胶为白色至黄色粉末、颗粒或扁平状片；无臭无味；LD_{50} 大鼠口服 13g/kg；在冷水中能分散，部分溶解，形成溶胶，80℃完全溶解；pH 值为 5.4～7.0，添加少量的硼酸钠则转变成凝胶；其 pH 值在 3.5～9.0 范围内，黏度几乎不受 pH 值的影响；pH 值小于 3.5 或是大于 9.0，黏度降低；NaCl、$MgCl_2$、$CaCl_2$ 等无机盐对黏度没有影响，但酸（尤其是无机酸）、氧化剂会使其盐析、降解，降低其黏度。槐豆胶与琼脂、卡拉胶和黄原胶等相互作用，可以在溶液中形成复合体而使得凝胶的效果增强。

槐豆胶是由半乳糖和甘露糖单元通过配糖键结合起来的一种大分子多糖聚合物，二者物质的量比为 1∶3.324，相对分子质量为 310000～2000000，结构如图 4–4 所示。

槐豆胶的黏度与浓度、温度和剪切速率等有关[17]。刺槐豆胶的黏度随浓度的增加而增加。槐豆胶为“非牛顿流体”，随着切变速度的增加，槐豆胶溶液（质量分数 0.7%）的黏度降低。随着温度的增加槐豆胶溶液（质量分数 0.5%）黏度有所增加，表现出良好的热稳定性。槐豆胶水溶的黏度（质量分数 0.5%），在酸性和碱性溶液中都有所下降，但下降的幅度较小，pH 值为 7 时度最高，说明槐豆胶在酸和碱中较为稳定。

工业槐豆胶的技术要求是：干燥失重≤14%，总灰分≤1.2%，酸不溶物≤4%，蛋白质≤7%，淀粉检不出，砷（以 As 计）≤0.0003%，重金属（以 Pb 计）≤0.002%，铅≤0.001%；在油田化学中主要用作压裂液稠化剂。

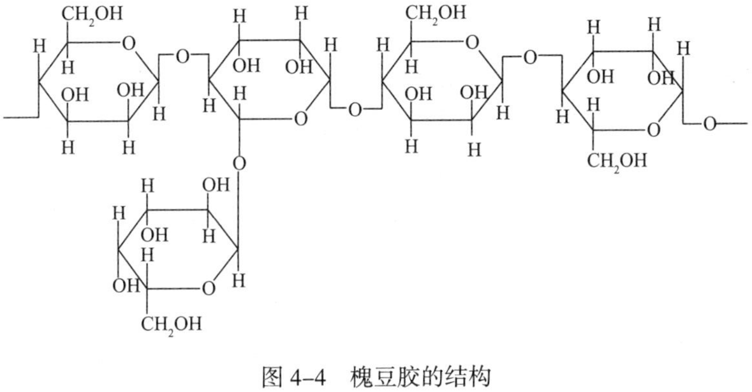

图 4–4　槐豆胶的结构

（五）纤维素及改性产物

1. 羧甲基纤维素钠盐

羧甲基纤维素钠盐（CMC）是一种阴离子聚电解质，通常可以分为高黏、中黏和低黏三种规格的产品，用于压裂液稠化剂的为高黏产品（HV–CMC）。由于 CMC 是线性高分子化合物，且其羧甲基在分子中存在取代的不均匀性，故当溶液静置时分子存在不同的取向；当溶液中有剪切力存在时，其线性分子的长轴有转向流动方向的趋势，且随着剪切速率的增大这种趋势增强，直到最终完全定向排列为止，CMC 的这种特性称为假塑性。CMC 羧甲基上的 Na^+ 在水溶液中极易离出，故 CMC 在水溶液中以阴离子的形式存在，即显负电荷，表现为聚电解质的特征。聚电解质水溶液的许多性质与其分子在溶液中的形态有关，容易受 pH 值、无机盐和温度的影响。在压裂液中羧甲基纤维素钠盐（CMC）是水溶性良好的减阻剂和稠化剂，其水溶液和水冻胶可用于中、低温度，中、低渗透率砂岩及灰岩油层的压裂酸化，详见第二章第一节。

2. 羟乙基纤维素

羟乙基纤维素由纤维素经羟乙基化反应得到的非离子纤维素醚，与 CMC 相比具有更强的抗盐和抗钙能力。作为压裂液添加剂，羟乙基纤维素（HEC）可以稠化淡水、盐水或海水，详见第二章第一节。

3. 聚阴离子纤维素

聚阴离子纤维素（PAC）是一种聚合度高、取代度高、取代基团分布均匀的阴离子型纤维素醚，白色至淡黄色粉末或颗粒，无味无毒，吸湿性强，易溶于冷水和热水中，具有与羧甲基纤维素钠盐（CMC）相同的分子结构。

由于取代度均匀，聚阴离子纤维素比羧甲基纤维素钠具有更好的增稠、悬浮、分散、乳化、结盐、抗盐、保水及护胶的作用，具有热稳定性好，耐酸碱抗盐，良好的相溶性，良好的溶解性，良好的稳定性；同时由于 PAC 本身的高取代度和高稳定性，所以在相同使用环境下，其用量仅相当于羧甲基纤维素钠盐（CMC）的 30%~60%，在一定程度上降低了使用成本，具有较高的性价比优势，经济效益和社会效益显著；其主要用作水基压裂液的稠化剂，兼有降低摩阻的功能。

4. 羧甲基羟丙基纤维素

羧甲基羟丙基纤维素（CMHPC）是分子链上同时含有羧甲基和羟丙基的纤维素混合醚，它兼顾 CMC 和 HPC 的特点。羧甲基羟丙基纤维素最大的优点是溶液黏度稳定。用于压裂液稠化剂，CMHPC 与仅含一个取代基的单醚相比，它在与金属离子的交联反应及交联产物的性能上都有独特的优越性。CMHPC 水溶液适用的交联质量分数为 0.4%，所成凝胶在较高温度下能保持较高黏度。因此，金属离子 Cr^{3+} 交联的 CMHPC 水基冻胶作为油田水基压裂液有一定应用前景。

羧甲基羟丙基纤维素一般由纤维素在碱性条件下和环氧丙烷、氯乙酸钠反应而成。其工业品为白色粉末，纯度≥85.0%，含水量≤10%，DS0.6~1.0，MS≥0.2，2% 水溶液黏度 100~1200mPa·s，氯离子≤10%，pH 值 7.0~9.0。

（六）合成聚合物

1. 甲叉基聚丙烯酰胺

甲叉基聚丙烯酰胺，也叫亚甲基交联聚丙烯酰胺（MPAM），是丙烯酰胺与少量的 N，N'- 亚甲基双丙烯酰胺共聚得到的交联聚合物。其水溶液为无臭、无味、无毒、无色

的透明状凝胶体，遇强氧化剂可发生断链降解，对光、热稳定性较好，一年内不发生质量变化。本品不溶于乙醚、丙酮等有机溶剂，在一定温度下可与 NaOH 反应生成部分水解甲叉基聚丙烯酰胺（PHMP），使部分酰胺基转化成羧酸钠盐，呈现出阴离子性能；由于分子内电荷排布状态的改变，聚合物分子变成伸展状态，黏度明显增加；并且羧酸基比酰胺基具有更强的水合能力，因而可进一步提高产品的水溶性。K^+、Na^+ 等一价金属离子对产品增稠能力影响较小，但本产品对 Ca^{2+}、Mg^{2+}、Fe^{3+} 等离子比较敏感。本品在酸性条件下可与铬矾、铝矾等化合物发生交联作用形成网状结构凝胶体。

甲叉基聚丙烯酰胺为无色透明黏稠胶体或粉剂，相对分子质量为 300×10^4~1200×10^4，有效物含量：胶体≥7%，粉剂≥90%，游离单体含量≤0.5%，水解度 10%~30%。

本品稳定性能良好，可以预先批量配制；其共聚物水冻胶可用于低、中、高温度，中、低渗透率砂岩、灰岩油气层的中型规模的压裂酸化作业；水溶液浓度以 0.4%~0.6% 为宜。

2. 聚丙烯酰胺

聚丙烯酰胺（PAM）是水溶液良好的减阻剂和稠化剂。其水溶液和水冻胶可用于中、低温度，中、低渗透率砂岩、灰岩油层的压裂酸化。详见第三章第一节。

3. 水解聚丙烯酰胺

水解聚丙烯酰胺（PHP 或 HPAM）为白色粉状固体，溶于水，几乎不溶于有机溶剂。其在中性和碱性介质中呈聚电解质的特征，对盐类电解质敏感，与高价金属离子能交联成不溶性的凝胶体。水解聚丙烯酰胺既可以采用水解法生产。也可以采用共聚法生产，工业水解聚丙烯酰胺为白色粉末，相对分子质量 300×10^4~800×10^4，水分≤7.0%，水不溶物≤1.0%，游离单体含量≤0.5%，1% 水溶液 pH 值为 7~9（25℃），水解度 25%~30%。

部分水解聚丙烯酰胺是水溶性良好的减阻剂和稠化剂，主要用作水基压裂液的稠化剂，兼有降低摩阻的功能。

4. AM 和 AMPS 二元共聚物

由 AM 与 AMPS 共聚得到的 P（AM-AMPS）共聚物，由于分子中引入了磺酸基团，提高了聚合物的耐温、抗盐性，并抑制了酰胺基团的水解，分子链上所具有的刚性侧链基使其耐剪切、抗机械降解能力提高。实验表明，用于稠化剂，采用无机锆作压裂液交联剂具有增稠能力强、适用范围广、耐温的优点，尤其是它在弱酸性条件下交联减少了对地层的伤害；同时，压裂液具有耐剪切、耐盐，破胶彻底，滤液残渣少，对地层伤害较少，适用于高温、深井压裂[18]。

5. P（AM-AMPS-AA）共聚物

P（AM-AMPS-AA）共聚物稠化剂采用水溶液聚合法制备：

由 AA、AMPS 和 AM 通过水溶液聚合制备的 P（AM-AMPS-AA）聚合物稠化剂[19]，其 0.5% 水溶液的表观黏度为 40.5mPa·s，用 0.05% 的硫酸铝进行交联，所得冻胶黏度为 240.0mPa·s；用 0.1% 过硫酸铵破胶，在 50℃下恒温 3h 后，其表观黏度降为 3mPa·s，破胶比较彻底，表现出良好的交联和破胶性能。由该聚合物所组成的压裂液冻胶具有良好的耐温能力和抗剪切性能。如使用 CVOR200-HPC 流变仪，以 3℃/min 的速度从 30℃开始升温，测量剪切速率为 $170s^{-1}$ 时表观黏度随温度的变化情况，结果表明，该压裂液冻胶抗温能力较好，在 130℃左右时，表观黏度仍在 50mPa·s 以上。在剪切速率为 $170s^{-1}$、温度为 50℃下，压裂液冻胶的黏度在开始剪切时，随剪切时间的增加黏度有所下降（保持在 185mPa·s 以上），30min 后黏度回升，到 45min 后，黏度一直保持在较好的水平，剪切 120min 后，黏度保持率大于 90%（保持在 200mPa·s），说明冻胶有很好的抗剪切能力。

6. 疏水缔合聚合物

疏水缔合聚丙烯酰胺（HAPAM）是典型的疏水缔合聚合物之一。HAPAM 是指在聚丙烯酰胺主链上带有少量疏水基团的一类新型水溶性聚合物。该类聚合物由于分子中的疏水基团相互作用，使大分子链发生分子间或分子内的缔合，而形成可逆的物理网状结构；与传统的 PAM 水溶液相比，这种结构使 HAPAM 的水溶液具有独特的流体力学性质，表现出良好的增黏、耐盐和耐温性能以及抗剪切力。通过引入磺酸单体可以进一步提高产物的稳定性[20]。

研究表明，疏水缔合聚合物或聚丙烯酰胺表现出不同于 PAM 的溶液性质。首先，PAM 溶液的表观黏度随浓度的增加而平缓上升，而疏水缔合聚合物水溶液的表观黏度随聚合物浓度的增加而持续增加，当其浓度达到一定值以上时（临界浓度），其表观黏度急剧上升。PAM 溶液的表观黏度随盐的加入急剧下降，最后趋于一条直线；而疏水缔合聚合物的黏度则表现出随盐含量的增加先上升后下降的特点。疏水单体含量提高，不仅表观黏度增加，且其抗盐性相应提高。

当温度升高时，分子的热运动加快，疏水基团周围的水合层发生变化，分子之间的作用力即疏水缔合作用相对减弱，因而有降低黏度的趋势，如聚丙烯酰胺溶液的黏度呈直线下降。另一方面，升高温度导致分子间的热运动加快，也促使了聚合物分子链间的接触几率增加，由于缔合和解缔合的动态平衡，溶液的黏度－温度曲线便有可能出现极值。疏水单体的含量越大，耐温性越好，即若升高温度有利于平衡趋向于缔合，则溶液的黏度随温度而升高，反之亦然。

随着时间的增加，疏水缔合聚合物的表观黏度逐渐上升，甚至接近未剪切时的黏度，表现出良好的可恢复性。这说明在高剪切速率条件下，分子缔合作用遭到破坏，黏度下降，但在停止剪切或低剪切条件下，分子间重新缔合，形成网状结构，体系黏度上升。

尽管疏水缔合聚丙烯酰胺表现出了良好的应用前景，但由于其主体仍然为聚丙烯酰胺，PAM 分子链上酰胺基的水解会使疏水缔合作用消失。

下面是针对压裂液需要而开发的典型的疏水缔合聚合物稠化剂。

（1）以 AM、AMPS、带疏水链及聚氧乙烯基团的可聚合单体（OEMA）为原料，以

过氧化苯甲酰（BPO）为引发剂合成的疏水缔合聚合物压裂液稠化剂，相对分子质量为150×10^4左右[21]。评价表明，疏水缔合聚合物稠化剂耐温耐剪切性能良好，在150℃、$170s^{-1}$下剪切2h，剩余黏度为200mPa·s；剪切恢复率高，经过$500s^{-1}$、$1000s^{-1}$剪切20min后，停止剪切的黏度恢复率为90%；黏弹性及分子网络结构稳定性优于瓜胶压裂液，相比瓜胶，破坏疏水缔合聚合物结构所需的能量较大，结构恢复所需的时间也较长，在疏水缔合聚合物压裂液中弹性占主导地位，且黏弹性优于瓜胶压裂液。

（2）以AM、AMPS、疏水单体M（氯化甲基丙烯酸二甲基十六烷基氨基乙醇酯）和刚性单体S（4-丙烯酰基氨基苯磺酸钠）为原料，采用反相乳液法制备了一种四元疏水缔合聚合物。实验表明，合成聚合物乳液的平均粒径在2500nm左右，其临界缔合浓度为0.15%。所配制的压裂液具有良好的黏弹特性、携砂性能和低伤害等特性；同时具有良好的耐温能力，0.6%的水溶液在150℃、$170s^{-1}$条件下剪切2h，表观黏度保持在50mPa·s以上[22]。

（3）以二甲氨基丙基甲基丙烯酰胺（DMAPMA）和溴代十六烷为原料，合成了一种季铵盐阳离子疏水单体DA-16，并以DA-16、丙烯酰胺和二甲基二烯丙基氯化铵在水溶液中进行自由基聚合得到三元共聚物压裂液稠化剂PDAM-16[23]。对其溶液性质和交联性能评价表明，PDAM-16溶液的临界缔合浓度为0.5g/dL，具有优异的抗温、抗盐、抗剪切性；合适的交联条件为交联剂用量为0.1%、交联温度70℃、PDAM-16用量0.6%，在此条件下，交联后最高黏度可达313mPa·s。以PDAM-16作为压裂液稠化剂形成的压裂液体系耐温可达123℃，抗剪切性好，具有良好的悬砂、破胶性能，便于返排，与常规瓜胶压裂液相比，降低了液体对地层的伤害。

此外，还有丙烯酰胺、2-丙烯酰胺基-2-甲基丙磺酸和N，N-二甲基丙烯酰胺的三元共聚物和丙烯酰胺、2-丙烯酰胺基-2-甲基丙磺酸钾和二甲基二烯丙基氯化铵的三元共聚物等，将它们用作水基压裂液的稠化剂，增稠性能优于聚丙烯酰胺。

（七）生物聚合物

1. 黄原胶

黄原胶水溶胶液在较低浓度时即表现出较高的黏度和良好的流变性。研究表明[24]，在一定剪切速率下，黄原胶水溶胶液浓度越大，黏度越高，非牛顿性越强；温度升高会使体系黏度降低，当温度恢复到初始温度时，黏度恢复到初始黏度的70%~80%；pH值为6~7时，黏度最大；剪切速率为$1\sim100s^{-1}$时，黏度急剧下降；剪切速率为$100\sim500s^{-1}$时，黏度下降缓慢；体系流变模型符合Hersche-1 Bulkley方程；体系剪切稀释性明显，触变性较小；详见第三章第一节。黄原胶主要用作水基压裂液的稠化剂，兼有降低摩阻的功能。

2. 韦兰胶

韦兰胶（welan gum，welan，编号S-130），也叫威兰胶、威伦胶或维兰胶，为产碱杆菌Alcaligenes sp.ATCC 31555产生的胞外多糖，是美国Kelco公司20世纪80年代继黄原胶、结冷胶之后开发的最有市场前景的微生物多糖之一。韦兰胶的结构与结冷胶类似（图 4–5），但是在与葡萄糖醛酸及鼠李糖相连的葡萄糖残基的 C_3 位上连接有 α–L–鼠李糖或 α–L– 甘露糖支链，连接鼠李糖的几率占 2/3；此外，约有半数的四糖片段上带有乙酰基及甘油基团。韦兰胶中含有 2.8%～7.5% 的乙酰基、11.6%～14.9% 的葡萄糖醛酸。甘露糖、葡萄糖和鼠李糖的物质的量比为 1：2：2。水溶液中韦兰胶分子主要是分子内的范德华力作用，侧链和主链间的氢键作用。韦兰胶属于典型的假塑性流体，具有良好的增稠性、悬浮性、乳化性，尤其是具有耐高温、耐酸碱、耐盐性能。韦兰胶水溶液对热稳定，在温度升高至 149℃时，其黏度基本不变，其耐温极限值比黄原胶高 20～30℃。韦兰胶水溶液对酸、碱稳定，其黏度在 pH 值为 2～13 时基本不受影响；对盐的稳定性也高，可作为增稠剂、悬浮剂、乳化剂、稳定剂、润滑剂、成膜剂和黏合剂应用于工农业的各个方面，特别是在食品、混凝土、石油、油墨等工业中有广泛的应用前景[25, 26]。

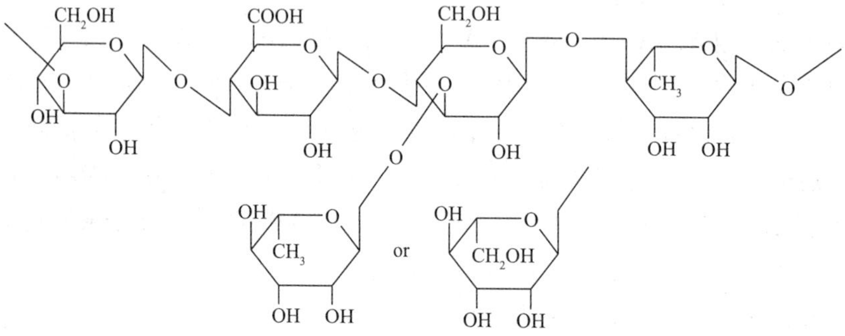

图 4–5　韦兰胶的结构

韦兰胶具有理想的增稠性、良好的稳定性、独特的剪切稀释性能、良好的抗盐能力，对酸、碱等稳定性好。韦兰胶溶液的黏度随着胶液浓度的增加而明显上升，在 0.4% 后更是呈线性增长趋势。随着浓度的增加，分子间的纠缠和相互作用加剧，使有效大分子结构和相对分子质量增加从而提高黏度。

0.2% 韦兰胶溶液黏度极低，基本符合牛顿流动定律，呈现出牛顿流体特性。0.4%～1.0% 韦兰胶溶液呈假塑性流体特性，表观黏度随剪切速率增加而减少。这是由于韦兰胶溶液含有高分子的胶体粒子，这些粒子多由巨大的链状分子构成；在静止或低流速时，它们互相勾挂缠结，黏度较大；但当流速增大时，由于流层之间剪切应力的作用，使比较散乱的链状粒子滚动旋转而收缩成团，减少了互相钩挂，从而出现了剪切稀释现象，利用该特性，可以使其在压裂、酸化液中发挥突出的作用。

温度在 25～100℃范围内，不同浓度的韦兰胶溶液的表观黏度基本不受温度的影响，说明即使是极低浓度的韦兰胶浴液也具有很好的热稳定性。它比黄原胶的耐温极限值高近 30℃。pH 值为 2～12 时对韦兰胶水溶液黏度影响较小，更有利于其用作酸化液稠化剂。

在 30℃、170s^{-1} 条件下，随着韦兰胶浓度的增大，水溶液黏度增加；随着水溶液溶胀静置时间的延长，溶液黏度逐渐上升；当静置时间大于 1h 后，溶液的黏度基本不受静置时间的影响，表明多糖水溶液表观黏度受放置时间的影响很小。如果将韦兰胶作为压裂液用稠化剂，则解决了现场配液时间长而影响施工作业效率的问题。在 pH 值为 7.5、溶液静置时间为 1h、剪切速率为 $170s^{-1}$ 的条件下，当剪切时间小于 10min、温度在 20~70℃之间时，温度对 0.5% 韦兰胶溶液的黏度影响较大；当温度恒定为 70℃时，溶液的黏度不随剪切时间的延长下降，说明韦兰胶水溶液表观黏度受剪切时间的影响很小，在特定温度下表现出优良的抗剪切性能，具备作为压裂液增稠剂的特性。

针对不同需要，为了改善韦兰胶溶解速度、黏度和交联性，通过其与氯乙酸或 3- 氯丙酸、环氧丙烷等的反应在分子结构上引入羧酸基和羟丙基可以制备羧甲基或羟丙基韦兰胶。

（八）油基压裂液稠化剂

除上述水基压裂液稠化剂之外，还有一些油基压裂液稠化剂。油基压裂液稠化剂一般脂肪酸皂、磷酸酯、油溶性聚合物等。超过一定浓度以后，脂肪酸皂可在油中形成结构，产生结构黏度，将油稠化。对于磷酸酯，使用时磷酸酯溶于油中，用铝盐（如硝酸铝、氯化铝）活化。聚顺丁二烯、聚 α－烯烃、聚异丁烯、聚丙烯酸酯等油溶性聚合物在油中超过一定浓度时，即可形成结构，产生结构黏度，将油稠化。

二、交联剂

水基压裂液交联剂是一类能与聚合物线型大分子链形成新的化学键，使其联结成网状体型结构的化学品。聚合物水溶液因交联作用而形成水冻胶。交联剂的选用是由聚合物可交联的官能团和聚合物水溶液的 pH 值决定的。

（一）基本化学剂

1. 硼砂

硼砂在水中溶解度随温度升高而增加。其水溶液呈碱性，经水解后以带负电荷的硼酸盐离子形式存在，能与含有顺式邻位羟基的水溶性高分子化合物发生络合反应形成高黏度凝胶体，可用作水基压裂液的交联剂；详见第二章第一节。

2. 三氯化铬

三氯化铬无水物呈玫瑰紫红色片状结晶，分子式 $CrCl_3 \cdot 6H_2O$，相对分子质量 266.45，相对密度 2.76，熔点 1150℃，升华温度 1300℃；微溶于热水，不溶于醇、酸、丙酮和醚及二硫化碳；在空气中能氧化成三氧化二铬，在氯气流中升华。六水物有深绿色、浅绿色和紫色三种变体，密度 $1.835g/cm^3$；83℃升华；易溶于水、乙醇，不溶于醚。工业品中三氯化铬（以 $CrCl_3 \cdot 6H_2O$ 计）含量≥98%，水不溶物≤0.03%，硫酸盐（以 SO_4^{2-} 计）含量≤0.05%，铁（以 Fe 计）含量≤0.01%。

3. 硫酸铬钾

硫酸铬钾为黑紫色或深紫色大颗粒或细粒八面结晶体，分子式 $KCr(SO_4)_2 \cdot 12H_2O$，相对分子质量 499.39，熔点 89℃，密度 1.813g/cm^3；在干燥的空气中能风化；溶于水和稀酸，不溶于乙醇，溶于冷水中呈紫红色溶液；结晶体放置空气中或热至 25～38℃失去半数的结晶水而呈鲜紫色，热至 100℃再失去水转变为绿色，热至 350℃则变为无水物，热至 400℃则呈黄绿色而不再溶于水。工业品外观为黑紫色或深紫色大颗粒或细粒八面结晶体，硫酸铬钾［以 $KCr(SO_4)_2 \cdot 12H_2O$ 计］含量≥98%；主要用作水基压裂液的交联剂。

4. 四氯化钛

四氯化钛为无色或微黄色透明液体，分子式 $TiCl_4$，相对分子质量 189.73；密度 1.726g/cm^3，熔点 -25℃，沸点 136.4℃；可溶于稀盐酸、乙醇，遇水分解生成难溶的羟基氯化物和氢氧化物。在常温的空气中能形成雾。工业产品中四氧化钛含量≥99.9%，三氯化铁含量≤0.002%，四氯化硅含量≤0.01%，三氯氧钒含量≤0.0025%；主要用作压裂液的交联剂。

5. 氧氯化锆

氧氯化锆为白色针状结晶，属四方晶系；分子式 $ZrOCl_2 \cdot 8H_2O$，相对分子质量 322.25；密度 1.55～1.56g/cm^3；易风化，150℃失去 6 个结晶水，210℃失去 8 个结晶水；溶解于水、甲醇和乙醇，不溶于其他有机溶剂，水溶液呈酸性，微溶于盐酸。工业产品中二氧化锆（以 ZrO_2 计）含量≥35%，三氧化二铁（以 Fe_2O_3 计）含量≤0.005%，二氧化硅（SiO_2）≤0.05%，水不溶物≤0.1%，二氧化钛（以 TiO_2 计）含量≤0.005%。本品主要用作水基压裂液的交联剂、黏土防膨剂以及水井调剖、油井化学堵水用凝胶型堵水调剖剂的交联剂。

6. 焦亚硫酸钠

焦亚硫酸钠别名重硫氧，为白色或微黄色结晶粉末，分子式 $Na_2S_2O_5$，相对分子质量 190.10；相对密度 1.4；溶于水，水溶液呈酸性；溶于甘油，微溶于乙醇；受潮易分解，暴露在空气中易氧化成硫酸钠，与强酸接触放出二氧化硫而生成相应的盐类；加热到 150℃分解；主要用作注水系统除氧剂、压裂作业中水基压裂液交联剂的还原成分。

7. 硫代硫酸钠

硫代硫酸钠为无色大晶体或粗结晶粉末，分子式 $Na_2S_2O_3 \cdot 5H_2O$，相对分子质量 248.17；无臭，味咸；相对密度（17℃）为 1.729；在潮湿空气中易潮解，在 33℃以上的干燥空气中会风化；加热至 100℃失去结晶水；极易溶于水（1g/0.5mL），不溶于乙醇；主要用作注水系统除氧剂、压裂作业中水基压裂液交联剂的还原成分。

8. 重铬酸钾

重铬酸钾别名红矾钾，是一种有毒且有致癌性的强氧化剂，室温下为橙红色三斜晶体或粉末，分子式 $K_2Cr_2O_7$，相对分子质量 294.18；常温密度 2.676g/cm^3，相对密度 2.676（25℃）；加热到 241.6℃时三斜晶系转变为单斜晶系，熔点 398℃，加热到 500℃时则分

解放出氧；微溶于冷水，易溶于热水，其水溶液呈酸性，不溶于醇；为强氧化剂；与有机物接触摩擦、撞击能引起燃烧；与还原剂反应生成三价铬离子。工业产品中重铬酸钾（$K_2Cr_2O_7$）含量≥99.5%，水不溶物含量≤0.020%。其主要用作压裂液的交联剂。

9. 重铬酸钠

重铬酸钠别名红矾钠，橙红色单斜菱晶或细针状结晶；分子式 $Na_2Cr_2O_7 \cdot 2H_2O$，相对分子质量 298.00；熔点 356.7℃（无水物），相对密度 2.52；易溶于水，其水溶液呈酸性，不溶于醇；加热到 84.6℃时失去结晶水形成铜褐色无水物，约 400℃时分解为铬酸钠和三氧化铬；易潮解、粉化；为强氧化剂；与有机物接触摩擦、撞击能引起燃烧；有腐蚀性，有毒。工业重铬酸钠为鲜艳橙红色针状或小粒状结晶，重铬酸钠（$Na_2Cr_2O_7 \cdot 2H_2O$）含量≥98.3%。其主要用作压裂液的交联剂。

（二）合成化合物

1. 有机钛交联剂

该剂主要成分是双三乙醇胺双异丙基钛酸酯，以三乙醇胺和异丙基钛酸酯为原料反应而成。双三乙醇胺双异丙基钛酸酯为琥珀色至红棕色液体，具有酯和有机溶剂气味；溶于水和醇、酮等有机溶剂；在碱性溶液中水解，生成的六羟基合钛酸根阴离子与非离子型聚糖中邻位顺式羟基络合形成三乙醇络合物冻胶。双三乙醇胺双异丙基钛酸酯中的三乙醇胺具有丰富的羟基，一方面提供了钛酸酯进行碱性水解生成钛酸根阴离子所需的碱性环境，另一方面三乙醇胺的羟基干扰聚糖中的羟基与钛络合而使交联作用延缓。双三乙醇胺双异丙基钛酸酯是非离子型含半乳甘露聚糖植物胶良好的高温交联剂。其主要技术要求为：密度 1.06g/cm^3，黏度 90mPa·s，燃点 16℃。

2. OB-200 高温延缓型有机硼交联剂

该剂是硼酸盐、多元醇和稀土金属硫酸盐等的反应产物，为浅黄至橘黄色透明液体，不溶于乙醇、异丙醇、乙醚、丙酮等有机溶剂，与水可以任何比例互溶。由于有机硼交联剂是硼酸盐水解生成的硼酸盐离子与某些有机配位体在一定条件下发生络合反应的产物，反应产物是分散在溶剂中的细小胶体颗粒悬浮液，过量的配位体包裹在胶体颗粒的周围，对硼酸盐离子起屏蔽作用，可延长与聚糖的交联时间。另外有机硼交联剂与聚糖的每个交联点包含多个硼酸盐与聚糖的络合物，亲合力较强，使压裂液的耐温性高于常规硼酸盐交联的压裂液。OB-200 高温延缓型有机硼交联剂交联压裂液的延缓交联性能好，耐温性能好（143℃），交联时间为 300~305s。该交联剂与羟丙基瓜胶形成的水基冻胶压裂液具有良好的热剪切稳定性、高速煎切后黏度恢复特性和低滤失性，自动破胶与延缓交联能力强，破胶后残渣含量与对人造岩心的伤害大大低于有机钛压裂液，在最佳的交联环境下可满足中高温地层的压裂施工要求。本品有良好的延缓交联性能和较宽的交联比范围，在溶液 pH 值为 11.5 时，交联时间为 4.7~5.6min，交联剂用量为 0.3%。其外观为均透明液体，密度（20℃）≥1.00g/cm^3，与水互溶，能形成均匀可挑挂凝胶，交联时间≥4.0min；135℃、170s^{-1} 下剪切 2h，压裂液黏度≥120mPa·s。

3. HA-1 有机钛交联剂

该剂为棕褐色略带黏性液体，主要成分为二异丙醇－二乳酸钛二铵；不溶于醚、酮等有机溶剂，略溶于低分子醇类，可以任何比例混溶。本品可与结构单元上含有顺式邻位羟基的水溶性高聚物在弱酸性到弱碱性条件下发生交联作用；具有良好的延缓交联性能，交联速度主要取决于溶液的 pH 值，在酸性条件下交联时间较长，碱性条件下交联时间较短；有较宽的交联比范围，交联剂用量在 0.04%～0.15% 之间均可形成高黏度压裂液；同时还具有较强的络合能力和较好的耐温性，交联冻胶使用温度可达到 140℃以上。产品为均一液体，密度（20℃）≥1.00g/cm^3，与水互溶，能形成均匀可挑挂凝胶，交联时间≥2.0min；140℃、170s^{-1} 下剪切 2h，压裂液黏度≥80mPa・s。

4. OB-99 有机硼交联剂

本品为浅黄至橘黄色透明液体，主要化学成分为有机硼络合物；不溶于乙醇、异丙醇、乙醚、丙酮等有机溶剂，与水可以任何比例互溶；可与单元结构上含有顺式邻位羟基的水溶性天然植物胶及其改性产物在碱性条件下发生交联反应，形成高黏度冻胶体；其交联冻胶耐温性取决于交联剂与成胶剂的用量，溶液酸碱度以及交联助剂的性能，在最佳的交联环境下可满足中高温地层压裂施工要求；具有良好的延缓交联性能和较宽的交联比范围，在溶液 pH 值为 11 时，交联时间为 3.0～4.0min，交联剂用量在 0.15%～0.35% 之间。产品为均一液体，密度（20℃）≥1.00g/cm^3，与水互溶，能形成均匀可挑挂凝胶，交联时间≥2.0min，100℃、170s^{-1} 下剪切 1.5h，压裂液黏度≥80mPa・s；可用作压裂液的交联剂。施工过程中，将 OB-99 有机硼交联剂按 0.15%～0.35% 的浓度直接加入压裂车混砂罐中与原胶液混匀即可。若需配成低浓度的水溶液使用时，放置时间应不超过 24h。

5. SL-OBC-2 有机硼交联剂

本品是由硼酸、碱和添加剂反应而成，为棕红色液体；产品性能稳定，长时间放置时不析出固状物；与水可以任意比例互溶；与羟丙基瓜胶交联的水基压裂液黏度高、耐温性能好、延迟交联，交联时间在 1.5～6min 之间可调，摩阻低；交联剂用量 0.3%。工业品为棕红色均一液体，有效成分≥60%，密度（20℃）1.09～1.15g/cm^3，pH 值为 9～10，凝固点 -15℃，与水互溶，能形成均匀可挑挂凝胶，交联时间≥2.0min，120℃、170s^{-1} 下剪切 2h，压裂液黏度≥200mPa・s；可用作压裂液的交联剂。

6. 树枝状有机硼交联剂

该剂是一种树枝状有机硼交联剂，适用于低浓度羟丙基瓜胶压裂液。其合成步骤如下[27]：将 25% 的配体（正丁醇、乙二醇）、15% 的硼酸混合均匀，然后按比例加入 6% 树枝状大分子 G1，在 100℃搅拌反应 4h，然后加入一定量的乙二醛及 0.4% 催化剂，搅拌均匀，室温静止放置 12h，得到树枝状有机硼交联剂。在 0.2%～0.25% 的羟丙基瓜胶条件下，耐温温度为 120～150℃，并且 0.2% 的羟丙基瓜胶压裂液在 80℃条件下剪切 120min，黏度保持在 100mPa・s 以上，具有良好的耐温耐剪切性能。

7. 有机硼酸酯交联剂 ABE-30

与常规硼酸钠交联剂相比，有机硼酸酯交联剂 ABE-30 能与低浓度瓜胶有效交联，交联体系具有良好的热稳定性与耐剪切性能。其合成步骤如下[28]：将硼酸三甲酯溶于甲醇中，缓慢滴入三（2- 胺基乙基）胺，并搅拌使其混合均匀，恒温 60~80℃，氮气保护下反应 6~10h；反应完成后，降温，减压蒸出溶剂，油泵抽干至恒重，得略黄色晶状固体产物；配制为 20%~50% 甲醇溶液，即为交联剂 ABE-30 产品。

8. 有机硼交联剂

该剂是一种具有延缓交联性且抗温性较好的交联剂，交联剂延迟交联时间可达 280s，冻胶的抗温温度高达 135℃，可以满足现场压裂液对交联剂的需求[29]。其合成步骤如下：在烧瓶中依次加入质量分数 60% 的复合溶剂（丙三醇与水质量比 1∶3）、质量分数 2% 的催化剂、质量分数 13% 的硼砂并升温至 50℃，待硼砂完全溶解后，再加入 25% 配位体（葡萄糖与丙三醇质量比 1∶4），并加热到 85℃；保持恒温、低速搅拌，持续络合反应 4~4.5h，即得合成产物。

有机硼交联剂的延迟交联和冻胶的耐温性优于硼砂，用于压裂液交联剂，可通过调解交联比和 pH 值来改变延迟交联时间和耐温温度。

9. 多羟基醇压裂液有机硼交联剂

有机硼交联剂用于多羟基醇压裂液，具有良好的耐温性、延迟交联性能和剪切稳定性，并且该多羟基醇压裂液破胶彻底，残渣含量低，对油层储层伤害小，适用于超低渗透油气田。其合成步骤如下[30]：在反应瓶中加入 50.0% 的水、1.67% 的氢氧化钠、15.0% 的丙三醇，混合均匀，然后加入 20.00% 的硼砂，在 60℃水浴搅拌反应约 0.5h，使硼砂完全溶解；然后再加入 13.33% 多羟基醇配位体，升温至 80℃，反应 4~5h。反应生成的有机硼交联剂为浅黄色液体，pH 值为 9 左右，产物性能稳定，可以任意比例与水混溶。配制 15g/L 的聚乙烯醇溶液，按交联比 100∶1.5 加入有机硼交联剂，搅拌后放置几分钟可形成均匀的可挑冻胶体。

10. 酸性压裂液用交联剂 ZOC-1

高温延缓型有机锆交联剂 ZOC-1 是适用于酸性压裂液体系的交联剂。其制备步骤如下[31]：将 5% 氧氯化锆和水放入反应瓶中，搅拌至全溶，在水浴 50~55℃搅拌反应 0.5h；加入 20% 的甘油（水、甘油质量比 0.3）、乳酸和乙酸、多元醇 SL-2，继续搅拌反应 4~5h，即可制得淡黄色高温延缓型有机锆交联剂 ZOC-1 产品。其 pH 值为 3~5，放置三个月不出现分层现象。

将羧甲基瓜胶溶液与 ZOC-1 按质量比 100∶0.3 交联，交联时间为 50~92s，压裂液耐温性可达 100℃。在 100℃、170s^{-1} 下连续剪切 60min，冻胶表观黏度可保持在 80~90mPa·s。携砂比为 35% 时，压裂液的沉降速度为 0.285cm/min。破胶液黏度最大值为 4.8mPa·s，且对储层伤害小，适用于 100℃以下超低渗透油气田压裂作业。

三、pH 值调整剂

pH 值调整剂是指用于增加或降低压裂液体系 pH 值的化学剂。用无机或有机酸、碱以及强碱弱酸盐、强酸弱碱盐调节溶液的 pH 值，使其具有一定的 pH 值缓冲能力和范围，这对于水基冻胶压裂液的配制和性能保障非常重要。pH 值调整剂的主要作用是促进和控制聚合物的分散和水合；提供交联剂水解所需的 pH 值条件；控制交联反应，延缓交联速度；有利于冻胶的破胶水化。下面是一些常用 pH 值调整剂。

1. 碱性物质

碱性物质主要包括氧化镁、氢氧化钠、碳酸钠、碳酸氢钠、碳酸钾、磷酸二氢钠等。

（1）氧化镁。商品氧化镁分为轻质和重质两种，分子式 MgO，相对分子质量 40.32。轻质氧化镁一般指视比容在 5mL/g 以上的产品，外观为白色轻质疏松粉末；所占体积为重质氧化镁的三倍半左右。重质氧化镁为白色或米黄色粉末，体积比较紧密，密度为 3.65~3.75g/cm^3。氧化镁的熔点为 2800℃；无臭无味、无毒；几乎不溶于水和乙醇，能溶于酸和铵盐溶液。本品极易吸湿结块，在空气中易吸收二氧化碳和水分，逐渐转化为酸式碳酸镁而变硬；用作水基压裂液的 pH 值调整剂，其调整的 pH 值范围为 9.0~10.0；用于缓慢释放“碱”、提高 pH 值的工艺中，如控制植物胶的水合速度、促进过氧化氢的分解、延缓交联等。

（2）氢氧化钠，别名为烧碱、火碱、苛性钠；分子式 NaOH，相对分子质量 40.00。纯品为白色透明晶体，相对密度 2.130，常温密度 2.0~2.2g/cm^3，熔点 318.4℃，沸点 1390℃；易吸湿，从空气中吸收 CO_2 变成 Na_2CO_3；强碱性，浓溶液对皮肤有强腐蚀性；易溶于水，溶解时放热，水溶液呈碱性，有滑腻感；溶于乙醇和甘油；不溶于丙酮、乙醚；腐蚀性极强，对纤维、皮肤、玻璃、陶瓷等有腐蚀作用。

（3）碳酸钠，别名纯碱、苏打；分子式 Na_2CO_3，相对分子质量 105.99；外观为白色粉末或细粒结晶，味涩；常温密度 2.5g/cm^3 左右，相对密度 2.532，熔点 851℃，吸潮气后会结成硬块；微溶于乙醇，不溶于丙醇和乙醚；易溶于水，在 35.4℃时其溶解度最大，水溶液呈强碱性，有一定的腐蚀性，能与酸进行中和反应，生成相应的盐并放出二氧化碳；高温下可分解，生成氧化钠和二氧化碳；在空气中易风化，长期暴露在空气中，吸收空气中的水和 CO_2 生成碳酸氢钠，并结成硬块。

（4）碳酸氢钠，别名小苏打、重碳酸钠、酸式碳酸钠、重碱；分子式 $NaHCO_3$，相对分子质量 84.01；外观为白色粉末或不透明单斜晶系微细结晶，无臭，味咸；相对密度 2.159，常温密度 2.20g/cm^3 左右，在热空气中会慢慢失去部分 CO_2，270℃下全部失去 CO_2；微溶于乙醇，可溶于水，其水溶液因水解呈微碱性；易被弱酸分解；受热易分解放出二氧化碳；在干燥空气中缓慢分解。

（5）碳酸钾，分子式 K_2CO_3，相对分子质量 138.21，有无水物或含 1.5 分子水的结晶品。无水物为白色粒状粉末，无臭，有强碱味；相对密度 2.428（19℃），熔点 891℃，在水中溶解度为114.5g/100mL（25℃），在湿空气中易吸湿潮解；溶于1mL水（25℃）和约0.7mL沸水，饱和水溶液冷却后有玻璃状单斜晶体水合物析出；10%水溶液的pH值约为11.6；不溶于乙醇和乙醚；吸湿性很强，吸水后潮解溶化。碳酸钾的化学性质有很多方面与碳酸钠相似。本品可作水基压裂液的pH值调整剂，其可调整的pH值为8.5~9.5。

（6）磷酸二氢钠，分子式$NaH_2PO_4 \cdot 2H_2O$，相对分子质量156.01；无色斜方晶系结晶体密度1.94g/cm^3，熔点60℃；极易溶于水，在潮湿空气中易结块，100℃时脱水而变成无水物，在190~210℃时生成焦磷酸钠，280~300℃分解为偏磷酸钠；水溶液均呈酸性反应。工业品二水磷酸氢二钠（$NaH_2PO_4 \cdot 2H_2O$）含量≥96.0%，硫酸盐（以SO_4^{2-}计）含量≤0.8%，氯化物（以Cl计）含量≤0.05%，水不溶物≤0.05%，pH值为9.0±0.2。

2. 酸性物质

（1）乙酸，在压裂作业中用于水基压裂液的pH值调整剂，详见第三章第一节。

（2）柠檬酸，用于压裂液的pH值调整剂，可调整的pH值为4.5~6，在压裂液中的使用量为40~1000mg/L，详见第二章第一节。

（3）反丁烯二酸，分子式HOOCCH═CHCOOH，相对分子质量116.03；外观为白色结晶体，无臭、有水果酸味，可燃，在空气中稳定；相对密度为1.635；在29℃下升华，熔点287℃（封闭管中）；在25℃时，100g水中溶解0.63g；在30℃时，100g乙醇中溶解5.76g；不溶于氯仿和汞。工业品外观为白色结晶，含量≥99.0%，熔点286~287℃；用作水基压裂液的pH值调整剂。

（4）氨基磺酸。本品可用作水基压裂液的pH值调整剂，可调整的pH值为1.5~3.5，在压裂液中的使用量为1~500mg/L。氨基磺酸溶解很慢，可用作延缓作用的pH值调整剂，详见第三章第一节。

四、破胶剂

破胶剂是指在规定的时间内能将压裂液的黏度减到足够低的化学剂。由于破坏后的压裂液易从地层排出，因此可减小压裂液对地层的污染。

常用的水基压裂液破胶剂有过氧化物、酶、潜在酸、潜在螯合剂等。过氧化物是通过聚合物氧化降解，破坏冻胶结构。酶类破胶剂是通过对聚糖水解降解起催化作用，破坏冻胶结构。潜在酸类破胶剂则是通过改变条件（pH值），使冻胶交联结构破坏而起作用。潜在螯合剂是通过在低于60℃、60℃和高于60℃的条件下水解产生草酸或丙二酸，螯合作为交联剂的金属离子，破坏冻胶的交联结构。

油基压裂液破胶剂通常是一种悬浮在冻胶中的强碱弱酸盐，通过与已形成磷酸酯铝三维网状结构中的铝离子发生反应，形成铝离子的碱式弱酸盐，从而将磷酸酯铝三维网状结构拆散成磷酸酯小分子，使体系黏度降至交联前的基液黏度水平，实现破胶。

（一）过氧化物破胶剂

过氧化物破胶剂主要包括过硫酸盐、过碳酸盐和过氧化物等。如过硫酸钾、过硫酸铵、过碳酸钠、过氧化氢和过氧乙酸等。

（1）过硫酸钾，为无色或白色三斜晶系结晶粉末，分子式 $K_2S_2O_8$，相对分子质量 270.31；密度 2.48g/cm^3，相对密度 2.477；100℃时完全分解，溶于水，在温水中溶解性增大，不溶于醇，水溶液呈酸性；遇潮湿或受热分解，放出氧变成焦亚硫酸钾；在水溶液中室温下缓慢水解生成过氧化氢；具有强氧化性。本品可用作水基压裂液的破胶剂，主要用于天然聚合物、合成聚合物的降解；在压裂液中的使用量为 0.01~0.2mg/L。

（2）过硫酸铵，为白色结晶体，分子式 $(NH_4)_2S_2O_8$，相对分子质量 228.10；密度 1.982g/cm^3，相对密度 1.982；具有强氧化性和腐蚀性，易溶于水，在温水中溶解性增大，在水溶液中能水解成硫酸氢铵和过氧化氢。干燥的过硫酸铵具有良好的稳定性；加热到 120℃时分解，与金属接触也会分解。过硫酸铵在潮湿空气中易受潮结块并水解，然后分解放出氧；与某些还原性较强的有机物混合会引起着火，甚至爆炸。过硫酸铵主要用作水基压裂液的破胶剂和解堵剂。其使用范围和用量与过硫酸钾相似。过硫酸铵水溶液偏酸性，使用时应注意它对压裂液 pH 值的影响。

（3）过碳酸钠，为白色粉状或固体颗粒，分子式 $Na_2C_2O_6$，相对分子质量 166.0；易溶于水，水溶液呈碱性；具有漂白和杀菌作用；由碳酸钠与过氧化氢反应得制。工业品过碳酸钠（以 $Na_2C_2O_6$ 计）含量 >98%，活性氧含量（以 SO_4^{2-} 计）含量 >12%。本品主要用作水基压裂液的破胶剂。

（4）过氧化氢，为无色透明液体，分子式 H_2O_2，相对分子质量 50.07；相对密度 1.4422（25℃），熔点 –2℃，沸点 151.4℃；溶于水、乙醇和乙醚，不溶于石油醚；极不稳定，遇光、热、粗糙活性表面、重金属及其他杂质会引起分解，同时放出氧气和热；具有较强的氧化能力；在有酸性物质存在下较稳定，有腐蚀性。高浓度的过氧化氢能使有机物质燃烧。本品主要作水基压裂液的破胶剂。

（5）过氧乙酸，为无色或淡黄色透明液体，分子式 CH_3COOOH，相对分子质量 76.05；易挥发，有刺激性气味和强乙酸气味；密度（20/4℃）1.15，熔点 –0.2℃，沸点 110℃；易溶于水、乙醇和乙醚，不溶于石油醚，溶解性与醋酸相似；不稳定，水溶液易分解；一般为 20% 的水溶液，使用前必须用水稀释。本品主要用作水基压裂液的破胶剂。

以上述一种或多种常用的破胶剂为主体，通过一定的生产工艺，在表面裹上一层物理、机械性能良好的囊衣材料而形成的微小胶囊，即胶囊破胶剂。具有隔水耐温作用的囊衣使破胶剂在随压裂液泵入初期不发挥作用，压裂施工完后，流体滤失压力下降，裂缝闭合，在充填层内产生极高的点对点的压力，从而使囊衣破碎，释放出破胶剂。另外，囊衣的溶解、分解，液体的渗透及温度等因素也是破胶剂释放的原因。胶囊破胶剂的用量通常可达常规破胶剂的 8~10 倍。

微胶囊破胶剂EB-1是为解决压裂液的前期降黏与后期破胶困难的矛盾而制备的一种能够延缓破胶的水基压裂液破胶剂[32]。EB-1微胶囊破胶剂是在过硫酸铵表面包结一层防止水侵入的绝缘包衣，绝缘包衣对破胶剂具有屏蔽作用并在一定的条件下释放，从而达到了延缓破胶的目的。

经室内实验和现场应用表明，EB-1微胶囊破胶剂能提高压裂液中破胶剂的浓度，使压裂液在较短的时间内破胶化水，压裂液返排液的黏度均小于3mPa·s；同时压裂后关井时间由原来的12h以上缩短为6~8h。EB-1微胶囊破胶剂具有良好的缓释性能，使压裂液在施工中能保持较高的携砂能力，防止压裂液提前破胶；能提高压裂液中破胶成分的有效含量，压裂液破胶化水彻底，提高压裂液的返排效果，减少对地层及支撑剂的伤害，提高增产效果。

（二）酶类破胶剂

生物酶破胶剂为多糖聚合物糖苷键特异性水解酶，专门作用于多糖聚合物的β-1，4-糖苷键，使其断裂成小分子的糖；因此可降解具有β-1，4-糖苷键的植物胶及其衍生物，如瓜胶、羟丙基瓜胶、羧甲基瓜胶、羟丙基纤维素、羧甲基纤维素、刺槐豆胶、魔芋胶、田菁胶等，酶本身在多糖聚合物降解前后不变，只是参与反应过程，反应后又恢复原状。研究表明[33]，生物酶与压裂液添加剂的配伍性好，酶浓度在5~20mg/L、瓜胶浓度在0.2%~1.0%的范围内具有很好的破胶效果，生物酶破胶剂在pH值为5~10、温度为20~120℃时，3h即可将压裂液黏度降低到5mPa·s以下。与化学破胶剂相比，生物酶破胶剂用于压裂液，不仅破胶可控，而且破胶彻底、破胶后破胶液黏度低、破胶聚合物分子量小、残渣含量少，对地层伤害小，返排率高，环境保护性能好，适用范围广。

国内应用的生物酶破胶剂，主要有FYPJ-1生物酶破胶剂、SUN-Y600生物酶破胶剂和酶博士Dr.Nzyme®102生物酶破胶剂等。

（三）潜在酸类破胶剂

潜在酸类破胶剂主要是一些酯类、氯代苯、酰氯等化合物，它们通过水解反应产生酸而使体系的pH值改变而达到破胶目的。

1. 酯类

（1）甲酸甲酯，别名蚁酸甲酯，是无色有香味的易挥发液体。分子式$HCOOCH_3$，相对分子质量60.05。熔点-99.8℃，沸点32℃，引燃温度449℃，黏度0.328mPa·s（25℃），闪点（闭口）-26℃、（开口）-32℃。与乙醇混溶，溶于甲醇、乙醚。容易水解，潮湿空气中的水分也会使其发生水解，对呼吸道、眼、鼻和下呼吸道有较强的刺激作用。

（2）乙酸乙酯又称醋酸乙酯，化学式$C_4H_8O_2$，相对分子质量88.11。熔点-84℃，沸点77℃，水溶性8.3g/100mL（20℃），密度0.902g/cm³，闪点-4℃。无色液体，低毒性，有甜味，浓度较高时有刺激性气味，易挥发，易燃，有刺激性。乙酸乙酯溶水（10%mL/mL），能与氯仿、乙醇、丙酮和乙醚混溶。

（3）磷酸三乙酯，别名三乙磷酸酯，三乙基磷酸酯，无色透明液体，微带水果香味。相对密度 1.0695（20℃），熔点 -56.5℃，沸点 215~216℃，闪点 115.5℃，折光率 1.4055（20℃）。与强氧化剂、强碱反应，能溶于醇、醚等有机溶剂，可与水以任何比例混溶，毒性小，常温下稳定，加热时慢慢水解，生成磷酸二乙酯。与苯基溴化镁在醚甲苯混合溶液中煮沸时，生成苯基膦酸二乙酯和二乙基膦酸。

2. 多卤代甲苯

多卤代甲苯主要有二氯甲苯和三氯甲苯。其中二氯甲苯，即 2，4- 二氯甲苯，分子式 $C_7H_6Cl_2$，相对分子质量 161.03，无色透明液体，有刺激性气味。熔点 -13.5℃，沸点 200℃，蒸气压 0.04kPa，闪点 79℃，相对密度（水 =1）1.25。不溶于水，可混溶于乙醇、乙醚、苯。遇明火、高热或与氧化剂接触，有引起燃烧爆炸的危险。受高热分解产生有毒的腐蚀性烟气。三氯甲苯，别名苯氯仿，次苄基三氯，三氯苄，三氯甲基苯，苯三氯甲烷。化学式 $C_7H_5Cl_3$，相对分子质量 195.48。无色到浅黄色液体，有特殊刺激性气味。熔点 -5℃，沸点 220.8℃，密度 1.407，闪点 97℃，燃点 >500℃。有强折光性，在空气中发烟，不稳定，在潮湿时易水解，在漏光的空气中分解。溶于乙醇、乙醚、苯、不溶于水。半数致死量（大鼠，经口）6.0g/kg。蒸汽对皮肤和黏膜有高度刺激性。

3. 酰氯

酰氯主要是苯甲酰氯，分子式 C_6H_5COCl，相对分子质量 140.56，为无色或淡黄色透明易燃液体，具有刺激性气味。在空气中略微发烟，有特殊刺激性臭味。密度 1.2188（21℃），熔点 -0.5℃，沸点 197.2℃，闪点 77.2℃，折射率为 1.5536（20℃）。遇水或乙醇逐渐分解，生成苯甲酸或苯甲酸乙酯和氯化氢。溶于氯仿、乙醚、苯和二硫化碳，苯甲酰氯（以 C_6H_5COCl 计）含量≥98.0%，凝固点≥-1.8/℃。

（四）潜在螯合剂

潜在螯合剂主要是水解后能够产生具有螯合作用产物的化学剂，常用草酸二甲酯和丙二酸二甲酯等。

（1）草酸二甲酯，别名乙二酸二甲酯，草酸甲酯，草酸二甲酯，乙二酸二甲酯，分子式 $C_4H_6O_4$，相对分子质量 118.09，无色单斜形结晶。熔点 54℃，沸点 163.5℃，相对密度 1.1479（54℃），折光率 1.379（82.1℃），闪点 75℃。溶于醇和醚，溶于约 17 份水中，在热水中分解；大鼠（口服）LD_{50} 为 500mg/kg。

（2）丙二酸二甲酯，别名丙二酸甲酯，胡萝卜酸二甲酯，二甲基丙二酸盐，丙二酸二甲酯，分子式 $C_5H_8O_4$，相对分子质量分子量 132.1，无色液体。密度（g/cm^3，25℃）：1.156，相对蒸汽密度（g/mL，空气 =1）>1，熔点 -62℃，沸点（常压）181.4℃，相对密度（25℃，4℃）1.144730，折射率（D20）1.4135，闪点 90℃。溶于醇、醚等有机溶剂，微溶于水。刺激眼睛、呼吸系统和皮肤。

（五）油基压裂液破胶剂

油基压裂液破胶剂主要有醋酸盐，如醋酸钠和醋酸钾。其中，醋酸钠分子式 CH_3COONa，相对分子质量 82.01。无水醋酸钠为白色粉末，有吸湿性，溶于水，水溶液呈碱性，微溶于乙醇。密度 1.528，熔点 324℃。醋酸钾，别名乙酸钾，分子式 CH_3COOK，相对分子质量 98.14，为白色结晶粉末。无臭或略带有醋酸气味，有咸味，易吸潮，低毒，可燃。熔点 292℃，密度（25℃）为 1.570g/cm^3。极易溶于水、甲醇和乙醇，不溶于乙醚。

施工前，应将破胶剂配成浓度为 1.0%~2.0% 的水溶液。施工中按压裂液配方浓度要求加入混砂罐即可。配制过程中应充分搅拌，使之完全溶解。北方冬季最好采用热水配制。

五、黏土稳定剂

黏土稳定剂是能抑制黏土水化分散的化学剂。利用黏土表面化学离子交换的特点，用黏土稳定剂改变结合离子从而改变其理化性质，或破坏其离子间的交换能力，或破坏双电层离子氛之间的斥力，达到防止黏土水合膨胀或分散迁移的效果。

（一）无机化合物

在压裂作业中可以用作黏土稳定剂的无机化合物包括氯化铵、氯化镁、氯化钙、氯化钠、氯化钾和氧氯化锆等。

氯化铵，分子式 NH_4Cl，相对分子质量 53.49，无色立方晶体或白色结晶，味咸凉而微苦；吸湿性小，但在潮湿的阴雨天气也能吸潮结块；粉状氯化铵极易潮解，湿铵尤甚，吸湿点一般在 76% 左右。由于在水中电离出的铵离子水解使溶液显酸性，常温下饱和氯化铵溶液的 pH 值一般为 5.6 左右，25℃时，1%、3%、10% 氯化铵溶液的 pH 值分别为 5.5、5.1、5.0，加热时酸性增强；对黑色金属和其他金属有腐蚀性，特别对铜腐蚀性更大，对生铁无腐蚀作用。

氯化镁，分子式 $MgCl_2$，相对分子质量 95.21，为无色、无臭的小片、颗粒、块状式单斜晶系晶体，有二水盐和六水盐两种。常用的是六水氯化镁，又名水氯石，化学式 $MgCl_2 \cdot 6H_2O$，相对分子质量 203.3，无色结晶体，呈柱状或针状，有苦味，外观白色片状、颗粒状、粉末状；易溶于水和乙醇，在湿度较大时，容易潮解；116~118℃热熔分解；与碱金属或碱土金属的氢氧化物起反应。

氯化钙、氯化钠、氯化钾和氧氯化锆等详见第二章第一节和本节有关介绍。

（二）有机化合物

有机胺类聚合物或化合物用于压裂液的黏土防膨剂，在酸、碱、高温条件下稳定，

将其与 NH_4Cl、$CaCl_2$ 配合使用，对黏土矿物能够获得更好的稳定效果。常用的如环氧氯丙烷—二甲胺缩聚物、环氧氯丙烷—多乙烯多胺缩合物、2，3- 环氧丙基三甲基氯化铵和 3- 氯 -2- 羟基丙基三甲基氯化铵等，详细内容参见第三章、第一节。该类化合物用作水基压裂液黏土防膨剂，与无机物配伍具有很好的黏土稳定效果。

聚二甲基二烯丙基氯化铵可以用作水基压裂液的黏土防膨剂，还可用于各种接触产层的油水井作业流体，污水处理絮凝剂，详见本章第一节。

六、杀菌剂

杀菌剂是能杀灭作业流体中细菌的化学剂。在施工中为了保证压裂液在配制后至施工前不腐败变质，需要采用杀菌剂杀灭高分子水溶液中的细菌，并遏制水基压裂液注入油层中细菌的孳生。能够用于压裂液的杀菌剂包括醛、二氯异氰尿酸盐和长链烷基季铵盐等。

1. 醛类

用于压裂液杀菌剂的醛类主要有甲醛、乙二醛和戊二醛等。

（1）甲醛，俗名福尔马林，无色气体，有特殊的刺激气味，分子式 HCHO，相对分子质量 30.03；凝固点 -92℃，沸点 -19.5℃，着火温度 300℃，气体相对密度 1.067（空气为 1），液体相对密度 0.815（-20℃），临界温度 137℃，临界压力 65.6MPa，临界体积 0.266g/mL；易溶于水和乙醚，水溶液的浓度最高可达 55%。工业品通常是 40%（含 8% 甲醇）的水溶液，无色透明，具有窒息性臭味，呈中性及弱酸性反应；能燃烧；蒸气与空气形成爆炸混合物，爆炸极限为体积分数 7%～73%。纯甲醛有强还原作用，特别是在碱溶液中。甲醛自身能缓慢进行缩合反应，特别容易发生聚合反应；可用作水基压裂液杀菌剂，酸基压裂液缓蚀剂；作水基压裂液杀菌剂时，用于配制植物胶水溶液。

（2）乙二醛，主要用作水基压裂液杀菌剂、酸化缓蚀剂和污水回注处理系统杀菌剂。施工前，可将工业品乙二醛按 0.5%～1.0%（以乙二醛溶液为 100% 计）的浓度加入高分子胶液中混匀即可，详见第三章第一节。

（3）戊二醛，分子式 $OHC(CH_2)_3CHO$，相对分子质量 100.12，为带有刺激性特殊气味的无色透明油状液体；熔点 -14℃，沸点 188℃（分解），蒸汽压（20℃）2.27kPa；不易燃，可随蒸汽挥发；不易溶于冷水，但与热水可混溶，易溶于乙醇、乙醚等有机溶剂；因纯品不易保存，故商品多为 25% 水溶液；主要用作水基压裂液和污水回注处理系统作杀菌剂，在水基压裂液中其投加量为 0.5%～1.0%。

2. 二氯异氰尿酸钠

二氯异氰尿酸钠为白色结晶粉末，分子式 $C_3Cl_2N_3O_3Na$，相对分子质量 67.50；pH 值为 5.5～6.5；有效氯含量为 61%，溶解度（25℃）为 25g/100mL 水。工业品有效氯质量分数≥60.0%，水的质量分数≤5.0%，1% 水溶液 pH 值为 5.5～7.0，水不溶物质量分数≤0.1%。本品是一种新型高效消毒、杀菌灭藻剂，用于水基压裂液杀菌剂使用时，投加

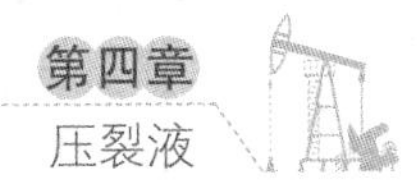

量为 5~10mg/L。

3. 长链烷基季铵盐

用于压裂液杀菌剂的长链烷基季铵盐有十二烷基三甲基溴化铵、十六烷基三甲基氯化铵、十二烷基二甲基苄基氯化铵和十二烷基二甲基苄基溴化铵等。

（1）十二烷基三甲基溴化铵，分子式 $C_{15}H_{34}NBr$，相对分子质量 308.34，为白色粉末；熔点 246℃，溶于水；液体产品为无色至微黄色胶体，固含量 47%~52%，易溶于水。工业品为白色或淡黄色固状物，活性物含量 70±2.0%，游离胺≤2.0%，1.0% 水溶液的 pH 值为 6.0~8.0，主要用作水基压裂液的杀菌剂，也具有一定的黏土稳定作用。

（2）十六烷基三甲基氯化铵，简称 1231，分子式 $C_{15}H_{34}NCl$，相对分子质量 263.5，浅黄色胶体，是一种多用途阳离子型季铵盐类表面活性剂；相对密度 0.98，凝固点 -10.5℃，闪点 60℃；含活性物 50%，其余为乙醇和水，可溶于水和乙醇，也可以溶于异丙醇水溶液；具有优良的渗透、乳化、抗静电及杀菌性能；化学稳定性良好，耐热、耐光、耐压、耐强酸强碱；与阳离子、非离子表面活性剂有良好的配伍性。工业品为白色或淡黄色膏状物，活性物含量≥50.0%，游离胺≤1.8%，1.0% 水溶液 pH 值为 6.0~8.0；可用作水基压裂液的杀菌剂，也可用于缓速、润湿和防膨等。

（3）十二烷基二甲基苄基氯化铵，别名 1227，分子式 $C_{21}H_{38}NCl$，相对分子质量 339.5，是一种阳离子表面活性剂，属非氧化性杀菌剂，具有广谱、高效的杀菌灭藻能力，同时具有一定的去油、除臭能力和缓蚀作用；微溶于乙醇，易溶于水，水溶液呈弱碱性；摇振时产生大量泡沫；长期暴露空气中易吸潮；静止贮存时，有鱼眼珠状结晶析出；性质稳定，耐光、耐压、耐热、无挥发性。工业品通常是含 40% 或 50% 有效成分的水溶液，呈无色或浅黄色的黏稠液体，无沉淀，有芳香气味并带苦杏仁味。含有效成分 50% 的产品相对密度为 0.980，黏度为 60mPa·s，pH 值为 6~8。主要用作压裂液杀菌剂。

（4）十二烷基二甲基苄基溴化铵，分子式 $C_{21}H_{38}NBr$，相对分子质量 384.51，为无色或淡黄色固体或胶状液体；易溶于水或乙醇，有芳香气，味极苦，具有洁净、杀菌作用，杀菌力为苯酚的 300~400 倍；具有典型阳离子表面活性剂的性质，其水溶液强力震荡时能产生大量泡沫；性质稳定，耐光、耐热，无挥发性，可长期储存。工业品为无色或淡黄色固体，溴化十二烷基二甲基苄基铵含量≥95%，相对密度（25℃）0.96~0.98。本品用作水基压裂液杀菌剂，兼具土稳定剂。

七、助排剂

常用的助排剂通常是非离子含氟表面活性剂、非离子聚乙氧基胺、非离子烃类表面活性剂、非离子乙氧基酚醛树脂、乙二醇含氟酰胺的复配物。理想的助排剂对油气层应具有良好的润湿性和降低油气层毛细管压力的特性，而压裂液中助排剂的加量一般为 0.1%~0.15%。

1. 普通型中活性助排剂

该剂主要由阳离子表面活性剂、烷基酚聚氧乙烯醚、阴离子表面活性剂、增效剂和有机溶剂等组成，为无色至浅黄色透明液体，有低分子混合醇类气味。产品易溶于水、乙醇、异丙醇等，不溶于乙醚、丙酮及其他有机烃类溶剂；不易燃，不易爆；在酸、碱、盐溶液中和130℃以下稳定性较好，使用温度高于130℃时，使用效果变差；水溶液具有表面活性剂的某些性质，其临界浓度为0.1%左右；在水中分散均匀，pH值为6.5~7.5，表面张力≤28.0mN/m，界面张力≤2.5mN/m。

本品用作压裂液助排剂，能够有效地提高工作液返排量，减轻地层伤害。施工前将该产品按0.1%~0.3%的浓度加入压裂液混匀即可。

2. 普通型高活性助排剂

该剂为浅黄色透明液体，易溶于水与低分子醇类溶剂，不溶于乙醚、丙酮等。pH值在2.0~12.0范围内的饱和氯化钾水溶液中对产品的表面活性无明显影响，产品使用温度可达150℃。在水溶液中表面活性随用量增加而不断提高，但在高于0.15%时，增加用量对表面活性无多大影响。主要由表面活性促进剂、烷基酚聚氧乙烯醚、阳离子表面活性剂和有机溶剂等组成。产品在水中分散均匀，pH值为6.5~7.5，表面张力为20.0~23.0mN/m，界面张力为0.1~0.2mN/m。

本品用作压裂液助排剂，有利于提高工作液返排量，减轻地层伤害。

3. 含氟型高活性助排剂

本品为浅黄色透明液体，有明显的异戊醇气味，易溶于水及低分子醇类溶剂，不溶于乙醚、丙酮及其他有机溶剂。产品不易燃、不易爆，在酸、碱、盐溶液中和150℃以下稳定性较好，高于150℃时表面活性变差；在温度低于0℃时有固体结晶析出，加温后可重新溶解并且不影响使用效果。其主要成分是阴离子表面活性剂、氟表面活性剂、复合型阳离子表面活性剂和有机溶剂等。产品在水中分散均匀，pH值为6.5~7.5，表面张力≤18.0mN/m，界面张力≤0.5mN/m。

用作压裂液助排剂，能够提高工作液返排量，减轻地层伤害。

4. CT_{5-4}酸化和压裂助排剂

CT_{5-4}酸化和压裂助排剂为浅黄色透明液体，略带杏仁味。其主要成分为阳离子氟碳表面活性剂、烃类表面活性剂和有机溶剂；具有较低表面张力、高接触角、热稳定性好、吸附小、无乳化倾向、高返排量、配伍性好及使用方便等特点。CT_{5-4}酸化助排剂产品密度为1.010~1.050g/cm^3，pH值为6.0~7.0，0.2%水溶液表面张力≤23.0mN/m、界面张力≤10.0mN/m，接触角≥60.0；主要用作酸化压裂液助排剂，能够提高工作液返排量，减轻地层伤害。

5. JM-3助排剂

JM-3助排剂为浅黄色透明液体，属非离子型表面活性剂。本品是在碱性催化剂作用下，在疏水基单体里加入计量的EO进行异氧基化反应而制得，对降低液体表面张力及油水界面张力具有很明显的效果，对压裂液具有较好的助排作用；在水中分散均匀，密

度0.84~0.86g/cm^3，pH值8.0，浊点95℃，表面张力（0.1%~0.2%水溶液）≤30.0mN/m，HLB值12.0，与压裂液配伍性好；主要用作压裂液助排剂，有利于提高工作液返排量，减轻地层伤害。

6. 助排剂GCY-3

助排剂GCY-3由5%十六烷基三甲基氯化铵和33%复合醇混合得到。该剂水溶液表面张力较低，当用量为0.5%时，其表面张力为22.37mN/m，与常用助排剂相比，其表面活性显著提高、热稳定性良好；与常规压裂液体系具有良好的配伍性，在降低破胶液表面张力的同时，还能提高凝胶的抗剪切能力[34]。用作压裂液助排剂，能够提高工作液返排量，减轻工作液对地层的伤害。

八、乳化剂

在压裂液中，乳化剂主要是用来改变油层岩石的表面润湿性质，将油润湿表面转化成水润湿表面，使油不为岩屑滞留，易于流动产出，提高压裂作业效果。常用的乳化剂主要为阴离子和非离子表面活性剂。

1. 阴离子乳化剂

（1）十二烷基苯磺酸钙，分子式$C_{36}H_{58}CaO_6S_2$，相对分子质量691.05，为黄色固体；微溶于水，溶于异丙醇；具有优良的清净、分散、防锈及良好的配伍性能。工业品为黄色固体，钙含量1.0%~1.5%。产品的含量、水分及溶剂也可根据客户要求特殊制造；在压裂作业过程中除用作润湿剂外，还可用于防蜡、乳化；其加量为0.1%~0.2%。

（2）十二烷基苯磺酸铵，分子式$C_{18}H_{33}NO_3S$，相对分子质量343.525，为无色或淡黄色蜂蜜状液体，浊点10℃，溶于水。其活性物含量≥26.0%，pH值为6.0~7.0，起泡试验合格。乳化能力强，在加入1.5%左右浓度10%食盐水的条件下，不发泡或很不发泡。本品为水包油型乳化剂，在压裂作业过程中除用作润湿剂外，还可用于起泡、乳化、和缓速，加量为0.1%~0.2%。

（3）二丁基萘磺酸钠，即4，8-二丁基萘磺酸钠，又称渗透剂BX、拉开粉、拉开粉BN、拉开粉BNS，分子式是$C_{18}H_{24}O_3S\cdot Na$，相对分子质量343.47；对酸、碱和硬水均较为稳定，具有优良的润湿性和渗透性，以及乳化和起泡等性能；有一定毒性，避免与眼睛和皮肤接触；其液体产品浅黄色透明状，固状物为米白色粉末，活性物含量65.0%~70.0%，相对密度（17%~20%液体）1.075~1.12，pH值为7.0~9.0；在压裂作业过程中常用作润湿剂，还可起渗透、乳化和起泡作用，加量为0.1%~0.2%。

（4）丁二酸二辛酯磺酸钠，分子式$C_{20}H_{37}NaO_7S$，相对分子质量444.56，为白色或浅黄色似蜡状固体，经加工制成棒状或薄片；相对密度0.9400~0.9480，稍吸潮；易溶于水和醇的混合液以及水和其他有机溶剂的混合液，溶于四氯化碳、石油醚、二甲苯、丙酮及植物油等；在酸性及中性溶液中稳定，在碱性溶液中分解；产品活性物含量≥97.5%，游离酸含量≤5.0%，pH值为6.0~7.0；在压裂作业过程中主要用作润湿剂和渗透剂，加量为 0.05%~0.1%。

（5）蓖麻油磺酸钠，又称为土耳其红油、太古油等，分子式为 $C_{18}H_{12}O_6Na_2$，相对分子质量为 390.4，主要成分的化学名称为蓖麻酸硫酸酯钠盐，橙黄至红棕色黏稠液体，易溶于水而成乳状液；溶于乙醇、甲醇及四氯化碳；可燃；在空气中氧化；具有一定程度的抗硬水能力，但用量较大，一般占乳油的 14%~20%。工业品外观为橙黄至红棕色黏稠液体，含油量≥40%，磺化基含量≥1.8%，pH 值为 7.0~8.5；在压裂作业过程中主要用作润湿剂和乳化剂。

2. 非离子乳化剂

（1）OP-4 乳化剂，即非离子型烷基酚聚氧乙烯醚，为淡黄色油状物；易溶于油及其他溶剂；耐酸、碱、钙、镁，耐温 204℃；*HBL* 值为 5，pH 值为 6~7，呈中性。本品为亲油型乳化剂，用于 W/O 乳液的制备，用作乳化压裂液的乳化剂或酸化作业时乳化酸的乳化剂。

（2）OP-7 乳化剂，即烷基苯基聚氧乙烯醚，淡黄色油状液体；溶于油及其他溶剂，在水中呈分散状态；既具有良好的乳化性，又具有优良的净洗效能；耐酸、碱、钙、镁，耐温 204℃；*HBL* 值 11.7，pH 值为 5~7，呈中性。工业品为无色至淡黄色油状物，色泽（Pt-Co）≤20，羟值为 105~115mgKOH/g，水分质量分数≤1.0%，1% 水溶液 pH 值为 5.0~7.0；用作乳化压裂液的乳化剂或酸化作业时乳化酸的乳化剂。

（3）OP-15 乳化剂，即烷基苯基聚氧乙烯醚，为黄色至橙色液体或膏状体，冷时凝固；能溶于水，呈透明液体；耐酸、耐碱、耐硬水、对盐类稳定；具有优良的乳化、润湿作用，并有一定的去污作用，适用于作油 / 水型乳化剂、润湿剂和净洗剂等。其浊点为 85~90℃，*HBL* 值为 15.0，pH 值为 5~7。工业品为乳白至淡黄色膏状物或固体（25℃），色泽（Pt-Co）≤20，浊点（1% 水溶液）为 94~99℃，羟值为 62~68mgKOH/g，水分质量分数≤1.0%，1% 水溶液 pH 值为 5.0~7.0；用作乳化压裂液的乳化剂或酸化作业时乳化酸的乳化剂。

（4）辛基苯基聚氧乙烯（30）醚，为白色蜡状晶体；溶于热水；耐酸、碱，耐钙镁，耐温；具有乳化、增溶和分散等作用。其浊点为 5.0~7.0℃，*HBL* 值为 17.1，pH 值为 5.0~7.0。本品在压裂作业过程中主要用作润湿剂和乳化剂，还可用作油井防蜡剂（复配）和原油集输过程中油水分离的破乳剂。

（5）Tween85，即聚氧乙烯山梨糖醇酐三油酸酯，为琥珀色油状黏稠液体；无毒、无臭；相对密度 1.00~1.05，黏度 0.20~0.40Pa·s（25℃），闪点 321℃，*HBL* 值 11.0；溶于水、稀酸、稀碱和大多数有机溶剂（如乙醇、油醇、油酸和煤油等），不溶于丙酮和聚乙二醇；在压裂作业过程中主要用作润湿剂和乳化剂。

（6）Span65，即山梨糖醇酐三硬脂酸酯，为黄色蜡状固体；*HBL* 值为 2.1；少量溶解于异丙醇、四氯乙烯和二甲苯中。工业品羟值 60~80mgKOH/g，皂化值 170~190mgKOH/g，酸值≤15mgKOH/g，水分≤1.5%，熔点 53±3℃；在压裂作业过程中主要用作润湿剂和乳化剂。

（7）油酸三乙醇胺，又称三乙醇胺油酸皂、油酸二乙醇胺盐等，分子式 $C_{24}H_{47}NO_4$，相对分子质量 413.65，为黄色或棕色黏稠液体；溶于油类，在水中能扩散成乳状液，*HBL* 值为 12.0；沸点 360℃，闪点 270.1℃；有良好的洗涤及防锈能力。质量分数 98% 的产品，pH 值为 8~10，密度 1.07~1.09g/cm^3；主要用作乳状压裂液的表面活性剂。

（8）聚氧乙烯月桂酸酯

聚氧乙烯（9EO）月桂酸酯为浅稻草色液体，溶于水、乙醇、油醇和油酸。*HBL* 值为 12.7；有极好的洗净、平滑和乳化性能。工业品为黄色或棕色黏稠液体，活性物含量 ≥99%，1% 水溶液 pH 值为 6.0~8.0；主要用作乳状压裂液的表面活性剂。

（9）聚氧乙烯硬脂酸酯

聚氧乙烯（10EO）硬脂酸酯为淡黄色至黄色膏状物，在水中呈分散状，具有良好的洗净和乳化性能。工业品羟值为 60~85mgKOH/g，水分 ≤1.0%，1% 水溶液 pH 值为 5.0~7.0，灰分 ≤0.5%；主要用作乳状压裂液的表面活性剂。

此外烷基磺酸钠、烷基苯磺酸钠和 OP-10 乳化剂等也可以用作乳化压裂液的乳化剂或酸化作业时乳化酸的乳化剂，详见第三章第一节。

九、消泡剂

压裂液消泡剂是指用于消除或抑制压裂液起泡的化学剂，主要包括醇类、酯类和有机硅类产品。

1. 异戊醇

异戊醇，分子式 $(CH_3)_2CHCH_2CH_2OH$，相对分子质量 88.15，为无色澄清油状液体；具有苹果白兰地香气和辛辣味；相对密度 0.813，熔点 -117.2℃，沸点 132℃；混溶乙醇、乙醚和苯等有机溶剂，微溶于水；易燃；蒸汽有毒。工业品异戊醇含量（各异构体之和）≥98.0%；可用于高分子聚合物水基压裂液的暂时消泡。

2. 邻苯二甲酸二乙酯

邻苯二甲酸二乙酯，分子式 $C_6H_4(CO_2CH_3)_2$，相对分子质量 194.19，为无色或浅黄色、无臭、透明、稳定的液体；味苦；易燃；相对密度 1.120，凝固点 -40.5℃，沸点 298℃，闪点（开杯）153℃；不溶于水，溶于乙醇、乙醚、丙酮、芳香烃类有机溶剂，部分溶解于脂肪溶剂；在压裂作业过程中除用作消泡剂外，还是很好的溶剂。

3. 磷酸三丁酯

在压裂作业过程中用于配制高分子聚合物水溶液的暂时消泡，详见第二章第一节。

4. 山梨醇单月桂酸酯

山梨醇单月桂酸酯，又称斯盘 20，S-20 乳化剂，山梨糖醇酐单月桂酸酯，失水山梨糖醇单月桂酸酯，分子式 $C_{18}H_{34}O_6$，相对分子质量 346.46，为琥珀色至棕褐色油状液体，无毒、无臭；稍溶于异丙醇、四氯乙烯、二甲苯、棉籽油和矿物油中，微溶于液体石蜡，难溶于水；分散后呈乳状液；*HLB* 值为 8.6；用作压裂作业时高分子聚合物水基压裂液的消泡剂，还可用于润滑、乳化、近井地带处理。

5. 山梨醇酐三油酸酯

山梨醇酐三油酸酯，别名司盘 85、SP-85、山梨醇酐三油酸酯等，分子式 $C_{60}H_{108}O_8$，相对分子质量分子量 957.46，为琥珀色至棕褐色油状液体，无毒、无臭；少量溶于异丙醇、四氯乙烯、二甲苯、棉籽油和矿物油中；相对密度（d_4^{25}）（0.95 ± 0.5）g/cm^3，*HLB* 值 1.8；除用于高分子聚合物压裂液的消泡剂，还可用于润滑、乳化、近井地带处理。

6. 甲基硅油

甲基硅油，即聚二甲基硅氧，是一种无色透明液体，有多种不同的黏度，从极易流动的液体到稠厚的半固态物。它具有优异的电绝缘性和耐高低温性，可在 –50 ~ 200℃下长期使用，黏温系数小，压缩率大，表面张力小，憎水防潮性能好，耐化学药品性能好，对金属不腐蚀，对生理惰性。

在石油天然气行业，甲基硅油除用作非离子型植物胶及其衍生物与两性金属含氧酸阴离子交联冻胶消泡剂外，还可用于润滑、抗静电、乳化、近井地带处理。

十、降阻剂

压裂液降阻剂是指在紊流状态下能减小压裂液流动阻力的化学剂。在紊流中，流体流动阻力是由尺度大小随机、运动随机的漩涡形成所引起。漩涡总是逐渐分解而产生尺度越来越小的漩涡。漩涡越小，能量的黏滞损耗越大。聚合物可同时是稠化剂和减阻剂。

1. P（AM–AMPS）反相乳液聚合物

P（AM–AMPS）反相乳液聚合物与相同组成的粉状产品性能相同，唯一不同的地方是产品在压裂液或水中分散速度快，并且避免了粉状产品生产中产物交联和水解反应的发生，使产品性能更符合设计要求，综合性能明显优于粉状产品；工业品为乳白色或微黄色黏稠液体，固含量≥30%，1% 水溶液表观黏度≥80mPa · s，2.0% 水溶液 pH 值为 6.5 ~ 8.0，残余单体 0；主要用作高分子水基压裂液的降阻剂，还具有增黏和乳化能力。

2. 聚异丁烯

聚异丁烯为无色至淡黄色黏稠液体或有弹性的橡胶状半固体（低相对分子质量者呈柔软胶状，高相对分子质量者呈韧性和弹性）；无味，无臭或稍有特异臭气；平均相对分子质量为 8700 ~ 20×10^4；常温下对酸碱稳定；易溶于石油醚、苯、芳烃、卤代烃和二异丁烯，可与聚醋酸乙烯酯、蜡等互溶，不溶于水、醇、醚、酮、酯和干性油，与矿物油可混溶；主要用作油基压裂液的油溶性高分子增稠降阻剂。本品溶于煤油，用量为 6 ~ 480mg/L 时，可降阻 10% ~ 60%。

3. 聚丁二烯

低聚合度的聚丁二烯为无色黏稠液体；常温下对酸碱稳定；易溶于烃类，不溶于乙醇、甲醇和乙醚，与矿物油可混溶；产品为无色至淡黄色黏稠液体，挥发物≤0.5%；主要用作油基压裂液的油溶性高分子增稠降阻剂。本品溶于煤油，用量为 6 ~ 480mg/L 时，

可降阻 10%～60%。

4. 聚异戊二烯

低聚合度的聚异戊二烯为无色黏稠液体；常温下对酸碱稳定；易溶于烃类，不溶于乙醇、甲醇和乙醚，与矿物油可混溶；产品外观为无色至淡黄色黏稠液体，相对分子质量 1×10^5～2×10^5，挥发物≤0.5%；主要用作油基压裂液的油溶性高分子增稠降阻剂。本品溶于原油，用量为 100～5000mg/L 时，可降阻 24%～70%。

5. 聚苯乙烯

低聚合度的聚苯乙烯为无色黏稠胶体；易溶于芳烃、卤代烃、脂肪族酮和酯类。产品为无色至淡黄色黏稠液体，溶于油，相对分子质量 0.5×10^5～5×10^5，挥发物≤0.5%；主要用作油基压裂液的油溶性高分子增稠降阻剂。本品溶于柴油，用量为 120～1200mg/L 时，可降阻 14%～70%。

此外，聚乙烯醇、聚丙烯酰胺和部分水解聚丙烯酸胺也是常用的降阻剂，可用作高分子水基压裂液的降阻剂，还具有增黏和乳化能力，详见第三章第一节和第二章第一节，以及本节有关介绍。

十一、降滤失剂

降滤失剂是指能减少压裂液向地层漏失或滤失的化学剂。通过降滤失剂的降滤失作用，有利于提高压裂效率，降低压裂成本，减少压裂液对地层的污染，并可在压裂时使压力迅速提高。降滤失剂的作用主要是通过固相颗粒或乳化胶粒等堵塞地层孔隙或微裂缝以降低地层渗透率，减少压裂液向地层滤失，下面是一些常用的降滤失剂。

1. 松香甘油脂

松香甘油脂分子式 $C_{62}H_{92}O_6$，相对分子质量 945.42，为淡黄色至淡褐色易碎透明玻璃块状物；无臭或微有特殊臭味；不溶于水，溶于苯、甲苯、石油、松节油、亚麻仁油等，微溶于乙醇；相对密度约为 1.08；空气中易氧化，粉末有自燃性，可自燃爆炸；主要成分以甘油三香酸酯为主，另含有少量单、双松香酸甘油酯。产品为淡黄色至淡褐色玻璃块状物，软化点 70～126℃，灰分≤0.1%，酸值≤8mgKOH/g；主要用作高分子水基压裂液的降滤失剂，使用时将树脂碾成粉末状，按需要量加入前置液和原胶液中。

2. 碳酸钙

碳酸钙是一种以碳酸钙为主要成分的天然矿石，经过机械加工而成的粉末产品；分子式 Ca_2CO_3，相对分子质量 100.1，密度 2.7～2.9g/cm^3；纯品为白色粉末，含有其他杂质时常呈灰色、灰白色、灰黑色、浅黄色或浅红色；不溶于水，不易吸水，但受潮后易结块；工业品密度≥2.7g/cm^3，碳酸钙含量≥90.0%，酸不溶物含量≤10.0%，水溶物含量≤0.10%，75μm 筛余量≤3.0%，小于 6μm 颗粒≤39.0%；主要用作高分子水基压裂液的降滤失剂，作业时按 0.5%～1.0% 或视需要加入前置液和原胶液中。

3. 石英粉

石英粉是一种坚硬、耐磨、化学性能稳定的矿物，其主要化学成分是SiO_2。石英砂的颜色为乳白色、或无色半透明状，莫氏硬度为7，性脆无解理，贝壳状断口，油脂光泽，密度为2.65g/cm^3；其化学、热学和机械性能具有明显的异向性，不溶于酸，在160℃以上时溶于NaOH、KOH水溶液，熔点1650℃。过120目筛的产品称为石英粉，主要用作高分子水基压裂液的降滤失剂。

4. 柴油、原油或煤油

使用时，一般在压裂液中投加量为3%~5%的柴油或原油，它们是通过乳化堵塞来达到降滤失目的的。

此外，水溶性的天然或合成聚合物，水溶性盐颗粒等也可以用于压裂液降滤失剂。

十二、破乳剂

破乳剂是指用于破坏水基压裂液与地层原油的乳化物，防止油水乳液堵塞地层孔道而引起渗透率伤害的化学剂。

1. 盐酸

盐酸主要用作油气井酸化处理的酸化剂以及以脂肪酸皂为主剂的乳状压裂液破乳剂和结垢管线的清洗液中酸性主要成分。投加0.1%~1.0%的盐酸可使脂肪酸的钠、钾、钙、镁和铝皂产生的乳状液破乳，详见第三章第一节。

2. 硫酸

硫酸分子式H_2SO_4，相对分子质量98.07；纯硫酸（无水硫酸）为无色、透明、无臭而黏重的油状液体，呈强酸性；工业硫酸颜色自无色至微黄色，甚至红棕色；腐蚀性极强；无挥发性；吸湿性强；可与水和乙醇混溶，同时放出大量热，体积缩小；有极强的吸水性和氧化性，能使有机物等脱水碳化；接触人体能严重烧伤；相对密度随浓度变化而变化，其范围为1.82~1.84，一般为1.8342；沸点270℃，熔点10.46℃；用作破乳剂，加量为0.1%~1.0%时可使脂肪酸的钠、钾、钙、镁和铝皂产生的乳状液破乳。

3. AE1910破乳剂

AE1910破乳剂主要成分是含氮聚氧乙烯聚氧丙烯嵌段共聚物。其以多乙烯多胺为起始剂，在催化剂KOH的作用下，加入环氧丙烷（PO）、环氧乙烷（EO）进行嵌段聚合反应而制得；为非离子型表面活性剂，出厂时干剂加有溶剂；亲水性较AP型破乳剂强；产品为黄棕色黏稠液体，质量分数≥65%，凝固点20~40℃，羟值≤56mgKOH/g，色度<300号。本品主要用作水基压裂液的破乳、润湿，原油低温破乳脱水；作为水基压裂液破乳剂时，其投加量一般为0.05%~0.1%。

4. SP-169破乳剂

SP-169破乳剂主要成分是十八烷基醇聚氧乙烯聚氧丙烯醚，是以十八醇为起始剂的水溶性破乳剂，适用于 W/O 型乳状液脱水。其特点是脱出污水油含量低、油水界面清晰和水色好等特点，但脱水速度较慢，常与其他破乳剂复配使用；产品为淡黄色至白色油状液体，羟值 56~60mgKOH/g，色度 <300 号；用作水基压裂液的破乳、润湿剂，以及原油低温破乳脱水，炼油厂原油脱盐剂；作为水基压裂液破乳剂时，其投加量为 0.1%~0.2%。

5. BP-169 破乳剂

BP-169 破乳剂主要成分是丙二醇聚氧乙烯聚氧丙烯醚，是以丙二醇为起始剂的水溶性破乳剂，常温下为淡黄色软膏；凝固点 20~40℃，羟值 56~60mgKOH/g，色度 <300 号，浊点 19~21℃。用作水基压裂液的破乳、润湿剂，以及原油低温破乳脱水、脱盐；作为水基压裂液破乳剂时，其投加量为 0.1%~0.2%。

此外，氯化钙和氯化镁也可以用作压裂液破乳剂，当投加量为 1.0%~2.0% 时可使脂肪酸的钠、钾盐产生的乳状液破乳；详见第二章第一节和本节有关介绍。

十三、温度稳定剂

温度稳定剂是指能够提高压裂液高温下稳定性的化学剂，有利于提高压裂液的综合性能，保证压裂效果。

1. 硫代硫酸钠

硫代硫酸钠分子式 $Na_2S_2O_3 \cdot 5H_2O$，相对分子质量 248.17，为无色大晶体或粗结晶粉末；无臭，味咸；相对密度（17℃）为 1.729；在潮湿空气中易潮解，在 33℃以上的干燥空气中会风化；加热至 100℃失去结晶水；极易溶于水（1g/0.5mL），不溶于乙醇；用作压裂液的温度稳定剂，增强水溶性高分子胶液的耐温能力，满足不同地层温度、不同施工时间对压裂液的黏度与温度、黏度与时间稳定性的要求；其投加量一般为 0.01%~0.1%。

2. 三乙醇胺

三乙醇胺用作压裂液温度稳定剂，适用于非离子型植物胶与两性金属含氧酸盐的碱性条件交联，以增强其碱性，达到提高耐温性效果，同时使体系具有一定的延缓交联性，其投加量为 0.1%~0.5%，详见第二章第一节。

3. 六次甲基四胺

六次甲基四胺也称乌洛托品，分子式（$(CH_2)_6N_4$），相对分子质量 140.19；白色细粒状结晶；密度（25℃）1.27g/cm^3，熔点 119~122℃，加热至 230℃升华，263℃分解，闪点 482℉；无毒、无臭，味初甜后苦，略带鱼腥味；对皮肤有刺激性；遇火能燃烧，火焰无色；能溶于水（呈弱碱性）、乙醇、氯仿、二氯甲烷、四氯化碳，不溶于乙醚；在酸性溶液中能分解；主要用作压裂液温度稳定剂，以增强水溶性高分子胶液的耐温能力，满足不同施工作业条件的要求。

十四、支撑剂

压裂液支撑剂是指压裂时被压裂液带入裂缝，在压力释放后用以支撑裂缝的物质。常用的支撑剂有砂子、树脂、涂层砂、中等强度陶粒、高强度的烧结铝钒土等。

1. 石英砂

石英砂是大量不固结的含有二氧化硅（SiO_2）的集合体，常呈块状或粒状；其中硅（Si）含量为46.7%，氧含量（O_2）为53.3%。石英硬度为7，折光率为1.544~1.553；颜色极为多样，通常为无色，乳白色，淡黄色或灰色，玻璃光泽，性脆而坚硬。石英热稳定性好，加热到1500℃时开始软化，在1710~1756℃时熔化。石英仅溶于氢氟酸，不溶于其他酸碱类。天然石英砂的主要矿物成分以石英为主，伴有少量长石、燧石及其他喷出岩及变质岩等岩屑；其主要技术指标是：粒度0.5~0.8mm，密度≤2650kg/m^3，视密度≥1600kg/m^3。

石英砂主要用作油气层压裂改造的支撑剂。圆、球度较好的石英砂破碎后呈小碎块状，但仍可保持一定的导流能力；100目（0.147mm）的粉砂可作为压裂液的固体降滤失剂，它在裂缝延伸过程中可以充填那些与主裂缝沟通的天然裂缝，降低压裂液的滤失。石英砂的相对密度较低，便于施工泵送。石英砂价格便宜，在许多地区可以就地取材。

2. 陶粒

陶粒是由熔融铝矾土烧结或喷吹成型制得。人造陶粒支撑剂分为中等强度和高等强度两种。中等强度支撑剂（ISP）均为用铝矾土或铝质陶土（矾和硅酸铝）制造，其中氧化铝或铝质的质量分数为46%~77%，硅质（SiO_2）含量为12%~55%，此外还有少量小于10%的其他氧化物；颜色大多为灰色。中等强度支撑剂可以满足中、低闭合压力压裂井的增产要求。高强度支撑剂由铝矾土或氧化锆的物料制成，颗粒相对密度约为3.4或更高；其化学成分中氧化铝含量可达85%~90%，氧化硅含3%~6%，氧化铁含4%~7%，氧化钛含3%~4%；物料经热处理后，主要晶相是刚玉，但也存在少量的莫来石晶相或玻璃晶相；颜色为墨色。高强度支撑剂适用于深井、超深井的压裂增产；其主要技术要求为：粒度0.4~1.0mm，平均粒度≤0.70mm，密度2.94~3.10g/cm^3，圆度≥0.90，球度≥0.97，酸溶性≤3.0%，破裂强度≥333MPa，颗粒完好（40MPa、30d）≥90%，渗透率（40MPa、30d）：初值368μm^2；30d后300μm^2。

陶粒用作压裂支撑剂，具有强度大、在高压下不易破碎等优点。

3. 低密度支撑剂

低密度支撑剂一般是用20~40目（粒径0.85~0.425mm）的坚果壳颗粒，以85%的酚醛树脂乙醇溶液为浸渍液，采用真空浸渍法得到一次包覆支撑剂，采用涂覆浸渍法得到二次、三次包覆支撑剂。所得支撑剂的堆密度为0.85g/cm^3，真密度为1.24g/cm^3。随着包覆次数的增加，60℃下支撑剂的吸水率逐渐减小；60℃水中浸泡24h后，压缩形变率在30MPa闭合压力下由6.5%（1次包覆）降至3.9%（3次包覆）；60MPa闭合压力下

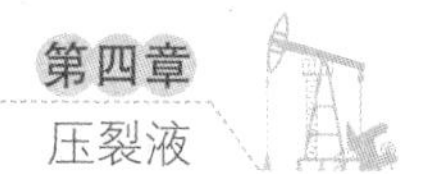

由18.3%（1次包覆）降至14.8%（3次包覆）；支撑剂的圆度与球度率略有减小，圆度在0.82~0.86之间，球度在0.84~0.86之间；支撑剂的导流能力增强，在60℃、20MPa闭合压力下，短期导流能力由1次包覆的24μm^2·cm提高到3次包覆的115μm^2·cm；60℃、30MPa闭合压力下，由1次包覆的4.5μm^2·cm提高到3次包覆的33μm^2·cm；3次包覆支撑剂在60℃、20MPa闭合压力下的长期导流能力最终稳定在10μm^2·cm左右[35]。

十五、油基压裂用添加剂

除前面有关添加剂中所涉及的类型以及压裂液添加剂外，还有如下一些油基压裂液添加剂。

1. 有机酸

（1）丙酸，分子式CH_3CH_2COOH，相对分子质量74.08；无色油状液体，略带辛辣的刺激油味；相对密度（20℃/20℃）0.993~0.997，熔点−22℃，沸点141℃；混溶于水、乙醇和其他有机溶剂；可用作压裂作业中油基压裂液的皂稠化油添加剂。

（2）辛酸，分子式$CH_3(CH_2)_6COOH$，相对分子质量144.21；无色油状液体，冷却后固化为片状结晶，略带不舒适的气味和焦味，稀释后呈水果香气；相对密度0.910（25℃/25℃），熔点16.3℃，沸点237.9℃，折射率（n_D^{20}）1.4278；微溶于冷水，溶于热水和乙醇、乙醚、三氯甲烷、二硫化碳、石油醚和冰醋酸等大多数有机溶剂；可用作油基压裂液的皂稠化油添加剂。

（3）癸酸，分子式$CH_3(CH_2)_8COOH$，相对分子质量172.27；白色结晶，具有特殊的、不舒适油味；相对密度（d^{40}）0.8858，熔点31.5℃，沸点270℃，折射率（n_D^{40}）1.4288；溶于大多数有机溶剂和稀硝酸，几乎不溶于水；可用作油基压裂液的皂稠化油添加剂。

（4）月桂酸，分子式$CH_3(CH_2)_{10}COOH$，相对分子质量200.32；为白色至稍带黄色的结晶固体或粉末，有光泽和特殊的气味；为天然脂肪酸，无毒；相对密度（d_4^{50}）0.8679，熔点44℃，沸点225℃［1.33×10^4Pa（100mmHg）］，折射率（n_D^{45}）1.4323；溶于乙醇、氯仿和乙醚等大多数有机溶剂，几乎不溶于水；可用作油基压裂液的皂稠化油添加剂。

（5）肉豆蔻酸，分子式$CH_3(CH_2)_{12}COOH$，相对分子质量228.38；为白色至带黄白色的硬质固体，偶尔为有光泽的结晶状固体或为白色至带黄白色的粉末，无气味；相对密度（80℃）0.8739，熔点54.5℃，沸点326.2℃；溶于乙醇、甲醇、乙醚、氯仿、苯和石油醚等大多数有机溶剂，不溶于水；属于天然脂肪酸，无毒；可用作油基压裂液的皂稠化油添加剂。

（6）油酸，即顺式十八碳-9-烯酸，分子式$CH_3(CH_2)_7CH{=}CH(CH_2)_7COOH$，相对分子质量281；纯品为无色透明液体，在空气中颜色逐渐变深；工业品为黄色到红色油状液体，有猪油气味；熔点13.2℃，沸点286℃（1.33kPa），大气压下加热至

80~100℃易分解，相对密度（25℃）0.8905，闪点372℃（开杯）；几乎不溶于水，溶于乙醇、苯、氯仿、乙醚以及挥发性或不挥发油；置于空气中易被氧化成黄色甚至棕色；可用作油基压裂液的皂稠化油添加剂。

（7）亚油酸，分子式 $CH_3(CH_2)_4CH=CHCH_2CH=CH(CH_2)_7COOH$，相对分子质量280.44；室温时为无色至淡黄色油状液体，在空气中易氧化；熔点约 –5℃。沸程225~230℃，相对密度（d_D^{20}）0.901，折射率（n_D^{20}）1.4699；易溶于乙醚，溶于无水乙醇和氯仿，混溶于二甲基亚砜、油脂溶剂和油，不溶于水；存在于棉籽油、大豆油、花生油、玉米油、向日葵油、红花油，也存在于亚麻子油中；无毒；用作油基压裂液的皂稠化油添加剂。

（8）棕榈酸，分子式 $CH_3(CH_2)_{14}COOH$，相对分子质量256.43；为白色或带黄色固体，偶尔为有光泽的结晶状固体或为白色至带黄色粉末，具有特殊香气和滋味；相对密度（80℃）0.8414，熔点62.9℃，沸点371.5℃或271.5℃［1.33×10^4Pa（100mmHg）］；暴露于空气中后可逐渐氧化而呈暗色，在空气中强烈加热可导致分解；混溶于乙醇、乙醚和氯仿，几乎不溶于水；为米糠油、椰子油、棕榈仁油等油脂的主要成分；无毒；用作油基压裂液的皂稠化油添加剂。

（9）苯甲酸，分子式 C_7H_6COOH，相对分子质量122.13；为白色有丝光的鳞片或针状结晶，微有安息香或苯甲醛的气味；约于100℃开始升华；相对密度1.316，熔点121.7℃，沸点249.2℃；难溶于水，溶于沸水、乙醇、乙醚和氯仿以及非挥发性油和挥发油；25%饱和水溶液的pH值为2.8；用作油基压裂液的皂稠化油添加剂。

2. 氧化物

（1）三氧化二铝，分子式 Al_2O_3，相对分子质量101.96；为白色或微红色棒状物；密度3.5~3.9g/cm^3；易吸水但不潮解；不溶于水，醇和醚，微溶于酸或碱。其水合物有一水物和三水物两种，将水合物在200~600℃温度下加热可生成不同晶形的活性氧化铝。工业品吸湿量（20℃，RH100）≥20%，氧化钠含量≤0.3%；用作油基压裂液的皂稠化油添加剂。

（2）五氧化二磷，分子式 P_2O_5，相对分子质量141.95；为白色软质粉末，无味；密度2.39，凝固点569℃，300℃升华；溶于水先形成偏磷酸，后转变成正磷酸，并放出大量热；有很强的吸水性，在空气中吸收水分而潮解，还能从其他化合物（如硫酸和硝酸等）中夺取化合态水；对皮肤有腐蚀性；用作油基压裂液的磷酸酯铝盐冻胶用添加剂。

3. 醇类

（1）乙醇，分子式 CH_3CH_2OH，相对分子质量46.07；为无色易流动液体，易挥发，具有酒的气味，相对密度（d^{20}_4）0.7893，熔点 –117.3℃，沸点78.5℃，闪点14℃；能溶于苯，与水、乙醚、丙酮、氯仿和乙酸可任意混溶，受剧冷也不致凝结；可以用于压裂液和三次采油用的互溶剂以及油基压裂液的磷酸酯铝盐冻胶用添加剂。

（2）正辛醇，别名1-辛醇、伯辛醇、亚羊脂醇、正辛烷醇，分子式 $CH_3(CH_2)_6CH_2OH$，相对分子质量130.23；无色液体，有强烈的芳香气味；密度0.83g/cm^3，折射

率 1.430，熔点 –16℃，沸点 196℃，闪点 81℃，饱和蒸气压（54℃）0.13kPa，燃烧热 5275.2kJ/mol；不与水混溶，但与乙醇、乙醚、氯仿混溶；用于油基压裂液的磷酸酯铝盐冻胶用添加剂。

（3）异辛醇，别名 2– 乙基己醇，分子式 $C_8H_{18}O$，相对分子质量 130.23；无色液体；凝固点 –75℃，沸点 184.7，84～86℃（2.0kPa），相对密度（20℃）0.8344，折光率（20℃）1.4300，闪点 77℃；能与醇、醚及氯仿混溶，20℃时在水中的溶解度为 0.1%；与水形成共沸物，水为 20%，共沸点 99.1℃；主要用作各类水基钻井液的消泡剂，用来消除各种泡沫，消泡、抑泡能力强；用作油基压裂液的磷酸酯铝盐冻胶用添加剂。

（4）月桂醇，也称十二烷醇，分子式 $CH_3(CH_2)_{10}CH_2OH$，相对分子质量 180～220；常温下为淡黄色油状液体，在淡乙醇中结晶为片状结晶，具有特殊气味；相对密度（$d^{24}{}_4$）0.8309，熔点 24℃，沸点 259℃；其蒸汽有毒；溶于乙醇和乙醚等有机溶剂，不溶于水；用作油基压裂液的磷酸酯铝盐冻胶用添加剂。

（5）硬脂醇，又称十八醇，分子式 $C_{18}H_{37}OH$，相对分子质量 244～288（平均）；常温下为蜡状白色小叶晶体，有香味；不溶于水，溶于乙醇和乙醚等有机溶剂。工业品酸值≤1mgKOH/g，皂化值≤3mgKOH/g，羟值 195～230mgKOH/g，主馏分含量≥80%，烷烃含量≤4%，熔点 50～56℃；用于油基压裂液的磷酸酯铝盐冻胶用添加剂。

（6）环己醇，分子式 $C_6H_{11}OH$，相对分子质量 100.16；无色透明油状液体或白色针状结晶，有似樟脑气味；有吸湿性；能与乙醇、乙酸乙酯、二硫化碳、松节油、亚麻子油和芳香烃类混溶；20℃时水中溶解度为 3.6g/100g，20℃时水在环己醇中的溶解度为 11g/100g；相对密度 0.9624，熔点 25.93℃，沸点 160.84℃，闪点 68℃（闭杯）；有刺激性；易燃，爆炸极限为 1.32%～11.1%；主要用作油基压裂液的磷酸酯铝盐冻胶用添加剂。

第二节　压裂液体系

压裂液是指由多种添加剂按一定配比形成的非均质不稳定的化学体系，按其物理、化学性能可将其分为水基、油基和混合基三种类型。本节结合实践从水基压裂液、泡沫压裂液、油基压裂液、乳化压裂液、酸基压裂液、醇基压裂液、清洁压裂液和超分子聚合物压裂液等方面介绍压裂液的组成、性能及应用。

一、水基压裂液

水基压裂液是以水作为分散介质，添加水溶性聚合物和其他添加剂而形成的具有压裂工艺所需的较强综合性能的工作液。一般有两种形式：一种是水溶性聚合物加入活性添加剂的水溶液，通常称为线性胶或稠化水压裂液。另一种是线性胶稠化水加入交联剂后形成的具有一定黏弹性的交联冻胶，通常称为交联压裂液。由于水基压裂液具有安全、清洁、价廉，且性能易于控制等特点而得到广泛应用，是发展最快也是品种最全面的压裂液体系[36, 37]。

水基压裂液一般由水、稠化剂、交联剂、破胶剂、pH 值调节剂、杀菌剂、黏土稳定剂、破乳剂、消泡剂、降滤失剂和助排剂等组成。除了对少数水敏地层易造成伤害外，适用于大多数油气层和不同规模的压裂。

（一）水基压裂液类型

1. 活性水压裂液

活性水压裂液，即表面活性剂的水溶液，优点是成本低、摩阻小，缺点是黏度低、携砂能力差，只适用于小型解堵压裂和煤层气压裂。

2. 线性胶压裂液

线性胶压裂液，即稠化水压裂液，由稠化剂和其他添加剂组成。其各项性能比活性水压裂液稍强，但也只能用于低温、浅井、低砂比的小型压裂。

3. 水基冻胶压裂液

水基冻胶压裂液，即交联的线性胶压裂液，与活性水和线性胶压裂液相比，水基冻胶压裂液具有更强的黏弹性和可塑性，特点是黏度高、携砂能力强、滤失低等，适用于大部分油水井的增产、增注作业。

（二）水基冻胶压裂液类型

按照不同的适用性，水基冻胶压裂液又可分为低温交联水基压裂液，纤维素衍生物中、高温压裂液和延迟交联压裂液等。

1. 低温交联水基压裂液

低温交联水基压裂液主要以植物胶原粉（包括羟乙基槐豆粉、羟乙基皂仁粉、田菁粉等）为增稠剂，硼砂为交联剂，按一定交联比配制而成的压裂液。此类压裂液黏温性能较差，只能用于低温井。

2. 纤维素衍生物中、高温压裂液

纤维素衍生物压裂液主要包括羧甲基纤维素（CMC）压裂液和羟乙基纤维素（HEC）。CMC 压裂液包括与硫酸铬钾或硫酸铝钾交联的中、高温压裂液、CMC 高温乳化压裂液等。HEC 压裂液则只适用于较低温度的井。纤维素衍生物压裂液的特点是残渣含量低，对地层伤害小，但剪切稳定性较差且原料价格较高，逐渐被植物胶及其改性产品取代。

3. 延迟交联压裂液

延迟交联压裂液包括有机硼交联压裂液和无机硼延迟交联压裂液。

（1）有机硼交联压裂液。

有机硼交联压裂液是由植物胶中的有机配位体与硼酸盐在一定的条件下反应得到。

在 pH 值较高的条件下，配位体与硼酸盐结合较牢固，离解出的硼酸离子较少，使得交联速度减慢，随着交联反应的发生，硼酸离子进一步离解，冻胶逐步形成，最终达到延迟交联的目的。有机硼压裂液包括中温有机硼压裂液和高温有机硼压裂液，是目前常用的压裂液体系。

（2）无机硼延迟交联压裂液。

无机硼延迟交联压裂液包括无机硼延迟交联压裂液和过交联延迟释放高温压裂液。

①包裹无机硼延迟压裂液。该体系通过对无机硼采取包裹技术而达到延迟交联的目的，它能够改善无机硼压裂液的耐高温性能。

②过交联延迟释放高温压裂液。该压裂液所使用的交联剂是以硼酸盐与植物胶过交联，经脱水、烘干、粉碎制得的固体缓溶延迟硼交联剂，这种固体颗粒交联剂在施工时可直接加入，与植物胶及其改性产品均可形成黏度稳定、耐高温、交联速度可控的延迟交联压裂液，其耐温可达到 165℃以上。

（三）水基冻胶压裂液交联剂选择

1. 无机交联剂

无机钛、锆、硼等交联剂是应用较早的水基压裂液交联剂。位于第四、五周期Ⅳ B 族的钛（Ti，价层电子 $3d^24s^2$）和锆（Zr，价层电子 $4d^25s^2$）分别具有以下特点：①具有能量相近的价电子轨道（n–1）d、ns、np；②原子或离子半径较小，可以对配体产生较大的极化作用；③离子本身有较大的变形性。因此，钛和锆具有接受孤对电子的空轨道和吸引配体形成配合物的倾向，可以用于交联 HPG 等植物胶而形成冻胶。

位于第三周期Ⅲ A 族的硼（B，价层电子压 $2s^22p^1$），最外层的 p 轨道上只有 1 个电子，即便 sp^3 杂化后，4 个杂化轨道上也只有 3 个电子，因此硼原子有缺电子性，空的价层轨道可以接受孤对电子，形成配位键，因而在水溶液中容易形成硼酸根离子——$B(OH)_4^-$，如硼砂（$Na_2B_4O_7 \cdot 10H_2O$）溶于水后即可形成 $B(OH)_4^-$。当 $B(OH)_4^-$ 与稠化剂 HPG 的顺式羟基反应形成硼酸酯类化合物，可以以 1∶1 和 1∶2 的比例形成两种络合产物。若 1∶2 络合产物中的两组顺式羟基分别来自不同的 HPG 分子，则 HPG 分子间就被交联起来（由于水基压裂液体系的稠化剂一般均采用 HPG，除特别说明，压裂体系稠化剂均指 HPG）；当溶液体系中有大量的 HPG 发生交联时，HPG 溶液就交联形成了三维体形冻胶。以硼砂为代表的无机硼交联剂，均按此机理作用于瓜胶等非离子型半乳甘露聚糖及其衍生物，形成的冻胶可耐温 50~70℃，且形成的硼冻胶黏弹性好、悬砂黏度高、交联比及 pH 值范围宽，适用于中低温储层的压裂施工。

将钛、锆、硼等无机离子直接作为交联剂，能获得交联效果比较理想的冻胶，但无机交联剂本身存在以下缺陷：①钛、锆、硼等无机离子的尺寸较小，在水溶液中的流动、渗透、扩散性能好，形成冻胶的速度较快，压裂液冻胶泵送时会产生较大的摩阻；②离子尺寸小，交联时需要缩短 HPG 分子链空间距离，HPG 需要保持相对较高的浓度，这将导致破胶后残渣量大，对储层伤害大，影响油气田的产能，降低经济效益；③无机离子交联 HPG 形成的冻胶强度相对较低，在外加剪切力时发生剪切稀化甚至破胶，破胶过早、过快会导致悬砂效果下降，压裂液体系造缝能力降低，甚至施工过程中发生砂卡，造成施工事故。

可见，如何改善无机交联剂的延迟交联效果，提高耐温耐剪切性能，并减小地层伤害是交联剂研究的重点。

2. 有机交联剂

为提高无机交联剂的交联能力和耐温、耐剪切性能，从 20 世纪 70、80 年代开始，研究者向钛、锆、硼等离子中加入一定量的有机配体，开发了基于配位作用的有机交联剂体系。目前所使用的有机配体大多是多羟基化合物、胺类化合物和羧酸，如乙二醇、二乙醇胺、三乙醇胺、葡萄糖、葡萄糖酸等。1991 年，国外学者用有机配体制备了有机硼交联剂。由于钛、锆、硼等离子直接作为交联剂时，离子尺寸相对较小，加入有机配体形成有机配位交联剂后，粒子将增大至胶体尺寸。将有机配位交联剂加入 HPG 溶液中，位于交联剂表面的一部分配体解离，裸露出的交联剂与 HPG 大分子链上的羟基相结合，使 HPG 逐步交联成冻胶。

钛、锆、硼等离子与有机配位体发生配位后形成的有机交联剂的粒子尺寸加大，可使溶液中空间距离相对较远、浓度较低的 HPG 溶液形成冻胶，其结果是既可以降低 HPG 用量，节约使用成本，提高经济效益，又可减少破胶后产生的残渣量，降低地层伤害，提高油气产量。同时，由于有机配体与 HPG 上的羟基之间存在竞争，因此，有机配体的存在可以延缓交联反应的进行，从而赋予有机交联剂延迟交联的效果，有利于降低泵送中产生的摩阻。另外，有机交联剂交联冻胶后形成的桥连化学键更稳定，冻胶具有更好的耐温、耐剪切性能。有机交联剂主要有有机钛、有机锆和有机硼交联剂。

（1）有机钛、有机锆交联剂。

有机钛交联剂的优点是用量少、摩阻低、延迟交联时间长、形成的冻胶耐高温、抗剪切性能较好。从钛酸丁酯出发，用三乙醇胺、甘油为有机配体，制备了与有机硼同时使用的有机钛交联剂，当交联比为 3.0%~7.5% 时，交联后的 HPG 冻胶压裂液在 80℃、$170s^{-1}$ 条件下剪切 1h 后黏度维持在 80mPa·s 以上。除了瓜胶及其衍生物外，有机钛、有机锆还可以对结构中含有反式羟基、酰胺基、羧基的改性纤维素、非离子型的聚丙烯酰胺、阴离子型的部分水解聚丙烯酰胺等进行交联。

由于有机钛、有机锆交联剂交联 HPG 的能力较强，形成的冻胶十分稳定，因此在高温深井施工中有较大的优势。但有机钛、有机锆交联的压裂液在储层温度相对较低的油气田应用中一直存在交联后破胶不彻底、压裂施工后储层伤害大、返排率低、措施后产量低的问题。自 20 世纪 90 年代开始，有机钛、有机锆交联剂仅在地层温度高于 120℃的深井等特殊条件下有一定的应用；在温度低于 120℃的条件下，以有机硼交联剂为主。

（2）有机硼交联剂。

有机硼交联剂与有机钛、有机锆和无机硼交联剂相比，在应用上有诸多优势。随着有机硼交联剂在压裂施工中的广泛应用，技术体系已经十分成熟，目前成为压裂施工中

首选的交联剂。交联剂交联性能主要受基液 pH 值和有机配体的影响。

有机硼交联剂可以延迟交联时间，这对于降低泵注时的摩阻十分有利。其延迟交联作用主要是由于配体对配位中心的屏蔽作用，所用的配体一般以有机醇、有机酸为主。理论上来说，若溶液碱性强，醇和酸将有更强的配位能力，与硼离子配位后离去更加困难，使交联时间相对延长，即适当提高 pH 值对延长交联时间是有利的。需要指出的是，虽然提高 pH 值有利于增加延迟交联时间，但 pH 值过高会导致管道发生腐蚀，增加安全隐患，因此在具体施工中需要综合考虑，选择具有适宜 pH 值的压裂液体系。

有机配体的用量和性质对有机硼交联剂体系的性能有重要影响。目前作为有机硼交联剂配体的化合物可分为醇类化合物（如乙二醇、葡萄糖、甘露醇、山梨醇）、胺类化合物（如二乙醇胺、三乙醇胺、烷基醇胺等）和羧酸类化合物（如葡萄糖酸钠、五羟基己酸钠、α－羟基羧酸钠类化合物等）三大类。

①多元醇配体。葡萄糖、乙二醇等多羟基化合物可以作为有机硼交联剂配体。如用葡萄糖和乙二醇为有机配体，甘油和水作为溶剂，制备的交联剂与 0.20%HPG 交联形成的冻胶，悬砂时间为 27min/mm，黏弹性较好。用葡萄糖和乙二醇作为配体制备的交联剂，交联时间可在 0.5～3min 范围内调节；在 45℃、65℃、80℃，$170s^{-1}$ 下剪切 2h，冻胶黏度均在 80mPa・s 以上。用多元醇或葡萄糖等化合物为配体制备的交联剂，在 0.50%～0.60% 的浓度下，用于 0.25%～0.40%HPG 的交联，可以满足 50℃和 100℃条件下施工的要求。

②烷基醇胺配体。配体给出孤对电子的能力决定了其配位性能，进而影响冻胶强度和交联时间，因此配体负电性小，给出电子的能力强，有利于与硼原子进行配位，N 原子的电负性 x 为 3.0，略低于 O 原子的 x（3.4），是比较理想的有机硼交联剂的配体，且胺类化合物还可以提供压裂液体系所需的部分碱性。如用烷基醇胺制备的 0.50% 有机硼交联剂，在 pH 值为 12、HPG 浓度为 0.50% 时，延迟交联时间达 3.0～5.0min，此压裂液体系控制滤失能力较好。用乙二醇、三乙醇胺等不同的烷基醇胺为有机配体，制备的有机硼交联剂在 85℃、$170s^{-1}$ 条件下剪切 150min 后，冻胶的黏度可保持在 100mPa・s以上，耐温耐剪切性能好；冻胶破胶 120min 后黏度低于 5mPa・s。

③羧酸配体。向有机硼交联剂体系中引入羧酸等带电基团，可以使 HPG 冻胶分子内和分子间具有一定的静电斥力，使大分子维持膨胀状态。在保持冻胶悬砂性能的同时，增加冻胶的体积，可以在一定程度上降低 HPG 浓度。如通过使用羧酸等配体，向交联剂中引入带电基团后，交联性能提升，可使稠化剂 HPG 用量降低至 0.18%～0.20%，所形成冻胶的耐温耐剪切性能和滤失性能良好、破胶快速彻底，岩心伤害率低至 22.53%，残渣含量低至 226.3mg/L。以葡萄糖酸钠和多元醇为配体制备的有机硼交联剂，可交联 0.50% 的 HPG 形成冻胶，延迟交联时间为 5.0min。以有机羧酸和有机多元醇为配体，制备的交联剂在 pH 值为 10 时，交联时间为 300s。以五羟基己酸钠、甘露醇、山梨醇为配体，交联比为 0.30%，HPG 质量分数为 0.25%～0.30% 时，得到的冻胶可以满足施工要求。

如以多羟基化合物作为配体，得到有机硼交联剂所配制的压裂液体系具有延迟交联、摩阻低、耐温耐剪切、破胶快等特点。先后在胜利油田温度为130~153℃的油井进行了应用，取得良好的压裂效果。此外，用复配有机配体制备的有机硼交联剂的延迟交联和耐温耐剪切性能优良，已经先后在长庆、胜利、四川等油气田进行施工，效果良好。

（3）复合型有机交联剂体系。

从钛、锆、硼交联剂性质对比可见，有机钛、有机锆交联形成的冻胶耐温耐剪切能力强、冻胶强度大，但破胶不彻底、返排困难、对地层伤害大。而有机硼类交联形成的冻胶，破胶后残渣量较少、对地层伤害小，但需要性能合适的配体来强化冻胶的耐温耐剪切性能。

两种有机交联剂体系有明显的互补性，因此有学者将两者复配，制备出了硼/钛、硼/锆型复合交联剂。如向有机硼交联剂中加入高价金属离子，制备出了可耐180℃高温的复合有机交联剂。在HPG用量0.57%、复合有机硼交联剂用量0.45%时，180℃、170s^{-1}下剪切66min后，黏度在100mPa·s以上，剪切120min后，黏度高于50mPa·s，岩心伤害率为15.0%~18.5%，在大港油田温度为189℃的井场应用，效果良好。用多元醇、三乙醇胺、EDTA-2Na为有机配体，以甘油、水为溶剂，制备了一种有机硼锆交联剂，pH值为7.0~9.0时，延迟交联时间为135~170s，可耐150~170℃的高温。用异丙醇、多元醇、α-羟基羧酸钠和烷醇胺为配体，采用一锅法，制备了可耐受135℃高温的有机硼锆交联剂。

（四）天然植物胶压裂液

天然植物胶压裂液是国内外研究应用最早和应用最多的压裂液体系，其中瓜胶及其改性产品是典型的代表。美国BJ公司开发的低聚合物浓度的压裂液体系，稠化剂是一种高屈服应力的羧甲基瓜胶，一般使用浓度为0.15%~0.30%，可适用地层温度为93~121℃。该压裂液体系具有较高的黏度，良好的携砂能力。目前，国外已经广泛应用，获得了较理想的缝长和较彻底的清洁返排，增产效果优于使用HPG交联冻胶的结果。田菁胶是国内植物胶中大分子结构与瓜胶十分相似的一种植物胶，最早于20世纪70年代末在部分油田应用。继田菁胶之后，香豆胶压裂液也得到了成功应用。用无机硼酸盐交联的香豆胶压裂液常用在30~60℃的地层，用有机硼交联的香豆胶压裂液可用于60~120℃的地层。20世纪80年代，四川、华北油田研究并应用了魔芋胶压裂液。20世纪90年代中期开发了一种GCL锆硼复合交联剂，使耐受温度达到140℃。从20世纪90年代以来，香豆胶已先后在国内各大油田得到了推广使用。

1.瓜胶压裂液

瓜胶压裂液是由瓜胶原粉或其衍生物与硼或锆等交联形成的冻胶。瓜胶原粉水不溶物含量较高，一般为18%~25%，改性后的瓜胶不溶物为2%~12%。原粉1%浓度增黏能力187~351mPa·s，冻胶破胶后残渣含量高，质量分数一般为7%~10%。原粉在大庆油田高渗浅层有应用。瓜胶衍生物包括羟丙基瓜胶（HPG）、超级瓜胶（SHPG）、羧甲基瓜胶（CMG）、羧甲基羟丙基瓜胶（CMHPG）等，其中SHPG为高取代度、精制的羟丙基瓜胶，水不溶物低，形成的压裂液破胶后残渣少，由于成本较高，仅在塔里木、华北、大庆、西南等油气田有少量应用[38]。

（1）羟丙基瓜胶压裂液。

通常地层温度小于90℃时采用HPG-无机硼交联体系，温度大于90℃时采用HPG-有机硼体系，最高耐温为160℃，是普遍应用的压裂液体系。通过使用新型高效交联剂，形成的超低浓度HPG压裂液，显著降低了HPG使用浓度，可使0.15%HPG交联，从而使稠化剂相对浓度降低35%~45%，残渣减少38%~53%。

2012年采用超低浓度HPG压裂液在长庆、大庆、青海、华北、冀东等油田实施近1600口井，较常规体系总计节约瓜胶1000余吨，直接效益近亿元。

针对华北油田家29断块与岔71断块高压油气层压裂改造的需要[39]，开发了高密度压裂液体系，其配方为：0.4%~0.5%羟丙基瓜胶+0.3%~0.45%有机锆交联剂+0.4%pH值调节剂+0.05%~0.3%过硫酸铵+0.4%耐温剂+30%~50%加重剂+0.5%助排剂+0.5%破乳剂+0.05%杀菌剂JA-1。采用HAAK流变仪，在温度160℃、剪切速率170s^{-1}条件下对压裂液的流变性能测定表明，连续剪切90min后，黏度大于100mPa·s，可完全满足高温深井压裂施工的要求。

按配方配制压裂液，密封后在一定温度下恒温静置16h，测定压裂液破胶液性能，结果见表4-5。从表中可见，在不同温度下破胶后破胶液黏度均小于5mPa·s，表面张力小于26mN/m，对黏土的防膨率大于86%，可保证压后顺利返排。

表4-5 压裂液破胶液性能

温度/℃	过硫酸铵/%	黏度/mPa·s	表面张力/（mN/m）	界面张力/（mN/m）	防膨率/%
100	0.05	4.22	25.12	0.46	86.65
110	0.01	4.30	25.59	0.42	86.36
120	0.005	3.74	25.61	0.43	86.59
140	0.001	3.86	25.76	0.45	86.68

2012年在华北油田冀中地区使用高密度压裂液施工4口井，成功率100%，与使用普通压裂液相比较，施工排量提高了1.0~1.5m^3/min，井口压力降低了7~15MPa，压后投产效果较好。

采用NaCl、NaBr等无机盐，可以制备羟丙基瓜胶加重压裂液。研究表明，用14%NaCl、14%NaBr加重压裂液在130℃、170s^{-1}条件下连续剪切120min后的黏度分别约为200mPa·s和300mPa·s，而非加重压裂液剪切70min后的黏度在100mPa·s以下；加重压裂液高温滤失降低，黏弹性略有降低。加重后，压裂液破胶相对困难，所需破胶剂量增大。125℃时，30%NaBr压裂液需0.3%APS以上剂量才能达到非加重压裂液加入0.05% APS的效果。低剪切速率下，加重后压裂液的摩擦压降相对偏高；但随剪切速率增大，摩擦压降有低于非加重压裂液的趋势。加重之后压裂液黏度升高，并呈指数上升趋势，且压裂液耐温耐剪切能力提高[40]。

（2）羧甲基羟丙基瓜胶压裂液和羧甲基瓜胶压裂液。

在碱性条件下，CMHPG 与有机锆形成压裂液，具有温度广谱（50~180℃）、低稠化剂用量低（比常规瓜胶低 50%）、低摩阻（比常规瓜胶低 30%~40%）、残渣和残胶伤害低（比常规瓜胶降低 55%）、高悬砂能力等优点。在长庆、吉林、冀东、大庆等油气田应用表明，能够大幅度提高增产有效期。酸性压裂液体系具有适用于碱敏性地层、有效抑制黏土膨胀的特性，且能够适用于 CO_2 增能和泡沫体系。酸性交联 CMHPG 压裂液（实现耐温 150℃）在大庆、吉林、新疆、吐哈等油田碱敏性储层得到应用。

用高速离心分离方法检测羧甲基瓜胶水不溶物含量，并且与相同浓度的羟丙基瓜胶进行了对比，如表 4–6 所示。羧甲基瓜胶的水不溶物含量少，与羟丙基瓜胶相比，水不溶物含量降低 5.8%，并且溶解速度快，易于现场配制，基液不产生鱼眼，分散性和溶胀性好[41]。

表 4-6　羧甲基瓜胶和羟丙基瓜胶水溶性对比

项目	羧甲基瓜胶	羟丙基瓜胶
外观	淡黄色粉末	黄色粉末
含水量 /%	7.5	8.6
pH 值	7	6~7
水不溶物含量 /%	1.3	8.1
溶解性能	配制 20min 后黏度最大	配制 60min 后黏度最大

表 4–7 是几种不同压裂液综合性能的对比。从表中可以看出，羧甲基瓜胶水不溶物含量比羟丙基瓜胶降低了近一个数量级。此外，羧甲基瓜胶压裂液的残渣含量也远小于羟丙基和超级瓜胶压裂液，因此更加适合在低渗透储层使用。

表 4-7　羧甲基瓜胶和羟丙基瓜胶压裂液性能对比

项目	增稠剂水不溶物 /%	增稠剂用量 /%	压裂液残渣含量 /（mg/L）	压裂液成本 /（元 /m^3）
羧甲基瓜胶	12.80	0.50	495.0	341
羟丙基瓜胶	1.25	0.22	103.0	295

与常规的瓜胶或者羟丙基瓜胶压裂液相比较，水不溶物含量降低了一个数量级；羧甲基瓜胶的增稠效率更高，相同温度条件下羧甲基瓜胶压裂液增稠剂的含量比传统的羟丙基瓜胶压裂液增稠剂含量降低一半以上，破胶后残渣含量降低了 70% 以上。在海拉尔油田低渗透储层现场应用 44 口井 111 层，施工成功率 98.9%，平均单井初期日产液 5.61t，产油 2.72t，取得了良好的增产效果。

（3）低分子可回收压裂液。

瓜胶降解后相对分子质量降低，约为常规瓜胶的 1/20~1/10，水不溶物、破胶液相对分子质量、对地层伤害均有所降低。低分子瓜胶与硼交联后，形成暂时的水凝胶网络，作业过程中依靠地层的酸性对压裂液进行中和降低其 pH 值而破胶返排。

普通瓜胶压裂液通过降解性破胶使瓜胶降解成不可重复交联的小分子物质、残渣等，而低分子瓜胶回收压裂液通过 pH 值控制化学平衡移动原理来改变瓜胶压裂液的交联状态，使其在酸性条件下非降解性破胶，瓜胶分子结构不发生改变，可以实现重复交联。

以低分子瓜胶（水不溶物含量≤4%）为稠化剂，包裹固体酸的胶囊为破胶剂，并加入其他添加剂，形成了低分子瓜胶回收压裂液配方：0.4% 低相对分子质量瓜胶 +0.01% 广谱杀菌剂 +1%~3% 氯化钾 +0.5% 聚季铵盐黏土防膨剂 +0.3%~0.5% 氟碳类助排剂 +0.35%~0.5% 有机硼交联剂 +0.05%~0.1% 胶囊破胶剂，其基本性能见表 4-8。实验结果表明，压裂液具有低伤害、耐剪切、滤失性低、可回收再利用等特点。

表 4-8　低分子瓜胶回收压裂液的基本性能

项目		指标	项目		指标
表观黏度 / mPa·s	$511s^{-1}$	6~8	破胶液性能	表面张力 /（mN/m）	<25
	$170s^{-1}$	9~15		界面张力（与煤油）/（mN/m）	<2
交联时间 /s		30~70	基质伤害率 /%		<20
冻胶黏弹性 /Pa	储能模量	1.0~1.7	压裂液残渣 /（mg/L）		<200
	耗能模量	0.3~0.7	防膨率 /%		>90
破胶时间 /h		1~10	静态滤失系数 /（$m/min^{1/2}$）		$<10^{-3}$

注：压裂液的基本性能参照中华人民共和国石油天然气行业标准 SY/T 5107—2005“水基压裂液性能评价方法”测定。

2012 年以前，可回收压裂液在长庆、四川等油田累计应用 365 口井，回收利用返排液 8565m^3，应用井返排液利用率达到 97%。施工效果优于普通压裂液体系，节约了配液用水和施工材料，减少了废弃物排放，节能减排效果显著。

（4）耐高温低浓度压裂液。

在高温、低孔低渗储层压裂改造中，常用的瓜胶压裂液浓度一般为 0.45%~0.50%。瓜胶的浓度高，对储层的伤害大，且近年来瓜胶的价格明显上涨，施工费用增加。基于此，选用性能优异的超级瓜胶、表面张力小的助排剂、水解半径大的复合型多头交联剂，得到了一种耐温压裂液，其配方为：0.30%~0.35% 超级瓜胶 JK101+0.5% 黏土稳定剂 AS-55+1% 助排剂 HSC-25+1% 防乳抗渣剂 FRZ-4+0.6% 温度稳定剂 KHT-160+0.02% 柠檬酸 +0.1% 甲醛 +0.4% 交联剂 YC-150+0.50% 复合型多头交联剂 YP-150+0.02% 破胶剂。

实验表明，当压裂液中瓜胶质量分数为 0.30%~0.35% 时，耐温达 130℃（黏度小于 8mPa·s），具有破胶彻底、低残渣（117mg/L）、对岩心的伤害率小于 10%、流变性能好等优点。该压裂液在塔河 535 井现场应用取得了显著效果[42]。

总体来说，瓜胶压裂液应用最为广泛，应用份额占 90% 以上，但不同体系对配液水中无机盐离子存在不同程度的敏感，影响压裂液性能；另外，瓜胶压裂液耐温很难突破 180℃。

（5）典型的瓜胶压裂液配方。

①羧甲基羟丙基瓜胶铝冻胶低温压裂液。

按照 0.3%～0.5% 羧甲基羟丙基瓜胶、0.2%～0.5% 甲醛（浓度 37%）、0.02% 柠檬酸、0.05% 碳酸氢钠、0.15% 氧化镁、0.2% 烷基磺酸钠、0.05%～0.1%OP-10、0.5%～0.8% 硫酸铝钾、0.005% 过硫酸钾、0.01% 过氧化氢和余量水的比例，将羧甲基羟丙基瓜胶配制成 1% 水溶液，然后加入其他组分，搅拌均匀后，补充所需水量调匀即可；残渣 <3%，渗透率损害 <10%；用于灰岩、页岩、黏土和白云岩性油层中小型压裂；适用井温 30～50℃、井深小于 1000m 的井。

②羟丙基瓜胶硼冻胶中温压裂液。

按照 0.3%～0.6% 羟丙基瓜胶、0.05% 二溴基氰丙酰胺、0.02%～0.04% 柠檬酸、0.1% 碳酸氢钠、0.01% 氢氧化钠、0.1%OP-10、0.1%～0.2% 十二烷基三甲基氯化铵、2% 氯化钾、0.1%～0.3% 四硼酸钠、0.0005%～0.02% 过硫酸钾、0.01% 特丁基过氧化氢，余量水的比例，将羟丙基瓜胶配制成 1% 水溶液，加入其他组分，搅拌均匀后，补充所需量水调匀即可；残渣 2%～3%，渗透率损害 <5%；用于砂岩、灰岩和白云岩性油层大型压裂作业；适用井温 70～90℃、井深 1000～2500m 的井。

③羟丙基瓜胶钛冻胶高温压裂液。

按照 0.36%～0.72% 羟丙基瓜胶、0.05% 二溴基氰丙酰胺、0.2%SP169、2% 氯化钾、0.01%～0.02% 聚丙烯酰胺、5% 柴油、0.02%SP-80、0.0001% 异丙醇、0.1% 三乙醇胺钛酸酯、0.1% 四硼酸钠、0.05%～0.1% 碳酸钾，余量水的比例，将羟丙基瓜胶配制成 1% 水溶液；将 SP-80 溶于柴油，然后将羟丙基瓜胶水溶液和 SP-80 柴油溶液混合，加入其他组分，搅拌均匀后，补充所需量水调匀即可；残渣 20～40mg/L，渗透率损害 <5%；用于砂岩、灰岩和白云岩性油层中小型压裂作业；适用井温 120～180℃、井深 3000～5000m 的井。

④高温延缓型有机硼交联剂 OB-200 交联压裂液。

按照 0.3% 有机硼 OB-200、0.5% 羟丙基瓜胶（HPG）、0.006%～0.008% 氢氧化钠、2.0% 氯化钾、0.15% 添加剂 GW-01、0.4% 复合表面活性剂、余量水的比例，将羟丙基瓜胶配制成 1% 水溶液，然后加入其他组分，搅拌均匀后，补充所需量水调匀即可；残渣 2%～8%，渗透率损害 <10%。该压裂液具有良好的热剪切稳定性，高速剪切后黏度恢复特性、低滤失性，自动破胶与延缓交联能力，破胶后残渣含量与对人造岩心渗透率的伤害大大低于有机钛压裂液。

⑤ HPG/PAM 分子复合型压裂液。

按照 0.5% 羟丙基瓜胶（HPG）/ 聚丙烯酰胺（PAM）复合物、0.9%～1.2% 交联剂（硼砂和铝酸盐质量比为 1∶2 的混合物）、0.24% 破胶剂、0.006%～0.008% 氢氧化钠、2.0% 氯化钾、0.4% 复合表面活性剂，余量水的比例，将羟丙基瓜胶和聚丙烯酰胺配制成 1% 水溶液，然后加入其他组分，搅拌均匀后，补充所需量水调匀即可；残渣 2%～8%，渗透率损害 <10%；用于砂岩、灰岩和白云岩性油层中小型压裂作业；适用井

温 120～180℃、井深 3000～5000m 的井。

⑥有机钛 PC–500 交联羟丙基瓜胶压裂液。

按照 0.65% 稠化剂 HPG、0.50% 交联剂 PC–500、0.30%SP169 破乳剂、2.0%KCl、0.03% 富马酸、0.12% 碳酸氢钠、0.10%$Na_2S_2O_3$、0.05% 杀菌剂 TA–1227、0.05% 杀菌剂 BE–4，余量水的比例，将羟丙基瓜胶配制成 1% 水溶液，然后加入其他组分，搅拌均匀后，补充所需量水调匀即可；残渣 2%～8%，渗透率损害 <10%；用于砂岩、灰岩和白云岩性油层中小型压裂作业。HPG/PAM 水基冻胶压裂液可耐温 100℃以上，抗剪切、低残渣、交联时间可调，适用于高温油藏的冻胶体系，可满足携砂造缝等压裂施工要求且破胶后残渣量低。

⑦低伤害压裂液。

按照 0.50%～0.55% 羟丙基改性瓜胶 GRJ–11、0.5%～0.8% 有机硼交联剂、适量破胶剂、1.0% 黏土稳定剂 KCl、0.02%～0.10%pH 值调节剂 TJJ–01、0.2% 杀菌剂甲醛，余量水的比例，将羟丙基改性瓜胶配制成 1% 水溶液，然后加入其他组分，搅拌均匀后，补充所需量水调匀即可。

该压裂液具有耐高温、低伤害、延迟交联的特点。延迟交联时间 40～240s，表面张力 24.8mN/m，界面张力 1.76mN/m，残渣含量≤303mg/L，岩心伤害率 15.9%～19.3%，pH 值 13～14，能满足特低孔特低渗储层及压裂工艺对压裂液的要求，适用于 110～140℃地层。

2. 田菁胶压裂液

实践表明，田菁冻胶的黏度高，悬砂能力强且摩阻小，其摩阻比清水低 20%～40%。缺点是滤失性和热稳定性以及残渣含量等方面不太理想。为了克服上述缺点，对田菁进行化学改性，制取了羧甲基田菁和羧甲基羟乙基田菁[43]。

羧甲基田菁作为聚电解质，可与高价金属离子如 Ti^{4+}、Cr^{3+} 交联形成空间网络结构的水基冻胶。与田菁冻胶相比，羧甲基田菁水基冻胶具有：①残渣含量低，约为田菁的 1/3 左右；②热稳定性好。在 80℃下，其表观黏度比田菁压裂液大一倍以上；③酸性交联对地层污染小，而且有抑制黏土膨胀的作用等优点。

为进一步提高田菁胶的增稠能力和改善交联条件，在羧甲基田菁胶的基础上开发出羟乙基田菁、羟丙基田菁、羧甲基羟乙基田菁和羧甲基羟丙基田菁等田菁胶衍生物。几种田菁衍生物的性能比较见表 4–9。从表中可以看出，在田菁的衍生物中，以羧甲基田菁的水溶性最好，残渣最少，但其增稠能力还不够理想，从综合性能考虑以羧甲基羟丙基田菁最好。

（1）田菁胶压裂液的性能。

以田菁胶和有机钛交联压裂液为例，将田菁胶和有机钛分别溶于水配制成基液和交联液。用氢氧化钠调基液的 pH 值后在室温下静置一定时间（老化）。老化的基液与交联液以 5：1 的交联比混合均匀配成压裂液。压裂液的成胶时间用玻璃棒挑挂法测定。将压裂液装入维持设定温度的 RV100 型流变仪中，3min 后开始以 $170s^{-1}$ 剪切，取 1min 黏度

表 4-9　田菁胶衍生物性能

田菁衍生物	黏度（30℃，20g/L，511s^{-1}）/mPa·s	水不溶物质量分数 /%	特性黏数 /（mL/g）
田菁	308.5	33.4	378
羧甲基田菁	47.0（20℃）	1.9	520
羟乙基田菁	571.1（20℃）	28.7	620
羟丙基田菁	568.8	13.7	404
羧甲基–羟乙基田菁	694.0	3.4	516
羧甲基–羟丙基田菁	699.0	7.9	1020

值为成胶后压裂液的表观黏度。连续剪切 30min 后的黏度表示压裂液在该温度下的抗剪切性[44]。

①温度、pH 值与成胶时间的关系。基液含田菁胶 0.8%、老化时间 6h，交联剂含有机钛 1.2% 的压裂液成胶时间与温度、pH 值的关系见表 4–10。从表中可以看出，随着温度的升高，压裂液成胶时间缩短，成胶所需的 pH 值减小；pH 值升高，则成胶所需的温度降低，同一温度下成胶时间减小；当 pH 值提高到 11 时，温度对成胶时间的影响基本消失，成胶时间趋于一致。

由于正四价钛离子（Ti^{4+}）不能存在于酸性溶液中，pH≤6 时田菁胶 / 有机钛体系不能成胶；在 pH>6 时，Ti^{4+} 的离解速度随着 pH 值升高而加快。温度升高使 Ti^{4+} 的离解速度加快，pH 值的影响相应减小。

表 4-10　成胶时间与温度、pH 值的关系

温度 /℃	不同 pH 值下的成胶时间 /min				
	7	8	9	10	11
20			13.3	3.3	0.5
40		12.5	3.0	2.6	0.45
60		8.5	1.7	0.8	0.4
80	5.3	1.6	1.0	0.8	0.4

②田菁胶浓度和有机钛浓度对冻胶表观黏度和剪切性的影响。当老化时间 6h、pH 值 10、交联液中有机钛浓度 1.2% 时，在 80℃下测定压裂液剪切 1min 和 30min 的黏度与基液中田菁胶的浓度的关系如图 4–6（a）所示。由图可见，随着稠化剂田菁胶浓度的提高，压裂液表观黏度和抗剪切性能开始迅速增大，当浓度超过 0.8% 后增长变缓慢。这是由于在温度和交联剂浓度一定时，随着田菁胶浓度的提高，交联点数目增加，交联网强度增大；当田菁胶浓度超过 0.8% 后，溶液中 Ti^{4+} 浓度成为制约交联网增强的因素。

当基液中田菁胶的浓度为 0.8%、pH 值 10、老化时间 6h 时，在 80℃下测定压裂液剪切 1min 和 30min 的黏度与交联液中有机钛的浓度的关系如图 4–6（b）所示。从图中可以看出，压裂液表观黏度和抗剪切性都随着交联剂浓度的增加而增大。田菁胶 / 有机

钛体系的交联反应具有延迟逐渐进行和不彻底的特点，即使加入很高浓度的交联剂，交联反应也不能迅速达到完成。

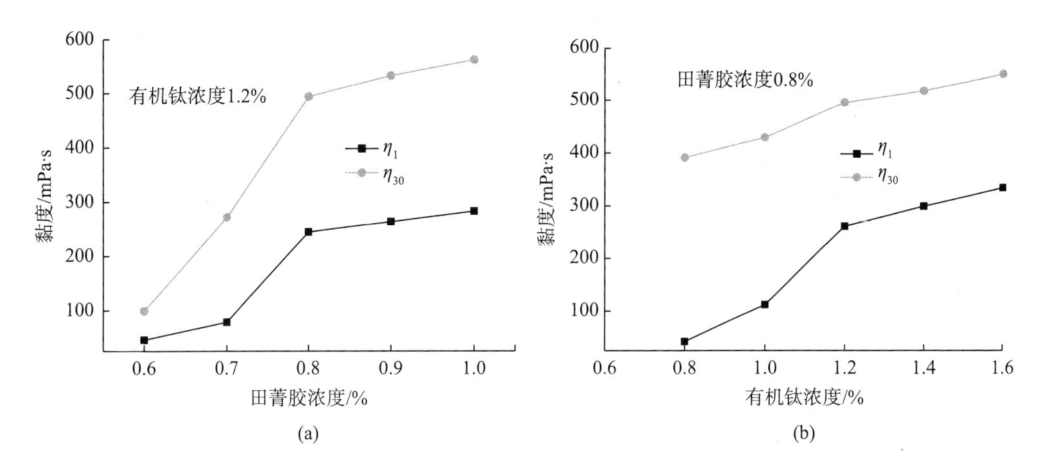

图 4-6 田菁胶 / 有机钛压裂液冻胶在 90℃、170s^{-1} 条件下剪切 1min 的黏度（η_1）和连续剪切 30min 的黏度（η_{30}）随田菁胶浓度和有机钛浓度的变化

③基液 pH 值和老化时间对冻胶表观黏度和抗剪切性的影响。基液中田菁胶浓度 0.8%、pH 值 7~10、老化时间 6h、交联液中有机钛浓度 1.2% 时，压裂液冻胶在 80℃下剪切 1min 和 30min 的黏度如图 4-7 所示。从图中可以看出，pH 值为 9~10 时压裂液的表观黏度和抗剪切性都达到最大值。这是由于 pH 值低时 Ti^{4+} 的生成量少，交联程度低，而 pH 值过高时 Ti^{4+} 的生成速度快，生成量大，交联反应速度过快，易发生局部过渡交联，可导致冻胶脱水，在最佳 pH 值范围内才能形成交联充分、性能良好的冻胶。

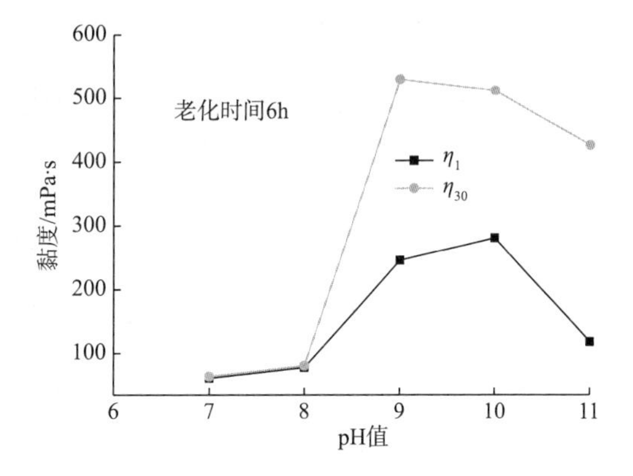

图 4-7 基液 pH 值对田菁胶 / 有机钛压裂液冻胶在 170s^{-1} 剪切 1min 的黏度（η_1）和剪切 30min 的黏度（η_{30}）的影响

当 pH=10 时，老化时间对表观黏度和抗剪切性的影响如表 4-11 所示。从中可以看出，老化时间的影响不大，其中剪切 1min 的黏度影响稍大，但 6min 后影响已很小，延长基液老化时间使剪切 1min 的黏度上升，剪切 30min 的黏度降低。

表 4-11 基液老化时间对压裂液在 80℃、$170s^{-1}$ 条件下剪切 1min 和 30min 黏度值 η_1 和 η_{30} 的影响

时间	不同老化时间的黏度 /mPa·s				
	3h	6h	9h	12h	15h
η_1	405	480	485	486	484
η_{30}	271	250	247	245	246

④温度对冻胶表观黏度和抗剪切性的影响。当基液中田菁胶浓度 0.8%、pH 值 10、老化时间 6h、交联液中有机钛浓度 1.2% 时，在不同温度下测定压裂液表观黏度和抗剪切性，如图 4-8 所示，在 80℃下剪切 1min 和 30min 的黏度都达到最大值，超过 80℃后则趋于降低。温度升高则交联反应加快，在测定时间内网络获得的强度较高。由于植物胶聚糖分子与有机钛的配位络合交联是放热反应，故温度过高时反应将向逆方向进行，引起冻胶黏度降低。

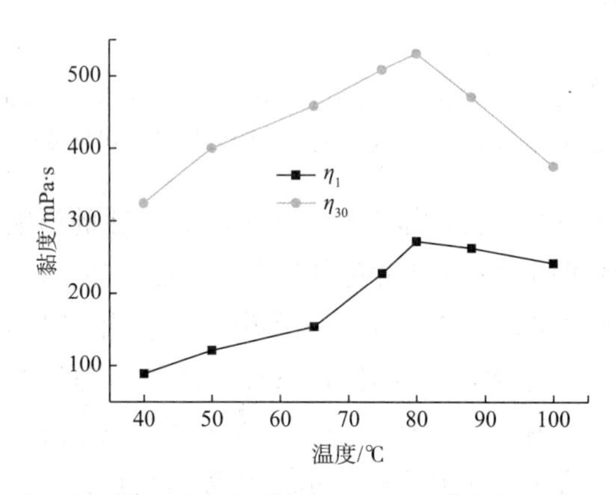

图 4-8 温度对田菁胶 / 有机钛压裂液冻胶在 80℃、$170s^{-1}$ 条件下剪切 1min 的黏度（η_1）和剪切 30min 的黏度（η_{30}）的影响

田菁胶压裂液以田菁胶为稠化剂，是胜利油田最早开发和使用的水基压裂液。1978 年，胜利油田采油工艺研究所同中国科学院植物研究所合作，由我国盛产的田菁植物种子中提取出了田菁胶。

在胜利油田已形成适用温度 40℃、60℃、80℃的田菁胶压裂液配方：稠化剂田菁胶 0.4%~1.0%、交联剂硼砂或硼酸 0.02%~0.1%、破胶剂过硫酸铵 <0.25% 以及杀菌剂甲醛、防乳剂 SP169、热稳定剂高锰酸钾等。

（2）典型配方。

①田菁胶水基压裂液。

按照 0.4%~0.6% 田菁胶粉、0.2%~0.5% 甲醛溶液（浓度 37%）、1.8%~2.2% 氯化钾、0.2% 十六烷基三甲基溴化铵、0.1% 聚氧丙烯聚氧乙烯聚氧丙烯十八醇 SP169、0.02%~0.1% 过硫酸铵，余量水的比例，将田菁胶粉配制成 1%~2% 水溶液，再将十六烷基三甲基溴化铵、SP169 加入其中，搅拌均匀后加入氯化钾、过硫酸铵使其溶解，并补充所需量水调匀即可。常温黏度 50~100mPa·s，渗透率损害 <20%；用于砂岩、页

岩、黏土和灰岩、白云岩性油层小型压裂，也可用于前置液，适用井温小于 50℃、井深 1000m 左右的井。

②羟乙基田菁胶硼冻胶中低温压裂液。

按照 0.4%～0.6% 羟乙基田菁胶粉、0.2% 十六烷基二甲基苄基氯化铵、0.02% 柠檬酸、0.08% 碳酸氢钠、0.08%～0.1% 碳酸钠、0.1% 聚氧丙烯聚氧乙烯聚氧丙烯丙三醇醚、2% 氯化钾、0.1%～0.3% 四硼酸钠、0.005%～0.01% 过硫酸铵、0.005% 三氯苯，余量水的比例，将羟乙基田菁胶粉配制成 1% 水溶液，然后加入其他组分，搅拌均匀后，并补充所需量水调匀即可；残渣 3%～4%，渗透率损害 <20%；用于砂岩、灰岩和白云岩性油层中小型压裂；适用井温 50～70℃、井深 1000～1500m 的井。

3. 魔芋胶压裂液

魔芋胶是用多年生草本植物魔芋的根茎经磨粉、碱性水溶液中浸泡及沉淀去渣将胶液干燥制成。魔芋胶水溶物含量 68.20%，主要是长链非离子型多羟基的葡萄甘露聚糖高分子化合物，其中葡萄单糖具邻位反式羟基，甘露糖具邻位顺式羟基；相对分子质量约 68×10^4，聚合度1000左右。魔芋胶分子中引入亲水基团后可以改善其水溶性，降低残渣。

魔芋胶压裂液具有溶液黏度高，携砂性能强，残渣低，对储层损害小等特点。魔芋胶作为压裂液稠化剂比其他植物胶稠化剂在种植加工以及基本性能方面都有很多优点，主要表现在以下几个方面：种植容易，产量高且易加工，水溶液黏度高，水不溶物含量低，抗盐能力强，0.6% 水溶液黏度高达 198～270mPa·s，适用于中低温（80℃以下）压裂改造储层。现场应用表明，魔芋胶压裂液在中低温条件下表现出了良好的综合性能[45]。

表 4-12 是不同品种的魔芋胶与香豆胶、瓜胶及其衍生物、田菁胶的基本性能对比实验结果，从表中可见，魔芋胶稠化剂的水不溶物较低，残渣也较低，对储层损害小，而魔芋胶水溶液黏度高，可大大减少稠化剂用量，降低成本。

表 4-12　魔芋胶与其他植物胶稠化剂基本性能对比

稠化剂	水分 /%	水不溶物 /%	0.6% 胶液黏度 / mPa·s	pH 值	残渣 /（mg/L）	样品来源
魔芋	7.80	8.03	285.0	7.0	251	梁河
魔芋	9.05	10.63	240.0	7.0	380	大庆
田菁胶	6.88	28.16	36.0	9.0	1810	大庆
瓜胶	12.05	25.10	90.0	7.0	355	大庆
改性瓜胶	8.34	10.82	105.0	7.0	224	东营
香豆胶		8.50	70.0	7.0	259	

（1）魔芋胶压裂液配方及性能。

20 世纪 80 年代，四川、华北油田研究与应用了魔芋胶压裂液，通常由 0.5% 改性魔芋胶、0.15% 有机钛或硼砂、0.012%pH 值控制剂、0.25% 甲醛、2.5%KCl、2.5%AS（烷基磺酸钠）和 0.0015% 过硫酸钾等组成。典型的压裂液组成设计如下：

基液：魔芋胶稠化剂 + 氯化钾黏土稳定剂 +SPZ 破乳助排剂 + 杀菌剂 +LTB-6 低温活化破胶剂。

破胶剂：过硫酸盐破胶剂。

交联剂：硼砂交联剂。

交联比：100：20~10。

在 pH 值为 8 时，基液和交联剂的初交联时间为 10s，形成可挑挂交联冻胶时间为 20s。

按配方配制交联冻胶压裂液，用 RV20 旋转黏度计测其耐温耐剪切性能。如表 4-13 所示，经 1h 剪切后，魔芋胶压裂液的耐温耐剪切性能达到压裂施工要求，可以耐 80℃的中温。

表 4-13　魔芋胶硼酸盐交联压裂液的耐温耐剪切性能（$170s^{-1}$）

魔芋胶 /%	硼酸盐 /%	温度 /℃	黏度 /mPa·s						
			初始	10min	20min	30min	40min	50min	60min
0.4	0.4	80	455.3	517.4	763.0	214.4	133.7	60.3	50.2

注：在剪切速率 $170s^{-1}$ 下，从室温经 20min 升至实验温度，再在实验温度下，剪切 40min，测得其耐温耐剪切性能。

魔芋胶稠化剂具有水不溶物低、残渣低、增黏度能力强等特点，适合做油田用压裂液的稠化剂。实验表明，魔芋胶压裂液具有很好的综合性能，耐温耐剪切性能好、低滤失、低表面（界面）张力、易破胶、低伤害等特点。现场应用表明，由改性魔芋胶配制的水基压裂液有增稠能力强、滤失少、热稳定性好，耐剪切、摩阻低而且盐容性好，残渣含量低等优点。它的主要缺点是在水中溶解速度慢，现场配液难，这是限制其大规模推广使用的主要原因。

（2）典型配方。

①魔芋胶压裂液压裂液。

按照 0.4% 魔芋胶、2%~10%KCl、0.3% 破乳助排杀菌剂 SPI-11、0.1%~0.2% 低温活化破胶剂 LTB-6、0.4% 硼砂，余量水的比例，将魔芋胶配制成 1% 水溶液，然后加入其他组分，搅拌均匀后，补充所需量水调匀即可。压裂液综合性能好，破胶液黏度 3.4~4.7mPa·s，破胶液 pH 值 7~8，残渣 <0.25%。适用于中低温（80℃）压裂储层改造。

②改性魔芋胶压裂液。

按照 0.36%~0.7% 胶凝剂 CT9-1（改性魔芋胶）、2.0%~10.0%KCl、0.1%~0.4% 交联剂 CT9-3 或 CT9-6、0.2%~0.5% 助排剂 CT5-4 或 CT5-9、0.04%~0.3% 破胶剂 CT9-7，余量水的比例，将改性魔芋胶配制成 1% 水溶液，然后加入其他组分，搅拌均匀后，补充所需量水调匀即可。该体系具有较高的基液黏度，同时也具有耐温、抗剪切、耐盐、残渣低等优点。是一种综合性能优良的压裂液；抗剪切性能（$170s^{-1}$，2h）≥100mPa·s（90℃）、（$170s^{-1}$，2h）≥50mPa·s（120℃），摩阻（排量 $2.0m^3/min$，ϕ63.5mm 油管）30%~50%（与清水相比）；用于砂岩、灰岩和白云岩性油层中小型压裂

作业；适用井温 100～150℃、井深 2500～4000m 的井。

③魔芋胶硼冻胶中温压裂液。

按照 0.36%～0.72% 魔芋胶、0.05%～0.1% 甲醛溶液、0.02%～0.04% 柠檬酸、0.1% 碳酸氢钠、0.15%～0.2% 碳酸钠、0.2% 烷基磺酸钠、2% 氯化钾、0.05%～0.1% 硫代硫酸钠、0.1%～0.3% 四硼酸钠、0.003%～0.02% 过硫酸钾，余量水的比例，将魔芋胶配制成 1% 水溶液，然后加入其他组分，搅拌均匀后，补充所需量水调匀即可；残渣 2%～4%，渗透率损害 <10%；用于砂岩、灰岩和白云岩性油层大型压裂作业；适用井温 70～90℃、井深 1000～2500m 的井。

4. 香豆胶压裂液

香豆胶作为压裂液稠化剂，其不溶物含量比未改性瓜胶原粉低，和羟丙基瓜胶接近，水溶液稳定性和减阻性良好。香豆胶一般不需改性可直接使用，性能比改性品易于控制。用无机硼酸盐交联的香豆胶压裂液常可用于 30～60℃的地层，用有机硼交联的香豆胶压裂液可用于 60～120℃的地层。20 世纪 90 年代中期，针对香豆胶压裂液开发的一种 GCL 锆硼复合交联剂可使香豆胶压裂液的耐温能力达到 140℃。自 20 世纪 90 年代以来，香豆胶已在大庆、吉林、玉门、塔里木、吐哈等各大油田得到了推广使用。现场应用表明，香豆胶压裂液具有低摩阻、易破胶、低伤害、经济实用的优点，目前在国内已成为最主要的植物胶压裂液体系之一。

由于香豆胶比瓜胶有更多的交联结点，低浓度香豆胶压裂液稠化剂浓度为常规瓜胶压裂液稠化剂浓度一半时，即可满足压裂施工的携砂要求。破胶后的残渣较普通瓜胶压裂液降低 44.8%，储层伤害率降低 10%。可见，低浓度香豆胶压裂液是一种具有很好应用前景的低成本、低伤害压裂液体系[46]。

（1）香豆胶压裂液配方。

适用于不同储层温度条件的低浓度香豆胶压裂液体系：

①储层温度 60℃适用配方：0.15% 香豆胶 +0.15%pH 值调节剂 +0.25% 交联剂；

②储层温度 90℃适用配方：0.25% 香豆胶 +0.20% 交联促进剂 +0.35% 交联剂；

③储层温度 120℃适用配方：0.35% 香豆胶 +0.30% 交联促进剂 +0.40% 交联剂。

（2）香豆胶压裂液的性能。

如表 4-14 所示，在满足相同流变性能的条件下，与常规瓜胶压裂液相比，低浓度香豆胶压裂液中的香豆胶使用浓度比常规瓜胶压裂液中羟丙基瓜胶使用浓度降低 30%～50%。

表 4-14　稠化剂用量对比

适用储层温度 /℃	常规瓜胶压裂液中瓜胶用量 /%	低浓度香豆胶压裂液中香豆胶用量 /%
60	0.35	0.15
90	0.40	0.25
120	0.50	0.35

压裂液的耐温抗剪切性能直接关系到压裂施工造缝和携砂能力，低浓度香豆胶压裂液冻胶按标准测试完成时，黏度仍有 86.95mPa·s，达到标准要求。其有较好的耐温耐剪切性能，与常规瓜胶压裂液实验完成时的黏度近似。实验表明，低浓度香豆胶压裂液中的香豆胶使用浓度比常规瓜胶压裂液中羟丙基瓜胶使用浓度降低 37.5% 时仍能满足现场施工的携砂要求。在实验进行到 20min 左右出现黏度的又一次上升，说明压裂液出现了二次交联。低浓度香豆胶压裂液使用的长碳链有机络合交联剂可以逐步释放交联基团，实现了冻胶在储层温度下的二次交联，更有利于压裂液黏度的保持和携砂。

如表 4–15 所示，两种配方压裂液的流型指数 n 都小于 1，为假塑性流体。冻胶在剪切作用下结构发生部分破坏，黏度降低，而络合物形态的交联剂可逐步释放交联基团，使剪切停止后冻胶结构迅速恢复，此性能为压裂液的剪切变稀特性。n 偏离 1 的程度反映假塑性的强弱；当 n=1 时，流体是牛顿流体（即黏度不受剪切速率变化），由于低浓度香豆胶压裂液有更多交联结点，交联结构更稳定，其 n 值比普通瓜胶压裂的 n 值更接近 1，这一优良的流变性能有利于冻胶从油管进入裂缝后的造缝及输砂。k 值反映压裂液的造缝性能，是冻胶结构对黏度的贡献，k 值越大，压裂液的结构性越强，其造缝性能也越强。低浓度香豆胶压裂液冻胶结构的稳定来源于更多的交联结点，而使用稠化剂浓度偏低，因此冻胶结构对黏度的贡献比普通瓜胶低，k 值略小。

表 4-15　流变特性指数

流变特性指数	k/Pa·s^n	n
常规瓜胶压裂液	0.46	0.54
低浓度香豆胶压裂液	0.32	0.77

注：储层温度 90℃适用常规瓜胶配方：0.40% 羟丙基瓜胶 +0.12% 交联促进剂 +0.35% 瓜胶交联剂；测定温度 90℃。

低浓度香豆胶压裂液的滤失参数与常规瓜胶相似，在使用更少稠化剂的前提下，向地层的滤失仍在正常范围。

如表 4–16 所示，破胶剂使用浓度较低时，低浓度香豆胶压裂液破胶液黏度更低，对破胶剂更敏感更易破胶；破胶剂使用浓度较高时，两种压裂液的破胶情况相似。低浓度香豆胶压裂液能够快速彻底破胶，而且破胶液的黏度较低，破胶剂用量更少。

表 4-16　破胶性能

过硫酸铵加量 /%	常规瓜胶压裂液		低浓度香豆胶压裂液	
	破胶时间 /h	破胶黏度 /mPa·s	破胶时间 /h	破胶黏度 /mPa·s
0.002	2.00	1.82	4.00	1.19
0.005	1.00	2.77	2.00	1.40
0.01	0.50	1.82	0.50	2.60
0.02	0.50	1.06	0.50	1.80

压裂液破胶越彻底，则压裂液残渣越少，对地层的伤害就越小。两种压裂液都采用

0.01% 过硫酸铵破胶剂在 90℃下破胶 2h 得到压裂液破胶液。测量破胶液的残渣含量，低浓度香豆胶压裂液残渣含量为 158mg/L，常规瓜胶压裂液残渣含量为 286mg/L。与常规瓜胶压裂液相比，低浓度香豆胶压裂液残渣含量降低 44.8%。

实验用两块气测渗透率分别为 $6.22 \times 10^{-3}\mu m^2$ 和 $7.3510^{-3}\mu m^2$ 的人造岩心，采用 0.01% 的过硫酸铵破胶剂在 90℃下破胶 2h 得到的压裂液破胶液，在 90℃下进行岩心流动实验，结果表明，低浓度香豆胶压裂伤害率为 19.70%，常规瓜胶压裂液伤害率为 29.33%。可见，低浓度香豆胶压裂液破胶容易、残渣小、伤害率低，对地层伤害较小。

（3）改性香豆胶压裂液。

①羟丙基香豆胶压裂液。实验表明，羟丙基香豆胶具有弱表面活性，水溶液浓度由 0.1% 增至 0.6% 时，表面张力和界面张力略为降低，分别由 65.31 降至 58.22mN/m，由 24.79 降至 18.35mN/m。当交联比为 100：0.2～100：0.5 时或 pH 值为 9.0～10.0 时，形成的羟丙基香豆胶 / 锆冻胶黏度高（≥300mPa・s），有弹性，热剪切稳定性好。交联比 100：0.4 的 0.7% 羟丙基香豆胶 / 锆冻胶在 130～160℃下均为假塑性流体，n 值在 0.396～0.425 之间。在 150℃和 160℃高温下，该冻胶 $170s^{-1}$ 下连续剪切 120min，仍保有较高黏度（分别为 125 和 95mPa・s 左右），滤失量和滤失速率较小，控制液体滤失能力较好。该冻胶抗盐钙性能好，加入 5.0%、6.0%KCl 时，25℃表观黏度（412mPa・s）保持率分别为 90.3%、76.2%，加入 0.4g/L、0.5g/L 和 0.6g/L $CaCl_2$ 时黏度保持率分别为 87.9%、75.5% 和 53.2%。加入过硫酸铵的冻胶在 150℃或 160℃放置 20h 以上可完全破胶[16]。

②羧甲基香豆胶压裂液。羧甲基香豆胶压裂液耐温耐剪切性能良好，能满足 90℃储层压裂携砂需求；其为黏弹性体，主要以弹性携砂为主。羧甲基香豆胶压裂液压裂施工进入地层后，滤失大，液体效率较羟丙基瓜胶压裂液低。羧甲基香豆胶压裂液破胶液表面张力，界面张力较低，有助于解除水锁，有利于压裂液返排；防膨效果好，能有效保护储层，防止压裂液破胶液对地层伤害。羧甲基香豆胶压裂液在乾安油田应用 3 口井均获得成功，压裂后产能明显提高[47]。

（4）典型的香豆胶压裂液配方。

①香豆胶硼冻胶中高温压裂液。

按照 0.5%～0.7% 香豆胶粉、0.05% 二溴基氰丙酰胺、0.01%～0.02% 柠檬酸、0.1% 碳酸氢钠、0.05%～0.1% 碳酸钠、0.2% 聚氧丙烯聚氧乙烯聚氧丙烯十八醇、2% 氯化钾、0.1%～0.5% 三乙醇胺、0.1%～0.3% 四硼酸钠、0.005%～0.01% 过硫酸钾、0.01% 叔丁基过氧化氢，余量水的比例，将香豆胶配制成 1% 水溶液，加入其他组分，搅拌均匀后，补充所需量水调匀即可；残渣 2%～8%，渗透率损害 <10%；用于砂岩、灰岩和白云岩性油层中小型压裂作业；适用井温 90～120℃、井深 2000～3000m 的井。

②香豆胶锆冻胶高温压裂液。

按照 0.5%～0.6% 香豆胶粉、0.05% 二溴基氰丙酰胺、0.01%～0.02% 柠檬酸、0.05%～0.1% 碳酸氢钠、0.05%～0.1% 碳酸钠、0.2% 聚氧乙烯聚氧丙烯五乙烯六胺、2% 氯化钾、

0.1%~1.0% 乙酰丙酮锆、0.05%~0.1% 四硼酸钠，余量水的比例，将香豆胶配制成 1% 水溶液，加入其他组分，搅拌均匀后，补充所需量水调匀即可；残渣 2%~8%，渗透率损害 <10%；用于砂岩、灰岩和白云岩性油层中小型压裂作业；适用井温 120~180℃、井深 3000~5000m 的井。

③有机硼 BCL-61 交联植物胶压裂液。

按照 0.6%~0.7% 香豆胶和羟丙基瓜胶、1.0% 氯化钾，0.15% 甲醛、0.15%DL-6 助排剂、0.1%pH 值调节剂、0.1%~0.4% 有机硼交联剂 BCL-61，余量水的比例，将香豆胶羟丙基瓜胶配制成 1% 水溶液，然后加入其他组分，搅拌均匀，并补充所需量水调匀即可；残渣 2%~8%，渗透率损害 <10%；用于砂岩、灰岩和白云岩性油层中小型压裂作业；适用井温 120~180℃、井深 3000~5000m 的井。

（五）纤维素衍生物压裂液

国内纤维素衍生物压裂液在大港油田和玉门油田早期有所应用，但由于其存在溶解缓慢、难交联、耐盐性差、增稠效果不佳、残留物对地层伤害大等缺点，使该类压裂液发展较缓慢。为了克服其存在的不足，研究人员从提高纤维素衍生物的溶解速度出发，开发了一种速溶无残渣纤维素压裂液，可满足低于 130℃储层的压裂需求。该压裂液体系具有速溶易配制、低摩阻、耐温、低伤害、低成本、安全环保等特点。

纤维素衍生物主要是纤维素醚，用于压裂液稠化剂的通常是高取代度的纤维素醚。其中 CMC、HEC 和 HPMC 应用最多，CMC、HEC 冻胶的热稳定性及滤失性能好，其主要问题是摩阻偏高，尚有待进一步改进。由于纤维素衍生物对盐敏感、热稳定性差，增稠能力不大，不如植物胶应用广泛。2010 年国内开发了一种含纤维的超低浓度稠化剂压裂液，其稠化剂浓度为 0.2%，BF-2 纤维加量为 0.7%。该压裂液携砂性能好，残渣量较少，储层损害小，现场应用取得成功。川孝 270 井用该压裂液对储层改造后获得天然气产量为 8000m^3/d，增产效果显著。

采用醚化改性的纤维素衍生物，通过交联技术和交联促进剂的作用，使压裂液的耐温能力达到 130℃，交联时间在 30~210s 之间可调，交联冻胶弹性好，携砂性能良好[48]。

1. 纤维素衍生物压裂液交联机理

利用有机锆作为弱酸性纤维素衍生物压裂液的交联剂，有机锆在水中络合和多次水解、羟桥作用产生了多核羟桥络离子，多核羟桥络离子带高的正电荷，并且高价金属离子易形成配位键；而纤维素衍生物稠化剂中的羧基带负电，氧和氮有孤对电子，多核羟桥络离子是通过与稠化剂中的羧基形成极性键和配位健而产生交联，通过控制羟基水合锆离子的形成速度和调节 pH 值来调节交联速度[49]。

交联反应如下：①有机锆 +H^+→羟基水合锆离子；②羟基水合锆离子→多核羟经桥络离子；③多核羟桥络离子 + 纤维素衍生物→交联冻胶。

2. 纤维素衍生物压裂液的特点

以速溶无残渣纤维素衍生物压裂液为例，其特点如下：

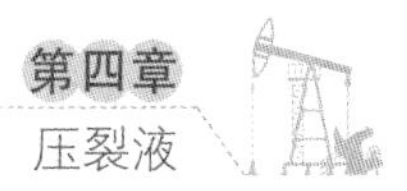

（1）速溶、可在线连续混配。

如图 4-9 所示，纤维素稠化剂 10min 内迅速溶胀增黏，达到最终黏度的 90% 以上，说明增稠剂速溶效果好且配方简单，可实现在线连续混配。

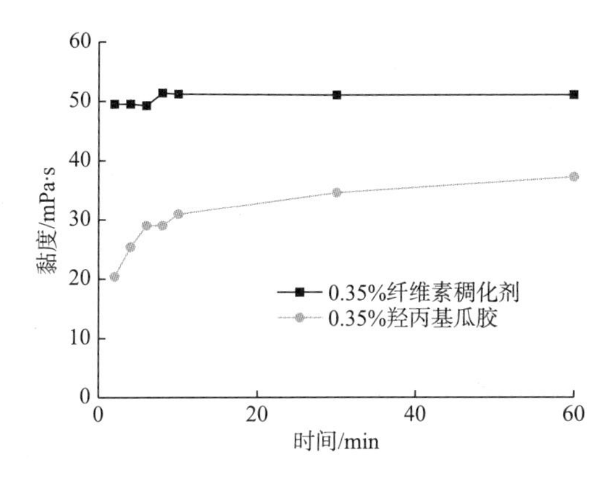

图 4-9　0.35% 纤维素与 0.35% 羟丙基瓜胶增黏速度对比

（2）酸性交联、无须防膨剂。

纤维素衍生物压裂液交联条件为酸性，可以有效地减少黏土膨胀。破胶液的膨胀量小于 2%KCl 和 0.5%BFC 防膨剂的膨胀量，说明纤维素衍生物压裂液无须加入防膨剂也可以达到很好的防膨效果。此外，不需添加黏土稳定剂或防膨剂，也有利于降低压裂液成本。

（3）破胶容易且无残渣。

纤维素衍生物压裂液体系使用过硫酸铵破胶后无残渣，破胶液表面张力测定值为 24.44mN/m，界面张力 3.20mN/m。而植物胶压裂液的残渣一般在 300mg/L 以上，因此与植物胶压裂液相比，无残渣是该体系的优点之一。

（4）成本低、低伤害、环境友好。

纤维素衍生物压裂液体系酸性交联无须防膨剂，耐温、耐剪切性能好，破胶快速彻底无残渣，助排性能优良，岩心伤害率低，对储层的伤害低，能够满足现场施工要求，且纤维素来源广泛，价格低廉，有利于降低压裂液成本。

3. 现场应用效果

通过改性技术提高纤维素溶解效率，并针对苏里格气田储层特征，得到一种压裂液配方：0.35% 纤维素稠化剂 +0.2% 增黏剂 +0.6% 交联调节剂 +0.3% 助排剂 +0.5% 交联剂 +0.003% 破胶剂。在苏里格气田统 33 区块现场应用 4 口井，施工成功率达 100%，现场压裂液配置简单、方便，压裂后破胶液返排速度快，最终返排率高，平均试气无阻流量为 $9.5\times10^4m^3/d$，约为低浓度压裂液井试气无阻流量均值的 2.8 倍，增产效果显著，显示出良好的推广前景。

4. 典型的纤维素压裂液配方

（1）羧甲基纤维素水基压裂液。

按照 0.4%~0.8% 羧甲基纤维素、0.09%~0.12% 二丁基纳磺酸盐、0.05% 聚 N- 羟

甲基丙烯酰胺、0.02%~0.08% 漂白粉，余量水的比例，将羧甲基纤维素和聚 N- 羟甲基丙烯酰胺分别配制成 2% 水溶液，然后将两者混合均匀，再将二丁基纳磺酸盐加入其中，搅拌均匀后加入漂白粉使其溶解，并补充所需量水调匀即可。压裂液常温黏度 40~80mPa·s，渗透率损害 <20%；用于砂岩、页岩、黏土和灰岩、白云岩性油层小型压裂，也可用于前置液，适用井温小于 60℃的井。

（2）羧甲基纤维素铬冻胶中低温压裂液。

按照 0.4%~0.6% 羧甲基纤维素、0.2% 聚氧乙烯聚氧丙烯五乙烯六胺、0.2%~0.5% 氯氧化锆、0.08% 硫酸铬钾、0.1%~0.3% 碳酸钠、0.006%~0.01% 漂白粉、0.00005%~0.0001% 纤维素酶，余量水的比例，将羧甲基纤维素配制成 1% 水溶液，然后加入其他组分，搅拌均匀后，补充所需量水调匀即可；残渣 2%~5%，渗透率损害 <20%；用于砂岩、灰岩和白云岩性油层中小型压裂，适用井温 50~70℃的井。

（六）合成聚合物压裂液

合成聚合物压裂液具有较强的耐温、耐盐、耐剪切性能以及悬砂性能好和对储层伤害小等优点。该类型压裂液体系是水基压裂液技术的重要发展方向之一。

20 世纪 90 年代，胜利油田就采用聚丙烯酰胺 PAM 有机钛冻胶在 150℃以下的地层进行压裂，尤其在中高含水地层使用中获得较好的降水增油效果。新疆油田研制开发的 DP-1 聚丙烯酰胺压裂液现场应用几百井次，效果良好。但这些传统的合成聚合物压裂液存在抗剪切稳定性差的缺点，经研究发现，在稠化剂中加入疏水单体，形成的疏水缔合聚合物压裂液能在分子中产生具有高强度但又可逆的物理缔合，形成三维网状结构，表现出较好的抗剪切性能[9]。以丙烯酰胺、丙烯酸和 2- 丙烯酰胺基 -2- 甲基丙磺酸为单体制备出 AM/AMPS/AA 三元共聚物，能够很好地交联，所得压裂液冻胶黏度可达 240mPa·s，耐温能力达 130℃左右，在 $170s^{-1}$ 下剪切 120min 后黏度仍大于 90%。正是由于合成聚合物压裂液表现的诸多优点，使其成为国内外研究的热点。除线性胶外，合成聚合物压裂液包括化学交联压裂液和可逆物理交联压裂液。

化学交联聚合物压裂液黏度较高，形成“可挑挂”冻胶，具有较好的耐温、降滤失及悬砂性能，现场应用取得了较好的增产效果，但该类型压裂液存在成本高、交联不可逆、低温破胶困难（≤60℃）等缺陷。因此，研究一种低成本、交联可逆、易低温破胶的新型聚合物压裂液，如可逆物理交联压裂液成为目前研究的重点。

1. 化学交联聚合物压裂液

化学交联聚合物压裂液是最常见的聚合物压裂液体系，主要以丙烯酰胺为主单体合成高分子聚合物作为增稠剂，以有机锆、有机钛等金属有机化合物作为化学交联剂。增稠剂和交联剂分子之间通过共价键或配位键形成化学交联聚合物压裂液。下面是一些化学交联聚合物压裂液体系的组成、性能和应用情况。

（1）中高温低浓度合成聚合物压裂液。

该压裂液主要由阴离子型聚合物增稠剂、有机金属盐交联剂和有机螯合物交联调节剂组成，配方为[50]：0.35%～0.6% 稠化剂 SKY-C100A+0.5%～0.7% 交联液 +0.3% 黏土稳定剂 LYC-1+0.6% 助排剂 ZL-1+0.5% 破乳剂 KCB-1。

配方中所用稠化剂 SKY-C100A 为无水不溶物的阴离子型合成聚合物，通过改变交联调节剂 SKY-Y 100C 加量，体系交联时间在 20～180s 之间可调。

实验结果表明，该体系形成冻胶后具有良好的耐温耐剪切性能，当 SKY-C100A 加量为 0.35% 时，压裂液在 80～100℃条件下经 $170s^{-1}$（包括 $1000s^{-1}$ 下高速剪切 2min）剪切 2h 后，黏度保持在 77～220mPa·s 之间；SKY-C 100A 加量为 0.45% 时，120℃剪切后的黏度约为 220mPa·s；SKY-C100A 加量为 0.5% 时，140℃剪切后的黏度约为 83mPa·s。压裂液冻胶在 80℃下，经历 2h 的静态破胶后残渣含量约为 30mg/L。压裂液在 80～120℃下的滤失系数为 1.13×10^{-4}～$3.62\times10^{-4}m/min^{1/2}$，压裂液滤液对岩心基质的伤害率为 8.3%，与植物胶压裂液相比，该体系不需要其他的 pH 值调节剂及杀菌剂。

此外，以聚合物为增稠剂、乳酸铬和柠檬酸铝为交联剂配制成 AP-P3 压裂液，当在其中加入 0.2% 的过硫酸铵，4h 破胶，压裂液滤液对岩心伤害率小于 15%。现场施工平均砂比为 20.5%～41.8%，最高瞬时砂比为 51%，平均返排率大于 80%，现场施工成功率 100%[51]。

（2）低分子聚合物压裂液。

该压裂液以 P（AM-AANa-NaAMPS）的共聚物作稠化剂，其相对分子质量为 20×10^4～30×10^4，水溶速度快，现场配液容易且增稠能力强，在压裂液中稠化剂的浓度为 0.2%～0.6% 即能满足压裂施工要求[52]。

根据储层温度，确定出 20～130℃低相对分子质量聚合物压裂液配方，见表 4-17。

表 4-17　不同温度下低相对分子质量聚合物压裂液配方

井温 /℃	稠化剂 /%	交联剂 /%	破胶剂 /%	调节剂 /%	活化剂 /%	耐温剂 /%
20	0.20	0.20	0.0500	0.08～0.12	0.05	
30	0.20	0.20	0.0300	0.08～0.12	0.05	
50	0.25	0.20	0.0100	0.08～0.12	0.05	
70	0.30	0.25	0.0300	0.08～0.12		
90	0.35	0.30	0.0100	0.08～0.12		
110	0.45	0.40	0.0020	0.08～0.12		
130	0.55	0.50	0.0005	0.08～0.12		0.3

注：基液中加入 0.5%～1.5%KCl+0.5% 非离子型助排剂，温度小于 53℃时选用低温破胶剂。

低分子聚合物压裂液主要由稠化剂、有机锆与醛复合化学交联剂、调节剂、活化剂和耐温剂组成。研究表明，该压裂液体系在 130℃、$170s^{-1}$ 条件下，剪切 90min 后黏度大于 100mPa·s，对岩心伤害率小于 20%。该压裂液在乌里雅斯太油田现场应用，平均单井日产油量 12.23t，比使用瓜胶压裂液日产油量提高了 21.3%；在鄂尔多斯盆地 Y413 和 Y620 天然气井现场应用，日产天然气 1.2×10^4～$1.5\times10^4m^3$，比使用瓜胶压裂液日产气量提高了 25% 左右。

采用水溶液聚合法，按照丙烯酰胺：丙烯腈：磺化苯乙烯：2- 丙烯酰胺基 -2- 甲基丙磺酸 =3：0.1：1：5 的比例合成低相对分子质量的聚合物，以其作为稠化剂得到的压裂液配方为：0.6% 聚合物稠化剂 +1.0% 温度稳定剂 +1.0% 黏土稳定剂 +1.0% 助排剂 +0.4% 交联延缓剂 +0.8% 有机钛交联剂[53]。压裂液常规性能见表 4-18。

表 4-18　聚合物压裂液常规性能

项目	条件	参考指标（0.5% 瓜胶）	检测结果
表观	常温	无分层、无絮状物沉淀和漂浮物	无分层、无絮状物沉淀和漂浮物
密度 /（g/cm^3）	常温	1.00～1.02	1.01
pH 值	常温	7～8	6～7
$AV_{基液}$/mPa·s	常温，$170s^{-1}$，溶胀 16h	63	48
$t_{交联}$/mPa·s	常温	3～5	4
破胶液表面张力 /（mN/m）	常温	≤32.0	30.0
破胶液界面张力 /（mN/m）	常温	≤5.0	4.0
残渣含量 /（mg/L）	常温	≤600	50
破乳率 /%	90℃	≥95.0	94.7

研究表明，该压裂液在 140℃、$170s^{-1}$、剪切 90min 后的黏度约为 250mPa·s，20% 砂比在常温下和 90℃水浴中静置 2h 后基本无沉降，破胶液的黏度小于 5mPa·s。现场应用表明，该压裂液在压裂施工中，每 1000m 摩阻比瓜胶压裂液低 0.8MPa，降低摩阻效果明显。

2012 年在塔河油田优选了 TH-1、TH-2 井等 14 口未钻遇放空漏失而无法自然投产的井，进行了低分子聚合物压裂液酸压工艺现场试验。现场采用聚合物压裂液冻胶 + 胶凝酸一级注入酸压工艺，施工成功率为 100%，建产率为 88.9%，累计增油 1.65×10^4t。现场试验期间，聚合物压裂液价格为 850 元 /m^3，比瓜胶体系价格（1300 元 /m^3）降低了 35%，降低了酸压施工成本，提高了措施效益。

（3）化学交联小分子支化聚合物压裂液。

该体系以支化的 P（AM-AMPS）聚合物为增稠剂，与多羟基铝盐及锆盐化学交联剂、温度稳定剂、防膨剂及助排剂组成，配方为：0.2%～0.55% 支化聚合物稠化剂 +1.0%KCl+0.2% 助排剂 +0.2% 温度稳定剂 +0.05%～0.25% 缓交联剂[54]。

研究表明，该压裂液在 140℃、$170s^{-1}$、剪切 2h 后黏度约为 65mPa·s，破胶液的黏度小于 5mPa·s，破胶液表面张力小于 28mN/m，界面张力小于 2mN/m。

该压裂液体系在辽河油田安 21-19、静 45-67、沈 257- 气 3、边 34-K26、边 35-20 等 10 余口井中顺利施工，同时在松原油田新立采油厂 J24-015、J26-015、J1-6、J16-13、J24-015 等 30 多口井应用用，施工成功率均为 100%。

坨 36–33 井压裂井段 1761.5～1842.4m，施工排量为 $4.6m^3/mm$，加砂规模为 $55m^3$，平均砂比为 27.6%，压裂液量为 $360m^3$。坨 36–33 井压裂施工后，22d 累计产油 72t，压裂增产效果较好。

（4）抗温聚合物压裂液。

研究表明，由 1% 增稠剂、0.8% 交联剂、0.5% 高温稳定剂、0.45% 交联促进剂、1% 黏土稳定剂、0.1% 助排剂和 0.08% 破乳剂组成的化学交联聚合物压裂液，在 200℃条件下，剪切 150min 后黏度为 100mPa·s。该压裂液在辽河油田强 1–56–19 井进行压裂作业，日产油量由压裂前的 $4.4m^3$ 上升到 $10.6m^3$，最高日产油量为 $19.8m^3$，压裂施工效果明显。

一种以超支化高分子聚合物为稠化剂的化学交联聚合物压裂液体系，在 150℃、$170s^{-1}$、剪切 90min 后黏度大于 100mPa·s，对岩心伤害率小于 10%。在白 T–404 井现场应用，初始砂比为 15%，最高砂比为 45%，返排率为 67.3%，日产油 $10.5m^3$。在春 B–401 井现场应用，初始砂比为 15%，最高砂比为 40%，返排率为 70.9%，日产油 $13.8m^3$。

以聚丙烯酰胺、聚丙烯酸、2– 丙烯酰胺基 –2– 甲基丙磺酸合成的耐高温聚合物作为稠化剂的压裂液，剪切 3h 后，压裂液黏度降低 1.4mPa·s，剪切稳定性良好并且剪切恢复性较好。随着温度的增加，压裂液交联时间逐渐缩短。该压裂液耐温可达 170℃。在 60℃时，聚合物压裂液破胶困难，可以通过提高破胶剂加量以提高压裂液破胶效果。聚合物压裂液的残渣率为 0.83%，对岩心的伤害率为 16.7%，对支撑裂缝导流能力的伤害小于植物胶压裂液，适合高温低渗储层的压裂改造[55]。

2. 可逆物理交联聚合物压裂液

可逆物理交联聚合物压裂液（又称疏水缔合聚合物压裂液）是目前国内外研究较多的新型压裂液体系。该压裂液所用增稠剂是一类在主链上引入极少量疏水基团的高分子聚合物，疏水基团含量一般为 2%～5%；所用交联剂是阴离子表面活性剂或非离子表面活性剂，其作用机理是疏水缔合聚合物增稠剂分子和物理交联剂分子通过静电、氢键或者范德华力形成三维网状结构，使溶液黏度大幅度增加。

物理交联聚合物压裂液形成冻胶的机理不同于化学交联聚合物压裂液，聚合物增稠剂分子内或者分子间能产生具有一定强度又可逆的物理缔合作用，这一特性能很好地解决压裂液的热稳定性和抗剪切性；另外，盐的加入会使疏水缔合作用增强，使水溶液黏度保持稳定甚至增高，表现出良好的抗盐性。下面是一些典型的可逆物理交联聚合物压裂液实例。

（1）以丙烯酰胺、丙烯酸钠等为原料，采用溶液聚合法制备了新型疏水缔合聚合物增稠剂（SRFG–1），进而合成了一种不含金属元素的低分子化合物交联剂（SRFC–1）；以合成的增稠剂和交联剂为主剂，配制了一种新型疏水缔合压裂液体系。实验结果表明，在 120℃，$170s^{-1}$ 条件下，增稠剂最佳质量分数为 0.5%，交联剂最佳质量分数为 0.1%，KCl 质量分数为 1%，溶胀时间为 0.5h。该压裂液流变性能优于现场在用的常规聚合物压裂液[56]。

（2）以速溶型疏水缔合聚合物 GAF–TP 为稠化剂、非离子型表面活性剂 GAF–2 为增效辅剂、GAF-16（季铵盐类）为黏土稳定剂形成的压裂液；其中 GAF-TP 溶解性和增黏能力优于瓜胶，溶解时间短，室内常温下的溶解时间为 60s，现场（5℃）溶解时间为 1~2min。配方为 0.5%GAF-TP+0.3%GAF-2+0.3%GAF-16 的压裂液耐温抗剪切性较好，对岩心基质渗透率的损害率和压裂液破胶液对支撑充填层渗透率的损害率均小于 10%，对储层的损害小于瓜胶压裂液。现场应用表明，该压裂液现场施工顺利，压后无阻流量达 $11.85\times10^4m^3/d$，返排率达到 80%，增产效果显著[57]。

（3）以 N- 十六烷基丙烯酰胺为疏水缔合单体合成的聚合物为稠化剂所形成的压裂液体系，不需要化学交联剂就可以形成类似于交联聚合物的空间网络结构；其剪切稀释性、悬砂能力强，能够用海水和产出水配制，能满足 25~240℃井温要求，对油层没有污染。有专利介绍了一种缔合型非交联压裂液，其中的疏水缔合聚合物增稠剂分子结构中包含丙烯酰胺单体单元，至少一种双亲不饱和单体单元和至少一种阴离子烯类不饱和单元，其物理交联剂为阴离子表面活性剂或非离子表面活性剂。该物理交联聚合物压裂液体系具有组成简单，低残渣、低伤害、低摩阻，抗剪切和耐温、耐盐等特点，可作为瓜胶压裂液替代产品[58]。有专利介绍了一种高抗盐性聚合物压裂液，其配方组成为：0.6%~0.8% 聚合物增稠剂、0.3%~0.4% 物理交联剂、1.0%~1.5% 防膨剂、0.03%~0.05% 破胶剂和 2.5%~4% 金属离子稳定剂，所用增稠剂是以丙烯酰胺、二甲基二烯丙基氯化铵为主单体的疏水缔合型增稠剂，所用物理交联剂为十二烷基苯磺酸钠、十二烷基硫酸钠等表面活性剂。该压裂液体系具有较强的抗盐及抗 Ca^{2+}、Mg^{2+} 离子能力，可用高盐度水，甚至海水进行配液[59]。

二、泡沫压裂液

早在 20 世纪 70 年代，泡沫压裂液就在国外率先得到应用，1982 年后有较大发展。国内对泡沫压裂液的研究与应用始于 20 世纪 80 年代后期。1988 年辽河油田成功进行了 N_2 泡沫压裂液施工，1997 年吉林油田引进国外的 CO_2 泡沫压裂液设备进行了油层吞吐和 CO_2 助排压裂的应用，从此拉开了国内泡沫压裂液研究及应用的序幕[60]。

泡沫压裂液是一种气液两相且以大量气体分散在少量液体中的均匀分散体系，是在常规植物胶压裂液基础上，混拌高浓度的液态 N_2 或 CO_2 等组成的以气相为内相、液相为外相的低伤害压裂液。由于其具有低密度、低含水、低伤害和快返排等特点，在油气田勘探开发中具有广泛的应用前景。起泡与稳泡特性是泡沫压裂液的关键和基础。起泡剂是影响泡沫压裂液起泡与稳泡的关键因素。起泡剂多为一种或多种表面活性剂及其他添加剂的复配体系，其类型和浓度不仅影响气泡的大小，而且对压裂是否成功至关重要。选用何种表面活性剂要根据基液的类型和地层特性而定。不同的起泡剂因其结构差异，其起泡和稳泡能力不同。具有良好起泡剂的表面活性剂必须具备两个条件，即易于产生泡沫和产生的泡沫有较好的稳定性。为了达到易于产生泡沫的目的，则要求表面活性剂应具有良好的降低表面张力能力，从分子结构看，对一定亲水基的表面活性剂，要求亲

油基有一个适当长度的烃链，以达到界面的吸附平衡；对于泡沫稳定性，则要求表面活性剂的吸附层有足够的强度，以增加其弹性，减少液体的排泄量。

泡沫压裂液是一种液包气乳状液，是大量气体在少量液体中的均匀分散体。泡沫体系按气体含量的多少分为两种体系：泡沫质量小于 52% 的为增能体系，一般用作常规压裂后的尾追液（后置液）帮助返排；泡沫质量分数为 52%～96% 的称为泡沫体系，具有含液量低，携砂、悬砂能力强，滤失低，黏度高，返排能力强等特点。通常施工所用的泡沫压裂液，泡沫质量分数（井底温度压力条件下）多在 65%～85% 之间[61]。

（一）泡沫压裂液的组成

泡沫压裂液由基液、气体、起泡剂、稳定剂及其他添加剂组成。泡沫压裂液体系中，气相属于分散相（不连续相），液相为分散介质（连续相）。液相通常由表面活性剂、冻胶、盐水等组分组成。其中表面活性剂起稳定作用，冻胶增大体系的黏度，以增强体系的造缝能力和携砂能力等。

根据其组成可以将泡沫压裂液分为以下 4 个类型：

（1）稳定泡沫。这种类型体系中的液相主要为水或线性聚合物，其主要特点是比较容易配制，流变性好，稳定性好，滤失性较好。

（2）酒精泡沫。该类型体系中的液相主要是酒精，其浓度为 20%～40%。

（3）高级泡沫。该类型体系中的液相主要为交联聚合物溶液，由于体系中发生了交联反应，使得其具有黏度高、携砂性好、稳定性好等特点。

（4）稳定油基泡沫。该类型体系中的液相主要为烃类化合物，体系中不含水，所以其在水敏性地层中使用效果较好。

按所用气体的种类分为 N_2 泡沫液和 CO_2 泡沫液。N_2 泡沫可与一切基液（水、盐水、甲醇、乙醇水溶液、乙醇、酸类、凝析油、矿产原油、二甲苯、精炼油等）配伍。CO_2 泡沫是在 1982 年后才发展起来，与 N_2 泡沫相比，其与地层流体的相容性更好，并能降低界面张力，但只能与水、甲醇、乙醇配伍。

（二）泡沫压裂液的发展

概括起来，国外泡沫压裂液的发展经历了下列 4 个阶段：

第一代泡沫压裂液：20 世纪 70 年代使用的泡沫压裂液体系，由水、起泡剂和 N_2 组成，砂液比 120～240kg/m^3，压后易返排，可用于低压气井压裂。

第二代泡沫压裂液：20 世纪 80 年代使用的泡沫压裂液体系，由水、起泡剂、聚合物、N_2 或 CO_2 组成，压裂液黏度较高，稳定性较大，砂液比 480～600kg/m^3，适用于高压油气藏压裂。

第三代泡沫压裂液：20 世纪 80 年代末至 90 年代初开发的泡沫压裂液体系，由水、起泡剂、聚合物、交联剂组成，黏度和稳定性进一步提高，造缝和携砂能力增强，以 N_2 泡沫压裂液为主，适用于高温深井大型水力压裂，砂液比达到 600kg/m^3。

第四代泡沫压裂液：20世纪90年代以来开发的第四代具有恒定内相的泡沫压裂液，通过控制内相体积，降低施工摩阻，可满足大型压裂施工，最高砂液比达1440kg/m^{3}以上，加砂量达150t以上。

（三）CO_2泡沫压裂液

典型配方：0.6%HPG+1.0%FL–36+1.0%黏土稳定剂+0.1%破乳助排剂+0.06%过硫酸铵+1.5%AC–8。

该配方的基液黏度为75mPa·s（25℃，170s^{-1}），pH值为7.0，泡沫半衰期为300min（25℃，0.1MPa）。pH值为4.0、泡沫干度（泡沫质量）为70%和60%的CO_2泡沫压裂液在40～50min内可维持黏度>80mPa·s。

在流动回路装置上测得泡沫干度增大时黏度增大，在高干度下形成细小均匀气泡的稳定泡沫，滤失系数为2.9×10^{-4}～4.2×10^{-4}m/min$^{1/2}$，对岩心渗透率的伤害率为13.6%（22支岩心平均值），而水基压裂液的伤害率高达60%；在70℃条件下数小时完全破胶；大粒径（0.9mm）陶粒在干度40%和70%的CO_2泡沫压裂液中沉降速度<0.06cm/s；常温、1Hz下G'和G''随干度增大而增大，且$G''>G'$。

1. 影响CO_2泡沫压裂液性能的主要因素

（1）泡沫质量。泡沫质量的高低影响CO_2泡沫压裂液的流变性。增能体系的黏度较低，且泡沫质量的高低对黏度的影响较小。泡沫质量对CO_2泡沫体系的黏度影响较大，黏度随泡沫质量的增加而快速增加。

（2）温度。起造缝和携砂作用的压裂液的性能不可避免地受地层温度的影响。由于气相的存在，泡沫压裂液对温度的变化更为敏感。温度升高时泡沫体积增大，稳定性减弱，易破裂。温度升高将影响压裂液的流变性能，使黏度降低，造缝及携砂性能降低。

（3）压力。与温度的影响相反，压力的升高使泡沫的体积减小，且泡沫体积对压力的敏感性更强。压力越高，形成高泡沫质量的泡沫压裂液越困难，只有增加液体CO_2的泵注比例，才能获得较高的泡沫质量，这为高砂比施工带来一定的困难。

（4）稠化剂类型与浓度。稠化剂从两个方面提高CO_2泡沫压裂液的流变性，即稠化剂本身的增黏作用和稠化剂对泡沫的稳定作用。不同稠化剂具有不同相对分子质量及增黏能力，稳泡效能也有一定差异，但都能提高CO_2泡沫压裂液的黏度，减弱温度和压力对CO_2泡沫压裂液流变性的影响。随着稠化剂浓度的增加，CO_2泡沫压裂液的黏度增大，考虑到现场配液以及压裂液材料费用等诸多因素，其加量不能超过一定的限度。

（5）酸性交联剂。通常水基压裂液在碱性条件下交联性能较好，这主要与植物胶多糖稠化剂的顺式羟基分子结构有关。在酸性条件下实现理想交联有较大困难，主要表现在：酸性介质对常规交联压裂液是性能良好的破胶剂，使增黏或交联不易实现；在酸性介质中可供顺式羟基交联的离子基团很少；满足现场应用、无毒无污染、易水溶及可操作性强的酸性交联剂不易开发，目前还没有形成较完善的技术。

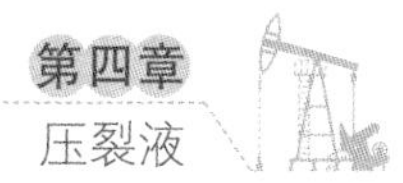

2. CO_2 泡沫压裂液添加剂

CO_2 泡沫压裂液由 CO_2 和凝胶压裂液组成，并加有表面活性剂和其他添加剂以形成乳状液，靠一定的黏度和稳定的泡沫来达到携砂、造缝的目的[62]。

CO_2 泡沫压裂液具有滤失量低、耐温能力强、破胶快、防膨好、返排率高、伤害低等特点，非常适合作低渗、低压储层压裂改造的工作液。其性能优劣与起泡剂、稳泡剂、交联剂、破乳助排剂等各种添加剂的性能有关。

（1）起泡剂。

起泡剂是泡沫压裂液的关键添加剂之一，起泡剂性能的好坏直接影响泡沫压裂液的起泡能力和稳泡能力。具有良好起泡性能的表面活性剂必须具备两个条件，即易于产生泡沫和产生的泡沫有较好的稳定性。如表 4–19 所示，FL–48 起泡剂性能最好，B–18 和 YPF–1 起泡剂性能相当。FL–48 在常温下为浅黄色液体，pH 值为 5~6，密度为 1.00~1.05g/cm^3，0.2% 水溶液表面张力为 25.08mN/m，界面张力为 0.71mN/m。

表 4-19　不同起泡剂的起泡性能和泡沫稳定性

起泡剂	起泡效率 /%	泡沫质量分数 /%	半衰期 /min
FL–48	243.8	70.9	1340
YPF–1	210.4	67.8	395
B–18	220.8	68.8	425

（2）稳泡剂。

在施工过程中保持泡沫的稳定极为重要，因此必须在泡沫压裂液中加入稳泡剂。稳泡剂可以起改善流体流变性、增加黏度、增大泡沫之间膜的强度等作用，通常是一些高分子稠化剂。在选择稳泡剂时不仅要求其水不溶物含量低，而且还要求它具有强的增稠能力。如表 4–20 所示，在所对比的稠化剂中，以国外改性瓜胶增黏效果好且残渣较低；国内改性的羧甲基瓜胶和羧甲基皂仁综合性能较差，增黏能力弱，水不溶物含量高，将影响交联性能；从原料来源和经济成本考虑，可选用国内羟丙基瓜胶为泡沫压裂液的稳泡剂。

表 4-20　不同稳泡剂（稠化剂）性能对比

稠化剂	1% 溶液黏度 / mPa・s	水不溶物 /%	稠化剂	1% 溶液黏度 / mPa・s	水不溶物 /%
瓜胶	305	18.5	羧甲基皂仁（小样）	69	18.4
羟丙基瓜胶（国外）	298	4.0~5.0	香豆胶	150~180	10.0~13.0
羟丙基瓜胶	250~270	6.0~12.0	改性田菁胶	120~170	10.0~19.0
羟丙基瓜胶（小样）	124	15.6			

（3）酸性交联剂。

根据交联环境（pH 值）不同，交联剂可分为酸性交联剂和碱性交联剂。目前，国内外压裂液采用的交联剂多为碱性交联剂，pH 值为 7.5~13；而酸通常作为压裂液的破胶剂，因此，酸性交联剂是关键。CO_2 泡沫压裂液是将液体 CO_2 与水基压裂液混合注入，在地层温度作用下，液体 CO_2 汽化并形成泡沫，该压裂液体系 pH 值为 3～4。常规碱性交联剂不能使 CO_2 压裂液高分子溶液交联。为进一步增强泡沫压裂液流变性能，克服由于大量液体 CO_2 加入对压裂液的稀释作用，酸性交联是泡沫压裂的关键。实验表明 AC-8 酸性交联剂能够满足要求。该交联剂为液态，与水混溶，能与多种植物胶稠化剂交联，可以满足 CO_2 压裂施工要求。

（4）破乳助排剂。

对于低渗低孔储层，改善入井流体对储层岩心的润湿吸附特性，降低毛管阻力，对实现压裂液返排、减少储层伤害极其重要。如表 4-21 所示，在所对比的助排剂中，DL-8 具有良好的破乳助排性能，为首选破乳助排剂。

表 4-21　不同类型助排剂性能对比

助排剂	表面张力 /（mN/m）	界面张力 /（mN/m）	接触角 /（°）
DL-8（油井）	24.51	0.22	61.6
DL-10（气井）	19.30	0.81	79.8/64.5
CF-5A（气井）	19.81（上部 26.2）	—	62.2/26.3
CF-5B（油井）	27.52	0.65	45.3
CQ-A1（气井）	21.76	1.23	—
D-50	26.56	0.41	46.7
ZA-3	27.91	3.24	—
MAN	27.22	2.95	—

3. CO_2 泡沫压裂液配方及性能

一种典型的 CO_2 泡沫压裂液配方由 GRJ 改性瓜胶、FL-48 起泡剂、HCHO、KCl、DL-8 破乳助排剂、过硫酸铵和 AC-8 酸性交联剂组成。

使用 Fann35 黏度计在 25℃、$170s^{-1}$ 条件下，测得未形成泡沫前基液黏度为 90mPa·s，pH 值均为 7.5。形成泡沫压裂液后，在 25℃、0.1MPa 下测得泡沫流体的半衰期为 279min，表明该压裂液具有良好的泡沫稳定性，pH 值均为 5.0。

使用 RV20 旋转黏度计，在 $170s^{-1}$ 剪切速率和不同温度条件下，分别测定了泡沫质量为 5% 的交联泡沫压裂液耐温、耐剪切性能，如表 4-22、表 4-23 所示，酸性交联泡沫压裂液具有较强的抗剪切和耐温能力，耐温能力达 110℃。

表 4-22　CO_2 泡沫压裂液耐温、耐剪切性能

t/min	温度 /℃	η/mPa·s	t/min	温度 /℃	η/mPa·s
0.5	15.1	249.0	40.0	90.5	121.0
10.0	61.2	221.0	60.0	90.1	98.7
20.0	89.3	184.0	70.0	90.3	65.9
30.0	90.4	159.0	90.0	89.8	47.9

注：CO_2 泡沫压裂液质量分数为 65%。

表 4-23　不同泡沫质量交联 CO_2 泡沫压裂液的流变性

泡沫质量 /%	温度 /℃	n	k/Pa · s^n
50	90	0.4245	1.867
70	90	0.4867	1.658

在压裂过程中，由于压差的作用使 CO_2 泡沫压裂液发生滤失渗流，滤液进入储层岩石孔隙介质。CO_2 泡沫压裂液的滤失性能主要以造壁滤失系数 $C_{Ⅲ}$表征。如表 4–24 所示，泡沫流体较水基压裂液具有更显著的降滤失作用，而交联泡沫压裂液则具有更好的滤失性能。

表 4-24　泡沫质量为 60% 压裂液滤失性能对比

配方	温度 /℃	压差 /MPa	$C_{Ⅲ}$/（10^{-4}m/min$^{0.5}$）
线性泡沫	90	3.5	5.875
泡沫压裂液	90	3.5	4.621
水基冻胶	90	3.5	7.562

由于 CO_2 泡沫压裂液采用了高效的助排剂体系，压裂液破胶液具有较低的表 / 界面张力。用 K12 全自动张力仪测定 CO_2 泡沫压裂液破胶液的表面张力和界面张力分别为 23.05mN/m 和 0.71mN/m。

采用岩心润湿吸附方法分别研究了不同流体对岩心润湿吸附特性、泡沫压裂液的破胶液吸附与清水和 1%KCl 水溶液的吸附情况，如表 4–25 所示，储层岩心亲水性强，接触角小。清水吸附量大，吸附特性常数 a_3 和 b_3 值高，不易达到平衡。而加入助排剂后，泡沫流体的接触角增大，吸附量减少，a_3 和 b_3 值降低，吸附速率快，容易达到平衡。因此，在 CO_2 压裂液中加入高效助排剂，溶液表面张力大大降低，接触角增大，改善了流体对岩心的润湿吸附性能，岩心对 CO_2 压裂液破胶液的吸附量显著降低。

表 4-25　不同流体对岩心的润湿和吸附特性

流体	吸附量 /g	V/（$10^{-5}g^2/s$）	接触角 /（°）	a_3	b_3	R^2
清水	0.16～0.23	1.720	20.7	0.1349	0.065	0.9919
1%KCl	0.13～0.17	0.149	26.9	0.0962	0.017	0.9901
破胶液	0.08～0.10	0.119	62.1	0.0928	0.011	0.9856

注：V 为吸附速率，a_3 和 b_3 为吸附特性常数。

将 CO_2 泡沫压裂液置于密闭容器内，并于 90℃恒温水浴中，使用毛细管黏度计，测得加入 0.01% 过硫酸铵后 4h 黏度为 1.91mPa · s，加入 0.06% 过硫酸铵 1h 后黏度为 3.89mPa · s。表现出良好的破胶性能。

通过将 CO_2 压裂液破胶液离心烘干，测得 CO_2 泡沫压裂液残渣含量为 307mg/L。由于 CO_2 泡沫压裂液具有两相流作用，减少了压裂液水相的相对含量和进入岩心的水量。同时，由于体系中高效助排剂的作用，改善了滤液与岩石的润湿性，增大了接触角，减少了吸附量，降低了毛细管阻力，使 CO_2 泡沫压裂液具有低伤害特性，伤害率降低了20%~40%。通过对某油田岩心的伤害实验，测定伤害率仅为13.45%。实验表明，CO_2 泡沫压裂液具有良好的耐温耐剪切性能和流变性能，可以满足大多数泡沫压裂施工的需要。

4. 现场应用效果

吉林油田和大庆外围油田均属于低渗透油藏，必须经过压裂才能获得较高工业油流。以往使用水基压裂液，效果均不太理想。为此，使用了 CO_2 泡沫压裂增产措施。现场应用表明，在油层物性和其他地质条件相近的条件下，使用 CO_2 泡沫压裂液后，取得了显著增产效果。江苏油田低渗油藏3口井实施 CO_2 泡沫压裂也取得了明显增油效果。

（四）氮气泡沫压裂液体系

1. 配方

一种典型的 N_2 泡沫压裂液的基本配方如下[63]：

基液：0.3%~0.5% 稠化剂 +0.2%D–50 助排剂（DL–8 助排剂）+0.2%KCl（A–25）+0.05%S–100（杀菌剂）+0.3WF–1（起泡剂）+ 破胶剂 + 低温破胶活化剂。

交联液：2%C–150 有机硼。

交联比：100∶2.5~5.0。

泡沫质量：55%、65%、75%。

延迟交联时间：1~1.5min。

2. 泡沫压裂液性能

泡沫质量是表征泡沫压裂液性能的重要参数，它与泡沫的稳定性密切相关。泡沫质量太低和太高，都会使泡沫易于破裂而不稳定。泡沫液黏度、滤失性、液体返排和摩阻都与泡沫质量有关。

泡沫稳定性通常用半衰期来衡量，即从泡沫液中分离出一半液体所需要的时间。泡沫半衰期一方面取决于泡沫液的结构，另一方面取决于液相的黏度，而且黏稠的液体比非黏滞流体的稳定性要好得多。

为提高泡沫稳定性，选择了发泡能力和稳定性好的 WF–1 型发泡剂，同时加入稠化剂，以提高泡沫压裂液的基液黏度。通过对水基泡沫、线性凝胶泡沫和冻胶泡沫压裂液的稳定性与液相黏度和泡沫质量的关系研究表明：

（1）水基泡沫：泡沫质量为50%~80% 时，半衰期为25~30min；当泡沫质量小于50% 时，稳定性较差。

（2）未交联泡沫：半衰期为1.5h，当泡沫质量小于50% 时，稳定性变差。

（3）交联冻胶泡沫：稳定性最好，半衰期达50h，泡沫质量小于20% 时，泡沫较稳定。

（4）随着泡沫质量的提高，半衰期也延长，说明泡沫稳定性越好。

泡沫流体的结构关系到压裂液的稳定性，主要体现在泡沫的直径大小及分布。泡沫大小分布越均匀则越稳定。根据实验装置的显微照片所示，所评价的压裂液的泡沫平均直径为0.037mm且均匀；温度升到80℃时泡沫直径和均匀度没有多大变化，尽管样品黏度有所降低，但泡沫仍很稳定。

在压力为6.1MPa时，当泡沫质量从50%上升到72.5%，泡沫压裂液的稳定性仍很好。

表4–26和表4–27分别为不同泡沫质量和温度条件下泡沫液的流型指数、稠度系数、屈服应力和剪切速率。

表4-26　不同泡沫质量的泡沫液流变参数

泡沫质量/%	n	k/Pa·s^n	YP/Pa	剪切速率/s^{-1}
基液	0.5787	0.199	0	76～630
50	0.4075	0.129	0	73～480
65	0.6277	0.646	0	16～340
72.5	0.4657	2.263	0	13～290

表4-27　不同温度泡沫液流变参数

温度/℃	n	k/Pa·s^n	YP/Pa	剪切速率/s^{-1}
56	0.6323	0.667	0	9～250
65	0.6985	0.378	1.187	17～255
80	0.6784	0.337	0.522	17～271

从表4–26、表4–27可以看出，泡沫流体在常温、低剪切条件下，屈服值很小，基本接近于零，可看作假塑性流体；剪切速率在10～700s^{-1}范围内，用假塑性流体更合适；温度变化后，泡沫流体的流变行为发生变化。当泡沫质量达到65%～80%时，泡沫液具有较小的屈服值，呈宾汉塑性流体特征；随泡沫质量的增加，稠度系数呈增加趋势，泡沫增黏能力提高，流型指数变化不大；在泡沫质量一定的情况下，温度升高，稠度系数下降，增黏能力下降。

实验还表明：①有一定压力存在时，能保持液体外部和泡沫曲率半径变化形成的压力差的平衡，通常是压力对泡沫起到一定的稳定作用，但压力过高会造成气泡破裂。②泡沫压裂液具有良好的悬砂性能。③泡沫压裂液的摩阻低，由于交联泡沫液的黏度很高，流动时常形成气流与管壁的滑移层，且泡沫液在管线中常常处于层流状态，因此，其摩阻要比常规水基压裂液低。现场实验表明，辽河油田泡沫压裂液的降阻率为清水的30%～40%。④泡沫液对地层的伤害小。压裂液对地层的伤害主要是由于滤失液体造成的，由于泡沫压裂的液相很少，仅占10%～50%，用泡沫液对渗透率$1.0\times10^{-3}\mu m$的岩心进行岩心流动实验，其渗透率的恢复率为90%。75%泡沫质量的压裂液，其滤失系数仅约为一般压裂液的1/10，滤失量很小。另外，由于对泡沫压裂液采取快速破胶技术，关井裂缝闭合后氮气以高速携带水化液返排至地面，滤液与地层接触时间很短，且有部分残渣被泡沫排出，因而泡沫压裂液对地层伤害最小。⑤泡沫压裂液破胶彻底，残渣含量小。实验表明，采用过硫酸胺（或过硫酸钾）并与DM–1（低温破胶剂）复配使用，在 40~50℃下使用 0.05% 的 DM-1，泡沫压裂液能在 1.5h 内完全破胶，水化液黏度小于 5mPa·s。对 0.3% 瓜胶泡沫压裂液分别进行了 55% 和 75% 泡沫质量条件下的残渣含量测定实验，结果表明，55% 和 75% 泡沫质量的压裂液残渣含量分别为 130mg/L 和 58mg/L，均低于行业标准要求的残渣含量小于 550mg/L 的指标。

3. 现场应用效果

采用 N_2 泡沫压裂液先后在辽河油田进行了 8 口井的泡沫压裂施工。据统计，8 口井施工后，只有锦 22-12-2109 井在压后 15d，由于泵卡需检泵外，其余井均见到了明显的效果。平均单井增产原油 12.5t，平均增产倍数 8.8 倍，累积增产原油 1.24×10^4t，增产效果显著。

（五）典型的泡沫压裂液配方

1. 酸性交联 CO_2 泡沫压裂液

一种以 CMHPG 作为稠化剂的酸性交联 CO_2 泡沫压裂液，组成如下[64]：

交联剂为有机锆交联剂，交联比为 100∶0.3。

基液配方：H_2O+0.4%CMHPG+0.1% 杀菌剂（10%YCSJ-1）+0.4% 非离子起泡剂 YCQP-1+0.4% 防膨剂 YCFP-1+0.3% 助排剂 YCZP-2+0.6%pH 值调节剂 YCS-1。

破胶剂为 0.06% 的 APS。

实验结果表明，压裂液的泡沫质量为 79.59%，半衰期为 110min，压裂液破胶液的黏度为 1.19mPa·s，残渣含量为 273mg/L，防膨率为 90.61%，表面张力为 24.51mN/m，在 80℃下滤失速率为 9.8×10^4m/min$^{1/2}$，对储层的伤害率小于 19.79%。该压裂液泡沫质量高，破胶彻底，残渣较低，防膨效果显著，对储层伤害小，现场应用携砂性能好，增产效果明显。

2. AL-1 酸性交联 CO_2 泡沫压裂液

以羟丙基瓜胶（HPG）和 AL-1 酸性交联剂形成的 AL-1 酸性交联 CO_2 泡沫压裂液，配方为[65]：0.7%HPG+1% 起泡剂 WDJ-2+0.5% 助排剂 CF-5E+0.1% 杀菌剂 CJSJ-2+1.0%KCl+1.5% 交联剂 AL-1，破胶剂为过硫酸铵和胶囊破胶剂。

该泡沫压裂液具有起泡能力强、泡沫稳定性高、耐温抗剪切性好、滤失低、对岩心伤害小等特点，可以满足低渗、低压气藏的压裂施工要求。在苏里格气田两口天然气井的试气压裂作业中取得了较好的增产效果。

3. 低残渣 CO_2 泡沫压裂液

压裂液基本组成如下[66]：

基液配方为：0.4% CLT-1 稠化剂＋ 0.4% FL-100 起泡剂＋ 0.4% ZWT-2 调理剂。

交联液：ZW-18 交联剂，交联比为 100∶0.6。

配制好的基液 pH 值为 6.0，在 25℃、170s^{-1} 条件下测得其黏度为 85mPa·s，交联时间 60~75min。用过硫酸铵（APS）作为破胶剂，其中 APS 胶囊破胶剂和 APS 粉末破胶剂各一半。

实验结果表明，在酸性条件下，0.4%CLT-1按100：0.6交联后形成的冻胶泡沫具有良好的携砂性能；在100℃、$170s^{-1}$条件下剪切2h后表观黏度为110mPa·s，破胶时间小于2h，能够满足现场压裂施工要求。破胶后残渣含量为73mg/L，可有效减小对地层裂缝导流能力的伤害。采用变泡沫质量法进行施工，共注入二氧化碳$154.5m^3$，加砂$37.6m^3$，最高砂比22.2%，总施工排量$4.0\sim4.3m^3/min$。施工结束后24h内返排率达到49.2%，求产后无阻流量$31.1\times10^4m^3/d$，达到了快速自喷的目的，取得了良好的措施改造效果。可见，采用低残渣交联压裂液体系进行CO_2泡沫压裂施工能够有效提高低压低渗气层的产气量。

4. N_2泡沫压裂液体系

一种适合于川西低压低渗气藏的N_2泡沫压裂液体系[67]，其配方为：0.25%羟丙基瓜胶+0.3%杀菌剂+0.5%黏土稳定剂+0.5%助排剂+0.5%增效剂+0.5%起泡剂+0.2%Na_2CO_3。

场应用试验表明，N_2泡沫压裂液体系性能良好，与同区块采用常规压裂液施工对比，能有效降低压裂液的滤失和提高压后压裂液残液的返排率，从而降低压裂液对储层的伤害。

5. 自生气类泡沫压裂液体系

将NH_4Cl和$NaNO_2$构成的生热化学反应引入到水溶性压裂液中形成一种自生气类泡沫压裂液[68，69]。

配方一：基液：0.20%~0.45%APD-1（水溶性疏水缔合聚合物）+3%~8%NH_4Cl+2.5%~6.5%$NaNO_2$，其余为水。结构增强液（引发液）：20%~40%表面活性剂GT-60+20%有机溶剂+10%~30%GTO（产热催化剂），其余为水。$V_{基液}$：$V_{结构增强液}$=10：1。施工中泵入0.05%~0.15%过硫酸盐破胶剂。

配方二：0.5%~1.5%NH_4Cl+0.5%~1.5%$NaNO_2$+0.5%~5%弱酸+0.5%pH值调节剂+0.3%~0.6%稠化剂GHPG+0.5%~1.5%起泡剂CT5-2+1.0%酸性交联剂AC-8+0.04%$(NH_4)_2SO_4$+0.05%杀菌剂+0.1%助排剂。

该类泡沫压裂液体系具有良好的耐温、耐剪切性能和流变性能，携砂能力强，低滤失，破胶性能良好，对储层岩心伤害小，可以满足大多数泡沫压裂施工的需要，在低压低渗油气田应用表明，自喷返排率高，增产效果好。

三、油基压裂液

油基压裂液一般由油、脂肪酸类交联剂、增强剂、破胶剂、高分子增黏减阻剂等组成，即以油作为溶剂或分散介质，与各种添加剂配制而成的压裂液，适用于低压、油润湿和强水敏地层。

油基压裂液中不含有水相，能有效地防止黏土的膨胀。因为密度低，对于地层压力系数小于1的地层，压裂液的返排相当容易，可以减少压裂液残留对地层造成的伤害。

油基压裂液增稠剂是一种人工合成化合物，在油中完全溶解，没有固相存在。因此，油基压裂液是一种清洁压裂液，在地层中不形成滤饼，更加进一步地减少压裂液对地层的伤害。由于油基压裂液的特殊性质，对改造低压、低渗或水敏地层有着独特作用。

目前国内外使用的油基压裂液主要有以下几种类型：以油溶表面性活性剂作为稠化剂，主要是脂肪酸盐；以油溶性高分子物质作为稠化剂，主要有聚异丁烯、聚丁二烯、聚异戊二烯、α－烯烃聚合物，聚烷基苯乙烯，氢化聚环戊二烯、聚丙烯酸酯。

油基压裂液主要有稠化油压裂液和油基冻胶压裂液，实践表明，油基冻胶压裂液具有更多优势。如采用30%$Fe_2(SO_4)_3$+15%二乙醇胺+55%水制备的新型交联剂体系，直接与磷酸酯混合即可形成油基冻胶，其性能不受放置时间的影响，交联速度快，成胶性能好，10min就可达到最大黏度；压裂液的抗温抗剪切性能高，与常规铝交联剂体系比较，压裂液成胶速度提高了20倍，压裂液的抗温能力由原来的100℃提高到135℃，并且压裂液的破胶性和滤失性等性能均能达到压裂施工的要求[70]。

在油基压裂液中，稠化剂或胶凝胶是关键的添加剂。稠化剂是油基压裂液的主要添加剂，它是一种油溶性大分子酸性物质。在油基压裂液中主要起到两个方面的作用，一是稠化原油（成品油）的作用，它可均匀分散在油中，通过交联使分子通过化学键产生遍及整个溶液的高黏网状弹性冻胶；二是起减阻作用，由于冻胶在管柱中是以柱塞的形式流动，所以在高速流动下冻胶与管柱壁接触的表面受到很大的剪切力，将紧靠表面的交联结构拆散，产生一层具有降阻作用的稠化油，将冻胶塞与管壁表面隔开，使冻胶的流动阻力大大减小，这样可有效地降低施工时的泵注压力，给现场施工带来方便。冻胶的破胶是通过加入弱碱有机物，在温度的作用下缓慢改变冻胶体系的pH值，打破原有的酸、碱平衡，达到破坏冻胶的网状结构的目的，实现破胶[71]。

磷酸酯类油基压裂液胶凝剂中含有碳链为C_1～C_{18}的烷基，根据相似相容原理，油基压裂液胶凝剂能使汽油（C_1～C_4）、煤油（C_9～C_{16}）、柴油（C_{16}～C_{18}）、轻质原油形成冻胶。对黏度大的原油，由于胶质、沥青质、蜡（C_{20}～C_{24}）含量高，烃类中碳链较长，难以形成冻胶。考虑到现场操作方便、安全、价格等因素主要选用柴油或轻质原油作为基液。

下面结合冻胶压裂液研究与应用情况，介绍油基压裂液的组成、性能及应用[72]。

（一）油基压裂液交联机理

以柴油为例。柴油为非极性物质，无活性官能团，化学惰性大，难以形成交联结构，所用成胶剂是低相对分子质量的表面活性剂，本身不增加黏度，但可以在油中形成胶束。成胶剂扩散进入初交联剂液滴内时，其中所含的酸性磷酸酯溶解在液滴中并被中和，引起铝酸根离子浓度减小，铝离子浓度增大，在适当条件下形成铝离子的八面向心配价体。初成胶剂中所含的磷酸酯通过该配价体与铝离子形成桥架网状结构产物，与初成胶剂中的烷基磷酸酯形成长链大分子，使油的黏度大幅度升高。

采用油基压裂液，与地层及流体的配伍性好，基本上不会产生水堵、水敏，但其

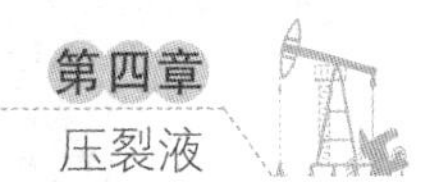

成本高，改性效果不如水基压裂液，且滤失量大，摩阻也较大，一般用于低压、强水敏地层。

（二）油基冻胶压裂液

1. 压裂液的组成

以 CG–2012 型油基压裂液为例。它属于磷酸酯类油基冻胶压裂液，稠化剂为磷酸酯凝胶，交联剂采用偏铝酸钠。在以铝化合物为交联剂时，通常选用醋酸钠（NaAc）为破胶剂，但该体系只有在温度大于 50℃时才能破胶，对于浅层低温的环境（30~40℃），醋酸钠破胶剂很难实现油基压裂液的彻底破胶。经过室内设计与优化，配制了一种复合型破胶剂，即将醋酸钠与低温活化剂 CG–A 按一定比例调制成水溶液。采用该复合型破胶剂，在常温下，也能将醋酸根离子 Ac^- 与磷酸酯铝的网状冻胶结构中的 Al^{3+} 结合形成碱式醋酸铝［$Al(OH)_2Ac$］，同时该复合破胶剂还能通过缓慢改变压裂液体系的 pH 值，打破原有的酸碱平衡，从而达到逐步破坏网状交联结构的目的。在 30~40℃温度条件下，可通过控制复合破胶剂的加量，使油基压裂液在可控时间内彻底破胶。

该压裂液配制采用的是春光排 2 联合站的原油，凝固点为 –5℃，30℃时原油的黏度为 2.5mPa·s，密度为 $0.88g/cm^3$，机械杂质小于 0.2%。

基本配方如下：

压裂液配方：原油 +1.6% 稠化剂 +0.075% 交联剂 +2%~4% 复合破胶剂。

复合型破胶剂配方：醋酸钠：低温活化剂 CG–A：水 =1：1：1。

2. 压裂液的配制

（1）在 40~50℃条件下，将油基稠化剂预热至透明油状液体后，按照 1.6% 的量加入至原油中充分搅拌至均匀。

（2）在 40℃左右条件下，将偏铝酸钠粉末配制成质量分数为 5% 的交联剂水溶液，搅拌至透明状。

（3）在基液中按比例加入 0.075% 交联剂水溶液，充分搅拌，静置至充分交联，采用六速黏度计在 $170s^{-1}$ 速率下测定表观黏度，表观黏度维持在 150mPa·s。

3. CG–2012 型油基压裂液性能

（1）交联时间。

CG–2012 型油基压裂液的配制需经历一个熟化期，熟化对于提高油基压裂液的耐温、耐剪切性具有重要的作用。未经熟化的油基冻胶由于成胶时间太短，交联剂中的羟基铝未能与原油中的磷酸酯凝胶充分形成牢固的磷酸酯铝三维网状结构，虽然初始黏度大，但冻胶强度不够，易在温度和剪切力的作用下，使网状冻胶结构被破坏，导致黏度很快下降，从而引起近井筒脱砂和砂堵的风险。充分交联熟化后的油基压裂液，可以达到最佳的耐温、耐剪切性能，可满足现场施工要求。

加入交联剂后，采用 ANN–D12 型旋转黏度计，测定压裂液黏度随时间的变化情况，如图 4–10 所示，压裂液经过 20h 后黏度达到最大值 150mPa·s。

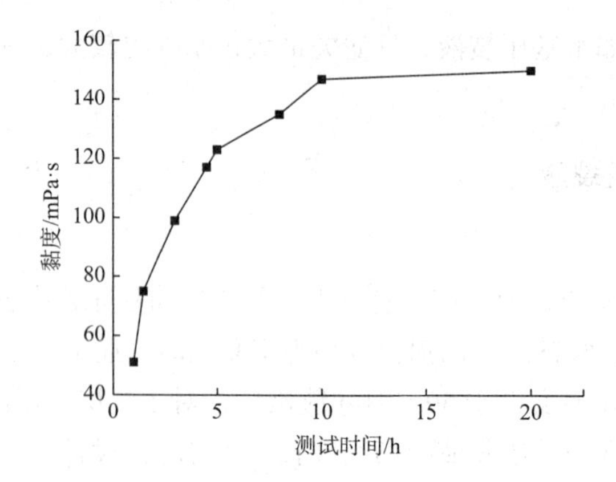

图 4-10　室内配制油基压裂液黏度随时间变化情况

（2）耐温耐剪切性能。

采用 ANN-D12 型旋转黏度计及 RS300 流变仪分别测定不同浓度压裂液在 $170s^{-1}$ 速率、40℃条件下的静态黏度及耐温、耐剪切性能，结果如表 4-28 所示。

表 4-28　压裂液静态黏度及耐温、耐静切性能

配方	静态黏度 /mPa · s	耐温耐剪切性能	
		剪切时间 /min	尾黏 /mPa · s
1.6% 稠化剂 +0.05% 交联剂	75	90	39
1.6% 稠化剂 +0.075% 交联剂	145	90	100
1.6% 稠化剂 +0.1% 交联剂	228	90	154

根据施工情况油基压裂液可采用一次交联或二次交联。由于油基压裂液的交联时间较长，对于较浅油井压裂段，一般采用一次交联。通过实验获取不同交联比下油基压裂液的黏度情况。考虑油基压裂液基液黏度过高易导致压裂车组泵送困难，结合压裂液耐温、耐剪切性能评价实验，最终优选出油基压裂液配方：1.6% 油基稠化剂 +1.5% 交联液 + 春光原油。

压裂液静态黏度为 145mPa · s 时，在 40℃、$170s^{-1}$ 剪切条件下，耐温、耐剪切性能良好，剪切 90min 内黏度在 85～100mPa · s 之间，可满足 40℃左右的施工需求，也便于施工中液体的泵送。

（3）破胶性能。

如表 4-29 所示，CG-2012 型油基压裂液在复合破胶剂的作用下具有良好的破胶性能，根据施工需求，可调整复合破胶剂的加量，将破胶时间控制在 1～2h 之间。随着破胶剂量的增加，破胶的时间将逐渐缩短。

4. 现场应用

2012 年 10 月，采用 CG-2012 型原油基压裂液对春光油田车排子地区排 2-401 井的沙湾组 772.6～777.6m 层段进行改造，共注入压裂液 $138m^3$，加砂 $11.3m^3$，最高砂比

表 4-29 CG-2012 型原油基压裂液在 35℃的破胶实验

破胶剂溶液质量分数 /%	20min	60min	90min	120min
2.0	增稠	增稠	未破胶	未破胶
2.5	微弱增稠	变稀	变稀	彻底破胶
3.0	没变化	变稀	彻底破胶	
3.5	微弱变稀	变稀	彻底破胶	
4.0	变稀	彻底破胶		
6.0	变稀	彻底破胶		

注：配方为：1.6% 稠化剂 +0.075% 交联剂。

30%，平均砂比 14%。压裂施工共用时 55min，施工顺利。

该层段水敏性较强，孔隙度为 8.45%，渗透率为 0.077μm^2，地层压力系数为 0.87，压裂段地层温度 33℃。改造前该井开发效果较差，2010 年 11 月 27 日至 2010 年 12 月 7 日抽汲试油，累计产油 6.45m^3，水 0m^3，日均产油 0.6t。2012 年 10 月 11 日实施压裂后，到 2013 年底日产油量一直稳定在 2.8t 左右，取得了稳定的压后增产效果。

一种配方如下的油基压裂液：油基压裂液基液为 -10 号柴油 +12% 稠化剂 +0.6% 交联剂、油基交联剂用量为 0.2%~0.4%、油基破胶剂用量为 2%，能在较长时间内保持一定黏度，保证泵入顺利；又能在二次交联时在较短的时间内黏度明显上升，保证携砂要求；还能在较低的地层温度下，较短的时间内化水彻底，保证返排及时。在林 7- 斜 111 井进行了应用；该井是林东地区的一口开发井。由于该区地层强水敏，以前开发效果较差，为了取得突破，决定采用油基防砂。另外该区为低产油层，以往区内单井平均日产液不足 3t。为了提高产量，决定采用端部脱砂压裂，仅用 40min 就圆满地完成了防砂施工。该井加入陶粒砂 14m^3，最高砂比 80%，脱砂时间 9min，静压力上升了 3MPa，顶替液 4.3m^3，最后压力到限压，其他各项施工参数均达到设计要求。该井投产后日产液 12.1t/d，日产油 3.0t/d。

（三）典型的油基压裂液配方

1. 环烷酸钠皂稠化油压裂液

按照 1%~8% 环烷酸钠皂、99%~92% 原油，将环烷酸钠皂和原油混合，搅拌均匀后即可。该配方用于强水敏性油层压裂作业，适用井温低于 90℃。

2. 脂肪酸钙或镁皂稠化油压裂液

按照 0.01%~8% 脂肪酸钙或镁皂和 99.9%~92% 原油的比例，将脂肪酸钙或镁皂和原油混合，搅拌均匀后即可。该配方用于强水敏性油层压裂作业，适用井温低于 90℃。

3. 脂肪酸钙或镁皂稠化油压裂液

由辛酸铝皂或异辛酸铝皂、油酸苯甲酸和原油等组成。按照 0.4%~0.8% 辛酸铝皂或异辛酸铝皂、0.25% 油酸、17.5% 苯甲酸的比例，将辛酸铝皂或异辛酸铝皂溶于油酸中，然后和原油混合搅拌均匀后加入苯甲酸，进一步搅拌即可。该配方用于强水敏性油层压裂作业，适用井深1500～1800m。

4. 磷酸酯铝盐油冻胶压裂液

该体系为磷酸酯的铝交联体。按照0.5%～2%磷酸酯、0.0015%～0.04%铝酸钠和0.1%～1.0%醋酸钠的比例，将磷酸酯溶于原油中，然后加入其他组分混合搅拌均匀即可。该配方用于强水敏、低压地层压裂作业，适用井深1000～3000m，井温70～90℃。

5. 油基凝胶压裂液

该压裂液是单烷基和双烷基磷酸酯混合物的铝交联体。按照1.2%～1.6%PE–92增稠剂（单烷基和双烷基磷酸酯混合物）、0.09%～0.11%偏铝酸钠和0.4%～0.5%醋酸钠的比例，将PE–92增稠剂溶于原油中，然后依次加入偏铝酸钠和醋酸钠组分混合搅拌均匀即可。该配方用于强水敏、低压地层压裂作业，适用井深2900～3200m，井温80～90℃。

6. 原油基压裂液

该压裂液属于复合磷酸酯的铝交联体。按照1.8%YJY–A3增稠剂（复合磷酸酯）、1.8%交联剂JYJ–B（有机铝盐）和1%～2%有机碱（醋酸钠）比例，将YJY–A3增稠剂溶于原油中，然后依次加入交联剂JYJ–B和有机碱组分混合搅拌均匀即可。该配方适用于压力低，储层岩石含泥质，具有水敏性的油田，对储层损害小，摩阻小，破胶彻底，易返排，造缝能力强，具有良好的抗温抗剪切和携砂性能。

四、乳化压裂液

乳化压裂液为多相分散体系，一般为两相，一相是水或稠化水溶液；水冻胶液，另一相则是油，如原油、成品油、凝析油或液化石油气。体系中加入了易在两相界面上吸附或富集的表面活性剂，有利于形成稳定的乳化液。

根据乳化压裂液中两相组分的多少，可分为水包油乳化压裂液和油包水乳化压裂液。水包油乳化压裂液是以水作外相，油作内相，以水为分散介质，属于水基液。其所用表面活性剂的*HLB*值在7～18之间，油水体积比为50：50～80：20。水相成分的不同，又可细分为活性水包油乳化压裂液、稠化水包油乳化压裂液、水冻胶包油乳化压裂液、醇液包油乳化压裂液。油包水乳化压裂液是以油作外相，水作内相，以油为分散介质，属于油基液。其所用表面活性剂的*HLB*值在3～6之间，油水体积比60：40。

水包油乳化压裂液与油包水乳化压裂液相比，各有优势。水包油乳化压裂液的摩阻低，有利于压裂施工，而且压裂液中的油相成分少，成本较低。油包水乳化压裂液中油相成分高，滤失量更低，对地层的伤害更小[73, 74]。

（一）影响乳化压裂液性能的因素

由于乳化压裂液的性能与多种因素有关，如添加剂类型、添加剂加量、油水比等，这些因素对乳化压裂液的稳定性能和流变性能有不同程度的影响，即乳化压裂液的性能优劣直接与乳化剂、稠化剂、交联剂、助排剂等各种添加剂的性质有关。

1. 乳化剂

乳化剂是乳化压裂液关键的添加剂，其性能的好坏直接影响压裂液的流变性能和现场施工的可操作性。采用不同的乳化剂得到的压裂液的稳定性不同。乳化剂是油包水乳化压裂液体系中的重要成分。研究表明，乳化剂的种类会影响乳化体系的类型、乳化效率的高低。即便是同一种乳化剂也会因浓度的差异而影响其乳化效率。将 20mL 用不同加量乳化剂制备的乳化液在常温下静置，12h 后读取其乳液体积。结果表明，随着乳化剂用量的增加，乳化效率逐步提高；当乳化剂用量超过 1.2% 时，乳化剂的用量增加对乳化效率无明显影响。这可能是由于乳化剂分子在乳液液滴界面上的吸附达到了饱和状态，界面能降到了最低值，此时乳化剂用量的增加对提高乳化效率无多大意义。一般乳化剂用量范围为 0.6%～1.2% 较好。

2. 稠化剂

稠化剂是压裂液中最基本的添加剂之一，其性能主要以增黏能力、水不溶物含量、含水率来表征。在考察稠化剂性能时，水不溶物含量尤为重要，因为水不溶物含量越高，压裂液残渣含量越多。如表 4-30 所示，羟丙基瓜胶及香豆胶具有良好的综合性能，表现在水不溶物低、溶液黏度较高，这对于降低储层的污染堵塞以及携砂是非常重要的。

表 4-30　压裂液稠化剂性能对比

序号	稠化剂	水分 /%	水不溶物 /%	1% 水溶液黏度 /mPa・s
1	SS-Ⅱ改性田菁胶	7.15	17.12	210.0
2	改性瓜胶	10.2	12.45	310
3	改性瓜胶	8.34	6.82	258.0
4	香豆胶	7.42	7.13	240.0
5	皂仁胶	4.34	9.62	288.0

稳定性是油包水乳化压裂液必须具备的重要性能之一，只有具备一定稳定性的油包水乳化压裂液才能保证压裂施工的顺利进行。将 1% 乳化剂加入柴油中搅拌均匀，再加入不同浓度稠化剂的稠化水制备成乳化液，在常温下测定其稳定时间，结果表明，随着水增稠剂用量的增大，乳化液的稳定性增加。这主要是因为水增稠剂增加了油包水乳化液的内相黏度，从而使整个乳化体系黏度得到提高，利于乳液稳定。水增稠剂的用量大于 0.2% 后，会由于内相黏度过高影响乳化液液滴的分散程度，因而降低乳化液的稳定性。一般水增稠剂用量范围为 0.18%～0.22% 即可以达到理想的效果。

3. 交联剂

交联剂的作用原理是通过其中的交联离子以化学键将溶于水中的植物胶等稠化剂分子链上的活性基团连接在一起，形成三维网状结构的黏弹性冻胶。因此，选择交联剂的原则应与选择的稠化剂相适应，以形成可挑挂的黏弹性冻胶和适用的冻胶黏度。对于中温储层，一般选用常规硼酸盐交联剂，就可满足其携砂性能的要求。

4. 破乳助排剂

助排剂的作用原理是降低油水界面张力和表面张力，增大与岩石接触角，降低毛细管阻力，有利于压裂液返排和油相产出，减少压裂液对储层的损害。在油层中油水界面张力对压裂液的返排更为重要，而破乳剂的破乳作用有助于防止压裂液与原油乳化，减少发生乳化堵塞的机会，有利于压裂液快速返排，减少储层损害，提高油井增产量。目前国内各油田使用的表面活性剂品种较多，性能各异，必须根据所应用的油层需要选择。

5. 低温破胶活化剂和破胶剂

破胶性能是影响压裂支撑裂缝导流能力的关键因素，破胶剂选择与使用是压裂液添加剂选择中非常重要的环节。维持压裂液黏度与实现压裂液快速破胶是一对矛盾，但一种较理想的压裂液体系就应该是在压裂施工中保持体系较高的黏度，以满足造缝和携砂的要求，而在施工结束后又要求压裂液能够快速彻底破胶，以便压裂液快速返排。在低温下仅仅使用常规过氧化物破胶剂时，很难解决这一矛盾，使用低温破胶活化剂在低温下能够激活常规过氧化物的活性，快速释放出过氧化物，从而达到快速彻底破胶的目的。乳化压裂液配方体系中采用常规破胶剂与低温破胶活化剂相结合，并在现场施工中采用追加破胶剂技术，可以保证压裂施工过程中具有较好的流变性能和施工结束后良好的破胶性能。

6. 油水比

油水体积比是影响乳状液类型的主要因素之一。一般认为乳状液内相体积分数大于74%或小于26%时，乳状液会发生类型反转。但多数情况下，乳状液的液滴大小不一，甚至有时内相呈多面体结构，很难符合这一规律，因此油包水型乳状液是否稳定必须通过实验测定。在乳化剂和水增稠剂加量不变的情况下，按不同的油水体积比制备出乳化液，测定其类型及稳定时间。实验表明，乳化液体系能在较宽的油水体积比范围内形成稳定的油包水乳状液，仅当油水体积比至20：80时乳状液才发生类型反转，成为水包油乳状液。

乳化液要作为压裂液使用必须具有一定的黏度，以满足携带支撑剂的要求。与普通压裂液的增黏机理不同，乳化压裂液是通过乳化、分散等作用使其黏度大幅度提高，从而达到增黏的目的。

通常，乳化体系的黏度随内相水体积分数的增加而增加，因而可以通过改变内相体积分数来调节体系黏度，以满足不同砂比的压裂施工要求。但过高的黏度会造成极大的施工摩阻，限制乳化压裂液的使用。因此在油水比例控制的实际操作中，应从经济和压裂液携带支撑剂所需的黏度等方面综合考虑。

（二）乳化压裂液的组成与性能

1. 配方

乳化压裂液一般由水、油、乳化剂、乳化稳定剂、破胶剂和高分子增黏减阻剂等组成。

一种典型的油包水乳化压裂液配方基本组成为：29.2% 柴油 +0.8% 乳化剂 +0.2% 水增稠剂。

2. 性能

（1）抗温性能。

按上述配方制备一定量的油包水乳化压裂液，使用 RV20 型旋转黏度计测定该乳化压裂液的耐温能力。以 $170s^{-1}$ 的剪切速率连续剪切，剪切过程对压裂液进行加热，并控制一定的升温速度，由室温开始升至某一温度，压裂液黏度降到 50mPa·s 以下即停止实验。实验表明，当温度升高时，油包水乳化压裂液的黏度呈下降趋势。在 15～50℃之间黏度下降较快；在 50～75℃之间黏度基本保持不变；在 75～80℃之间黏度迅速降低。将样品取出后，发现该乳化压裂液已经破乳、分层，这可能是因为乳化剂的浊点温度在 75～80℃的范围内，当乳化剂达到浊点时，它即从乳液界面析出，引起破乳，使高黏的乳化液转化为低黏的油和水。尽管黏度呈下降趋势，但在温度小于 75℃时，压裂液仍保持较高的黏度（大于 180mPa·s），可见乳化压裂液体系具有一定的耐温性能，可适用于 40～75℃的储层。

（2）油包水乳化压裂液的耐温、耐剪切性能及剪切后的流变性能。

在 RV20 型旋转黏度计上，以 $170s^{-1}$ 的剪切速率连续剪切，在 20min 内温度升到 70℃，再在恒温下剪切 60min，测定油包水乳化压裂液的耐温、耐剪切性能，接着以 $0～600s^{-1}$ 变剪切速率剪切 2.5min，测定其流变性能。结果表明，油包水乳化压裂液（配方为：29.2% 柴油 +0.8% 乳化剂 +0.2% 水增稠剂 +0.4% 破乳剂）表现出较好的耐温、耐剪切性能和流变性能，剪切 1h 后黏度为 132mPa·s。压裂液流变参数 n 为 0.696，k 为 $1.016Pa \cdot s^n$，说明该压裂液在 70℃下符合幂律流体模式。

（3）油包水乳化压裂液的悬砂能力。

按照压裂液配方制备 100mL 乳化压裂液，在中速搅拌下，以不同的砂比往其中加入密度为 $1.72g/cm^3$ 的石英砂。加砂完毕后，将压裂液在不同温度下静置，并记录砂粒悬浮时间。实验表明，在常温下，油包水乳化压裂液具有很强的悬砂能力，加砂量可达到 60%；即使在 70℃的温度下，该压裂液仍然具有较好的悬砂性能，基本满足高砂比的压裂施工作业要求。

（4）油包水乳化压裂液的破乳性能。

在乳化压裂液中，破乳剂使黏稠的乳化压裂液可控制地破乳成能从裂缝中返排出的稀薄液体。压裂施工后乳化压裂液是否能够完全破乳，直接影响渗透率的恢复能力。破乳越完全，支撑剂层渗透率越易恢复，压裂效果越好。油包水乳化压裂液在 70℃下，3h 后可实现破乳，破乳液黏度小于 10mPa·s。在相同的时间内，随着破乳剂加量的增加，破乳液黏度降低；在破乳剂加量相同时，破乳时间越长，破乳液黏度越低。因此，在储层温度不足以引起乳化压裂液破乳的情况下，可以考虑在施工的前阶段加入低浓度的破乳剂，而后阶段则加大破乳剂浓度以增强破乳和返排能力。

（三）典型的乳化压裂液配方

1. 水包油乳状压裂液

按照 0.1%～0.2% 十二烷基苯磺酸钠、0.02%～0.08% 十二醇、40%～30% 原油或成品油和 60%～70% 水的比例，将十二烷基苯磺酸钠、十二醇和水溶液混合均匀，然后与原油或成品油一起搅拌均匀后即可；常温黏度 200～500mPa·s；可用于浅井、低温和低砂比的水敏性地层压裂作业；适用井温小于 60℃、井深小于 1500m 的井。

2. 水冻胶包油乳状压裂液

按照 0.4%～0.6% 羟丙基瓜胶、0.1%～0.2% 硼砂、0.0005%～0.001% 过硫酸铵、0.1%～0.2%OP-10、0.05%～0.1% 聚氧乙烯（5）十二胺、50%～30% 原油或成品油、50%～70% 水的比例，将羟丙基瓜胶溶于水配成 2% 的溶液，然后加入其他组分混合均匀，与原油或成品油一起搅拌均匀后即可。压裂液残渣 3%～4%，渗透率损害 <10%，可用于水敏性油层压裂作业，适用井温小于 80℃、井深小于 2000m 的井。

3. 酸液包油乳状压裂液

按照 0.15% 碘化钠、2% 甲醛、0.8%～1.2% 丁炔二醇、1.5%～3% 冰醋酸、2%～3% 烷基磺酸钠、0.1%～0.2% 聚氧乙烯（16）妥尔油酸酯、40%～50% 原油或成品油、60%～50% 酸液（含盐酸 12%～15%、氢氟酸 2%～3%）的比例，将盐酸、氢氟酸溶于水配成酸溶液，然后加入其他组分混合均匀，与原油或成品油一起搅拌均匀后即可；常温黏度 300～600mPa·s，残渣 3%～4%，渗透率损害 <10%；适用于砂岩地层的酸压作业；适用井深小于 2000m、井温 100℃左右的井。

4. 油包水乳状压裂液

按照 0.2%～0.5%SP-80、0.1%～0.2% 聚氧乙烯（1）硬脂醇醚、60%～70% 原油或成品油和 40%～30% 水的比例，将 SP-80 溶于油，聚氧乙烯（1）硬脂醇醚溶于水配成溶液，然后将两者一起搅拌均匀后即可；常温黏度 300～600mPa·s，残渣 3%～4%，渗透率损害 <10%，适用温度 <80℃；适用于高渗透、水敏性油层的压裂作业。

五、酸性压裂液

酸性压裂液包括两种类型的体系，一是稠化剂在酸性条件下交联形成的压裂液体系，即酸性交联压裂液，也可以看作水基压裂液；二是以酸为基础的交联酸化压裂液，即酸基压裂液。

有些盐类可以在酸性条件下形成羟基合金属酸根离子，因而它与非离子型半乳甘露聚糖及非离子衍生物须在酸性条件下交联成弱酸性冻胶。可见，在酸性压裂液中选择酸性条件下与稠化剂交联的交联剂是关键。实践表明，以有机锆交联的弱酸性冻胶性能最好。典型的酸性压裂液，如在 pH 值为 3～5 的范围内交联的羧甲基羟丙基胍胶酸性压裂液体系，有机锆作为交联剂在酸性条件下交联的无残渣纤维素压裂液等。

（一）酸性交联压裂液

目前所用的压裂液体系大多数为碱性，而绝大部分黏土矿物均能与碱发生作用，导致黏土的负电荷增加，水敏性增强，溶解出的硅酸根离子可以形成硅酸凝胶而堵塞地层，所以各类黏土矿物都存在碱敏损害问题。酸性环境可有效地抑制因黏土表面的负电性而引起的黏土矿物膨胀运移，过量的 H^+ 可将黏土分子中的金属离子置换，加强各层间的分子作用力，起到稳定黏土的作用。酸性压裂液破胶液具有较低的表、界面张力，可有效地降低毛细管阻力，增强地层排液能力。因此，对于油气田开发的持续增产，实现酸性交联有着非常重要的意义。

针对不同需要形成了一系列典型的酸性交联压裂液体系，并在现场得到了应用。由于酸性压裂液具有快速增黏、携砂性能好、破胶彻底、无残渣、低伤害及自身防膨等诸多优点，属于清洁压裂液范畴，解决了传统的以瓜胶压裂液为代表的压裂液黏土膨胀严重、残渣含量高、对储层伤害大的问题，取得了较好的应用效果。

一种典型的压裂液配方，由 0.7% 淀粉改性稠化剂 CJ2–9、0.6%～1.0% 交联剂、pH 值调节剂、发泡剂 1.0%、助排剂 0.5%、黏土稳定剂 1.0% 和破胶剂组成，在 pH 值为 2.5～4.5 条件下交联[75]。

实验表明，该酸性交联压裂液具有良好的流变性、防膨性能好、破胶彻底、表界面张力低、残渣含量低、对储层伤害低等优点。目前，该压裂液已成功用于苏东地区 5 口双层改造井压裂作业，增产效果明显，表明该压裂液适合用于对苏里格东部气田砂岩储层进行改造。

一种以有机锆为交联剂，羧甲基羟丙基胍胶为增稠剂，在 pH 值为 1.5～3.5 条件下交联得到的适用于低渗透、碱敏性储层的酸性压裂液体系，由 0.4%GMHPG 溶液、2% 有机锆交联剂、0.06% 过硫酸铵、2% 盐酸、0.4% 黏土稳定剂、0.4% 助排剂和 0.1% 缓蚀剂配制而成[76]。其基本性能见表 4–31。

表 4-31　GMHPG/ 有机锆酸性压裂液性能

项目	实验结果	通用技术要求	项目	实验结果	通用技术要求
破胶液黏度 /mPa·s	1.013	≤5.0	表面张力 /（mN/m）	27.6	≤28
破胶时间 /min	50	≤720	初滤失量（90℃）/（m^3/m^2）	0.372×10^{-3}	$\leq 5.0 \times 10^{-2}$
残渣含量 /（mg/L）	261	≤600	滤失速率（90℃）/（$m/min^{0.5}$）	0.575×10^{-5}	$\leq 1.5 \times 10^{-4}$

注：按中华人民共和国石油天然气行业标准（SY/T 5107—2005 水基压裂液性能评价方法）评价。

评价表明，压裂液破胶液黏度为 1.013mPa·s，残渣含量为 261mg/L，表面张力为 27.6mN/m，压裂液防膨率为 90.5%，平均缓蚀速率为 0.826g/（$h \cdot m^2$），对储层的伤害率小于 15%。配制的压裂液在 90℃、剪切速率为 $170s^{-1}$ 下，剪切前 50min 压裂液黏度保持在 100mPa · s 以上，剪切 50min 后压裂液开始破胶，黏度逐渐下降，至 75min 左右时压裂液基本破胶完全，黏度变为 1.2mPa · s 左右，可满足压裂施工的要求。

以 AC-m 酸性交联剂，羟丙基瓜胶为增稠剂的酸性冻胶压裂液体系，具有快速交联、耐温能力达 110℃、流变性好、酸化和防膨性能好等优点。现场进行了 4 口井应用试验，在进入地层总液量不变的前提下，比以往提高携砂量 20%~30%，扩大了施工规模，并且可满足较高砂比的施工需求[77]。

一种适合高温、碱敏地层的超支化聚合物低伤害酸性压裂液体系[78]，配方为：0.4%~0.6% 超支化聚合物稠化剂 +0.3%~0.6% 交联剂 +0.5% 助排剂 +0.5% 黏土稳定剂 + 过硫酸铵，适用于 120~140℃地层。

实验表明，超支化聚合物酸性压裂液具有很好的高温剪切稳定性能，良好的携砂性能，破胶彻底，并具有无残渣、对储层伤害非常小的优点。此压裂液体系为酸性，弥补了常规瓜胶压裂液碱性交联的缺点，而且由于稠化剂为超支化聚合物，水溶性好，现场配制简单。

针对镇北长 8 储层特征，研制开发出了一种新型酸性羧甲基胍胶压裂液体系：0.35%~0.4% 羧甲基瓜胶稠化剂 +0.8%~1.4% 交联剂 +0.5% 助排剂 +0.5% 黏土稳定剂 + 1.5% 交联促进剂 +0.1% 杀菌剂。室内及现场评价表明，压裂液在酸性条件下交联，流变性能好，能完全破胶，破胶液黏度为 3.44mPa · s，破胶残渣只有 144mg/L，对储层伤害低。在镇北长 8 地区 6 口井应用表明，增产效果明显[79]。

（二）酸基压裂液

近年来研发了既能解除地层伤害又能改造未受伤害储层，既能携带支撑剂又能溶蚀高导流裂缝的酸基压裂液。酸基压裂液体系适用于加砂酸压技术。该技术整合了酸压与普通水力压裂的优点，不仅应用于碳酸盐储层增产改造，也是砂岩、石灰岩、白云岩、变质岩和页岩储层增产改造的有效手段[80]。

酸基压裂液是以酸为基础和其他化学剂配成的一种水基压裂液，一般由水、酸、耐酸稠化剂、缓蚀剂、破胶剂和助排剂等组成的交联酸体系。它可以溶解地层中的堵塞物、提高地层的渗透率，增加裂缝的导流能力，主要用于碳酸盐地层的酸化压裂作业或含灰质较多的砂岩地层的解堵酸化作业。

酸基压裂液作为一种新型的压裂液体系，打破了传统酸液和压裂液的界限，实现了酸压与加砂压裂的有机结合，可用于泥质砂岩、碳酸盐、变质岩和页岩等低渗透储层的酸压改造。其加砂压裂技术实用性强，施工难度低，施工成功率高，增产效果显著。该体系在基质酸化领域也有广泛的应用前景，通过优化酸基压裂液体系性能，扩宽其适用技术领域，对于提高我国油气产量，尤其是提高非常规低渗透油气藏的产量具有重要意义。

一种典型的酸基压裂液体系的基液组成为（质量分数）[81]：HCl 20%、稠化剂 0.6%、黏土稳定剂 0.5%、缓蚀剂 1.0%、助排剂 0.5%、铁离子稳定剂 0.3%、起泡剂

0.5%；使用时加入破胶剂0.05%。该酸基压裂液具有易于成胶、携砂能力强、易于破胶、储层伤害小等特点，适合于碳酸岩及砂岩储层深度酸化压裂改造。由于其在组成和性能上与交联酸基本一致，详细内容可以参考第三章中关于交联酸的介绍。

六、醇基压裂液

醇基压裂液是指用醇作溶剂或分散介质配制的压裂液体系。醇基压裂液在流变性、残渣、滤失量、携砂能力、裂缝导流能力保持率（一般大于90%）等方面均有良好的性能，尤其适用于敏感性、水锁伤害严重的储层。研究表明，醇基压裂液具有如下特点：①醇基压裂液表、界面张力较低，返排性能优良，有利于解除水锁，降低微细孔喉储层的水锁伤害；②醇基压裂液醇质量分数高达50%，有利于稳定敏感性矿物，降低储层伤害；③高压滤失实验滤饼形成的过程中，在压差作用下，醇会产生瞬间气化现象，造成滤饼中含有大量气泡，且滤饼厚度仅为常规HPG压裂液的30%~40%，大幅度降低滤饼伤害；④醇与水互溶性好，可以将一部分原生水从孔隙表面脱出，提高了油气相对渗透率。醇基压裂液适用于水敏、低压和低渗透油层压裂。

醇基压裂液缺点是成本高，低级醇易燃，难以稠化，浓度低且醇溶液表面张力高。醇基压裂液主要有甲醇压裂液和乙醇压裂液。

（一）甲醇压裂液

甲醇压裂液是由纯甲醇与HPG的衍生物胶液，经交联处理后形成的一种携砂液，采用传统的过硫酸铵破胶剂破胶而得到的一种压裂液体系[82]。甲醇压裂液是除液态CO_2之外的一种很好的无水压裂液体系，对砂岩储层无水敏、水锁伤害，而且还有解水锁的能力。针对深层低渗储层特点和压裂工艺要求，开发的醇基压裂液体系，具有良好的耐温能力，耐温达208℃。与水基压裂液相比，相同条件下醇基压裂液耐剪切能力明显提高，能够实现延迟交联，滤失系数小。在破胶剂的作用下，醇基压裂液破胶化水彻底，破胶液具有更低的表面张力和界面张力，返排效果好，对岩心伤害率低。

1. 甲醇压裂液的特点

（1）能够解决由于水敏和水锁对地层造成的伤害。用甲醇与地层水配成不同浓度的混合液体进行岩心流动实验，如表4-32所示，随着甲醇浓度的升高，水锁损害率I_w逐渐降低。另外，用不同浓度甲醇溶液进行解水锁伤害实验表明，随着用不同浓度甲醇溶液驱替时间的增加，岩心气体渗透率均有不同程度的恢复。纯甲醇溶液在驱替150min左右，可把气体渗透率恢复到90%左右，说明甲醇具有解除水锁伤害的能力，有利于解决由于水敏、水锁而对地层的伤害。

（2）甲醇是一种低表面张力的流体（20℃时22.50mN/m），仅为水（72.8mN/m）的三分之一，返排时毛管阻力低。另外甲醇沸点65℃，且部分甲醇可溶于天然气中，能够使甲醇压裂液快速排液。

表 4-32　不同浓度甲醇 + 地层水岩心流动实验数据

岩心号	渗透率 / $\times10^{-3}\mu m$	孔隙度 /%	损害程度	甲醇浓度 /%				
				85	60	40	20	0
BQ26-1	0.652	13.77	S_w/%	23.04	36.12	48.06	51.82	0
			K_{sw}/（$\times10^{-3}\mu m$）	0.441	0.377	0.129	0.097	0.009
			I_w	0.322	0.422	0.804	0.855	0.984
BQ26-3	2.18	10.03	S_w/%	8.12	18.24	39.00	52	67.34
			K_{sw}/（$\times10^{-3}\mu m$）	2.01	1.79	1.20	1.06	0.88
			I_w	0.076	0.187	0.458	0.513	0.594

（3）甲醇密度低，20℃时相对密度为 $0.7914g/cm^3$，对于压力系数为 0.95～1.05 的地层，如果用甲醇压裂液，在压后返排液时可产生 0.95～2.6MPa/1000m 的负压，不需要助排设备即可实现自喷排液，这一密度优势可以解决一些地区由于地层压力系数低不利于返排的弱点。

（4）与 CO_2 泡沫压裂液相比较，使用甲醇压裂液的费用比二氧化碳泡沫作业低 50%，对于地质情况相似的井，使用甲醇作业的井生产效果明显优于 CO_2 泡沫作业的井。

（5）容易实现分层压裂，因为甲醇不与砂岩储层发生水敏反应，而且还有解水锁功能，因此甲醇压裂液理论上可长期留在储层中不返排而不伤害储层，等压裂其他层段后一起排液。由于多层压裂对致密砂岩储层的经济高效开发至关重要，因此甲醇的此优点更显突出。

（6）甲醇压裂的压裂设备及技术与普通水基压裂差异不大。另外，甲醇压裂不需使用黏土稳定剂、助排剂，不用（或少用）液氮，既可节约部分投资，还可避免因这些添加剂使用不当引起的意外伤害。

然而，由于甲醇价格较贵，与水基压裂液相比，压裂液成本高，同时甲醇有毒、易挥发、易燃，施工时安全和环保要求高，需要投入一定费用及工程量；稠化剂大分子卷曲聚结和压裂液残渣对储层有一定伤害。

甲醇压裂在美国和加拿大已有使用，特别是在一些探井中使用较多，国内近年来也有了一些应用。

2. 配方与性能

配方一[83]：

基液：20%～30%CH_3OH+0.5%～0.6%HPG+2%KCl+0.5% 交联促进剂 JC-1+0.5%JC-2+其他添加剂。

交联液：0.25%C-200 交联剂。

按照上述配方配制醇基压裂液，如表 4-33 所示，压裂液经剪切 90min 后，稠度系数 k 仍保持较高的值，表现出较好的增稠效果；流型指数 n 相对变化率为 8.2%，说明其抗剪切降解的能力较强。

表 4-33 醇基压裂液流变性

参数	时间 /min		平均
	30	90	
k/Pa · s^n	2.621	2.435	2.528
n	0.5499	0.5048	0.5274

注：实验温度为 120℃。

用高温高压动态滤失仪测定甲醇压裂液滤失性能（温度为 120℃、压差 3.5MPa、滤纸直径 63.5mm）测得滤失系数为 6.13×10^{-4}m/min$^{1/2}$，滤失速率为 1.02×10^{-4}m/min，初滤失量为 1.37×10^{-3}m^3/m^2，能够满足压裂施工要求。同时，其所形成的滤饼与常规 HPG 压裂液形成的滤饼有明显的不同，厚度更薄且较为松散。

配方二[84]：

0.6% 稠化剂 MAG-1+20% 甲醇 +0.35% 助排剂 MAN+0.35% 防膨剂 FP-2+Na_2CO_3（调 pH 值至 9）+0.3% 交联剂 BCL-400。

按照上述配方配制压裂液，并利用 REOLOGICA 流变仪考察压裂液的耐温、耐剪切能力。在耐温能力测试过程中，剪切速率为 170s^{-1}，连续升温至压裂液的表观黏度约为 50mPa · s 时停止，此时的温度即为该压裂液的最高耐温值。

实验表明，醇基压裂液的表观黏度随温度升高逐渐下降，从 130℃到 208℃表观黏度基本趋于稳定，208℃时表观黏度为 58mPa · s；之后再升高温度黏度快速降低，可见在 208℃以下能够满足施工要求。

在 120℃下，以 170s^{-1} 的剪切速率连续搅拌 120min 后，醇基压裂液和水基压裂液的表观黏度分别为 118mPa · s 和 48mPa · s。在相同的剪切条件下，醇基压裂液剪切后的黏度保留值比水基压裂液黏度保留值高 70mPa · s，说明醇基压裂液比水基压裂液具有更强的高温抗剪切性能。这是因为甲醇可以除去溶液中的氧，减少氧化降解使稠化剂的热稳定性提高。

BCL-400 高温延迟交联剂与醇基压裂液在形成冻胶压裂液的过程中，具有延迟交联作用，延迟交联时间在 150s 以上。通过调节 pH 值添加剂的浓度，控制交联速度，以适应不同深度的压裂要求。

用 Baroid 高温高压滤失仪，测定了醇基压裂液和常规水基压裂液的滤失系数，如表 4-34 所示。醇基压裂液的滤失系数较小，与常规水基压裂液相当，在压裂过程中具有较强的造缝能力。

表 4-34 压裂液的滤失性

项目	醇基压裂液	水基压裂液	项目	醇基压裂液	水基压裂液
稠化剂加量 /%	0.6	0.6	压力 /MPa	3	3
交联剂加量 /%	0.3	0.3	恒温时间 /h	1	1
温度 /℃	150	150	滤失系数 $\times 10^4$/（m/min$^{1/2}$）	1.15	4.26

注：水基压裂液配方：0.6% 稠化剂 MAG-1+0.35% 助排剂 MAN+0.35% 防膨剂 FP-2+Na_2CO_3（调 pH 值至 9）+0.3% 交联剂 BCL-400。

破胶性能直接影响压裂液的返排，是压裂液伤害地层的重要因素。现场应用过程中，选择微胶囊破胶剂 EB-1 作为破胶化水剂，如表 4-35 所示。醇基压裂液在 90℃下 2h 之内即可完全破胶化水，破胶液黏度小于 5mPa·s，且具有比水基压裂液的破胶液更低的表面张力和界面张力。这是因为甲醇的表面张力低（22.61mN/m），可以改善砂岩、灰岩地层的返排效果。

表 4-35 破胶化水实验结果

项目	醇基压裂液	水基压裂液	项目	醇基压裂液	水基压裂液
交联剂加量 /%	0.3	0.3	破胶液黏度 /mPa·s	3.0	7.2
破胶剂加量 /%	0.03	0.03	破胶液表面张力 /（mN/m）	28.32	30.40
破胶时间 /h	2	1	破胶液界面张力 /（mN/m）	0.48	2.32

注：水基压裂液配方：0.6% 稠化剂 MAG-1+0.35% 助排剂 MAN+0.35% 防膨剂 FP-2+Na_2CO_3（调 pH 值至 9）+0.3% 交联剂 BCL-400。

如表 4-36 所示，醇基压裂液对油层的平均伤害率低于水基压裂液，这是由于醇基压裂液中的甲醇起到了降低水表面张力的作用，减轻了水锁伤害；同时醇基压裂液中的甲醇易汽化，可减少液体在储层中滞留引起的伤害。现场应用结果表明，醇基压裂液的摩阻约为清水摩阻的 30% 左右，表现出良好的降阻能力。

表 4-36 岩心伤害实验结果

井段 /m	醇基压裂液		水基压裂液	
	伤害率 /%	平均伤害率 /%	伤害率 /%	平均伤害率 /%
3997～4003	18.10	17.45	27.88	28.38
	16.80		28.87	
3921～3929	18.70	19.40	38.86	37.00
	20.10		35.10	

注：水基压裂液配方：0.6% 稠化剂 MAG-1+0.35% 助排剂 MAN+0.35% 防膨剂 FP-2+Na_2CO_3（调 pH 值至 9）+0.3% 交联剂 BCL-400。

3. 现场应用

JZ1 井为 JN 气田一口深层致密砂岩探井，措施井段 4862.0～4941.6m/2 层，井温 133.5℃，综合评价为Ⅲ类差气层。低孔、低渗、微细孔喉半径特征明显，考虑降低储层伤害、提高压后返排效果的需要，采用醇基压裂液施工。该井共泵入甲醇基压裂液 180m^3，破裂压力 84MPa，施工压力 75～95MPa，施工排量 2.7～4.1m^3/min，平均砂比 12.3%，施工结束立即开井放喷，5h 内液体返排率 50%；放喷 35min 后，点火成功；测试稳定产量 $2.0 \times 10^4 m^3/d$，高于采用常规 HPG 压裂液措施的邻井（邻井最高产量 $1.0 \times 10^4 m^3/d$，且产量下降较快）。

耐温醇基压裂液在大港油田歧深 1 井和胜利油田纯 116 井进行了 10 余井次的现场试

验，均取得成功，应用井温最高达172℃，最大加砂规模达到5.43m^3/m。现场应用结果表明，醇基压裂液具有返排快、耐温、携砂性能好、对岩心伤害率低等优点。压后效果表明，压裂液返排速度快，压裂增产效果明显。

（二）乙醇压裂液

乙醇与甲醇性质相似，20℃时相对密度0.7893g/cm^3，表面张力低（22.39mN/m），也具有无水敏、解水锁伤害，降低水的表面张力（表4-37），从而减小毛管阻力使液体易返排的特点。研究表明，乙醇还具有使水溶液中的聚合物分子收缩的性质。

表4-37　85%乙醇与17%盐水体系的表面张力

85%乙醇：17%盐水（质量比）	表面张力（30℃）/（mN/m）	85%乙醇：17%盐水（质量比）	表面张力（30℃）/（mN/m）
0：100	72.4	60：40	26.4
20：80	34.3	80：20	24.9
40：60	28.5	100：0	23.5

由于乙醇与甲醇性质相似，乙醇压裂液具有甲醇压裂液的所有优点，而且乙醇无毒。但乙醇价格比甲醇更贵，且乙醇同样易燃，易挥发，施工时要投入一定安全费用及工程量，稠化剂中大分子卷曲聚结和压裂液残渣对储层有一定伤害。目前还未见有关应用的报道。

七、清洁压裂液

随着油气勘探开发的不断深入，常规油气产量不断下降，致密砂岩、煤层气、页岩气等非常规油气资源成为当前油气开发的新热点，得到了国内外普遍的重视。非常规油气资源开发过程中通常采取的最重要措施是对油藏实施压裂。由于非常规油气藏存在储层物性较差、烃源岩与储集层聚集效率高、总体资源丰度低等问题，因此在开采过程中对压裂液的性能提出了更高的要求，主要是要求伤害性低、返排性能好、与储层的配伍性良好等[85~87]。

黏弹性表面活性剂泡沫体系的研究始于20世纪90年代，1993年Jeffrey首次提出了由起泡剂、黏弹性表面活性剂和水组成黏弹性表面活性剂泡沫体系。1997年，美国Schlumberger Dowell公司推出了一种新型压裂液用于Giovanna油井的修井作业，其主要由长链脂肪酸衍生物季铵盐表面活性剂组成，因其无聚合物或者其他固体添加物，故不会对地层产生伤害，因此称为清洁压裂液（又称黏弹性表面活性剂压裂液，VES）。清洁压裂液的使用改变了传统聚合物压裂液生产操作方式，大大减少了传统压裂液对地层的损害和污染。为了进一步降低清洁压裂液的成本，减少清洁压裂液的推广难度，同时提高压裂液的返排能力，将清洁压裂液与泡沫压裂液相结合形成了清洁泡沫压裂液。清洁泡沫压裂液是在清洁压裂液的基础上，加入起泡剂、气体，形成泡沫，从而组成以气体为内相、清洁压裂液为外相的低伤害压裂液体系。1999 年清洁泡沫压裂液体系首次应用于低渗透油藏。此压裂体系包括一种磺酸型阴离子表面活性剂溶液（如二甲苯磺酸钠）和一种阳离子型表面活性剂添加剂（如十八烷基三甲基氯化铵），体系中的气体可选用 CO_2 或 N_2，体积含量为 50%~90%。

（一）清洁泡沫压裂液的组成

清洁泡沫压裂液主要由黏弹性表面活性剂、盐溶液、起泡剂和气体组成。黏弹性表面活性剂分子的独特胶束结构使溶液具有黏弹性，其胶束呈圆棒状或者蚯蚓状，当溶液中的表面活性剂浓度超过临界胶束浓度（CMC）时，溶液中的胶束开始缠绕、盘结，形成了纠缠的网状结构，这种结构使溶液具有黏弹性。盐溶液可作为防膨剂在地层中抑制黏土膨胀和黏土微粒运移。起泡剂作为体系的添加剂决定泡沫压裂液体系中的起泡和稳泡能力。气体作为压裂液体系中的内相，在很大程度上可决定体系整体的性质，选择气体时需要考虑气体的适应性、油藏特点及经济性等因素。通常情况下，选择不同的气体需要选择不同的压裂施工参数。由于 N_2 具有来源充足、可操作性强、可压缩的特点，因此应用较为广泛。CO_2 具有低施工压力，膨胀性强的特点，有助于气体返排和消除水堵，但超临界状态下的 CO_2 与有机溶剂有相似的特性，可能会进入胶束内部使其破胶，从而无法形成稳定的清洁泡沫压裂液。

（二）清洁泡沫压裂液的优势

与传统的水基压裂液相比，清洁泡沫压裂液具有以下优势：

（1）清洁泡沫压裂液配制相对简单，只需加入表面活性剂以及无机盐或有机盐。用于配制清洁泡沫压裂液的表面活性剂类型很多，包括阳离子型表面活性剂、阴离子型表面活性剂、两性离子表面活性剂和双子型表面活性剂（Gemini 表面活性剂）等。

（2）与传统压裂液相比，体系中含有大量的气体，可减少液体的使用，在很大程度上降低了压裂液的成本；体系具有泡沫流体的性质，可以降低液体向地层内的滤失速度，因此清洁泡沫压裂液注入过程中，化学剂溶液的滤失量较低。体系中不具备细菌可生长的环境，不需要加入杀菌剂，减少了添加剂的费用，从而改善压裂效果和降低压裂成本。

（3）清洁泡沫压裂液为清洁压裂液与泡沫压裂液结合而成的体系，其黏度高于两种体系，使得支撑剂的悬砂性能增强，大大提高了携砂浓度，压裂液携带支撑剂进入后可有效保持被压开的裂缝，提高了地层的导流能力，进而增加产量。

（4）与清洁压裂液和常规压裂液相比，清洁泡沫压裂液体系压开地层后，由于气体的膨胀作用，使压裂液体系、残渣等得到了有效的返排。

（5）清洁泡沫压裂液与常规压裂液相比具有低伤害性，在进入含油岩心或地层后，亲油性有机物将被胶束增溶，棒状型胶束逐渐膨胀、崩解成为较小的球型胶束，

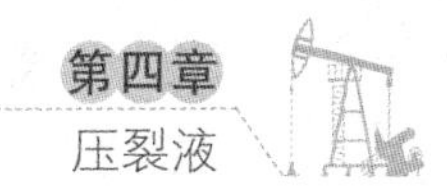

黏弹性被破坏，形成了黏度很低的溶液，不需要破胶剂就可以很容易地被返排至地面。压裂液在裂缝中接触到地层油或天然气后便会破胶，被地层水稀释后也可以破胶。

（三）清洁压裂液的作用机理

黏弹性表面活性剂的主要类型为长链脂肪酸衍生物季铵盐表面活性剂。当高于临界胶束浓度时，形成棒状胶束，进一步增加浓度，胶束之间彼此缠绕形成空间网络结构，此时溶液性质改变，可有效携带支撑剂。当与烃类接触或被水冲洗时发生解离，黏弹性急剧下降，无须破胶剂就可被返排至地面。

1. 成胶机理

黏弹性表面活性剂分子中含有亲水基和疏水基，分子链上有正负电荷。在纯水中，亲水基伸入水相，长链疏水端远离，形成长链疏水基包裹的低黏度球形胶束。加入盐或反离子表面活性剂等对胶束和水之间的电荷进行屏蔽，占有空间变小，胶束间通过范德华力和弱化学键的作用互相缠绕，转变为柔性棒状胶束。随着浓度不断增加，在疏水基作用下胶束之间自动进行纠缠，形成空间网络结构。

2. 抗剪切机理

瓜胶压裂液等抗剪切能力弱，分子链一旦断开，永久丧失黏度，而清洁压裂液的形成机理与其不同，其黏弹性来自胶束相互纠缠形成的空间网络结构，抗剪切能力强，黏度保持稳定，高度剪切后能够恢复。

3. 破胶机理

盐溶液中清洁压裂液的流动性很低，而在含碳氢化合物和其他疏水物质的溶液中却很高。上述物质与胶束接触后，棒状胶束在变化的带电环境中膨胀破裂成球状胶束，空间网络结构解体，黏弹性剧烈下降，同清水一般与产出液一起被返排回地面，在裂缝内部和井壁等处无残渣。此外，地层水也会稀释清洁压裂液，使其黏弹性有所下降。

（四）清洁泡沫压裂液的性能

1. 稳定性

实验表明，N_2- 清洁泡沫压裂液在 65℃的情况下半衰期大于 12h，在 90℃的情况下半衰期为 40min，稳定性较好，能够满足施工要求。由于 CO_2 具有高度溶于有机溶剂的特性，可扰乱清洁泡沫压裂液体系内部胶束的结构，降低体系的稳定性。超临界 CO_2 清洁泡沫压裂液体系结合了清洁压裂液与 CO_2 泡沫压裂液的优点，可扩展应用到水敏性地层，并防止潜在的水锁现象。当 CO_2 进入溶液后，体系中表面活性剂集团将会迁移到与水相的结合点处来稳定水相中的 CO_2（图 4-11），防止其影响胶束内部结构并改变流体的黏弹性，从而有效保持体系的稳定性。

2. 流变性

清洁泡沫压裂液体系与清洁压裂液和泡沫压裂液相比更加稳定，清洁性能更强。

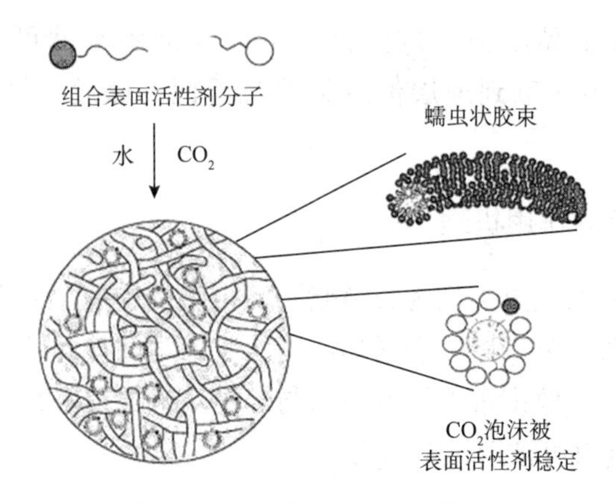

图 4-11　清洁泡沫压裂液特征

将清洁压裂液、泡沫与超轻支撑剂相结合并应用于超低渗透率油藏，可以提高油藏的采收率。

研究表明，CO_2 清洁泡沫压裂液有效黏度会随剪切速率和温度的增加而减小，随压力的增加而增加；流型指数随剪切速率和温度的增加而增加，随压力的增加而减小；稠度系数随剪切速率和温度的增加而减小，随压力的增加而增加。泡沫质量对流变特性的影响在发泡与未发泡阶段的变化规律完全相反，发泡时随着泡沫质量的增加，有效黏度增加，流型指数减小，稠度系数增加。各影响因素中，温度和泡沫质量对压裂液流变特性参数的影响比压力更大。CO_2 清洁泡沫压裂液流型指数、稠度系数的计算关联式平均误差均小于 10%，能够满足实际工程需要[88]。

3. 携砂性能

压裂的最终目的是利用压裂液将尽可能多的支撑剂铺设到裂缝中，以便获得高导流能力的裂缝。研究表明，当温度高于特定温度时，CO_2 清洁泡沫压裂液黏度降低，导致支撑剂颗粒开始沉降；随着泡沫质量的提高，体系黏度升高，气泡之间存在交互作用，使携砂能力提高；临界沉降速度随着砂比的增大先减小后增大。对于一种与 CO_2 配伍的 GRF 清洁压裂液体系，泡沫质量越高，临界携砂流速越低；温度越高，临界携砂流速越高；CO_2 清洁泡沫压裂液具有较强的携砂性能，完全能够满足现场施工的要求。

4. 低伤害性

清洁泡沫压裂液破胶液清澈透亮，采用离心法测试破胶液的残渣含量，结果是检测不出。清洁泡沫压裂液不含有聚合物，完全破胶水化后，无残渣，故不会在支撑剂充填层和裂缝壁面留下残余物，保留了裂缝和地层间的传导率。破胶液表面张力为 26.82mN/m，界面张力为 0.53mN/m，反映出较好的助排能力，大大减少了地层伤害并改善了负表皮效应。如表 4-38 所示，CO_2 清洁泡沫压裂液对延长油田上古生界储层岩心的基质渗透率伤害较低，比常用的聚合物压裂液体系的伤害率低十几个百分点，充分说明了清洁泡沫压裂液的低伤害性[89]。

表 4-38 破岩心伤害实验结果

岩心号	长度 /m	直径 /cm	空气渗透率 / $\times 10^{-3}\mu m^2$	注压裂液前气相渗透率 / $\times 10^{-3}\mu m^2$	注压裂液后气相渗透率 / $\times 10^{-3}\mu m^2$	伤害率 /%	平均值 /%
盒 8-5	3.820	2.536	0.3137	0.12794	0.107115	16.44	13.76
盒 8-6	3.956	2.540	0.3465	0.096865	0.085538	11.11	
山 2-7	3.730	2.540	0.2108	0.036651	0.028897	21.32	18.79
山 2-8	4.012	2.536	0.1007	0.023787	0.020023	16.25	

（五）现场应用情况

国外清洁压裂液应用已比较普遍，并形成了一系列清洁压裂液体系，已成功进行了超过 2400 次的压裂作业，取得了很好的压裂效果，并达到长期开采的目的。如埃尼－阿吉普石油公司在亚得里亚海的 Giovanna 油田采用清洁压裂液 VES 和 HEC 聚合物压裂液进行了现场应用对比表明，清洁压裂液在相同加砂量的情况下，压裂获得的支撑裂缝缝高和无量纲裂缝传导率分别为 11.88m 和 33，而采用聚合物压裂液获得的缝高和无量纲裂缝传导率分别为 15.54m 和 1.73，可见聚合物压裂液施工获得的缝高明显比清洁压裂液获得的缝高大，而裂缝传导率仅是清洁压裂液的 1/18，表明清洁压裂液具有明显的控缝高和提高支撑裂缝导流能力的作用。美国南德克萨斯州一块产气砂岩储层采用清洁压裂液施工时，用 73mm 油管以 $0.64m^3/min$ 注入 4%KCl 溶液和 $1.62m^3/min$ 注入清洁压裂液的泵压均为 74.47MPa，可见采用清洁压裂液施工的排量是 KCl 溶液的 2.5 倍，但施工压力并未增加，表明采用清洁压裂液的施工摩阻明显比 KCl 溶液小。总体而言，清洁压裂液滤失量小，液体效率高，耗液量少，地层伤害小，还可降低施工成本。

国内自引进道威尔公司开发的清洁压裂液技术，并首次在四川气田进行应用以来，先后在长庆、大庆、辽河、青海、四川、新疆、吉林、中原、华北等油田采用清洁压裂液进行了数百口油气井的压裂施工，压后均获得了中、高产工业油气产能。采用清洁压裂液进行端部脱砂工艺施工效果良好。中原油田针对地层温度高的特点，开展了适用井温 80～120℃的中高温清洁压裂液体系研究与应用，在卫 11-53 井应用获得成功，整个压裂施工过程顺利，压后效果较好，体现出了体系摩阻低，携砂能力强、对地层伤害小的特点。

最近，研究人员又逐渐把黏弹性表面活性剂的应用扩展到酸化增产作业中，到目前为止，应用范围包括选择性酸化、基质酸化时进行转向、酸压时进行滤失控制等。清洁压裂液在煤层压裂改造中也获得了成功，为大规模改造煤层同时尽量降低煤层伤害提供了一条新的途径。

八、超分子聚合物压裂液

人工合成聚合物因其溶解性好、无水不溶物、无残渣等特点，一直是水基压裂液的主要研究对象。人工合成聚合物压裂液具有低摩阻、携砂性能强、对地层伤害小等优点，比较适合低压、低渗等复杂地层油藏的压裂改造，但因为其线性结构不耐剪切，耐温性差等缺陷使应用受到很大限制。可见，如何克服传统聚合物压裂液的缺点，将是聚合物压裂液的发展方向。

超分子共聚物压裂液体系中采用的稠化剂，是经特殊生产工艺合成的疏水缔合聚合物。在稠化剂的合成中，通过引入含磺酸基团的抗盐单体，以适应各地区水质的不同，同时还引入大分子疏水单体，用以改变线性分子结构成为枝型分子结构，使其具有很强的抗温、耐剪切性。

以疏水缔合聚合物为主体的超分子共聚物压裂液体系，由疏水缔合聚合物形成的基液，在特殊交联剂的作用下，分子间疏水基团的疏水缔合作用增强，形成的交联体系具有显著的增黏性、耐盐性、长期稳定性及抗剪切能力；改善了常规聚合物压裂液体系延迟破胶、耐温性等缺陷，使压裂液体系耐温可达140℃以上。根据各油田水质pH值不同，超分子聚合物压裂液体系交联环境广，避免了常规压裂液体系碱性交联环境对地层伤害大的弊端。

超分子共聚物压裂液体系，作为一种物理交联聚合物压裂液，是近年来兴起的疏水缔合聚合物压裂液体系。该体系通过静电、氢键和疏水缔合等物理作用，形成稳定的三维网状结构，在不采用化学交联技术的情况下，具有耐温、耐盐和耐剪切性能好，水不溶物含量少，破胶后几乎无残渣等优点。破胶后残渣含量较植物胶压裂液体系大大降低，具有残渣含量少、使用黏度低、携砂性能好、成本低、易返排等特点，广泛适用于各类储层的增产改造。

（一）超分子共聚物压裂液性能特点

超分子共聚物压裂液特点是：具有优良的抗盐性能；耐温抗剪切性能增强，稳定性能好；根据不同的地层，体系交联时间人为可控；高温易于破胶水化，低温配合独有的低温破胶剂，几乎无残渣，对地层伤害小；体系具有良好的防膨、返排性能；现场配制工艺简单等。

实践表明，超分子共聚物压裂液具有良好的应用性能，主要体现在：

（1）超分子压裂液具有较好的黏弹性及携砂性能。液体破胶后，不仅黏度低且具有较低的表/界面张力，利于返排，对地层伤害小。

（2）从配液质量来看，目前的常规酸化或压裂液配液设备能够满足超分子压裂液配液要求；从施工来看超分子压裂液具有较好的操作性。

（3）超分子压裂液低黏高效携砂的特点，适用于薄层以及上下有水层的储层压裂，

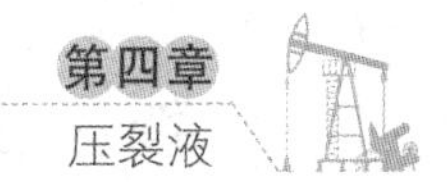

便于控缝。

（4）超分子压裂液在地层中不会形成滤饼，减少了滤饼对储层的伤害。但该液体黏度低，滤失性大，对于地层破碎、微裂缝发育的储层应用时需谨慎，需在前置液中加强降滤失措施，如采用前置高黏度植物胶压裂液或聚合物压裂液，添加油溶性暂堵剂或加粉砂降低滤失。

（二）超分子压裂液体系

1. GRF 新型清洁压裂液

基于超分子化学理论，开发了能够完全溶于水的稠化剂 GRF–1。该稠化剂分子与辅助添加剂 GRF–2 在溶液中协同作用形成可逆空间网络结构，达到抗温、抗剪切、悬砂、无残渣、低损害、低摩阻的目的。

由主剂 GRF–1 和辅剂 GRF–2 按比例配制而成 GRF 清洁压裂液，现场配制及施工工艺跟常规瓜胶基本相同，使用氧化剂破胶。如表 4–39 所示，新型压裂液体系残渣含量极低，而其抗温性能优于 VES。

表 4-39　不同压裂液体系残渣对比

压裂液种类	水分 /%	残渣 /%	最高抗温 /℃	压裂液种类	水分 /%	残渣 /%	最高抗温 /℃
瓜胶	8～12	10～18	200	VES	6～12	无	120
HPG	7～10	3～10	200	GRF	6～12	≤10mg/L	160
CMHPG	7～10	3～10	160				

该压裂液具有良好的黏弹性、降滤失性，以及无残渣、低伤害和低摩阻等特性。自 2008 年开始在南翼山浅油藏进行现场试验，截至 2011 年底，已累计施工 54 井次（150 余层段），其中水平井 1 井次，水力喷射 2 井次，大型加砂压裂井 8 井次，多层压裂 39 井次；最大加砂规模 127m^3，最高砂比 43%，现场措施施工成功率 95%，有效率达 90% 以上。由于该区块属于中低温储层，因此一般控制在压后 4h 放喷排液，返排液黏度平均为 4.5mPa・s；单井最大日增油 8.0t，平均单井日增油 2.9t，累计增油 13647.3t，增产效果明显。

2. 超分子缔合弱凝胶清洁压裂液体系

超分子缔合弱凝胶压裂液具有较好的耐温、耐剪切性能，在 150℃、170s^{-1} 下剪切 2h，表观黏度保持在 58mPa・s 左右；具有良好的剪切恢复性，剪切速率从 40s^{-1} 增至 1000s^{-1}，再降到 40s^{-1} 后，压裂液黏度迅速降低并快速恢复。该压裂液体系的流变性、黏弹性、破胶性能良好，在 0.01～10Hz 内进行频率扫面，压裂液弹性明显优于黏性。支撑剂沉降速率小于 8×10^3mm/s，悬砂能力相比稠化剂溶液提高了一个数量级。在 90℃、2h 下破胶液黏度小于 2mPa・s，未检出残渣，岩心伤害率小于 10%，属于清洁压裂液，可满足致密砂岩气藏高温储层压裂需求[90]。

3. 超分子清洁压裂液

由质量分数为0.2%的疏水聚合物PX-A和0.5%黏弹性表面活性剂J201构成一种超分子结构的清洁压裂液，压裂液中黏弹性表面活性剂用量少、成本低、耐温性能提高。表面活性剂与聚合物疏水基团形成混合胶束，随着胶束的增多，胶束结构更加密集，强度增加，相互之间发生缠结、架桥等形成密集三维网状结构，宏观上表现为溶液黏度快速上升。实验表明，该压裂液耐温、耐剪切性能良好，可以耐130℃高温，储能模量整体高于耗能模量，黏弹性好，携砂性能良好，摩阻低，无残渣，伤害小，且组成简单，配液方便。矿场试验结果表明，采用超分子清洁压裂液压裂施工后，苏东38-64C4井测试产气量为$10\times10^4m^3/d$，是采用瓜胶压裂液邻井产量的两倍，节约成本25%，在长庆油区应用4口井，效果均较好[91]。

参考文献

[1] 王中华，何焕杰，杨小华．油田化学品实用手册［M］．北京：中国石化出版社，2004.

[2] 万仁溥，罗英俊．采油技术手册．第九分册．压裂酸化工艺技术（修订本）［M］．北京：石油工业出版社，1998.

[3] 王中华．油田用聚合物［M］．北京：中国石化出版社，2018.

[4] 赵福麟．采油用剂［M］．东营：石油大学出版社，1997.

[5] 刘程．表面活性剂应用大全［M］．北京：北京工业大学出版社，1992.

[6] 徐克勋．精细有机化工原料及中间体手册［M］．北京：化学工业出版社，1998.

[7] 王伟义，孙扣忠．田菁胶的理化性能［J］．中国胶黏剂，2001，10（5）：35-37.

[8] 孙义坤，张静，严小莲，等．田菁胶的应用研究［J］．华东纸业，2001，32（3）：33-37.

[9] 王著，刘海林，赵根锁，等．羟丙基田菁胶水溶液性质研究［J］．油田化学，1992，9（3）：215-219.

[10] 罗彤彤，单齐梅，卢亚平，等．香豆胶加工工艺研究［J］．矿冶，2003，12（1）：82-84，51.

[11] 徐又新，史劲松，孙达峰，等．胡芦巴多糖胶开发现状及发展对策［J］．中国野生植物资源，2008，27（6）：19-22.

[12] 王著，牛春梅，吴文辉．香豆胶衍生物的化学结构及稳定性研究［J］．油田化学，2006，23(2)：124-127.

[13] 赵以文．香豆胶性质的研究［J］．油田化学，1992，9（2）：129-133.

[14] 敬翔，李海英，徐昆，等．水介质中羧甲基化香豆胶的制备与表征［J］．石油化工，2014，43（9）：1048-1052.

[15] 刘瑛，牛春梅，王著，等．羟丙基香豆胶的合成及结构表征［J］．河南大学学报（自然科学版），2007，37（4）：361-364，402.

[16] 王著，牛春梅，吴文辉，等．羟丙基香豆胶－有机锆交联冻胶压裂液的性能［J］．油田化学，2006，23（1）：23-26.

[17] 杨永利，郭守军，张继，等.槐豆胶热水溶和冷水溶部分流变性的比较研究［J］.西北师范大学学报（自然科学版），2001，37（4）：82–85.

[18] 蒋山泉，陈馥，张红静，等.新型聚合物压裂液的研制及评价［J］.西南石油学院学报，2004，26（4）：44–47.

[19] 陈馥，杨晓春，刘福梅，等.AM/AMPS/AA三元共聚物压裂液稠化剂的合成［J］.钻井液与完井液，2010，27（4）：71–73.

[20] 戴力，郑怀礼，廖熠，等.疏水缔合聚丙烯酰胺的合成和表征的研究进展［J］.化学研究与应用，2014，26（5）：608–614.

[21] 张昀，李兆敏，刘已全，等.疏水缔合聚合物压裂液稠化剂LP–3A的研究［J］.钻井液与完井液，2016，33（5）：119–123.

[22] 吴伟，吴伟，刘平平，等.AAMS–1疏水缔合聚合物压裂液稠化剂合成与应用［J］.钻井液与完井液，2016，33（5）：114–118.

[23] 马喜平，杨立，张蒙，等.疏水聚合物压裂液稠化剂PDAM–16的合成与评价［J］.化学研究与应用，2017，29（9）：1362–1369.

[24] 赵向阳，张洁，尤源.钻井液黄原胶胶液的流变特性研究［J］.天然气工业，2007，27（3）：72–74.

[25] 吉武科，赵双枝，董学前，等.新型微生物胞外多糖——韦兰胶的研究进展［J］.中国食品添加剂，2011，22（1）：210–215.

[26] 郭建军，李建科，陈芳，等.韦兰胶的特性、生产和应用研究进展［J］.中国食品添加剂，2008，19（2）：87–91.

[27] 贾文峰，陈作，姚奕明，等.低浓度羟丙基胍胶压裂液交联剂合成与性能评价［J］.精细石油化工，2015，32（3）：24–27.

[28] 崔佳，张汝生，赵梦云，等.新型压裂液用有机硼交联剂的合成、表征与性能评价［J］.应用化工，2017，46（6）：1055–1057，1061.

[29] 李景娜，张金生，李丽华，等.水基压裂液有机硼交联剂的合成［J］.精细石油化工，2013，30（5）：33–36.

[30] 赵秀波，李小瑞，薛小佳，等.多羟基醇压裂液有机硼交联剂的合成［J］.精细石油化工，2011，28（1）：32–36.

[31] 魏向博，李小瑞，王磊，等.一种酸性压裂液用交联剂ZOC–1的制备及室内评价［J］.油田化学，2011，28（3）：314–317.

[32] 张文胜.新型压裂液破胶剂的研究与应用［J］.钻井液与完井液，2002，19（4）：10–12.

[33] 陈英，王亚南，陈绍宁，等.用于压裂液的生物酶破胶剂性能评价［J］.钻井液与完井液，2010，27（6）：68–71.

[34] 刘徐慧，谭佳，刘多容，等.压裂液助排剂GCY–3的研制及室内评价［J］.精细石油化工进展，2010，11（6）：6–8.

[35] 李波，王永峰，胡育林，等.一种低密度压裂液支撑剂的研究［J］.油田化学，2011，28（4）：

371–375.

[36] 油田化学　第8章　压裂液及压裂用添加剂 . http：//www.docin.com/p–827306200.html，2014.06.07/2018.12.02.

[37] 何青，姚昌宇，袁胥，等 . 水基压裂液体系中交联剂的应用进展［J］. 油田化学，2017，34（1）：184–190..

[38] 王丽伟，程兴生，卢拥军，等 . 我国压裂液技术现状与展望［C］// 全国天然气学术年会 .2013.

[39] 崔会杰，余东合，李建平，等 . 高密度瓜胶压裂液体系的研究与应用［J］. 石油钻采工艺，2013，35（5）：64–66.

[40] 肖兵，张高群，陈波，等 .NaCl、NaBr 对 HPG 压裂液性能的影响［J］. 油田化学，2013，30（1）：26–28.

[41] 张玉广，肖丹凤，张宗雨，等 . 羧甲基瓜胶压裂液的研究与应用［J］. 大庆石油地质与开发，2011，30（3）：118–121.

[42] 罗攀登，张俊江，鄢宇杰，等 . 耐高温低浓度瓜胶压裂液研究与应用［J］. 钻井液与完井液，2015，32（5）：86–88.

[43] 张书宁 . 香豆胶压裂液体系的研究与应用［D］. 陕西西安：西安石油大学，2013.

[44] 周万富，谢朝阳 . 田菁胶 / 有机钛压裂液室内实验研究［J］. 油田化学，1996，13（3）：213–215.

[45] 李阳，黎成卓，杜长虹，等 . 魔芋胶压裂液研究及应用［J］. 钻采工艺，2002，25（3）：96–97.

[46] 刘玉婷，管保山，梁利，等 . 低浓度香豆胶压裂液室内研究［J］. 科学技术与工程，2015，15（3）：75–78.

[47] 何定凯 . 羧甲基香豆胶压裂液在乾安油田的研究与应用［J］. 精细石油化工进展，2014，15（4）：11–13.

[48] 段瑶瑶，明华，代东每，等 . 纤维素压裂液在苏里格气田的应用［J］. 特种油气藏，2014，21（6）：123–125.

[49] 段贵府，牟代斌，舒玉华，等 . 无残渣纤维素压裂液在苏里格东区致密气藏的应用［J］. 科学技术与工程，2015，15（3）：200–203.

[50] 张锁兵，赵梦云，苏晓琳，等 . 中高温低浓度合成聚合物压裂液性能研究［J］. 油田化学，2014，31（3）：343–347.

[51] 何东，陈瑜芳 . 胡尖山油田低渗透油藏压裂液体系适应性研究［J］. 石油化工应用，2010，29（5）：41–44.

[52] 崔会杰，李建平，杜爱红，等 . 低分子量聚合物压裂液体系的研究与应用［J］. 钻井液与完井液，2013，30（3）：79–81.

[53] 侯帆，张烨，方裕燕，等 . 低分子量聚合物压裂液的研究及其在塔河油田的应用［J］. 钻井液与完井液，2014，31（1）：76–79.

[54] 曾科，韩福利，董健敏，等 . 小分子支链化聚合物压裂液的合成与应用［J］. 钻井液与完井液，2013，30（5）：75–78.

[55] 何春明，陈红军，刘超，等 . 高温合成聚合物压裂液体系研究［J］. 油田化学，2012，29（1）：

67–70.
[56] 杜涛，姚奕明，蒋廷学，等 . 新型疏水缔合聚合物压裂液的流变性能研究 [J]. 精细石油化工，2014，31（2）：37–40.
[57] 刘宽，罗平亚，丁小惠，等 . 速溶型低损害疏水缔合聚合物压裂液的研究与应用 [J]. 油田化学，2017，34（3）：433–437.
[58] 西南石油大学 . 一种缔合型非交联压裂液及其制备方法：中国，103224779 A [P] .2013–07–31.
[59] 中国石油集团渤海钻探工程有限公司 . 高抗盐性聚合物压裂液及其制备方法：中国，104087281 A [P] .2014–10–08.
[60] 谭明文，何兴贵，张绍彬，等 . 泡沫压裂液研究进展 [M]. 钻采工艺，2008，31（5）：129–132.
[61] 周继东，朱伟民，卢拥军，等 . 二氧化碳泡沫压裂液研究与应用 [J]. 油田化学，2004，21(4)：316–319.
[62] 李阳，翁定为，于永波，等 .CO_2 泡沫压裂液的研究及现场应用 [J]. 钻井液与完井液，2006，23（1）：51–54.
[63] 许卫，李勇明，郭建春，等 . 氮气泡沫压裂液体系的研究与应用 [J]. 西南石油大学学报（自然科学版），2002，24（3）：64–67.
[64] 高志亮，吴金桥，乔红军，等 . 一种新型酸性交联 CO_2 泡沫压裂液研制及应用 [J]. 钻井液与完井液，2014，31（2）：72–75，78.
[65] 吴金桥，李志航，宋振云，等 .AL–1 酸性交联 CO_2 泡沫压裂液研究与应用 [J]. 钻井液与完井液，2008，25（6）：53–55.
[66] 陈挺，周勋，刘智恪，等 . 低残渣 CO_2 泡沫压裂液在苏里格低压低渗气藏的应用 [J]. 钻采工艺，2018，41（5）：92–94
[67] 王智君，詹斌，勾宗武 . 氮气泡沫压裂液性能及应用评价 [J]. 天然气勘探与开发，2015，38（1）：82–87.
[68] 蔡卓林，王佳，林铁军，等 . 新型类泡沫压裂液体系的研究及应用 [J]. 钻采工艺，2013，36（3）：97–100.
[69] 张颖，陈大钧，杨彦东 . 自生气类泡沫压裂液的研制与性能评价 [J]. 精细石油化工进展，2012，13（10）：13–15.
[70] 王满学，何静，张文生 . 磷酸酯 /Fe^{3+} 型油基冻胶压裂液性能研究 [J]. 西南石油大学学报（自然科学版），2013，35（1）：150–154.
[71] 楚振中，卢宗平，熊兆军 . 油基压裂液性能的特点及应用 [J]. 胜利油田职工大学学报，2009，23（6）：38–39，42.
[72] 陈改新，刘崇，郑哲夏，等 . 油基压裂液在春光油田低温水敏油井的应用 [J]. 石油地质与工程，2014，28（1）：124–126.
[73] 李阳，翁定为，姚飞，等 . 乳化压裂液体系的研究及应用 [C] // 全国流变学学术会议 .2006.
[74] 卜继勇，陈大钧，王成文，等 . 一种油包水乳化压裂液的实验研究 [J]. 石油与天然气化工，2003，32（6）：372–374，386.

［75］丁里，杜彪，赵文，等．新型酸性压裂液的研制及应用［J］．石油与天然气化工，2009，38(1)：58-60，71.

［76］刘祥，沈燕宾．一种酸性压裂液研制及其性能评价［J］．应用化工，2011，40（12）：2186-2188，2196.

［77］张海龙，刘军彪．新型酸性交联压裂液的研制与应用［J］．大庆石油地质与开发，2009，28(2)：84-88.

［78］刘敏，康力，章友洪，等．低伤害酸性压裂液的制备及性能测试［J］．应用化工，2013，42(9)：1556-1558.

［79］吕海燕，吴江，薛小佳，等．镇北长8酸性羧甲基胍胶压裂液的研究及应用［J］．石油与天然气化工，2012，41（2）：207-209.

［80］徐中良，戴彩丽，赵明伟，等．酸压用交联酸的研究进展［J］．应用化工，2017，46（12）：2424-2427.

［81］杜彪，杨海燕，郝宗香，等．酸基交联冻胶压裂液体系室内评价［C］// 中国油气田化学剂研究生产及应用研讨会．2009：14-15.

［82］李学康，司马立强，宋华清，等．醇基酸醇基压裂液在蜀南地区须家河组的应用前景［J］．钻采工艺，2006，29（4）：70-72.

［83］李奎东．醇基压裂液的研究与应用［J］．石油与天然气化工，2015（2）：83-85.

［84］姜阿娜．醇基压裂液在深层低渗油藏压裂改造中的应用［J］．精细石油化工进展，2012，13(7)：5-7，10.

［85］高诗惠．清洁压裂液研究的应用与发展［J］．石油化工应用，2017，36（4）：1-2，17.

［86］李兆敏，张昀，李松岩，等．清洁泡沫压裂液研究应用现状及展望［J］．特种油气藏，2014，21（5）：1-6.

［87］王均，何兴贵，张朝举，等．清洁压裂液技术研究与应用［J］．中外能源，2009，14（5）：51-56.

［88］罗向荣，王树众，孙晓，等．GRF-CO_2 清洁泡沫压裂液流变特性实验研究［J］．西安石油大学学报：自然科学版，2014，29（2）：84-88，93.

［89］吴金桥，王香增，高瑞民，等．新型 CO_2 清洁泡沫压裂液性能研究［J］．应用化工，2014，43（1）：16-19.

［90］蒋其辉，蒋官澄，卢拥军，等．一种高温耐剪切超分子缔合弱凝胶清洁压裂液体系［J］．钻井液与完井液，2016，33（6）：106-110.

［91］贾帅，崔伟香，杨江，等．新型超分子压裂液的流变性能研究及应用［J］．油气地质与采收率，2016，23（5）：83-87.

［92］赵鹏飞，刘通义，向静，等．GRF 新型清洁压裂液在南翼山浅油藏的应用［J］．钻采工艺，2013，36（4）：83-85.